电气信息工程丛书

# 组态软件基础与工程应用
# （易控 INSPEC）

张贝克　尉龙　杨宁　编著

机械工业出版社

本书是组态软件的学习用书，书中全面介绍了组态软件的相关知识，包括组态软件的基本概念、数据采集与通信、变量、画面、数据处理、报警、报表、用户安全及网络配置等，同时本书也可作为易控（INSPEC）软件的培训教材。它以易控（INSPEC）组态软件为对象，面向广大工程技术人员、高等院校的自动化及机电相关专业的学生，力求从基础知识开始，结合实例，图文并茂、循序渐进、深入浅出地介绍组态软件的主要功能、特点和使用方法。

本书也考虑到了高级用户的需求，对组态软件已有一定基础的用户，阅读本书时，不需要从头至尾逐章节阅读，可以直接跳至感兴趣的章节了解相关内容。同时本书对组态软件的设计和开发也有较大的参考价值。

**图书在版编目（CIP）数据**

组态软件基础与工程应用：易控 INSPEC / 张贝克，尉龙，杨宁编著. —北京：机械工业出版社，2011.4（2018.8 重印）

（电气信息工程丛书）

ISBN 978-7-111-33785-0

Ⅰ. ①组… Ⅱ. ①张… ②尉… ③杨… Ⅲ. ①软件开发 Ⅳ. ①TP311.52

中国版本图书馆 CIP 数据核字（2011）第 043801 号

机械工业出版社（北京市百万庄大街 22 号 邮政编码 100037）

责任编辑：时 静

责任印制：常天培

涿州市京南印刷厂印刷

2018 年 8 月第 1 版 · 第 6 次印刷

184mm×260mm · 17 印张 · 417 千字

10501—12000 册

标准书号：ISBN 978-7-111-33785-0

ISBN 978-7-89451-917-7（光盘）

定价：42.00 元（含 1DVD）

凡购本书，如有缺页、倒页、脱页，由本社发行部调换

电话服务

服务咨询热线：010-88361066

读者购书热线：010-68326294

010-88379203

网络服务

机 工 官 网：www.cmpbook.com

机 工 官 博：weibo.com/cmp1952

金 书 网：www.golden-book.com

教育服务网：www.cmpedu.com

# 前　言

组态软件是一种通用数据采集和监控（SCADA）平台软件，主要用于构建人机界面环境。它源自早期的DCS系统，后来发展成为一种在工业自动化领域广泛使用的通用型软件，并逐渐渗透到传统工业自动化之外的其他领域，组态软件已经成为自动化和信息化领域的重要组成部分。

组态软件经过二十多年的发展历程，已经从早期仅能完成简单的监控任务，发展到现在成为能满足中等规模分布式监控需求的应用软件。组态软件的发展与基于PC的软硬件技术的迅猛发展是密不可分的。随着PC平台下操作系统及网络等一大批新技术的产生，组态软件正走向高度可靠、高度灵活、高度开放，并能适应跨地区分布式大型自动化应用的新时代。

易控（INSPEC）组态软件由北京九思易自动化软件有限公司（ControlEase Automation Software）研发，其核心研发团队具有丰富的组态软件研发和大型自动化系统工程经验，从事过国内外的诸多大型自动化系统工程的设计和开发，谙熟最终用户的需求。凝聚他们心血的易控（INSPEC）是业界第一套完全架构在具有划时代意义的.NET平台上的新一代组态软件，完全兼容最新的Windows 7操作系统。它具有技术领先、性能稳定、功能强大、图形精美、易学易用、架构灵活、扩展容易等一系列优点，是21世纪最新组态软件的代表。

本书以易控软件为对象，结合理论和实际，全面介绍组态软件相关知识和重要功能，对重要操作辅以示例，总结了实际工程开发中的宝贵经验，同时，提供了三个工程实例，以增强读者对工程制作过程和行业应用的整体了解。本书配有光盘，便于教师教学和学生自学。

本书由北京化工大学教授张贝克博士任主编，北京九思易自动化软件有限公司尉龙和杨宁任副主编。其中张贝克老师负责第1、2、16章的编写，并负责全书的编写指导和审核；尉龙负责第3~7章的编写；杨宁负责第8~15章的编写。本书配套光盘由杨宁制作。

由于易控（INSPEC）软件本身在不断的开发和更新过程中，书中有关内容可能和您使用的软件有所不同，请从九思易公司的网站（www.controlease.com）上下载相应的版本并了解该软件的最新信息。

对书中可能出现的纰漏，谨向您表示诚挚的歉意。我们真诚欢迎您通过电子邮件service@conteolease.com反馈对该书或者对易控（INSPEC）软件的宝贵意见和建议，以使我们能不断改进和完善，推出功能更为强大的产品，更好地为您服务。开发用户喜爱、面向国际一流水平的自动化软件是我们矢志不渝的追求，对您的支持、鼓励和信任，在此我们表示衷心的感谢。

编　者

# 目　　录

# 第1章 组态软件

**本章要点**

- 组态软件的基本概念
- 组态软件的功能
- 组态软件的特点
- 组态软件的发展历史

## 1.1 什么是组态软件

### 1.1.1 组态软件的概念

组态软件又称为组态监控软件，是面向自动化系统的通用数据采集和监控的专用软件。

“组态”的概念来自英文 Configure，含义是“配置”、“设定”、“设置”等，是指用户通过类似“搭积木”的简单方式来完成自己所需要的软件功能，而不需要编写计算机程序。“组态”的过程有时候也称为“二次开发”，组态软件也被称为“二次开发平台”。

“监控（Supervisory Control）”，即“监视和控制”，是组态软件的主要作用。它是指通过计算机对自动化设备或过程信号进行监视、控制和管理。

组态软件在国外一般称为 SCADA（Supervisory Control And Data Acquisition）软件，也称为 HMI/MMI（Human Machine Interface/Man Machine Interface）软件，在国内俗称“组态软件”。这个称谓源自早期的 DCS 系统，DCS 系统从 20 世纪 80 年代开始进入国内，其系统软件能够在不编写计算机程序的前提下，通过一种简单过程来搭建最终的 DCS 控制系统。这种搭建过程包括选择控制系统的结构、选择数据采集模块的种类、选择信号的量程和转换、选择和配置各种控制策略、绘制操作员界面等，这个过程被称为“组态”，对应的软件被称为“组态软件”。随着个人计算机的发展，早期的自动化软件工程师借鉴了 DCS 系统组态软件的“组态”理念，试图在个人计算机上开发一种通用的软件，能适应不同的控制系统和不同的控制场合的应用要求。其功能主要包括连接不同的控制系统，实现与它们的通信和数据交换，以图形的方式直观地显示控制系统中的数据，并对数据进行报警、记录等个人计算机擅长的数据管理功能。除了控制功能比较弱以外，这类软件和 DCS 系统中的组态软件比较类似，“组态软件”的概念就这样被大家继续沿用。

### 1.1.2 组态软件的组成

组态软件能够实现对自动化过程和装备的监视和控制，能从自动化过程和装备中采集各种信息，并将信息以图形动画等更易于理解的方式进行显示。它将重要的信息以各种手段传送给相关人员，对信息执行必要的分析处理和存储，发出控制指令等。组态软件的这些功能是通过组态软件中的两个基本子系统来实现的，即“开发系统”和“运行系统”。

开发系统是用户根据自己对自动化装备或生产过程的监控和管理的需要，在组态软件中对数据的采集、显示、操作、报告等各种应用进行规划、描述和配置的软件，是将自动化的整个生产过程通过计算机进行“组态”的软件系统。开发系统中提供了各种各样通用的用于自动化监控的功能，包括设备的通信配置、数据的采集、历史记录、报警、事件、图形系统、逻辑控制、网络、冗余等各种功能，用户可根据自己的实际需要来选择和配置这些功能，通过这种较为简单的工作过程来建立自己最终的监控系统。

运行系统则是把用户使用“开发系统”建立起来的监控系统按照所配置的功能和要求实际运作起来，并将各个功能有机地结合到一起，取得用户预期的效果和最终目的，从而实现对自动化过程和装备“监控”的软件系统。

组态软件的开发系统和运行系统虽然是两个单独的软件系统，但是只有通过它们两者的紧密结合才能共同完成自动化的监控任务。组态软件的主要目标就是让用户在不具备复杂编程技术的基础上，构建自己的监控系统。因此，组态软件必须提供能满足用户需要的各种各样的自动化监控功能，提供工具给用户来选择或组合这些功能，并将最终的结果运行起来，实现用户所需要的监控效果。如图 1-1 所示为组态软件功能构成。

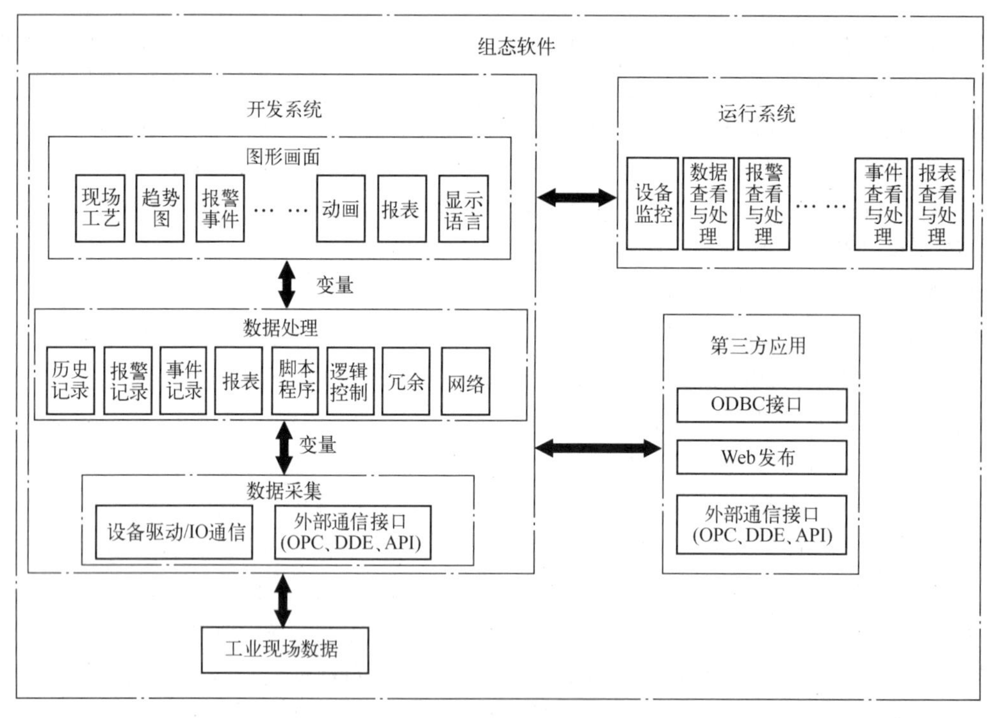


图 1-1　组态软件功能构成

### 1.1.3　组态软件的作用

自动化控制系统中，由组态软件组成的监控系统，一方面需要采集来自自动化现场的各种信息，在组态软件中将这些信息进行存储、运算等各种处理，并且根据这些数据的处理结果对现场的设备进行合理的控制，使系统能够正常地运行；另一方面还要能与自动化系统中的其他系统进行通信，使它们能够及时了解监控现场的各种信息。可以说组态软件组成的监控系统是整个控制系统的数据收集中心、远程监控中心和数据转发中心，是自动化控制实现的关键，在自动化系统中起到一种承上启下的作用。如图 1-2 所示为组态软件在自动化控制中所处的位置。

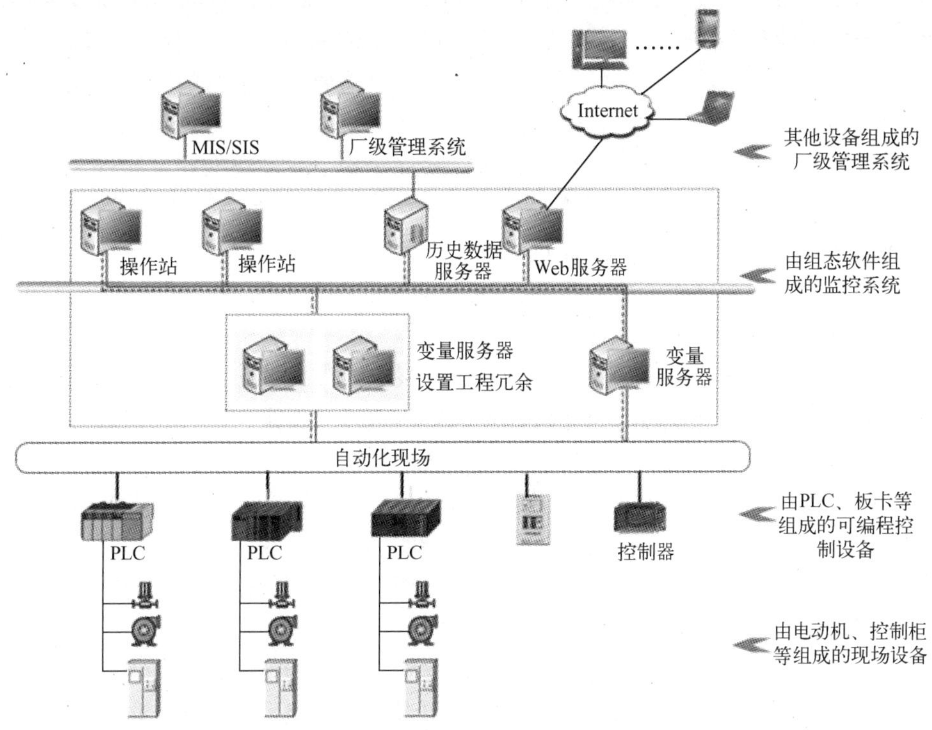


图 1-2　组态软件在自动化控制中所处的位置

组态软件是自动化控制系统的灵魂，经过二十多年的发展，组态软件已经成为自动化和信息化领域中的一个非常重要的组成部分，并且其应用与具体行业无关，在任何自动化监控的场合均可使用，因此，它已经被广泛应用于机械、冶金、汽车、包装、矿山、水泥、造纸、水处理、环保监测、新能源、石油化工、电力、纺织、智能建筑、交通、食品、智能楼宇、实验室等各种领域。

## 1.2　组态软件功能特点

### 1.2.1　组态软件的功能

组态软件提供了对自动化系统进行监视、控制和管理的多种功能，在这些功能中，有些是在组态软件出现的时候就已经提供的传统功能，有些则是随着通信、网络、计算机等科技的发展以及工程的需要逐步增加的新功能。在工程开发中，自动化应用工程师可以根据工程和用户的需要来选择和配置所需要的功能。

（1）组态软件的传统功能

组态软件的传统功能主要有：

- 与下层的硬件设备通信，进行数据采集、设定及控制。可以根据需要选择被监控的硬件系统，并和它们进行数据通信，对硬件系统中有关现场设备状态的信息进行采集，并能对现场进行数据设定和控制。组态软件中集成了大量硬件系统的通信程序，能和常见的工业自动化设备，如各种各样的 PLC、DCS、仪表、智能模块和板卡等进行通信，采集工业现场的信号，从而对工业现场进行监视和控制。使用组态软件实现与自动化设备的通信不需要编写计算机通信程序，不需要理解复杂的通信协议等。
- 以图形和动画等直观形象的方式呈现工业现场信息，以方便对控制流程的监视；也可以直接对控制系统发出指令、设置参数，从而干预工业现场的控制流程。
- 将控制系统中的紧急工况（报警）通过软件界面、声音等手段及时通知给相关人员，使他们及时掌控自动化系统的运行状况。
- 对系统运行过程中操作人员的重要操作等涉及系统安全的重要事件进行通知和记录，供事故查找、运行分析和统计使用。
- 对系统中的重要数据进行记录存储。在工程发生事故或故障的时候，利用记录的运行工况数据和历史数据，可以对系统故障原因等进行分析定位、责任追查等。通过对数据的质量统计分析，还可以提高自动化系统的运行效率，提升产品质量。
- 对工业现场的数据按照事先设定的要求进行逻辑运算等处理，将结果返回给控制系统，协助控制系统完成它们所不擅长的复杂的运算控制功能。
- 将工程运行的状况、实时数据、历史数据、警告和外部数据库中的数据以及统计运算结果制作成报表，供运行和管理人员参考。
- 提供二次编程手段让用户编写自己的应用逻辑、需要的功能，让工程按照要求运行。
- 对监控系统的运行实现权限管理，根据使用者的不同级别和权限来限制他们对系统的操作和功能使用，从而保证系统的安全运行。

(2) 组态软件的新功能

组态软件的新功能主要有：

- 为其他应用软件提供数据，也可以接收其他应用软件的数据，从而将不同的系统关联和整合起来。
- 控制系统相关人员可以通过电子邮件、手机短信、即时消息软件等多种手段了解和控制自动化系统的运行状况。
- 多计算机运行组态软件，并能有效互联，不同的计算机可以被分配和承担不同的角色，协调实现对大型系统的分布式监控。
- 将监控系统中的实时信息送入管理信息系统，也可以反之，接收来自管理系统的指令和数据，根据需要来干预生产现场或过程。组态软件在工厂等自动化环境中对下能连接生产过程中的控制系统，对上能连接企业的各种管理信息系统，起到一个承上启下的作用，是整个大的信息化系统中的核心环节。
- 根据系统所使用的国家、地区和文化的不同，组态软件能实现系统的界面文字、图片、声音和语音等的切换，从而使得所开发的工程能快速地国际化和本地化。
- 组态软件能通过 Internet 发布监控系统的数据，实现远程监控。系统授权人员可以从世界任何地方对系统进行监控。

● 其他扩展功能。

组态软件要想实现其通用监控系统软件的功能，就必须根据现在计算机、通信、网络等技术的发展不断完善现有的传统功能，同时还要开发出更多适应各行各业不同用户和工程需要的新功能。

### 1.2.2 组态软件的特点

在监控系统发展的过程中，组态软件的价值对于两类人是不同的，一类是监控系统开发工程师，早期的监控系统是使用定制软件的方式，通过编写全部计算机程序实现的数据采集和控制功能，对于这些工程师来说，就需要他们具备非常专业的编程技术，同时还要对自动化系统中涉及的硬件设备通信、图形动画、数据库、报表等都有了解，即使这样，开发出来的工程在功能性、灵活性、专业性、易用性和可维护性等方便还是有很多不足，而组态软件的出现恰恰能弥补这些不足，使监控系统开发工程师能轻松地完成工程的开发。另一类是监控系统的操作人员，他们不需要了解监控系统的原理和实现方式，只需要熟悉现场工艺流程、监控参数、操作方法等。组态软件可以方便地实现不同监控单元的数据采集和统一管理，使得操作人员可以在一个统一的平台下获取不同来源的数据。

组态软件充分利用现代计算机所提供的强大运算处理、通信和图形能力，实现对工业现场数据的采集、监控和管理，与早期采用现场控制盘或定制软件相比，界面更为形象、直接、友好，管理功能也更为强大。同时，组态软件还具有以下其他特点：

● 缩短了自动化系统或产品的开发时间。通过使用组态软件，系统工程师无需学习复杂的计算机编程技术，通过简单的组态过程即可实现需要的系统功能，系统实施的时间大为缩短，开发效率大幅提高。

● 提高了自动化系统或产品的稳定性。组态软件经过了大量用户的使用考验，往往比用户自己开发的软件更稳定。

● 节省费用和成本。用户开发专用软件需要专门的编程人员，开发费用往往比较高，而对于组态软件来说，一般的技术人员经过简单的培训便可以进行系统的开发。

● 避免系统功能或技术升级过程中带来的不兼容等问题。

● 更加灵活。在自动化系统或产品需要经常变化的情况下，组态软件无需调整代码，具有更大的灵活性。

## 1.3 组态软件的发展

在控制和自动化中的应用是计算机最重要的应用之一。随着计算机和信息技术的发展，组态软件也经历了从诞生到不断完善的过程。

组态软件从 20 世纪 80 年代中期在国外开始出现，80 年代末至 90 年代初以 Onspec、InTouch、Fix 等为代表的一些国外软件开始进入中国。国内一些专业技术人员从 90 年代初开始开发组态软件，其中最有代表性的软件产品有 CVS、GOWELL 等。虽然这个时期的组态软件功能相对简单，主要是以单机应用为主，但是能满足当时多数监控应用的需要，也让自动化业界感受到了计算机技术给自动化控制所带来的深刻影响。

20 世纪 90 年代中期以后，计算机硬件、操作系统、数据库和网络技术都发展较快，组态软件也进入了快速发展时期。作为一种与应用行业无关、凡是涉及自动化监控的场合均可使用的通用软件，其应用也越来越广泛，在机械、冶金、汽车、包装、矿山、水泥、造纸、水处理、石油化工、电力、纺织、智能建筑、食品、实验室等各行各业都得到了快速的普及和应用。并且越来越被自动化工程师所认同，逐步成为自动化领域里的一种十分重要的软件类型。国内组态软件的一些品牌开始出现并渐渐取得了一定的市场份额，形成一定的知名度。

但是，这个时期的组态软件在功能上仍然比较简单，是以单机应用为主，对网络和最新信息技术的利用较为滞后，只能解决中小规模监控应用的需要。从技术上来讲，这个时期的组态软件，包括国内外的主要品牌，都是建立在 Windows 系统编程接口 Win32 之上的 Windows 应用程序，在网络化应用方面还存在许多技术障碍，不能满足地理位置分散、系统规模大的监控系统的要求。

进入 21 世纪以来，组态软件的应用越来越普及，应用领域逐渐突破传统的工业自动化领域，渗透到农业、医疗、交通、市政工程、楼宇、环保、新能源、节能降耗等诸多新兴应用领域。监控系统的规模越来越大，越来越复杂。同时随着 IT 和网络技术的飞速发展，用户对组态软件的要求也越来越高，希望能够充分利用最新的信息和网络技术，发掘新的功能，如通过 Internet 实现远程工程部署、监控、调试和诊断，利用 3G 通信网络实现快速的远程数据采集和监控；利用无级缩放、3D 图形等技术来更为逼真地再现监控现场；通过云计算技术以相对低廉的价格建立工厂的数据中心；在进行大规模复杂系统的监控时，系统的稳定性不仅不需降低，还要得到改善和提高，最大限度减少由于系统故障引起的停机时间；与控制系统进行简便的连接和互操作；利用计算机强大的计算处理能力来弥补控制系统的不足；更为强大的二次编程能力；和企业的其他自动化系统以及信息管理系统更为方便地集成等。这些都是用户希望组态软件能够解决的问题。同时用户在产品的易用性、扩展性、灵活性、开放性等方面都提出了前所未有的要求，新一代组态软件呼之欲出。

新一代的组态软件应具有以下几方面的特点：

（1）以网络为中心

目前的组态软件都是以计算机为中心的，计算机和计算机之间虽然可以通过网络建立数据通信，但在网络环境下计算机间的数据交换的方式过于单一，不能形成计算机群的有效分工和协作。当自动化系统的数据量达到一定规模，地理位置分布达到一定范围后就会出现应用瓶颈。未来的组态软件应该可以方便地构建可伸缩的网络分布式系统，通过协作和负荷分布来满足大型监控系统的需要，也可以灵活地选择整体系统的架构，实现复杂的监控系统方案。其中以网络为中心、以 XML（Extensible Markup Language，可扩展标记语言）、网络服务为核心，实现网络化计算机的协同是未来组态软件的最重要发展方向。

微软的 .NET 平台在 2002 年推向市场，开始是作为 Windows XP 等操作系统的外挂组件提供的，从 Windows Server 2003 和 Windows Vista 开始，.NET 平台即成为操作系统的一部分。在微软未来的操作系统中，.NET 平台将是最重要的组成部分之一，是应用程序的主要编程接口和运行平台。.NET 平台是把以计算机为中心的计算模式扩充到以网络为中心的分布式计算、网络化计算模式的重要一步，具有划时代的意义。图 1-3 所示的就是微软操作平台发展的三个时代。

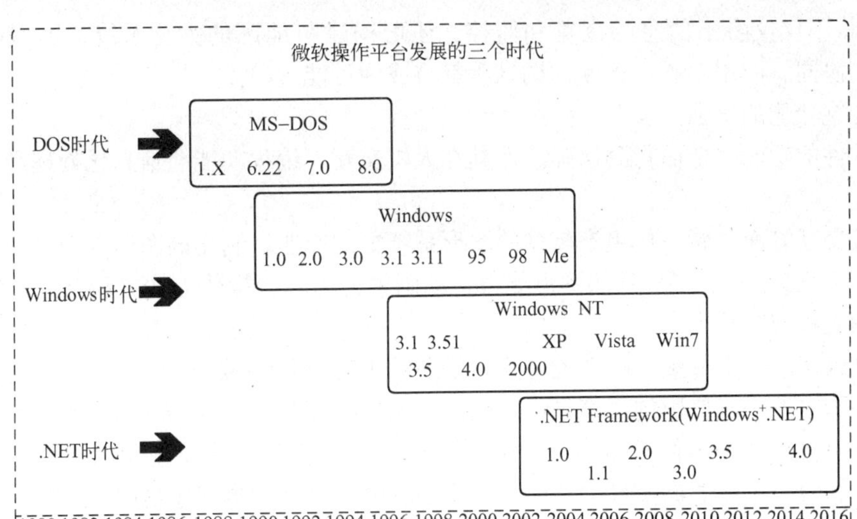


图 1-3　微软操作平台发展的三个时代

组态软件从单机应用，进入简单的网络应用，再到彻底的网络化时代，监控系统的规模在扩大，复杂度在增加，单一计算机或多计算机的简单通信互连已经不能满足生产管理的需要，基于网络计算和服务的全新分布式分工协作模式和软件架构是未来发展的必然方向。组态软件三个发展时代的主要特征见表 1-1。

**表 1-1　组态软件三个发展时代的主要特征**

| 发展时代 | 主要特征 |
|---|---|
| 单机时代 | ● 实现计算机“计算”，包括科学计算、控制功能、信息管理功能<br>● 系统规模小，复杂程度低<br>● 单机运行，整个系统由该软件单独支配<br>● 使用在 DOS 和 Windows 早期 |
| 简单网络时代 | ● 具有比较强大和完善的计算机“计算”功能<br>● 通过通信和网络实现有限的网络化“计算”<br>● 底层技术难以满足大系统要求<br>● 适应小型和中型规模系统，复杂程度有所提高<br>● 具有小范围的计算机通信和联网功能、实现了功能的模块化<br>● C/S、B/S 的服务器客户端架构初步形成<br>● 使用在 Windows 3.11 以上版本的系统中 |
| 网络时代 | ● 实现了彻底网络化的计算机“计算”功能<br>● 通过局域网和广域网连接的计算机群实现复杂的网络化“计算”<br>● 计算机分工协作，服务器客户端架构大量应用<br>● 计算机“计算”已经不是中心，网络连接才是中心<br>● 适应各种大、中、小型系统<br>● 各种功能实现组件化、服务化、协同工作，C/S、B/S 互相融合 |

（2）Internet 和远程自动化的增强

Internet 的发展非常迅猛，目前的组态软件对 Internet 的利用还十分有限，部分实现了控制系统的门户功能，能从远程对自动化系统进行监视和控制。组态软件未来对 Internet 的利用将更为广泛，除了上述的远程监控外，还应能够将目前局域网上实现的功能自然延伸到 Internet 上去，打破目前 C/S 和 B/S 应用的界限，使 C/S 和 B/S 的界限趋于交叉和融合。利用 Internet 将不仅仅限于信息的浏览和监控，还可构建跨地区的大型系统，远程的数据监控、管理、协同、应用部署、诊断、调试等都将成为可能。

（3）传统功能的增强

组态软件的功能将全面得到增强，尤其在人机交互、编程功能、信息化处理和管理能力等方面。

在人机交互方面，新一代组态软件的图形系统更加专业，制作的图形画面更为精美，画面是与分辨率无关的，具有 3D 的图形能力，动画更为逼真，操作方式更为友好，支持多点触摸等新的人机交互技术。

编程是组态软件中最重要的功能之一，早期的组态软件中提供的脚本编程功能都很弱，主要原因是脚本编程所使用的语言是组态软件厂家自己按照 C 语言或 Basic 语言的语法编写的简易脚本语言（称为类似 C 或 Basic 的脚本语言），它们提供可供使用的指令，可访问的资源都非常有限，所以能够实现的功能也就非常有限。另外脚本程序是解释执行的，执行速度慢。非开放性的脚本语言在功能性、稳定性、扩展性、灵活性、易用性等方面都有极大的局限性。现在主流组态软件厂商都采用标准的脚本语言，如 VBScript、VBA、JavaScript 等作为脚本编程的语言，这样脚本编程在程序能力、开放性和扩展性方面都有很大提升。最新一代组态软件的脚本编程能力则需要更进一步增强，编程语言能利用计算机高级语言的强大编程能力，可以和外部程序功能紧密结合，执行速度更快，更稳定，具有错误检查和容错能力。在可维护性、开放性、可扩展性和简单易用性等方面都需要全面提升。

基础数据是生产制造、工厂管理等信息化建设的基础。组态软件在信息化环境中处于承上启下的中间层位置，对下进行基本的数据显示和监控，对上将系统中的数据进行分析、存储、统计、汇总、和企业其他信息化系统中的数据有效整合、综合利用等，能显著提升自动化系统的决策和管理能力，也可提升企业整体综合生产效率。目前组态软件自身的信息处理和管理能力、与其他系统的信息交互手段和灵活性等均不足，需要大幅度增强。

（4）新技术应用速度加快、与 IT 差距缩小

在过去只有在商业应用上经过长期验证的技术才逐渐在自动化系统中使用。由于自动化系统对可靠性的要求较高，这种趋势不会改变，但差距会逐渐缩小，一些最新的 IT 技术会很快在自动化系统中得到运用。

（5）开放性、可扩展性及易用性更好

开放性和可扩展性是组态软件与其他软件以及信息系统进行集成和协调的关键，也是整体解决方案的关键。开放和扩展还能方便地为系统增加新的功能，比如通过组态软件和第三方软件的无缝集成，插入第三方编写的设备通信程序、图形组件和功能组件等，都可显著提升系统的监控和数据管理等能力。

易用性方面，由于 21 世纪是知识和信息爆炸的时代，新技术和新产品日新月异、层出不穷，产品的功能和复杂程度也越来越高，用户需要以最少的时间快速掌握这些技术和产品。在竞争高度激烈的时代，时间和效率至关重要，一个更易用的组态软件能使用户开发实际应用的时间大幅度缩短。

可见，组态软件经过二十多年的发展，已经成为自动化和信息化建设中的重要分支，逐渐普及和渗透到各种应用领域。用户对它也提出了越来越高的要求，在技术上需要跟进最新的 IT 技术以适应网络时代的发展，在稳定性上需要大幅度地提高以适应大型系统的应用，

在提升组态软件各项功能和性能的基础上，不断创新。目前计算机、操作平台、网络、通信都进入一个快速发展的新时期，大量新技术的涌现势必会让组态软件进入一个全新时代。

## 1.4 本章小结

在系统学习组态软件的使用之前，需要掌握组态软件的一些基本概念，了解组态软件的功能和特点。组态软件除了具有与下位设备通信、图形画面显示工业现场等传统功能之外，随着通信、网络、计算机等科技的发展，逐步增加了为其他系统提供数据、本地化等一些新功能。同时组态软件也逐渐趋于完善，发展成为具有以网络为中心、Internet 和远程自动化的增强、传统功能的增强等特点的一款软件。此外，组态软件的应用范围已经不仅仅局限在传统的工业领域，在机械、冶金、交通等各个领域都有着广泛的应用。

用户需要对这些新知识、新技术有更多了解，才能够灵活使用组件软件中的功能，从而满足工程的多种需求。

# 第2章　工程开发

**本章要点**

- 工程开发基础
- 工程开发流程
- 组态软件的开发环境、开发过程和运行简介
- 组态软件中的工程管理

## 2.1　概述

使用组态软件进行自动化监控系统的开发，在多数情况下是一种理想的选择，因为组态软件已经包含了自动化监控的各种常用功能，并提供了这些功能的灵活的使用方法，可以通过使用比计算机高级语言编程简单得多的编程手段来满足自己的应用需要，工程师的主要精力可以放在自动化监控的逻辑上，而不是复杂的计算机编程和调试。

使用组态软件进行实际应用的开发，需要事先确认监控系统的结构，对系统功能进行合理规划。简单的自动化监控系统一般由一台计算机来完成数据的采集、操作界面的显示、报表的显示等所有的监控功能，这是组态软件典型的单机应用。复杂的监控系统通过网络将监控系统中各个独立的监控计算机连接起来，使它们能够互相访问，组成一个监控网络，每台计算机执行特定的监控功能，这种应用属于典型的网络应用。更复杂的应用还包括通过网络随时随地使用 Web 浏览器查看现场信息，通过多种冗余方式保障系统的可靠性等。不同组态软件的网络功能实现方式不同，在进行监控系统开发前，需要认真规划监控系统结构。

监控系统开发也称为工程开发，基于单机的工程开发流程主要包括工程开发、工程编译和工程运行三个方面。组态件通常划分为开发系统和运行系统两个基本部分，在开发系统中配置监控系统所需的各项功能，经过工程编译后，运行系统按照开发者的要求工作起来，取得预期效果。工程开发过程中工程师的主要工作集中在“工程开发”，即对计算机的具体功能进行配置，包括现场数据的采集、工艺流程的绘制以及数据的管理与分析，与此对应，组态软件往往提供设备通信、图形系统、数据库、历史记录以及报表等多个功能模块，通过对这些模块的合理配置来实现监控系统的功能需求。不同组态软件基于单机的开发流程基本都是一样的，组态软件的结构也基本都是按照工程师的实际工作流程来设计的，本书也会遵照这个基本工作流程分章节来详细阐述组态软件的各个功能和相应的软件结构。

工程开发过程中还需要经常对工程进行管理，例如备份、加密、制作成安装包等。

## 2.2　工程开发基础

在使用组态软件进行实际的应用开发之前，需要了解组态软件对计算机硬件和软件环境

的一些基本要求，同时，还需要掌握组态软件的一些基本概念，掌握这些基本概念有助于了解现场工程开发的一般工作流程，理解软件结构设计。

## 2.2.1 系统要求和软件安装

### 1. 系统要求

不同组态软件对计算机的硬件和软件环境要求不同，运行易控组态软件至少需要具备以下条件：

- 硬件：易控对计算机硬件没有特别要求，在当前主流的个人计算机、笔记本和服务器上都能很好地运行。
- 操作系统：Windows XP、Windows Vista、Windows 7、Windows Server 2003、Windows Server 2008 或以上版本。
- 运行平台：微软 .NET Framework（不同易控版本需要不同 .NET Framework 版本，参考易控的使用手册）。

用户需要选择合理的硬件和操作系统，高性能的计算机将会使易控组态软件的使用过程更加顺畅。

### 2. 软件安装

组态软件都有运行环境的要求，安装前需要检查组态软件需要的操作系统版本、操作系统补丁和依赖的软件。目前多数组态软件都需要安装在微软的专业版操作系统上，同时安装有 Internet Explorer 6（简称 IE6）以上版本的浏览器。

另外，组态软件的使用需要授权，在没有授权的情况下，软件的功能或与设备的通信点数会受到限制。通信一般是限制一次连续通信的时间或通信的信息量。比如在没有授权时，易控、InTouch 或 IFix 都只能连续运行 2 h。

易控的安装程序在插入光盘后自动运行，按照安装界面的要求逐步完成安装即可。需要注意的是，因为易控软件的运行平台是 .NET Framework，所以在安装易控之前，安装程序会自动判断操作系统是否包含所需版本的 .NET Framework，并自动安装这一平台，不同的易控版本所依赖的 .NET Framework 版本不同，如易控 2009 所使用的版本为 .NET Framework 3.5，Windows 7 自带了 .NET Framework 的 3.5 版本。

微软官方网站提供的 .NET Framework 的 3.5 版本免费下载地址为 http://msdn.microsoft.com/en-us/netframework/cc378097.aspx

易控相对于现在多数组态软件来说在安装方面还有一个很大的优点，就是可以实现复制安装，即不执行安装程序，用户只需在安装了易控的计算机中找到易控的安装目录，将该目录复制到其他计算机就可以使用了（复制到的计算机需要有相应的 .NET Framework）。

## 2.2.2 工程开发基本概念

软件安装成功后，就可以进行工程开发了。在使用易控之前，需要掌握如下一些基本概念：

① 工程：监控系统中所有配置信息的集合。

② 工程开发：工程从新建、配置到完成的过程，也称为工程组态。

③ 开发系统：组态软件中用来进行工程开发的软件系统，通常也称为“开发环境”、“组态环境”。

根据应用的复杂度，工程开发时可以选择对多个功能模块进行合理配置，组态软件各功能的基本概念见表 2-1。

**表 2-1 组态软件各功能及基本概念**

| 功 能 | 基 本 概 念 |
|---|---|
| 变量 | 工程中变化的数据，包括对工业现场的数据采集和控制的设备变量和用于计算或程序开发过程中进行中间转换的内部变量 |
| I/O 通信 | 采集工业现场中的过程数据并对它们进行操作控制 |
| 画面 | 反映现场工艺流程的图形界面接口 |
| 脚本编程 | 用户通过编写程序来调用组态软件中的各种功能指令或进行流程控制，以满足工程特殊需求和流程 |
| 报警和事件 | 工程运行期间严重工况的警示、操作员登录注销行为以及对重要数据操作的提示 |
| 外部接口 | 用于连接数据采集和数据消费系统的数据交互平台 |
| 报表 | 格式化反映监控系统中的重要数据信息 |
| 历史记录 | 对监控系统中一些重要数据变化过程的记录 |
| 多语言 | 工程制作完成后界面元素在多种语言之间的灵活切换 |
| 网络 | 通过网络将监控系统中各个独立的监控计算机连接起来，使它们之间能够互相访问组成一个监控网络，在网络上的每台计算机执行特定的监控任务 |
| Web | 网络上的计算机通过 IE 等浏览器，监视并控制组态软件通过 Web 发布的所有信息 |
| 冗余 | I/O 设备、计算机、网络等多种冗余方式结合使用以保障系统稳定性和安全性 |

根据工程的实际要求配置好各个功能模块，就完成了工程的开发。已经开发完成的工程，在运行之前需要进行“工程编译”，以检查开发过程中可能存在的错误。

④ 工程编译：工程运行前进行错误检查、提高运行效率等的预处理过程。

工程编译通过后，需要将工程运行起来，以检查工程是否满足开发者的要求。

⑤ 工程运行：将工程配置的各个部分按照开发者的要求有机结合到一起的过程。

⑥ 运行系统：组态软件中运行工程的软件系统，也称为“运行环境”、“组态运行”。

组态软件安装完成后，默认在桌面上有开发环境和运行环境的快捷图标。图 2-1 为易控组态软件的开发环境和运行环境图标。

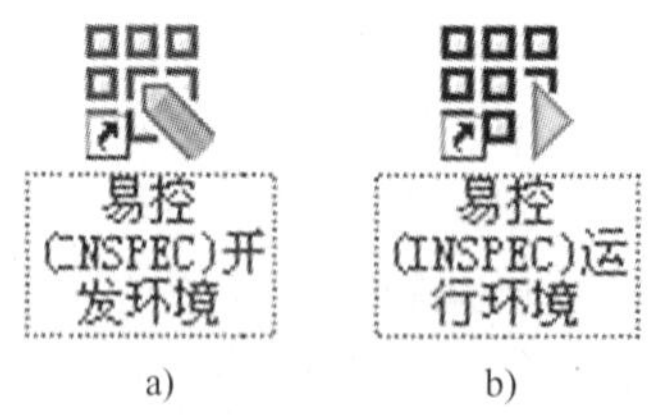


a) b)

图 2-1 易控开发环境、运行环境图标

a）开发环境 b）运行环境

图 2-2 为易控的开发系统、运行系统和工程之间的关系。

关于工程开发过程中各功能模块涉及的概念还有更多，详见相关章节。

下面以易控组态软件为例，重点讲述工程开发过程中的重要流程，包括工程开发、工程编译、工程运行和工程管理，以及进行这些工作过程中涉及的组态软件结构和功能。

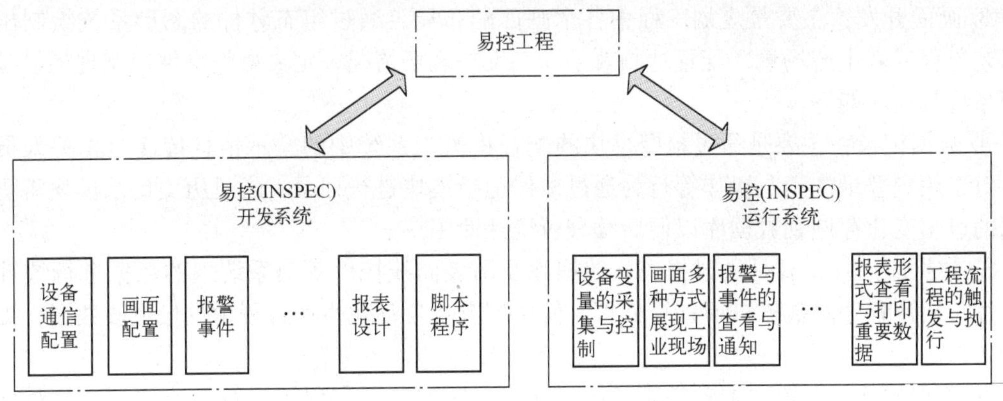


图 2-2　易控的开发系统、运行系统和工程之间的关系

## 2.3　工程开发流程

规划好监控系统结构和工程的具体监控内容后，就可以进入工程开发流程了。工程开发流程包括工程开发、工程编译和工程运行。工程开发是整个开发流程的主体，工程师对工程的各个部分根据工程的实际需要按照一定的步骤分别进行配置。工程编译是对开发完成的工程进行运行前的错误检查、提高运行效率等的处理。工程运行是用来检查监视和控制效果是否和工程要求一致。一个实际工程不可能在一次工程开发过程中完成，需要不断重复这三个过程，直至满足工程要求和设计为止。另外，工程开发过程中还需要经常对工程进行管理，例如新建、查找、另存、备份、加密、制作安装包等管理工作。工程开发的具体流程如图 2-3所示。

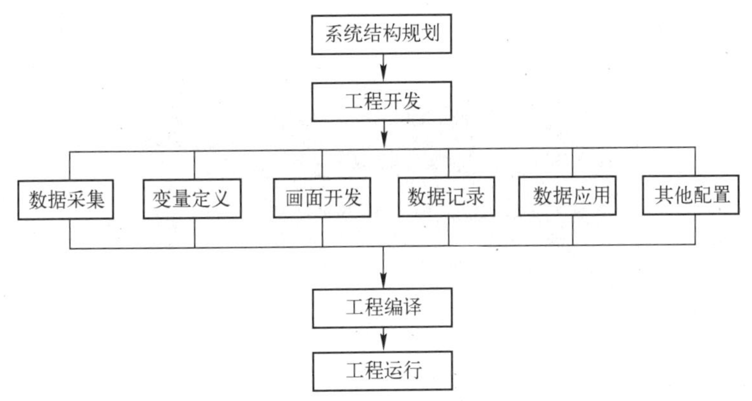


图 2-3　工程开发流程示意图

从图中可以看出，工程开发流程中的主要工作集中在“工程开发”环节，包括 6 个方面的内容：

① 数据采集或设备通信：主要是通过组态软件的 I/O 通信模块与硬件设备建立通信，通过组态软件变量和硬件设备寄存器的关联定义来完成数据采集。

② 变量定义：主要是定义外部变量对工业现场的数据进行采集和控制，定义内部变量用于在组态软件中的计算或程序开发过程中进行中间转换。

③ 画面开发：主要是规划工程中各个画面的布局，通过组态软件的图形系统绘制出现场工艺流程或者生产场景，配置动画效果动态反映现场情况，定义操作事件控制现场设备或调用系统其他功能等。

④ 数据记录：主要是通过报警模块的配置将监控系统中的警示信息传递给相关人员处理，对于用户登录注销及操作等行为通过事件记录模块进行记录，通过历史记录模块将重要数据的过程变化存储到数据库以便后续分析统计使用。

⑤ 数据应用：主要是通过报表、数据库及图表曲线控件等对系统中的数据进行统计分析，编写用户程序对数据进行计算处理，使用配方在自动化生产过程中批量更改数据，提高生产效率。

⑥ 工程的其他配置：主要是通过用户和安全区的配置来保证运行系统的安全，对于工程有本地化需求通过多语言功能实现，通过网络、冗余和 Web 功能的配置来扩展系统的功能，满足用户对系统的多方位要求。

本节将详细阐述工程开发、工程编译、工程运行和工程管理的内容。由于组态软件开发环境的区域布局和各个区域的功能在整个工程开发过程中需要经常涉及，非常重要，因此下面会重点讲述开发环境。

## 2.3.1 开发环境

安装完易控后，从“开始”菜单的“所有程序”中选择“易控（INSPEC）开发环境”，即启动易控的开发环境。打开易控的开发环境 InStudio，InStudio 启动后的默认界面如图 2-4 所示。

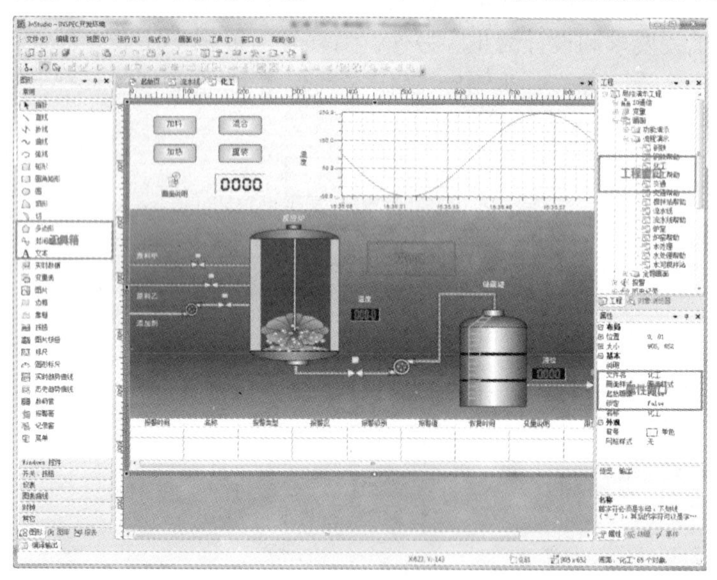

图 2-4 易控的开发环境 InStudio 界面

InStudio 界面默认划分为 4 个重要的区域。这 4 个区域是

- 区域 1——工程窗口：以工程名作为根节点的树形目录，子节点为工程用到的主要功能。
- 区域 2——工作区：进行各种功能配置的主要工作区域。
- 区域 3——属性窗口：对象基本属性、动画属性及事件属性的显示窗口。
- 区域 4——工具箱：开发画面使用的图形工具箱、图库工具箱，制作报表使用的报表工具箱。

其中，每个区域有一个或几个同类型的窗口折叠在一起，以减小占用屏幕空间。通过点击位于区域底部的窗口标题区域可以选择该区域中使用哪一个窗口。

用户可以根据自己的工作习惯对 InStudio 的界面样式进行调整。常见的调整有：

- 将停靠在边缘的整个区域或该区域中的一个窗口浮动起来。方法是拖动或双击该区域的标题栏或通过点击窗口标题栏上的小三角按钮后出现的菜单中的“浮动”选项。
- 重新摆放各个区域或各个窗口的位置，也可以随意组合一些窗口折叠到一起。方法是拖动各个区域或窗口的标题栏到一个新的位置。
- 将不常用的窗口设置成隐藏的，使用时再显示。方法是通过点击窗口标题栏上“×”或小三角按钮后出现的菜单中“隐藏”选项。
- 将窗口设置成自动收缩的，以节省空间。方法是通过点击窗口标题栏上位于小三角和“×”中间的“钉子”按钮，或点击小三角按钮后出现的菜单中“自动隐藏”选项。

对于隐藏后的窗口如需再显示出来，通过开发系统的主菜单“视图”下面找到相应的菜单项即可。

下面介绍开发系统 InStudio 界面的几个主要部分，并简单描述其作用和使用方法。

(1) 区域 1——工程窗口

工程窗口包含一个树形结构列表，根节点为工程名称，下面子节点为工程可能用到的主要功能，不同的节点可能包含进一步的子节点。这个树形结构的工程内容列表称为“工程树”。图 2-5 为易控工程树列表。

图 2-5　易控工程树列表

"工程树"是本书中经常需要提到的概念。在工程开发的过程中，几乎所有的配置组态的工作都是从这里开始，配置的结果也是在这里进行管理，也就是说工程中所有的信息都是从这里开始查看、浏览和修改。

工程树包含了易控工程中按照功能分类的内容，但并不是所有的工程都会包含或必须包含这些内容，根据工程的需要在相应的目录中进行配置即可，对于不需要配置的目录，易控会自动采用默认的配置。

工程树各节点的名称及含义见表2-2。

**表2-2 易控工程树各节点名称及含义**

| 工程树节点 | 含 义 |
| --- | --- |
| 设备通信 | 用于配置和管理工程与下位设备的通信。一个工程可以通过多个通道与多个设备同时进行通信。有些通道可以连接多个设备 |
| 变量 | 用于配置和管理工程中所需要使用到的各种变化的数据，变量可分组，便于管理 |
| 画面 | 用于配置和管理工程中的所有画面，画面可分组，便于管理 |
| 报警 | 用于配置工程中有哪些报警信息以及报警信息发送到何处 |
| 历史记录 | 用于配置工程运行时哪些数据需要记录其历史变化过程 |
| 事件记录 | 用于配置工程运行时的重要事件是否需要记录和如何记录 |
| 用户程序 | 用户编写的工程需要的逻辑程序、流程控制或特殊功能等 |
| 控制逻辑 | 用以实现在下位机中不便于实现和控制的相关程序 |
| 热键 | 用于运行时键盘的功能重新定义 |
| 数据库访问 | 用于配置易控工程和通用数据库的数据交换 |
| 报表 | 用于配置工程中可能需要的报表，可以选择模板，报表可分组，便于管理 |
| 配方 | 用于配置工程中可能需要使用到的配方 |
| 安全区 | 用于配置工程的安全控制，与"用户"配合用于工程的运行安全 |
| 用户 | 用于配置工程相关的操作和管理人员 |
| 语言 | 用于配置工程可以支持哪些语言，以及工程的开发语言和运行时的启动语言，配置不同语言下的文字、图片和声音等信息 |
| 网络 | 用于配置在局域网中的多个易控工程的协作关系，如本工程为网络上的其他工程提供什么样的数据或服务，访问网络上其他工程中的什么数据或服务 |
| Web | 配置工程中的相关Web发布信息，使用户能通过IE浏览器从远程监视和控制工程 |
| 冗余 | 用于配置工程（计算机）是否需要冗余以及冗余的配置信息 |
| 运行选项 | 用于配置工程运行时的一些可选择项目 |

（2）区域2——工作区

工作区位于开发环境的中部，是进行各种工程开发的主要工作区域。在工程树中通过双击的项目一般在此打开，然后进行编辑。如画面的编辑、变量的填写、操作人员的配置等都在工作区中进行。

工作区可以包含多个工作页，为了节省空间，多个工作页折叠在一起，通过点击工作页的标题栏进行切换。只有处于最上面的工作页是当前的工作页面。工作页有不同种类，它们分别用于编辑画面、变量等工程的不同信息。多数的工作页看起来都是相似的表格，通过填写这些工作表格就可以完成相应的工程配置。

在工作区中的第一个工作页是一个特别的工作页，称为“起始页”。该页中列出了已经建立的一些工程项目，右键菜单或底部的一些按钮也可以用于新建立工程项目，对已经存在的工程进行管理。起始页是进行工程管理和工作开始的地方。在工作区中其他的页面都可以关闭，但起始页不能关闭。

(3) 区域3——属性窗口

属性是对象所具有的一些特性、特征。易控采用面向对象的设计思想，工程中的画面、画面上的图形、工程中的变量、一个通信设备等都被称为一个对象。一旦选中一个对象，其属性就会自动显示出来，并可以对显示出来的属性进行直接修改。这个显示和修改对象属性的区域就是属性窗口。属性窗口中将被选中对象的属性按照分类以表格的形式显示，分类名称以黑体字显示，可以通过点击分类条目前面的“+”或者“-”符号展开显示或者折叠隐藏一个分类下面的属性。一些复杂的属性也可以展开或折叠，比如图形对象的“大小”属性就可以展开为 Width 和 Height。如图 2-6 所示为一个可折叠和展开的复杂属性框。在属性框表格中一个属性行分为两列，左侧为属性的名称，右侧为属性的数值。要修改某一属性，先点击该属性的属性值，然后修改。不同的属性值类型有不同的修改方法，如下拉列表选择、直接输入数值或弹出对话框修改。属性名称格的右键菜单的“重置”命令可以将修改的数值改回到易控默认的数值。

属性窗口的下部默认有选中属性的进一步描述信息。对有些图形对象，在属性窗口的下部还提供了一些快捷的操作指令，比如折线。图2-7所示为折线属性中的一些快捷指令，

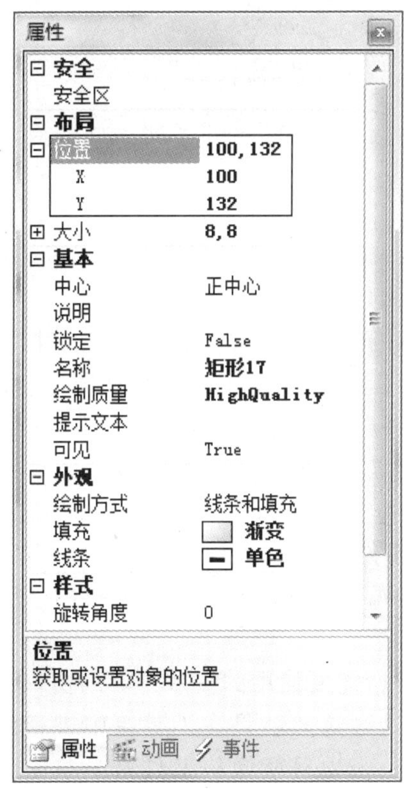


图 2-6　可折叠和展开的复杂属性框

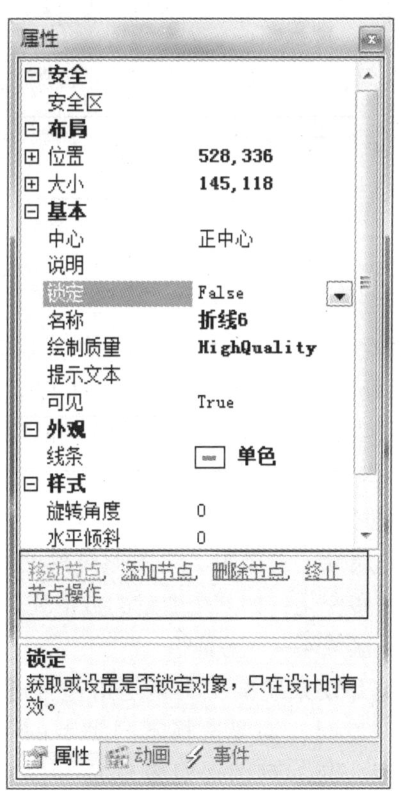


图 2-7　折线属性中的快捷命令

包括“添加节点”等。

易控中最常用的对象是画面上的图形，即图形对象，其他对象统称为非图形对象。图形对象除了具有像位置、大小、颜色等静态的外观属性外，还具有其他一些动态特性，如图形的大小和颜色等随着变量的改变而改变，还有当鼠标点击或拖曳它时，需要执行一些指令等。其中静态的外观属性在工程开发和运行期间都是相同的，而动态属性只有在工程运行期间才有效。

在易控中，将图形对象的这些动态和静态的属性分为三类：一般属性（简称属性）、动画属性（简称动画）和事件属性（简称事件）。三种属性可以在属性工具箱下方选择切换。图 2-8 所示为易控三种属性的配置框。

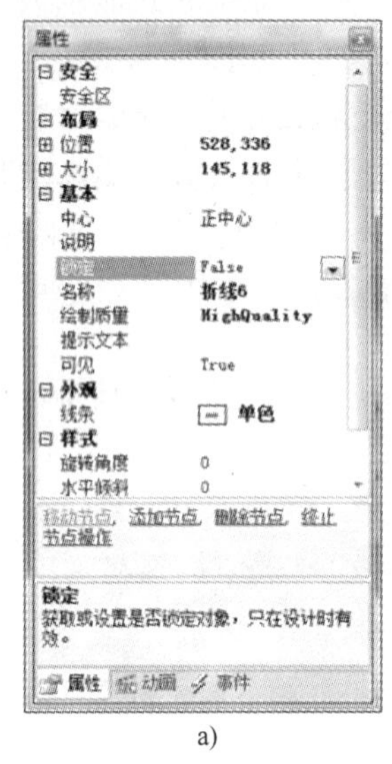


a)

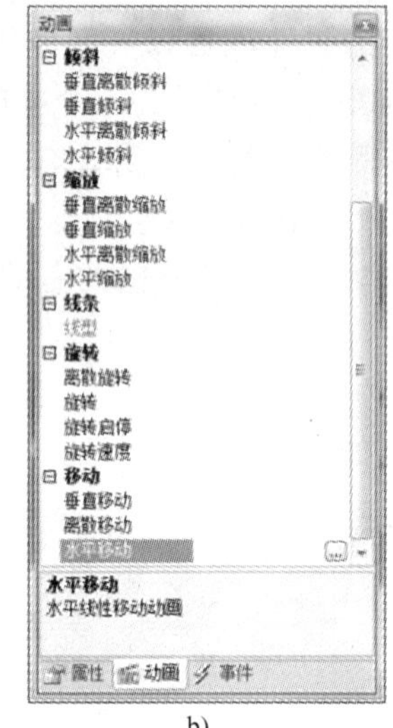


b)

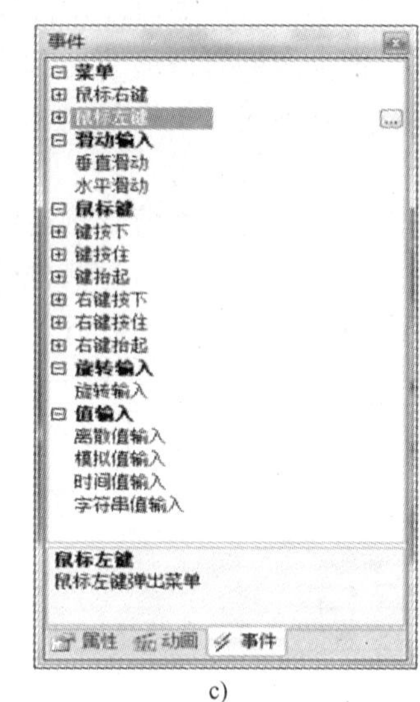


c)

图 2-8　易控的属性窗口

a) 属性　b) 动画　c) 事件

“属性”（一般属性）是对象的基本属性，例如对象的大小位置等，是静态属性。

“动画”是画面上图形对象在工程运行期间随着工程变量的改变而改变的属性。它表明了“系统中的指定变量发生改变”和“图形对象的一些诸如位置、颜色、大小、角度等形态的变化”之间的一种对应关系。

“事件”是画面上图形对象在发生用户点击或者拖曳等操作时，工程将做出如何反应的一种动态属性。它表明了“图形对象上发生的一些事件，如鼠标点击、拖动等”和“工程中发生一些变化，如某个变量的数值变化、一个新的画面打开等等”之间的一种对应关系。

（4）区域 4——工具箱

易控开发系统的工具箱是指包含进行工程开发所需要使用的一些工具的窗口。比如在画面开发时，需要选择不同类型的图形对象，这种选取就是在工具箱中进行的。在工具箱中，每一种图形对象就是一件工具，选择一个项目就像从工具箱中拿出一件工具一样。

易控有三个工具箱窗口：图形工具箱、图库工具箱和报表工具箱。图形工具箱包含各种基本图形和插件控件，图库工具箱包含各种常用工业图形符号，报表工具箱则包含设计报表时需要使用到的各种报表组件。易控的三个工具箱窗口默认折叠在一起，分别是“图形”、“图库”和“报表”。图 2-9 所示为易控工具箱。

图 2-9　易控工具箱

a）图形工具箱　b）图库工具箱　c）报表工具箱

在进行工程开发时，根据工作区中当前工作页的类型，易控自动确定工具箱是否可用，不能使用的工具箱变灰，为不可操作。比如只有在开发画面时，图形和图库工具箱才有效。

工具箱都是按照分类进行管理的。每个分类包含意义类似的“工具”或称“工具项”。使用一个“工具项”的方法是先选中一个“工具”，然后在工作区，如画面中，用鼠标拖动、点击等来创建一个新的对象，还可以通过双击“工具项”在工作区的默认位置建立对象。

图形工具箱，包含所有可以直接放置到画面上的图形“样式”，是画面的基本构成成分。图形工具箱包含“基本”、“Windows 控件”、“开关、按钮”、“仪表”、“图表曲线”、“其他”等分类。基本分类下面包含了直线、椭圆、方框、曲线、文本、图片等最常用的工具，图表曲线分类下面则包含了一些常用的曲线、图表等工具。其他分类类似。

图库工具箱，包含一些常见的按照分类进行管理的图形符号。这些分类包括“形状·形体”、“指示·仪表”、“开关·按钮”、“管道·阀门”、“容器·炉罐”、“电机·泵类”、“控制·电脑”、“标识·场景”、“时钟”和“其他”等分类。每个分类下面包含相关的图形符号。用户可以通过右键菜单建立自己的分类，添加自己的符号。

同时，用户可以在工作区中用已经存在的图形图库对象制作新的对象，此对象可以添加到相应的图库分类中。

报表工具箱包含设计报表的工具。报表的设计和画面的绘制类似，只不过使用不同的工具箱。

注：易控的报表不是画面上的控件，可以脱离画面工作，详见报表相关的章节。

开发系统界面还有主菜单、工具栏、状态栏、编译信息窗口等区域，这里不作介绍。

### 2.3.2 工程开发

在开发工程之前，对工程的各个环节要做好设计和规划，充分利用易控在开发方面高效的优势，比如批量建立设备变量等，可以更快地开发工程，做到事半功倍。在规划完成后，按照推荐的工程配置顺序进行工作，也能提高工程的开发效率。易控推荐的工程开发顺序如下：

**1. 设备通信**

设备通信是组态软件最基本的功能，基本上现场流程显示和数据管理等工作都与现场设备数据有关。使用组态软件进行设备通信时，用户无需了解通信协议的具体内容，通过易控提供的I/O通信向导，配置基本通信参数，就能够快速建立设备通信。

**2. 变量**

变量在工程的各个场合都会使用，变量提供多种数据类型和多种变量属性。此外通过导入导出、批量建立等功能可以在工程中快速建立变量，节省工程开发时间。

**3. 设备变量和工程变量的关联**

易控的设备变量和工程变量是分开管理的，在工程中只能使用工程变量，若使用设备变量，在设备变量的数据库变量属性处，选择相应的工程变量就完成了两者的关联，通过工程变量的使用来反映现场情况。这种设计可以将硬件层与逻辑层进行隔离，即使现场设备有变化，也只需改变一下关联关系，而不需要改变变量本身。

**4. 画面**

按照工艺流程的要求，先设计画面的整体结构和布局。再根据监控功能的需求设计画面，可以按照功能的主次、使用的频率等来合理建立不同的画面，并把它们有机地组织起来。画面的绘制最好按照工艺分块进行，这样可以进行复制和重复利用，提高开发效率。在画面较多的情况下，通过画面分组对画面进行有效管理。

**5. 动画和事件**

画面上的图形对象可配置多种动画效果，实时展现监控现场状态。通过对图形对象配置事件属性实现对自动化系统的干预和控制。

**6. 用户程序、热键**

根据工程的设计规划，在系统预设的用户程序使用场合（如工程启动时）编写用户程序，省去手动设置触发条件的步骤。对于在工程中反复使用到的逻辑，通过编写“用户自定义方法”进行调用，可以节省系统资源并提高运行效率。

**7. 报警、报表**

配置工程运行过程中需要进行报警的变量，并定义合适的报警方式，根据工程需求选择灵活的报警通知方式，例如手机短信通知等；选择与实际需求最接近的报表模板建立报表，使用报表工具箱中提供的报表组件完成报表制作，包括实时数据报表和历史数据报表。

**8. 历史记录、事件记录、数据库访问、配方**

对于重要的数据，系统需要长期保存，历史记录主要是完成数据库的配置、定义需要记录的变量，定义记录方式等。同样，事件记录主要是完成变量操作过程的记录，包括定义操作变量、配置记录数据库等。通过使用数据库访问向导，实现与外部数据库的数据交换。

**9. 用户和安全区**

工程开发完成后，通过在系统中添加若干安全区、为画面上的图形对象设置对应的安全区、为用户分配安全区权限来保障运行系统的安全。

**10. 网络、Web、冗余**

易控的网络功能设计分为服务器端和客户端。服务器端用“提供的服务”项用来配置易控工程为其他工程提供的数据和服务，客户端用“引用的工程”项通过导入配置文件访问其他工程的数据和服务。Web 发布主要是通过通信配置、编译、浏览及发布几个步骤就能完成工程画面的发布，工程运行后通过 Internet 进行远程画面和数据监控。冗余设备、冗余工程及冗余网络都提供方便的添加方式，以保障系统稳定性。

**11. 多语言、工程选项**

工程基本制作完成后，只需要添加工程支持语言、填写资源对照表、添加语言切换指令几个步骤就能实现工程的本地化；工程选项提供多种选项保证工程运行起来后出现我们期望的画面和语言等。

根据工程开发者个人的爱好、经验以及工程的需要，工程的各个部分的配置顺序可以不同，也可以穿插进行。另外，不是所有的内容都必须配置，要根据工程的具体情况决定。

### 2.3.3 工程编译

对一个开发完成的工程，在运行前需要进行“编译”处理，编译的目的有两方面：一是为了发现工程中的错误，对编译过程中发现错误的工程，需要修正这些错误，重新进行编译，直至没有错误为止；二是为提高工程的运行效率做必要的准备。

当工程开发完成或在工程调试过程中，对工程中的任何地方进行了改动都需要对工程进行编译。工程编译可以通过菜单栏上的“运行”下的“编译”项，或者通过快捷菜单上的按钮进行，在工程编译的过程中，开发环境中各功能处于禁用状态不能被修改。工程编译的信息会在工程编译窗口中显示出来，工程编译有两种结果：

① 错误：出现错误信息时，工程不能进入运行环境，需要将错误的地方进行修改，具体的错误地址会在编译窗口中显示出来。

② 警告：警告信息不影响工程进入运行环境。警告信息主要包括用户在使用图符时没有将图符中的内部变量替换、控件没有配置关联变量等。

### 2.3.4 工程运行

对一个开发完成并编译成功的工程，就可以按照要求运行起来，取得预期效果，并将工程配置的各个部分有机地结合到一起。

工程运行主要包括：现场设备数据采集和控制、数据显示和现场场景再现、对数据的管理与分析以及与其他系统的交互等。

有两种方式启动工程的运行系统：

① 从开发环境中启动运行系统。运行系统启动时运行的是开发环境所打开的工程。从开发环境启动运行系统，可以使用“运行”菜单中的“运行”项，或者工具栏上的 按钮，或者按〈F5〉键。如果没有打开工程，则运行默认的工程，即打开的工程优先于默认的工程。默认工程是在开发环境起始页中工程名称前标记有绿色小旗帜 的那个工程。在工程开发期间，经常需要对所开发的内容进行测试，从开发环境启动工程的运行会比较方便。

② 从操作系统直接启动易控的运行系统。运行系统启动时自动运行易控的默认工程。打开位于桌面上的易控运行系统的快捷方式，或者启动 Windows 的程序组中的易控安装程序组中的易控运行环境都可以启动运行系统。如需要在 Windows 系统启动时自动运行工程，可将运行系统的快捷方式放置于 Windows 程序组中的“启动”（中文系统）/“Startup”（英文系统）组中。

进入运行环境时，如果没有加密锁或没有安装加密锁驱动，会显示如图 2-10 所示信息，单击“Ignore”按钮，则进入 2 小时演示方式，系统可以正常运行两个小时，到时间后系统会自动退出。

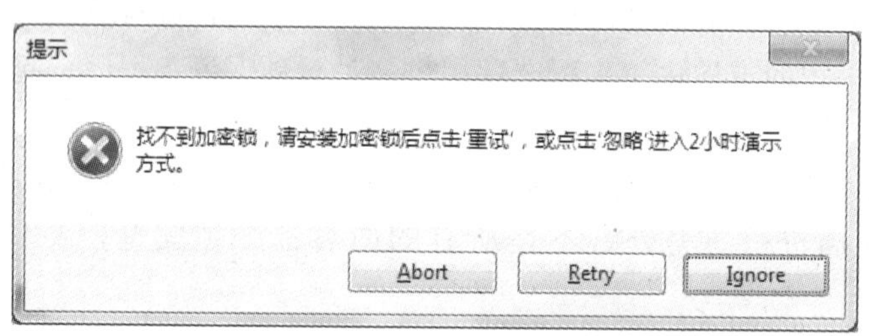


图 2-10　无加密锁的运行提示

进入运行环境开始运行工程前，一般需要对运行系统的一些参数进行配置，如系统运行后的一些限制措施、进入运行系统时要首先显示的画面、以何种语言来显示画面等。这些设置在工程树目录中的“运行选项”节点下进行配置。图 2-11 为运行选项配置窗口。

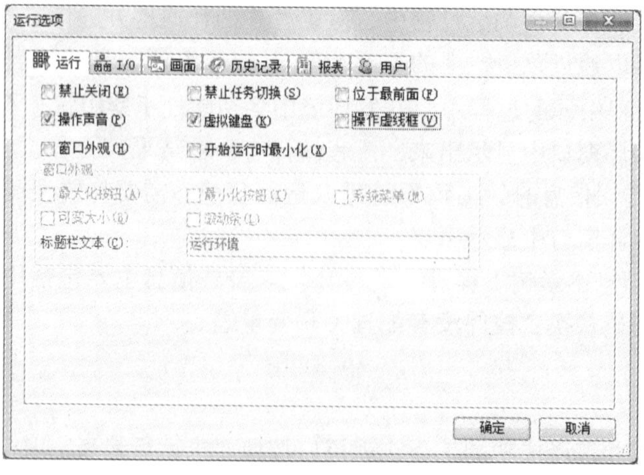

图 2-11　运行选项配置窗口

运行选项包括定义运行时是否具有标准 Windows 窗口外观、是否可以关闭易控运行系统、运行的起始画面、在画面上操作时是否出现提示音、是否使用虚拟键盘、是否进行通信采样的优化、历史数据的记录服务器、数据记录的时间长短、报表的保存位置等。在这里我们只对其中的"运行"项和"画面"项进行介绍，至于运行选项中的其他如 I/O、历史记录、报表、用户等功能这里就不做详细介绍了，用户可以根据工程运行的要求进行配置。

在"运行"选项卡中配置工程运行时的一些选项，这些选项包括表 2-3 列出的内容。

**表 2-3　运行时需要定义的选项**

| 选　　项 | 含　　义 |
|---|---|
| 禁止关闭 | 为了避免操作工无意中退出监控系统。选中该项后，易控运行环境启动后，除关机外不能退出。系统默认为可以关闭运行系统 |
| 禁止任务切换 | 为了防止操作工切换到其他软件而做其他操作，影响实时监控。选中此项后，在工程运行时，使用〈Alt + Tab〉无法进行任务切换。系统默认为可以进行任务切换 |
| 位于最前面 | 多个任务同时打开时，易控运行环境在所有活动窗口最前面显示 |
| 操作声音 | 执行监控操作时，如点击按钮或对变量进行值输入操作，计算机是否发出声音提示，更明显地提醒操作人员 |
| 虚拟键盘 | 在某些工业现场不提供外接键盘，在进行输入操作时，可以在屏幕上弹出一个虚拟键盘窗口，通过它来输入信息，而不必使用外接键盘 |
| 操作虚线框 | 鼠标移动到可操作的按钮等对象上时，除出现手形鼠标指示外，操作对象外围是否还出现一个虚线框，操作人员可以更明显地识别是否为可操作对象 |
| 窗口外观 | 使易控的运行系统具有标准的 Windows 窗口外观，易控默认为独占全屏幕。选中此项后，则位于下部的"窗口外观"细节属性被激活，用于设置画面窗口其他特征。例如窗口是否具有最大化按钮、最小化按钮、滚动条、系统菜单、窗口是否可变大小、标题栏的文本等都可以进一步设置 |
| 开始运行时最小化 | 监控系统作为数据采集服务器使用时，系统运行画面不是工程师关注的重点，工程进入运行环境后，运行窗口最小化，不影响计算机中其他工作的进行 |

在"画面"选项卡配置工程运行的起始画面。起始画面是工程运行时首先显示的画面，如果没有定义起始画面，易控默认第一个建立的画面作为起始画面。有些工程在画面设计时，整体显示界面由主画面、导航栏、工具栏等几个画面共同组成，此时需要将起始画面设为多个，而最后调入的画面总在最前面。图 2-12 为易控运行选项中设置起始画面。

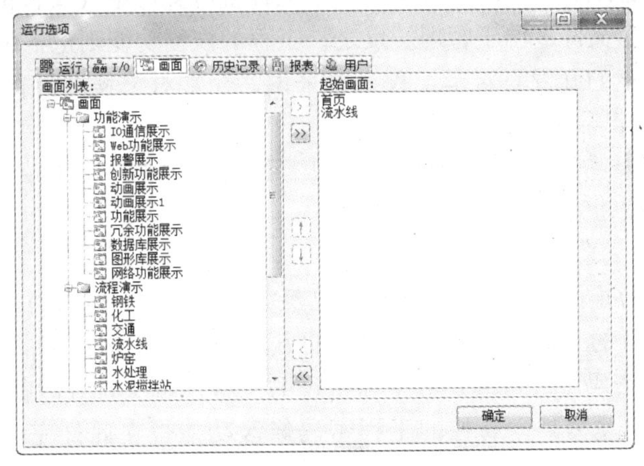


图 2-12　设置运行环境的起始画面

### 2.3.5 工程管理

开发系统提供工程开发的管理工具和手段，提高开发效率和实现一些特别的功能，例如工程加密和工程安装包的制作（也称“工程打包”）。

常用的易控工程管理功能包括：

- 工程的建立、删除、查找、添加、另存、工程列表维护。
- 设置一个工程为易控运行系统启动时的默认工程。
- 对工程进行备份、对备份的工程进行恢复。
- 对开发的工程进行加密，以防止他人随意剽窃自己的开发成果。
- 将开发完成的工程制作安装包，以便于分发给最终用户。

易控中常见的工程管理工作在开发系统的起始页中进行。对工程的加密和安装包的制作等是在开发环境的主菜单中进行的。

起始页上部是易控的产品标识。中间是用户开发的多个工程的列表，并显示出了工程的一些主要信息，如工程名称、创建时间、最后修改时间、工程的存放位置和工程的描述信息等。底部是一些提供管理功能的按钮，其作用非常易于理解和使用，这里不作详细说明，具体使用情况可参考易控软件的随机帮助文件。这里只简单作几点说明：

① 工程列表的右键菜单提供了和列表底部按钮一样的工程管理功能。

② 点击工程列表的标题栏，可以对工程的排列进行排序。

③ 工程列表中工程的属性可以在属性窗口中显示和修改，如工程名称和工程说明。（注：工程的有些属性需要把工程打开以后，选中工程树的根节点，在属性窗中进行修改）

④ 工程名称前面的绿色旗帜，表明该工程是本机上的默认工程。默认工程的含义是：当直接启动易控运行系统时所打开和运行的工程。

⑤ 选中工程列表中的工程，通过右键菜单或主菜单中的菜单项，进行“工程加密”、“打包”、“另存为”等管理操作。

#### 1. 备份和恢复

开发完成的工程保存在一个目录中，可以备份这个目录以保存工程的备份，易控提供的工程备份功能将工程目录的所有内容压缩到一个工程备份文件中（文件的扩展名为 inzipx），这样一个工程对应一个文件，便于管理。反之，工程的恢复功能则把备份好的工程还原到一个目录中，便于进一步的开发。对于工程人员来说，经常对工程进行备份是一个非常好的习惯。

工程的备份和恢复功能是通过在起始页的工程列表中选中工程，点击起始页下部的“备份”和“恢复”按钮完成的。

#### 2. 工程加密

工程加密能有效防止他人非法或无意修改已经完成的工程，或者防止恶意剽窃工程。只能对在开发环境中打开的工程进行加密，加密的方法是打开工程后从“文件”主菜单中选择“工程加密”输入密码后进行的，对于加密过的工程，每次打开时都必须输入正确的密码，否则工程不能打开。另外，易控的工程密码修改功能也在此处完成。图 2-13 为易控“加密工程”对话框。

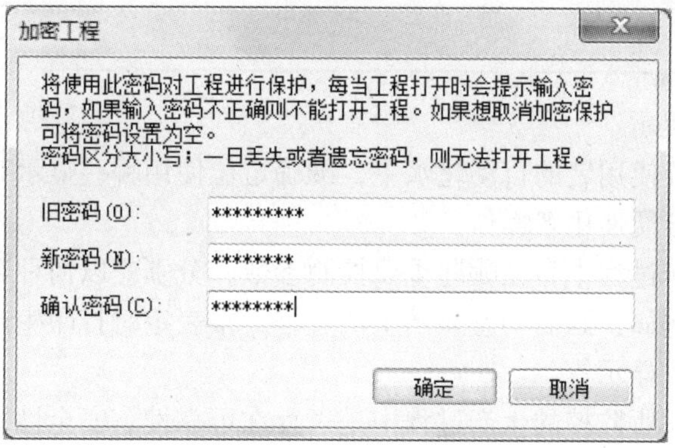

加密工程
将使用此密码对工程进行保护，每当工程打开时会提示输入密码，如果输入密码不正确则不能打开工程。如果想取消加密保护可将密码设置为空。
密码区分大小写；一旦丢失或者遗忘密码，则无法打开工程。
旧密码(O):
*********
新密码(N):
********
确认密码(C):
********
确定
取消

图 2-13　“加密工程”对话框

### 3. 工程安装包

工程打包则是工程开发完成后，交付最终用户的一个方便手段。它将开发完成的工程和运行工程所必需的软件一起打包生成一个安装软件，最终用户只需要这个安装软件就可以获得工程运行所需要的全部内容，不再需要去安装其他软件，包括易控本身，极大地方便了最终用户对工程的安装和管理。在生成安装包过程中，用户可以选择不安装易控的开发环境，这样最终用户就不能对工程进行修改。另外，用户还可以选择安装自己的工程运行时所必需的第三方软件，设置工程安装后是否在 Windows 启动时自动运行。图 2-14 为“生成工程安装程序”对话框。

生成工程安装程序
常用
第三方程序
工程名称(N):
易控演示工程
工程路径(A):
C:\Users\yangning\Documents\INSPEC 2009\Projects\易控演示工程
安装包输出路径(O):
C:\Users\yangning\Documents\INSPEC 2009\Packages
工程安装路径(P):
C:\Users\yangning\Documents\INSPEC 2009\Projects
安装开发环境(D)
运行环境随 Windows 自动启动(R)
生成(G)
打开安装包文件夹(E)...
关闭

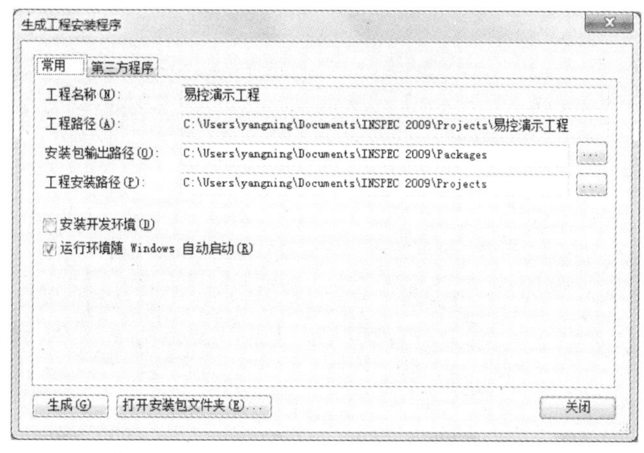

图 2-14　“生成工程安装程序”对话框

## 2.4　本章小结

在使用组态软件进行实际工程开发之前，需要掌握工程开发的一些基本概念，了解工程开发的一般工作流程，理解组态软件的结构设计，这样在实际开发时能够有效提高工程开发的效率。易控组态软件的结构是按照工程的实际开发流程设计，在功能模块中提供了向导工具、批量建立等快捷方式，方便用户快速配置工程，从而节省工程开发的时间。从下一章开始，我们将对组态软件的各个详细功能以及特点、使用和最新发展进行深入介绍。

工程设计提示

- 分析系统使用者的自动化水平，准确定位使用哪些显示对象来呈现工业现场，方便使用者操作。
- 分析生产过程中存在哪些重要控制参数，分别应以何种数据显示方式来呈现。例如：画面动态显示生产过程、报表定时打印生产数据、重要数据的曲线显示等。
- 需要考虑所监控的生产过程中是否存在可靠性、安全性要求。例如：报警、关键数据记录、冗余、用户权限分配等。
- 需要考虑生产管理的方便，或与第三方系统的数据交互需求。例如：采集的数据与其他外部数据库交互、通过配方进行批量操作、通过 Web 进行远程浏览和操作等。

# 第3章　变　　量

**本章要点**

- 变量的概念
- 变量的配置及使用
- 变量的管理

## 3.1　概述

在自动化系统中，类似温度、压力、设备状态等大量变化的数据是系统的核心，同样，组态软件的核心也是这些在工程中不断变化的数据，在组态软件中称之为“变量”。组态软件的每一个功能中几乎都能看到变量的使用，比如：通过变量值的变化改变画面中对象的动画效果，设置变量的报警属性将现场的报警信息反映给操作员，通过对变量值的记录生成报表等，因此，掌握变量的概念和使用十分重要。

组态软件中不仅包括与现场的温度、压力等相关的变量，同时还包括在工程开发中进行计算和程序开发过程中用到的变量，前者一般称为“外部变量”或者“IO 变量”，后者称为“内部变量”。

工程中的变量有开关型、整型、实型、字符型等多种类型，便于表达自动化系统中各种类型的信号，比如：阀门的开关状态、打开或关闭的指令就都可以使用一个开关量来表示，而温度、压力信号则需要使用整型或实型来表示。

在实际工程应用中，特别是大型工程，需要大量变量才能满足工程的需要，为了便于使用和管理，组态软件一般都可以将变量进行分组。用户可以按照逻辑关系、物理位置等多种方式将相关的变量组织到一起，形成变量组。用户可以对变量组直接操作，如整组复制，这样可以大幅度提高工程开发的效率。

另外，组态软件中一般都提供一些变量管理功能，例如：变量的引用功能可以快速定位工程中变量的使用位置，方便变量查找；变量的替换功能可以统一对变量进行替换修改，避免人工修改不彻底带来的问题，也能减少工作量；变量统计功能可以让用户掌握各种变量在工程中的使用情况，可以对未使用变量统一进行清理。

对变量的配置、组织、利用和管理是组态软件进行工程开发的重要内容。

## 3.2　变量及变量组

“变量”也称“工程变量”，是组态软件对工程中变化的数据的统称，也常被称为“数据库变量”、“标签变量”、“实时数据库变量”等，在后面的介绍中我们统称为“变量”，本书中也会经常使用“工程变量”、“数据库变量”，它们是指同一概念，不再特别说明。这里的“数据库”和“实时数据库”是指组态软件中用于有效管理这些变量的软件模块。

在组态软件中对变量的分类从广义上来说主要有两类，见表 3-1。

**表 3-1　变量分类**

| 类　型 | 来　源 | 用　途 |
| --- | --- | --- |
| 外部变量 | 工业现场的硬件设备寄存器 | 反映工业现场的变化情况、控制现场的设备 |
| 内部变量 | 变量节点下根据工程实际需要建立 | 内部计算、用户程序中间转化 |

一类变量直接对应着所连接的设备中的数据，如 PLC 内的某个寄存器，称为“外部变量”、“I/O 变量”或“设备变量”，一般用于对工业现场的数据采集和控制，比如对现场温度信号的采集、打开现场阀门等，这些变量的改变直接反映了工业现场的变化。另外一类则与所连接的设备无直接关联，一般用于在组态软件中的计算或程序开发过程中进行中间转换，称为“内部变量”。

内部变量和外部变量共同构成工程中的工程变量。事实上组态软件所有的功能模块都是围绕着变量展开的。变量是逻辑层面上的数据基础，所有的功能都在它基础上确立。传统的组态软件在建立工程变量的时候，往往需要事先指定哪些变量是内部变量哪些变量是外部变量，但是，大部分工程在开发阶段由于硬件设备的不确定性或者调试过程中的修改等原因，很难确定应该建立哪些变量及变量怎样分类，造成的结果就是组态工程师在开发工程的过程中需要经常修改所组态的变量的属性及使用方式，很容易造成变量管理和使用的混乱，最终往往使开发出来的工程存在很多隐患，从而导致工程的不稳定。

在易控中建立工程变量时，不需要关心它与 PLC 等硬件设备的寄存器是否关联，就可以使用。当需要指定这个变量和外部设备的寄存器关联时，通过一种“连接”关系，就可以随时建立这种关联。易控的工程变量之所以没有和硬件通道进行绑定，是为了将硬件层与逻辑层进行隔离。即使将来发生变化，也只需要改变一下映射关系，而不需要改变变量本身。否则，所有的功能模块都将会因为硬件通道的损坏而改写全部程序。通过这样的设计，变量在使用和管理时十分方便灵活，同时还能够实现其他软件所不能实现的新特性，有关内容在第 4 章“数据采集和控制”中介绍。易控中工程变量和设备变量之间的关系如图 3-1 所示。

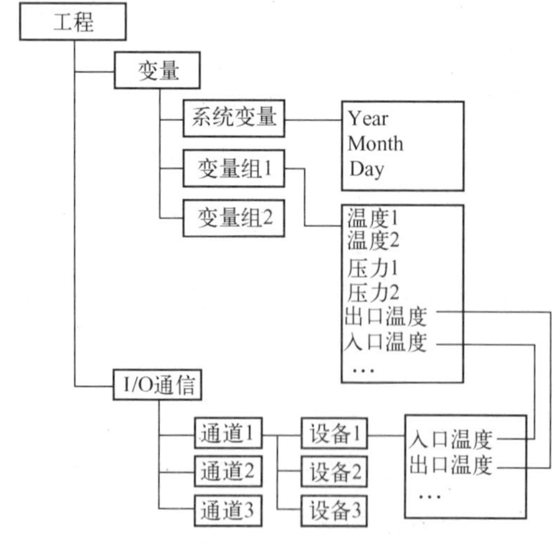

图 3-1　易控中工程变量与设备变量的关系

另外，组态软件作为一种商业软件，它的授权一般都与工程中变量的个数（称为“点数”）有关，根据允许使用的变量个数把组态软件的运行系统分成64点、256点、1024点等不同的规格。一些组态软件对点数的计算包括外部变量和内部变量，这种将内部变量包括进来的计算方法称为“虚点计算方法”（内部变量俗称“虚点”）。另外一些组态软件则只计算外部变量，对内部变量不加限制，这种只计算外部变量的计算方法称为“实点计算方法”（外部变量俗称“实点”），它使用户在购买相同点数的运行系统授权时，实际可以完成更大规模的工程。易控组态软件对授权的计算采用实点计算方法。

变量一般具有名称、类型、初始值、最大值、最小值、描述说明、是否保存初始值等属性。变量的名称可以包括字符、符号、中文等。变量的类型有：开关型、整型、实型、字符串型、时间型、数组型。

在工程开发过程中，为了方便对变量的管理，组态软件一般按照变量的逻辑关系将变量进行分组管理，“变量组”是包含一组相关变量的逻辑单元。变量的分组一般是按照工程的逻辑组织进行的。如一个生产线的不同工位，如果有较多的重复性设备，则每个设备相关的变量可以分为一组，这样可以进行组的复制，提高效率，也方便查找。图3-2为易控工程中变量分组列表。

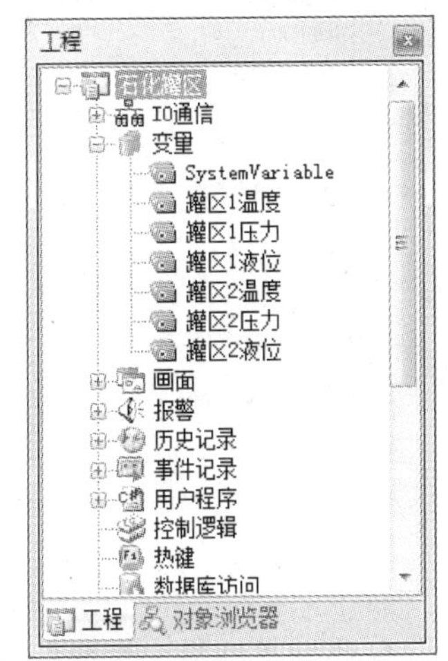

图3-2　易控工程变量分组

变量组只有一级，不允许嵌套，即一个组内不能再分组。变量在使用时需要在前面加上变量组的名称，中间用点运算符“.”连接，例如：变量组1. 变量1。

在组态软件中有些变量是所有工程都具有的，如系统时间、工程路径、用户名、定时器等特定功能的变量，它们是一类特殊的变量，称为“系统变量”。系统变量在新建工程后都默认存在于“SystemVariable”（系统变量）组中，不需要自己建立，也不能删除和修改。除了系统变量外，其他在工程中应用到的变量都需要用户自己建立，这些变量可以随时删除和修改。

## 3.3　变量配置

变量配置就是在工程中建立变量并对其进行各种属性定义的过程。在工程开发之前，组态软件中没有与工程中数据相对应的变量，对于工程开发中使用到的变量都需要开发人员自己建立。变量的配置是通过工程中的“变量”节点进行的。图3-3为易控变量配置的工作区。

配置包括变量的新建、删除和修改。变量可以逐个建立也可以按照一定规律批量建立。变量还可以导出到.CSV文件中，方便用户在Excel等软件中编辑，也方便多人同时开发工程的不同内容，修改和开发完成后，再将变量文件导入到工程中。

配置还包括给变量重命名、选择变量类型以及其他属性的设置。

变量的名称是它区别于其他变量的标志，变量的命名一般需要遵守组态软件开发语言的要求。对于易控组态软件来说，变量的命名规则是：首字符必须是字母、下划线、汉字，其后的字符可以是字母、下划线、数字或汉字，变量的名称区分大小写，同一变量组中的变量名不可以重复，但不同变量组中的变量可以重名。

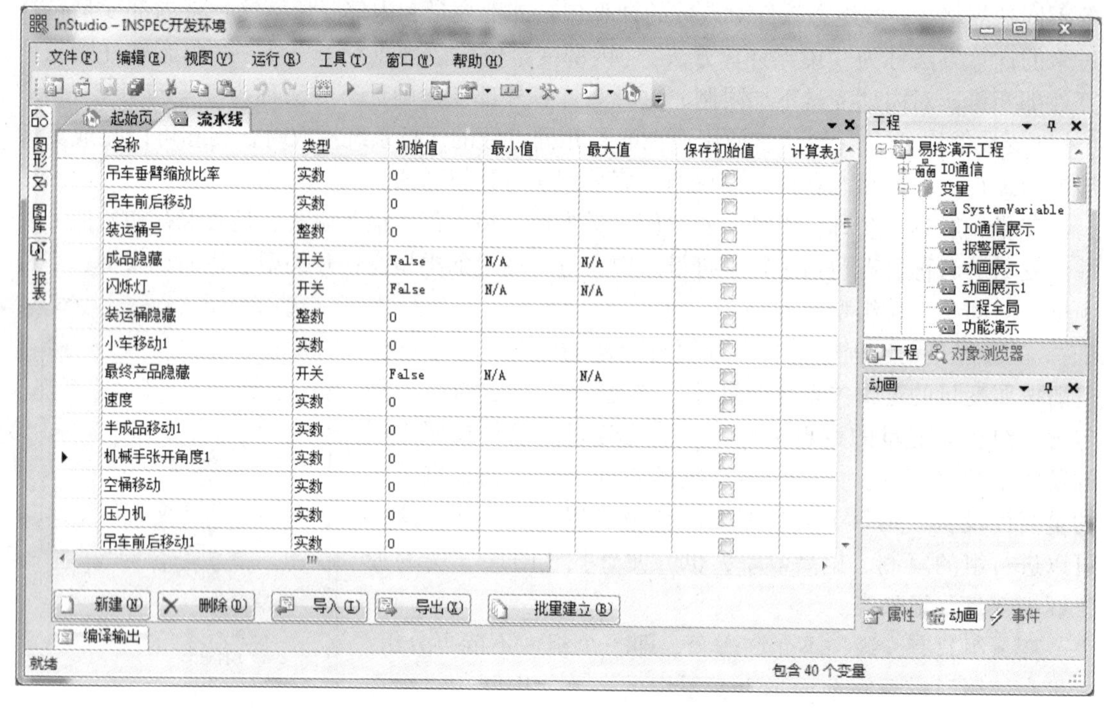


图 3-3　易控变量配置工作区

变量的类型是由变量使用场合决定的。易控的变量类型包括：

① 开关型：用于离散变量，变量的结果用 0 或 1、真或假等表示。

② 整型：包括有符号整型和无符号整型。

③ 实型：包括单精度双精度等，当数值比较大时可以用科学计数法表示。

④ 字符串型：由零个或多个字符组成有限序列的变量。

⑤ 时间型：变量按照时间格式显示。

⑥ 数组型：一组具有相同类型的变量的集合，可以设置数组的长度和变量的类型。

对于变量的配置来说，配置变量名和变量类型后，这个变量基本上就可以使用了，不过在使用的时候还需要对变量进行初始值、最大最小值、是否保存初始值、计算表达式、变量说明等属性的设置，从而使变量达到工程使用的条件。

保存初始值：该项没有选中时，当运行系统退出后再次运行，变量显示的值为初始值所设置的值。选中该项，当运行环境正常退出后再次运行时，变量的初始值为上次运行时变量最后一次变化的值。例如：变量 1 初始值为 0，当没有选中该项时，运行系统关闭时变量 1 值为 10，下次启动运行后变量 1 值为 0，如果选中该项，当运行系统关闭时变量 1 值为 10，下次启动运行后变量 1 值仍为 10。

计算表达式：变量是其他变量的表达式运算结果。在重复使用较长表达式的情况下，可以避免表达式书写过长和反复书写。

例如：变量 B = （变量 A * 88f/100f - 88）

易控组态软件对于变量的建立提供了很多快捷操作方式，除了上面所说的导出到 Excel 中进行新建和修改再导入易控中外，在变量组中还提供了批量建立变量的方式，对于某一组变量，如果变量名是按照规律递增且其他属性都相同的话，可以通过批量建立变量的方式一次将所需要的变量批量建立完毕。另外，易控对于变量组提供了复制和粘贴功能，在用到大量重复性功能的系统中，合理规划变量组，然后利用变量组的整体复制，可以节约大量的变量配置时间，提高系统开发效率。

## 3.4　变量使用

变量的使用就是将建立好的变量应用到工程的各个部分，例如，在工程中画面的动画效果、报警的产生、数据的记录以及控制流程的实现都是通过变量来实现的。

工程中往往会建立很多变量，在使用的时候需要从这些变量中进行选择，由于变量多查找不方便，组态软件一般会提供一个变量检索的工具，易控中称为变量浏览器。变量浏览器可以按照变量组、变量类型、变量的名称或者变量的描述来过滤，可以非常方便地定位和查找变量，甚至可以自动进行类型的过滤。当查找的变量不存在时，还可以在变量浏览器中直接新建，提高了工作效率。图 3-4 为易控的变量浏览器。

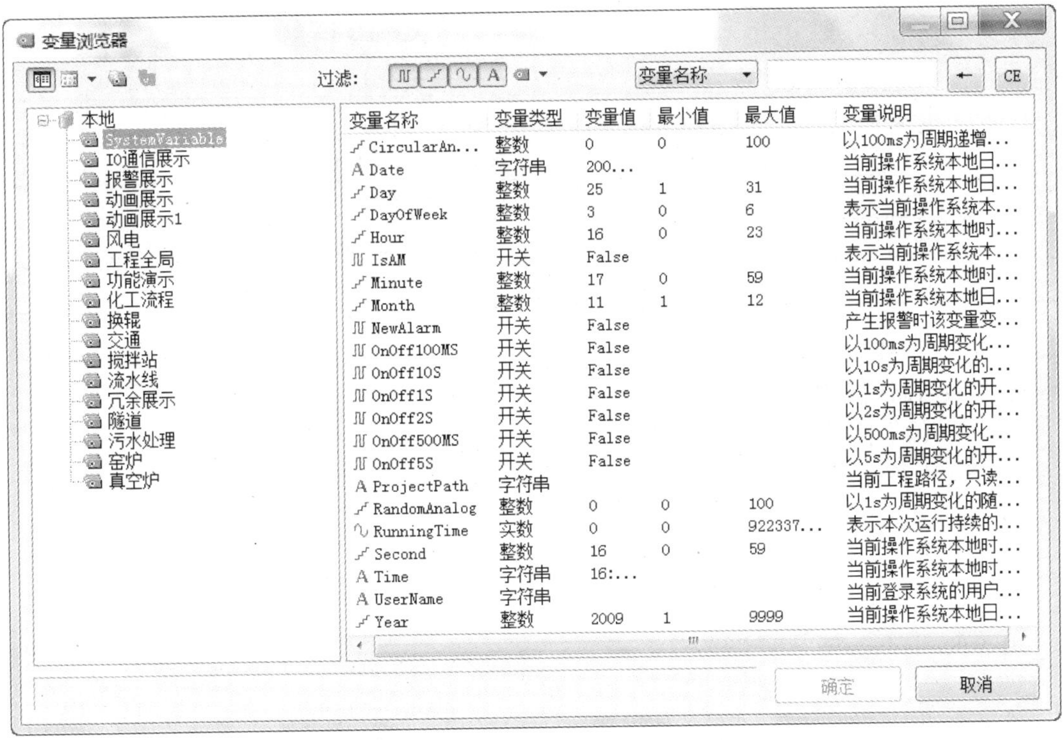

变量浏览器
过滤:
变量名称
CE
本地
SystemVariable
IO通信展示
报警展示
动画展示
动画展示1
风电
工程全局
功能演示
化工流程
换辊
交通
搅拌站
流水线
冗余展示
隧道
污水处理
窑炉
真空炉
变量名称 变量类型 变量值 最小值 最大值 变量说明
CircularAn... 整数 0 0 100 以100ms为周期递增...
Date 字符串 200... 当前操作系统本地日...
Day 整数 25 1 31 当前操作系统本地日...
DayOfWeek 整数 3 0 6 表示当前操作系统本...
Hour 整数 16 0 23 当前操作系统本地时...
IsAM 开关 False 表示当前操作系统本...
Minute 整数 17 0 59 当前操作系统本地时...
Month 整数 11 1 12 当前操作系统本地日...
NewAlarm 开关 False 产生报警时该变量变...
OnOff100MS 开关 False 以100ms为周期变化...
OnOff10S 开关 False 以10s为周期变化的...
OnOff1S 开关 False 以1s为周期变化的开...
OnOff2S 开关 False 以2s为周期变化的开...
OnOff500MS 开关 False 以500ms为周期变化...
OnOff5S 开关 False 以5s为周期变化的开...
ProjectPath 字符串 当前工程路径，只读...
RandomAnalog 整数 0 0 100 以1s为周期变化的随...
RunningTime 实数 0 0 922337... 表示本次运行持续的...
Second 整数 16 0 59 当前操作系统本地时...
Time 字符串 16:... 当前操作系统本地时...
UserName 字符串 当前登录系统的用户...
Year 整数 2009 1 9999 当前操作系统本地日...
确定
取消


图 3-4　变量浏览器

在组态软件中变量不仅可以单独使用，也可以先进行一定运算后再使用，如“变量 A * 10 + 100”，这种将变量运算后再使用的方式称为一个表达式。一个表达式相当于一个新的变量，在有些场合使用表达式会比使用变量更为方便。

例如：液面高度>50&& 液面高度<80、（开关1| |开关2）&&（液面高度<80）等。表达式中用到的运算符见表3-2。

表3-2　表达式中的运算符

| 运算符 | 含　　义 |
| --- | --- |
| * | 乘法 |
| / | 除法 |
| % | 模运算 |
| + | 加法 |
| - | 减法（双目） |
| & | 整型量按位与 |
| \| | 整型量按位或 |
| && | 逻辑与 |
| \| \| | 逻辑或 |
| < | 小于 |
| > | 大于 |
| <= | 小于或等于 |
| >= | 大于或等于 |
| == | 等于 |
| ! = | 不等于 |
| — | 取反数值，正负转化（单目） |
| ! | 逻辑非 |
| ~ | 取补码，按照二进制取补码 |
| () | 优先级别调整 |

运算符有不同的优先级别，优先级高的优先运算，同一优先级的按照顺序计算。

优先级由高到低如下：

① —、()、!、~；

② *、/、%；

③ +、-；

④ <、>、<=、>=、==、! =；

⑤ &、|、^；

⑥ &&、| |

⑦ =

在某些组态软件中，对变量的使用都是只能使用变量名。易控中变量的使用不仅可以使用变量名，而且可以使用变量的各种属性和方法。变量的属性和方法的调用在画面和用户程序中经常会被用到。变量的属性包括变量名、变量类型、最大值、最小值、变量的描述、变量状态等，变量的方法可以将变量转换为其他类型如16位整型、32位整型等。变量的属性和方法的调用通过在变量后面加一个点运算符“.”就可以实现。例如：变量组1.料重.MaxValue为调用变量“料重”的最大值属性。图3-5为易控定义动画时表达式中调用变量的属性和方法的窗口。

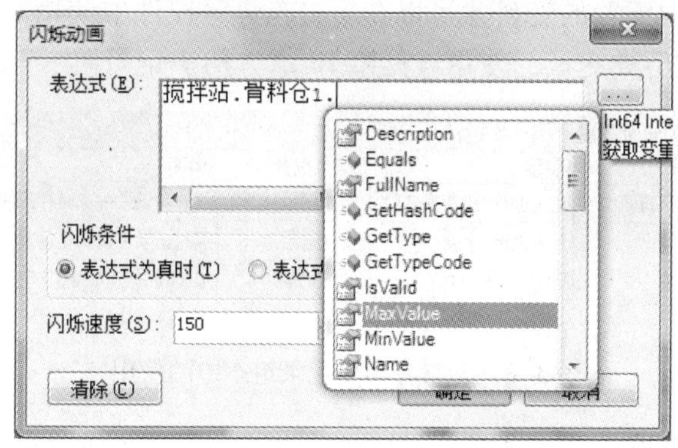


图 3-5　变量属性和方法的调用

变量是整个工程开发的核心，在工程中的各个部分都需要用到，主要是在如下几个方面：

### 1. 画面中的使用

在组态画面时，画面中的各种图形和图符是用来表示现场情况的，这些都是静态的，如果想通过动画效果比如颜色的改变、图形的隐藏、移动等来实现，就需要将动画效果与所对应的变量进行连接。图 3-6 为易控在画面中的动画属性的配置。变量在画面中的使用详见第 5 章“监控界面”。

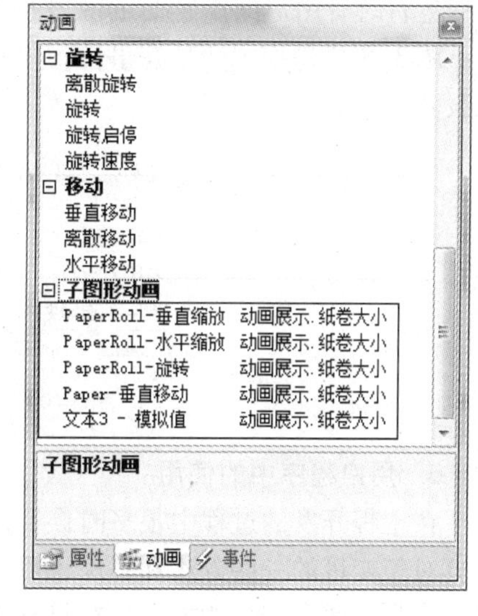


图 3-6　变量在画面组态中的使用

### 2. 报警中的使用

易控中变量的报警属性是在报警功能节点下配置的，对于需要报警的变量，易控定义为“报警变量”。在报警变量表中进行添加，与数据库变量进行关联，同时配置相关的报警属性（如开关量的开报警、关报警、变位报警；模拟量的高限报警、低限报警等）。对于配置好的报警变量可以在用户程序中对报警变量的各种属性和方法进行调用。图 3-7 为易控中变量在报警中的使用。报警变量的使用详见第 7 章“报警和事件”。

起始页　报警变量

| 名称 | 数据库变量 | 报警配置 | 报警级别 | 报警区 |
|---|---|---|---|---|
| 窑炉_玻璃温度曲线 | 窑炉.玻璃温度曲线 | 低,高 | 不急 | 炉窑-加热反应 |
| 燃烧炉监控系统_... | 燃烧炉监控系统.炉膛温度 | 温度过低,温度过高 | 不急 | 燃烧炉监控系统 |
| 化工流程_液位 | 化工流程.液位 | 液位过高 | 不急 | 化工-加热反应 |
| 化工流程_温度 | 化工流程.温度 | 温度过低 | 不急 | 化工-加热反应 |

图 3-7　变量在报警组态中的使用

### 3. 历史记录中的使用

易控中变量的历史记录属性是在历史记录节点下配置的，对于需要进行历史数据记录的变量，易控定义为“历史变量”。在历史记录变量表中进行添加，与数据库变量进行关联，同时配置相关的历史记录属性（如开关量有变化记录；模拟量可以有变化记录和定时记录），只有在历史记录中配置的变量才可以在历史趋势等控件中使用。图 3-8 为易控中变量在历史记录中的使用。历史变量的使用详见第 10 章“历史记录”。

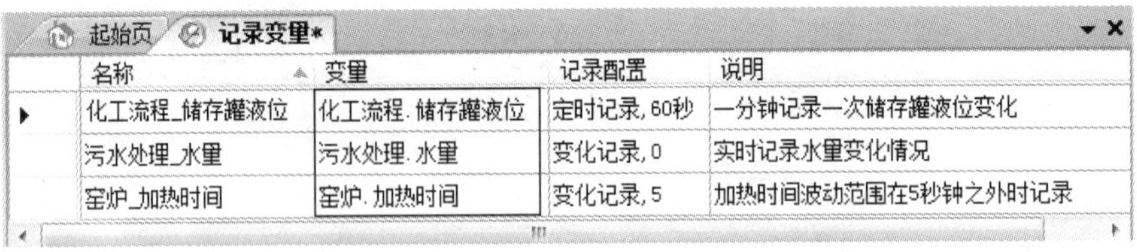

| 名称 | 变量 | 记录配置 | 说明 |
|---|---|---|---|
| 化工流程_储存罐液位 | 化工流程. 储存罐液位 | 定时记录, 60秒 | 一分钟记录一次储存罐液位变化 |
| 污水处理_水量 | 污水处理. 水量 | 变化记录, 0 | 实时记录水量变化情况 |
| 窑炉_加热时间 | 窑炉. 加热时间 | 变化记录, 5 | 加热时间波动范围在5秒钟之外时记录 |

图 3-8　变量在历史记录组态中的使用

### 4. 事件记录中的使用

易控软件中变量的事件记录属性是在事件记录节点下配置的，对于需要进行事件记录的变量，易控定义为“操作变量”。在事件记录表中进行添加，与数据库变量进行关联。当在工程运行时有用户操作使变量值发生变化时，系统会将该变量的操作记录到相应的数据库中。图 3-9 为易控中变量在事件记录中的使用。事件变量的使用详见第 12 章中的“事件记录服务”部分。

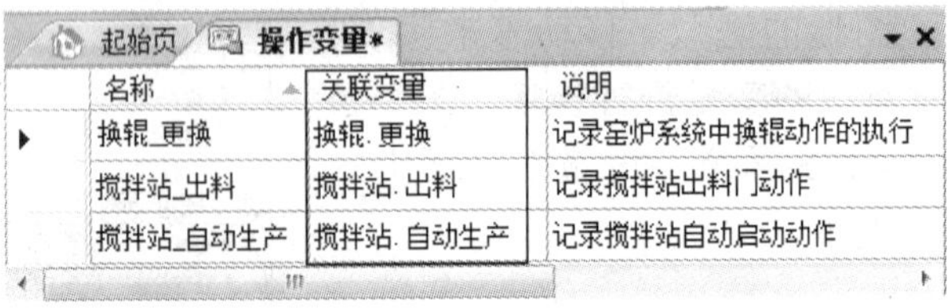

| 名称 | 关联变量 | 说明 |
|---|---|---|
| 换辊_更换 | 换辊. 更换 | 记录窑炉系统中换辊动作的执行 |
| 搅拌站_出料 | 搅拌站. 出料 | 记录搅拌站出料门动作 |
| 搅拌站_自动生产 | 搅拌站. 自动生产 | 记录搅拌站自动启动动作 |

图 3-9　变量在事件记录组态中的使用

### 5. 用户程序中的使用

在工程开发的过程中很多时候会用到用户程序，易控的变量可以直接被用户程序调用，并且对于变量的一些方法和属性也可以直接使用，从而使用户程序的功能更加强大。易控中用户程序中使用变量的方法是在打开 C#用户程序编辑器后，在窗口的右侧工程树目录下的“变量”节点中调用变量。该节点下包含“命令”和“对象”两个子目录。

“命令”目录下包含了一个易控封装好的函数“GetTag”，它的作用是返回指定变量的变量名。例如：下面一段代码演示的是设置整型“变量 1”到“变量 100”的值，其中使用了 GetTag 函数批量获取变量名。

```
for(int i=1; i<=100; i++)
{
// 整型:IntegerDBTag;字符串型:StringDBTag;
// 开关型:DiscDBTag;日期型:DateTimeDBTag;
// 实数:AnalogDBTag;数组型:ArrayDBTag
string tagName = string.Format("变量组1.变量{0}", i);
IntegerDBTag tag = (IntegerDBTag)(Tag.GetTag(tagName));
tag.Value = 100 + i;
}
```

“对象”目录下包含的是易控中所有建立的变量，当用户程序中需要用到变量的时候可以直接找到，通过双击就可以显示在用户程序中，在用户程序中可以对变量进行赋值等各种运算。图 3-10 为变量在用户程序组态中的使用。

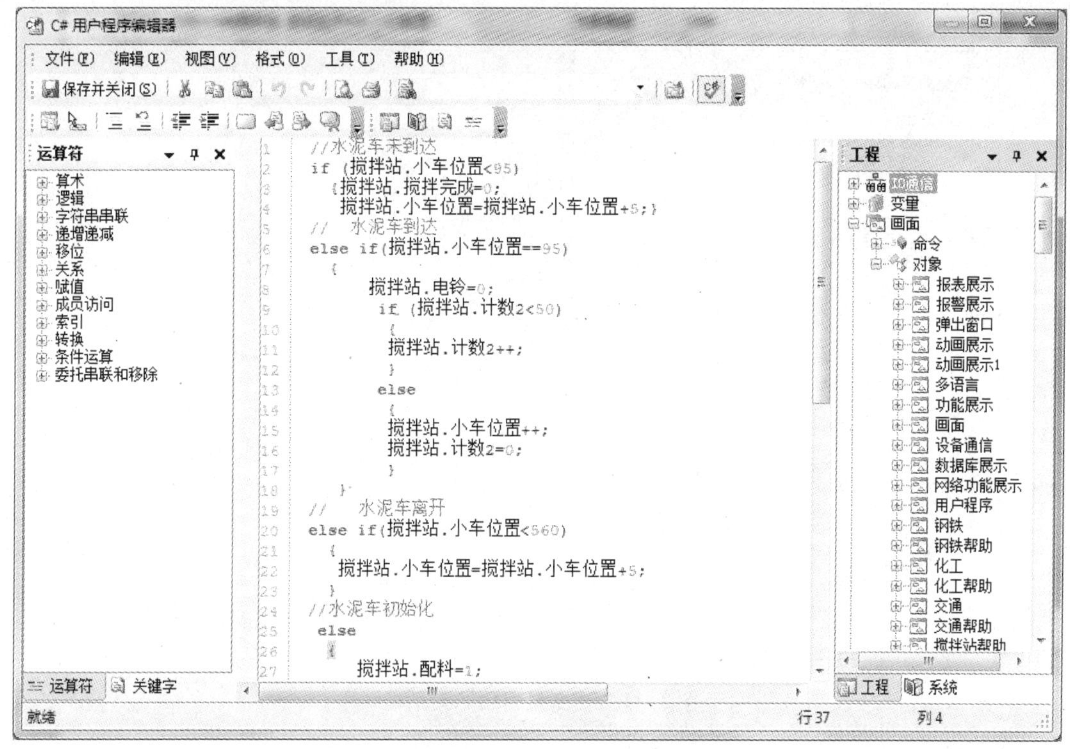


图 3-10　变量在用户程序组态中的使用

上面介绍了变量在画面、报警、历史记录和用户程序中的使用，除此之外，数据库访问、报表、配方以及网络等其他功能中也有对变量的使用，这里就不过多介绍，具体的使用可以参考相关章节。

## 3.5　变量的管理

对于工程开发人员来说，变量的管理主要是了解工程中变量的数量及使用情况。在工程开发过程中，变量往往很多而且使用也很分散，对于工程开发和后期维护来说，如果能对变量进行快速统计、定位及修改，可以提高工作效率，减少重复性工作，同时也能节约工程资源。变量的管理主要包括变量的引用、统计和替换。

### 3.5.1　变量引用

变量引用的作用就是能快速定位出工程中所有变量被使用的位置。工程开发过程中，随着变量的不断建立，画面不断增加，功能不断扩展，变量的使用情况会越来越复杂，如果能对工程中变量的使用位置有很好的了解以及快速的定位，那么在工程检查和修改时会非常方便。变量在工程中使用时，它的使用位置都会被工程所记录。当需要查找一个变量的所有使用位置时，就可以通过这些记录进行查询。在易控中是通过变量引用来实现的。通过主菜单中“工具”选项下的“变量引用”项或者工程树目录中“变量”节点下鼠标右键中的“变量引用”项，可以调出“变量引用”对话框，如图3-11所示。

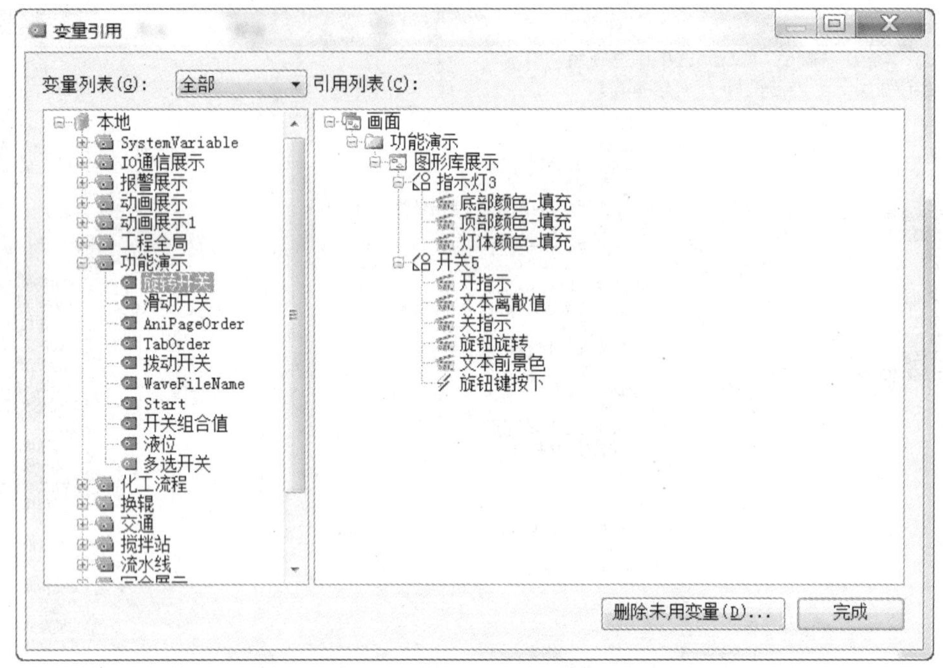


图3-11 “变量引用”对话框

易控的“变量引用”对话框中包括“变量列表”和“引用列表”两个窗口。

变量列表中列出了工程中的所有变量，可以通过“已用”、“未用”、“全部”三种方式来对变量进行筛选。

引用列表中会将所选变量在工程中所有使用位置记录以树形目录的形式显示出来，对于需要修改或定位的地方可以直接通过引用列表进行调用。

另外，在变量引用中还提供了变量删除的功能，对于那些在工程中没有使用的变量可以全部或者有选择地删除，这样可以对工程进行优化处理，减少工程中的资源使用，减轻后续工程维护的麻烦。

### 3.5.2 变量统计

变量统计是对工程中变量整体使用情况的统计。它会告诉开发人员工程中已经建立了多少变量，有多少变量已经被使用，有多少变量在I/O通信中被使用等情况。在易控中可以通过两种方法来实现：开发系统主菜单中“工具”选项下的“变量统计”项或者工程树目录中“变量”节点下鼠标右键中的“变量统计”项调出“变量统计结果”对话框，如图3-12所示。

易控的“变量统计结果”对话框中列出了工程中定义的所有变量数量、系统变量的数量、已经使用的变量数量、没有使用的变量数量以及I/O通信已使用的变量数量。

另外，在易控中对于进行了网络配置的工程来说，还将会统计出被引用工程中变量的使用情况，这在第 12 章“网络应用”中会进行介绍。

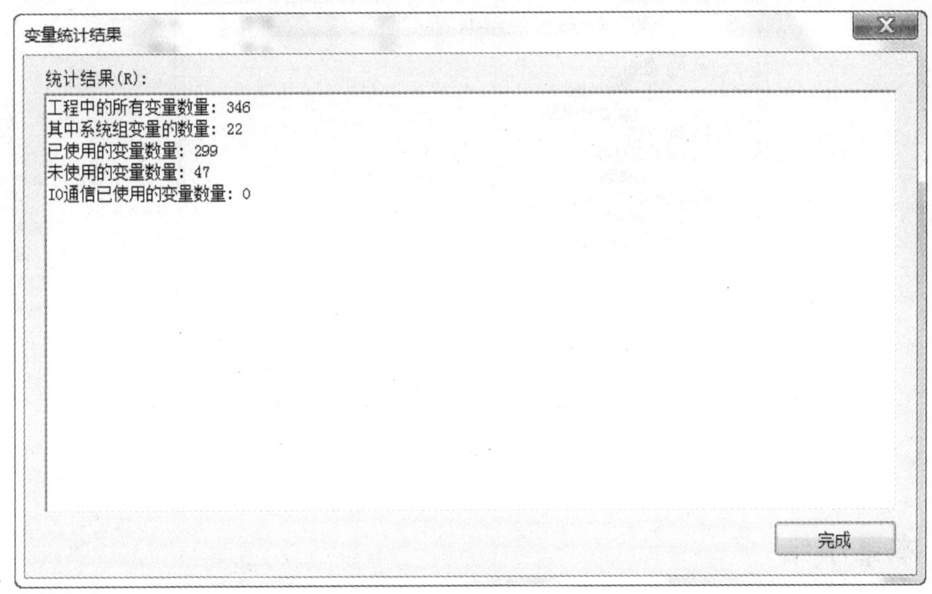


图 3-12　“变量统计结果”对话框

### 3.5.3　变量替换

在工程中用一个变量代替另外一个变量的使用位置及功能的方式称为变量替换。在工程开发的过程中由于下位硬件设备或者开发时设计思路的变化，经常会出现将某一个变量替换为其他变量的情况，手工逐个替换的方式浪费时间，而且容易出错，这就需要组态软件提供一个快捷的方式。易控提供的“变量替换”功能可以自动在不同范围内进行变量整体替换。易控的变量替换功能可以在整个工程范围内进行，也可以只限于某一具体功能，具有极大的方便性和灵活性，可以进行变量替换的范围如下：

① 在一个画面上使用的某一变量全部替换为一个新的变量。

② 所有画面上的某一变量全部替换为一个新的变量。

③ 工程中所有用户程序里的某一变量全部替换为一个新的变量。

④ 整个工程里的某一变量全部替换为一个新的变量。

⑤ 一个智能图符中使用的内部变量替换为工程中的实际变量。

变量替换的范围不同时，变量替换的调用方法略有不同。上述的前 4 种情况，变量替换功能通过“画面名称”、“画面”、“用户程序”节点和工程根节点的右键菜单实现。而第 5 种情况则在图符的右键菜单或其属性窗口中的“变量替换”处进行。图 3-13 为“变量替换”对话框替换一个变量的示意。

此外，当工程变量名称发生更改后，易控会自动查找并替换所有与该变量关联的引用。图 3-14 为变量“预览更改”对话框变量名称更改的示意图。

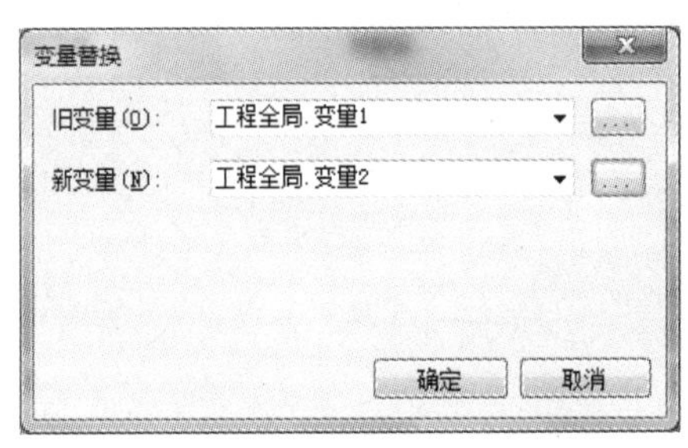


图 3-13　“变量替换”对话框

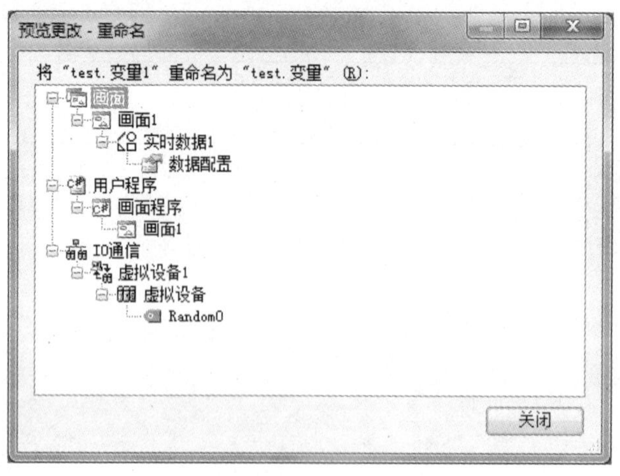


图 3-14 变量“预览更改”对话框

## 3.6 本章小结

本章主要介绍了变量的概念、变量的配置、变量的使用及管理，可以看出变量贯穿于工程的各个环节，在整个工程开发的过程中是十分重要的。易控中通过提供变量导出、导入、批量建立、属性和方法调用、引用、统计、替换等功能，以及通过工程变量与I/O变量、报警变量、历史变量分离的设计方法为用户的使用带来了很大便利。

工程设计提示

- 变量组和变量的命名尽量简单明了，对于大量有规律的变量须建立在一个变量组中，便于统一修改时的方便。
- 为加快工程开发进度，设备变量和内部变量的定义可以分开进行，通过“导入”功能合并到一个工程中。
- 工程变量与并联的设备变量的类型要一致。

# 第4章　数据采集和控制

## 本章要点

- 设备通信基础介绍
- 数据采集与控制的管理和优化
- 易控的设备网关功能

## 4.1　概述

工业控制系统中，现场的原始数据如温度、压力、设备状态等是系统的基础和关键，无法获取这些数据，所有针对它们进行的计算和操作就都是错误的，离开了这些数据，系统就像人没有了视觉和触觉一样，自动化就是一句空话。同样，作为建立在控制系统基础之上的监控系统，及时准确地采集和控制现场数据也是组态软件的基础。

组态软件对现场数据的采集与控制主要是采集控制现场的输入输出信号，因此，在组态软件中又将数据采集和控制称为组态软件的 I/O 通信功能。工业现场的各种数据一般是由PLC、智能仪表以及各种板卡等现场硬件设备进行采集的，组态软件作为监控系统软件必须通过一定的通信介质、通信接口以及驱动程序等通信条件才能获得这些硬件设备中的数据，硬件设备中的这些通信条件一般都是由硬件厂商确定的。

在组态软件中，对于工程开发人员来说，现场的通信介质、通信接口、通信协议等硬件设备的具体内容和知识不需要了解很多，组态软件一般都为这些连接提供了完善的通信配置向导和说明，使开发人员能快速简单地完成与这些设备的连接。而且，组态软件中一般会将使用相同通信介质或者通信接口的设备进行分类管理，方便用户的使用和查找。另外，在一些组态软件中会提供一种虚拟设备或仿真设备，它们是组态软件内部开发的一种程序，不需要通信介质、通信接口、通信协议就能模拟现场硬件数据的变化，提供递增、递减等规律性变化的数据或者随机数，使工程不需要实时与现场硬件连接也能观察工程中的各种功能效果。

组态软件是对现场进行实时监控的软件，它对于现场采集数据的通信速度、稳定性有很高的要求。因此，组态软件在与现场设备进行正常的通信连接的基础上，还应该对数据采集与驱动程序进行适当的优化与管理，比如：设置合理的数据采集周期、通信延时与超时等，通过这些方式可以增加组态软件数据采集与控制的准确性、安全性与实时性。

另外，除了通信速度和稳定性之外，支持硬件接口的种类和拥有通信协议的数量也往往是用户最关心的问题。现在各种新的硬件设备不断出现，组态软件厂商基本都能在较快的时间内为用户开发出驱动程序，同时，在一些组态软件中还为用户提供了与组态软件配套的用户驱动程序开发工具，通过这些工具的使用，硬件厂商或者工程开发人员可以自己完成驱动程序的开发。

组态软件的数据采集与控制是组态软件存在的根本。只有建立在能快速准确地反映现场数据的基础上，组态软件的其他功能才能发挥作用。

## 4.2　设备通信基础

组态软件实现对现场设备的数据采集与控制需要具备两方面的条件：一方面是组态软件与现场设备之间要有物理连接，另一方面就是组态软件按照一定的协议与现场设备进行通信。因此，需要对现场设备有一定了解，例如软件和硬件设备是通过串口还是以太网连接、通信时需要使用的通信参数等，了解这些以后才能够与现场设备进行顺利的连接。组态软件中对现场设备的连接过程大致相同，一般都提供配置向导界面，用户不需要对硬件信息有很深入的了解，例如：硬件设备的通信协议具体内容用户是不需要关心的。不同组态软件的区别主要在于各软件的配置过程和所支持的设备种类。

易控组态软件对支持的设备提供相应的驱动程序，易控中的数据采集和控制一般都是基于存在“通道”和“设备”的前提下才能够通信，组态软件不能直接和设备建立连接，设备必须挂接到通道上，在一个通道上可以挂接多个设备，同时，没有设备只有通道，组态软件也发挥不了其作用，组态软件（易控）、通道、设备三者之间的关系如图 4-1 所示。

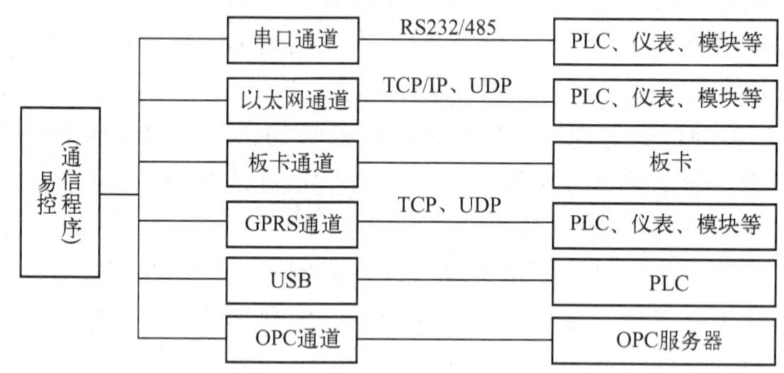


图 4-1　易控、通道、设备三者关系

下面详细讲述设备通信的通道、设备以及通信程序等基本内容。

### 4.2.1　通道

组态软件作为安装在监控计算机上的应用软件，它要获得现场设备的数据就要与设备建立起物理链路上的连接。这种物理链路上的连接包括使用串口、以太网口或其他一些硬件接口。硬件接口规定了硬件产品使用何种通信介质与其他设备进行通信。工业现场的硬件设备多种多样，各种不同厂家、型号的设备，它们所具有的硬件接口也各有不同，有时即使是同一个厂家的产品也具有不同的硬件接口。

通道是易控组态软件对设备的硬件接口的称呼，是易控和仪器、仪表、PLC 等外部设备进行信息交换的“走廊”或者“媒介”。虽然通道常常和计算机硬件紧密相关，如串行口、以太网口等，但在易控中它只是一个抽象概念，不一定有实际的物理意义。易控有以下类型的通道：串口通道、以太网通道、虚拟设备通道、OPC 通道、板卡通道、各种现场总线接口通道以及一些特殊的软件通道等。

易控的通道配置是在工程树目录下的“I/O 通信”节点下完成的，每一种通道的配置易控都提供了配置向导，工程开发人员只需要按照向导的要求完成通道属性的配置，如串口通道的波特率、端口，以太网通道的 IP 地址及端口号等，对于每种通道的具体配置情况可以参见易控的“设备通信帮助手册”。

易控中每一种通道都具有一些相同的属性，如通道名称、通信状态、是否启用等。表 4-1 列出了易控中常用的通道属性及其含义。

表 4-1　通道属性及其含义

| 通 道 属 性 | 属 性 含 义 |
| --- | --- |
| 通道名称 | 所连接通道在易控中默认使用的名称，可以根据需要修改，例如“串口 1”、“以太网 1” |
| 是否启用 | 为了避免现场检修断开通信链路，软件仍然对通道中设备下发指令的情况发生，可以连接一个开关型变量，在运行期间动态地实现通道的启停。变量为“On”时启用，“Off”时停止。停止一个通道会停止通道下的所有设备，启用一个通道会启用通道下的所有设备 |
| 通信状态 | 通信是否正常。连接一个开关型变量，可以在工程运行期间监视通道的通信是否正常。变量为“On”表示通信错误，“Off”表示通信正常。通道下的任何一个设备的通信错误都会引起通道的通信错误，只有通道下所有设备都通信正常，通道才正常 |
| 通信出错控制 | 灵活配置设备通信出错后的控制方式，从而提高通信速度，在本章后面会有详细介绍 |

通道除了具有一些常用的基本属性之外，不同通道都具有各自不同的重要属性。

**1. 串口通道**

在建立串口通道时，需要对基本通信参数进行设置，包括使用的串口协议类型，串口占用的端口号，设备通信使用的波特率、校验位、数据位、停止位等。只有这些参数设置正确，易控才能对现场设备进行数据采集与控制。

**2. 以太网通道**

以太网通道在建立时也需要对通信的基本参数进行正确的配置，包括使用的以太网协议类型、远程设备使用的 IP 地址以及 IP 端口等。

**3. GPRS_CDMA 通道**

建立 GPRS_CDMA 通道需要设置使用的 DTU（Data Transfer Unit，数据传输单元）设备厂家，无线通信使用的连接方式，DTU 设备占用的端口号以及终端 ID 等属性。

易控中除了通道的属性配置外，还提供了一些通道使用的快捷功能，如在通道下直接新建设备，通道的复制、粘贴以及通道下设备的直接运行等。这些功能的使用让工程开发人员在工程开发过程中能减少很多不必要的操作，提高工程开发的效率。

### 4.2.2　设备

工业现场的各种数据都是通过现场的仪器、仪表、PLC 等硬件进行采集的。如果组态软件想要获得这些工业现场的数据，就必须与这些硬件产品建立连接。

设备是在现场进行数据采集的硬件产品，是易控软件进行通信的对象。

为了方便用户查找和管理设备，易控中的设备按照设备类型、通信接口类型、生产厂家等进行了分类。

易控设备的建立是在通道配置完成后开始的，根据使用通道的不同，易控会将属于该通道类型下的所有可选设备列举出来供开发人员查找和使用，易控中的主要设备类型有 PLC、智能仪表、变频器、OPC 设备、板卡等。

易控在配置设备的过程中需要对设备的一些属性进行配置，设备具有名称、通信状态、是否启用等属性，表 4-2 列出了易控中设备的通用属性及含义。

**表 4-2　易控中设备的通用属性及含义**

| 设备属性 | 属性含义 |
|---|---|
| 设备名称 | 所连接设备在易控中默认使用的名称，可根据需要修改，例如“S7200 自由口” |
| 是否启用 | 为了避免现场检修将设备停止运行，软件仍然对现场设备下发指令的情况发生，连接一个开关型变量可以在运行期间动态的实现设备的启停。变量为“On”时启用，“Off”时停止 |
| 通信状态 | 通信是否正常。连接一个开关型变量，可以在工程运行期间监视设备的通信是否正常。变量为“On”表示通信错误，“Off”表示通信正常 |
| 通信延时 | 组态软件与设备之间指令发送的间隔时间。当现场设备响应较慢时，通过设置通信延时属性，使软件与设备能够正常通信 |
| 地址格式 | 使用设备的寄存器地址的进制格式，包括十六进制、十进制、二进制 |
| 记录读成功信息 | 系统运行时，是否将读成功信息写入日志记录，供日志查看器显示 |
| 记录写成功信息 | 系统运行时，是否将写成功信息写入日志记录，供日志查看器显示 |
| 通信出错控制 | 灵活配置设备通信出错后的控制方式，从而提高通信速度，详情见本章“数据管理和优化”的详细内容 |

同样设备除了具有一些常用的基本属性之外，不同类型、不同厂家甚至不同型号的设备各自具有不同的重要属性，不同设备之间的属性差别较大，在这里不一一列出。

易控的设备包含了当前工控行业中使用的绝大多数硬件设备，而且还在不断添加和扩充之中，另外，用户还可以按照易控提供的设备通信程序规范，开发自己的设备通信程序并集成到易控中使用。

## 4.2.3　通信程序

通信程序是设备通信程序的简称，它是针对不同类型、厂家和型号的设备，按照设备的特定通信协议编写的、实现组态软件和设备之间的数据通信能力的软件模块，又称“通信驱动程序”、“通信驱动”等。

设备通信程序与现场硬件密切相关，在这些硬件中都有着它们自己特有的设备通信协议。设备通信协议规定了组态软件与硬件通信时的命令及数据相应的格式、数据校验方式等，它是组态软件与硬件设备进行设备交互通信的桥梁。设备通信协议与硬件接口一样，往往与硬件厂家的设计和硬件接口有关，不同的硬件厂家采用的设备通信协议也不尽相同，有的设备采用标准的通用协议，如：Modbus 协议、OPC 协议、CAN 等；一些大的硬件设备厂家，如：西门子、三菱等，往往采用自己的专有协议。此外，在不同行业应用的设备往往采用该行业的标准通信协议，如：电力行业一般采用 CDT、101 等电力通信规约，智能建筑行业一般采用 BACNet 等。

设备通信驱动程序是设备通信的重要组成部分，工程中配置设备通信的主要工作就是配置不同设备的设备通信驱动程序，设备通信驱动程序在设备通信中的位置如图 4-2 所示。

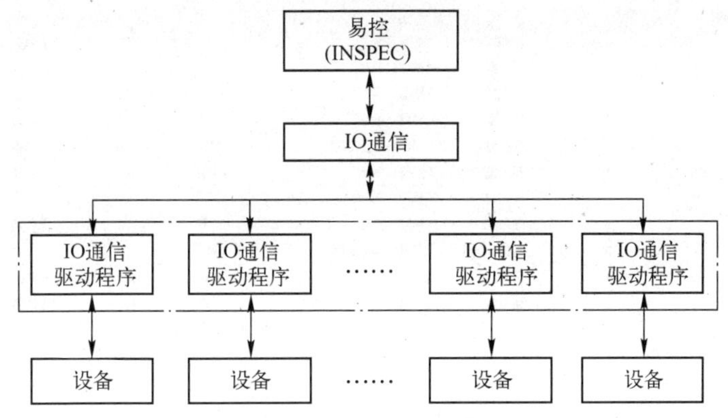


图 4-2　设备通信驱动程序在设备通信中的位置

易控中通信驱动一般是按照对应设备的名称和通信方式进行命名的，并按照对应设备的类型、生产厂家、设备型号进行组织管理。按照对应设备和易控的通道连接方式进行了过滤，即显示的通信驱动列表只列出选择的通道类型所支持的设备。例如，如果需要易控和西门子 S7－400PLC 通过以太网口通信，首先需要选择“以太网”通道，在“PLC”设备分类中选择“西门子”节点下的“S7400 以太网”，如图 4-3 所示。

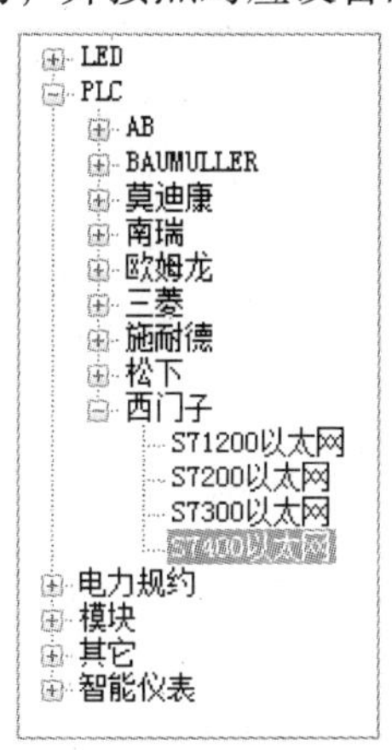


图 4-3　设备通信驱动程序的组织示例

### 4.2.4　设备变量

自动化系统中通过现场的仪器、仪表、PLC 等智能设备实时采集现场的数据，并将这些数据读取到设备相应的寄存器中。组态软件通过使用相应的通道及设备驱动程序与这些现场智能设备建立连接，然后采集和控制相应寄存器中的数据。在组态软件中，这些寄存器中的数据不能直接使用，它们需要与相应的工程变量进行关联后才能在诸如画面、报警等功能中使用。这些与现场设备寄存器对应的变量称为组态软件的“设备变量”，又称为“I/O 变量”。

设备变量是和设备有关的，一般是设备中的一个或多个连续的可读写地址，如 PLC 的一个寄存器或多个连续寄存器，智能模块或仪表中的某一个可读写地址等。自动化现场的数据采集和控制设备多种多样，它们使用的驱动程序也有区别，因此，组态软件的设备变量随着现场设备的不同而不同。

由于各个组态软件厂家支持的设备有所区别，以及软件之间的差异，组态软件中的设备变量在建立和使用上有所区别。易控中的设备变量完全按照现场设备驱动程序中的要求开发，每种设备的所有的寄存器地址几乎都可以在易控中使用，同时，易控在建立设备寄存器时还根据每种寄存器的特点进行了智能屏蔽，工程开发人员在建立过程中可以方便快捷地完成这些设备变量的建立。

易控设备变量的建立是通过选中相应设备后在工作区中完成的，图 4-4 为易控以太网通道下建立的西门子 S7－400 设备变量工作区。

易控的设备变量工作区中每一个寄存器一般都包含许多属性，详见表 4-3。

起始页 S7400以太网*

| 寄存器类型 | 块地址 | 字节地址 | 位地址 | 数据类型 | 数据库变量 | 当前值 | 读写方式 | 查询周期 | 数据转换 | 说明 |
|---|---|---|---|---|---|---|---|---|---|---|
| DBW | 1 | 0 | 0 | 开关型 | 变频器1.自动 | | 读写 | 100 | 无转换 | 变频器1自动运行 |
| I | 1 | 0 | 0 | 开关型 | 变频器1.运行 | | 只读 | 100 | 无转换 | 变频器1运行反馈 |
| I | 1 | 0 | 6 | 开关型 | 变频器1.远程 | | 只读 | 100 | 无转换 | 变频器1远程控制 |
| DBX | 1 | 1 | 2 | 开关型 | 变频器1.停止故障 | | 读写 | 100 | 无转换 | 变频器1停止故障 |
| M | 1 | 0 | 3 | 开关型 | 变频器1.停止 | | 读写 | 100 | 无转换 | 变频器1停止指令 |
| DBX | 1 | 1 | 1 | 开关型 | 变频器1.启动故障 | | 读写 | 100 | 无转换 | 变频器1启动故障 |
| M | 1 | 0 | 2 | 开关型 | 变频器1.启动 | | 读写 | 100 | 无转换 | 变频器1启动指令 |
| DBD | 1 | 0 | 5 | 实型 | 变频器1.频率输出 | | 读写 | 100 | (0~50)<--... | 变频器1频率输出 |
| DBD | 1 | 0 | 4 | 实型 | 变频器1.频率反馈 | | 只读 | 100 | (0~50)<--... | 变频器1频率反馈 |
| I | 1 | 0 | 1 | 开关型 | 变频器1.故障 | | 只读 | 100 | 无转换 | 变频器1故障反馈 |

新建(N)　删除(D)　检查(C)　运行(S)　批量建立(B)　批量连接(L)　导入(I)　导出(X)

图 4-4　设备变量工作区

**表 4-3　设备的寄存器属性及含义**

| 属　性 | 含　义 |
|---|---|
| 寄存器类型 | 现场设备驱动程序中使用的寄存器类型，设备不同寄存器类型也不同，如三菱 PLC 中有 X、Y、M、D 等不同寄存器 |
| 起始地址 | 寄存器在现场存储设备中的起始地址 |
| 单元长度 | 从起始地址开始，有多少个连续的地址构成设备变量数据，最大值为 64 |
| 数据类型 | 设备变量的类型，有开关型、整型、无符号整型、实型、字符串型、结构型以及数组型，易控在建立寄存器时会自动屏蔽不属于该寄存器的数据类型 |
| 数据库变量 | 与易控设备变量相连的数据库变量，即工程变量。设备变量的使用是通过使用工程变量间接进行的。下面有详细讲述 |
| 当前值 | 该设备变量的当前数值。如果设备和通信电缆等连接正常，则通过点击工作区下方的“启动”按钮就可以在工程开发期间启动通信，设备变量的数值就会和当前值保持同步，不需要等到工程运行时查看，为用户带来极大的方便 |
| 读写方式 | 通过只读、只写和读写属性，决定是否可以改变设备变量的数据值 |
| 查询周期 | 查询该设备变量的周期间隔，单位为毫秒。对于比较缓慢变化的设备信号，如温度等，可以加长查询周期，从而避免不必要的重复性通信工作，以避免资源浪费，提高系统的效率 |
| 数据转换 | 设备变量在设备中的数值和在易控中的数值的一种转换关系，有线性转换和开方转换两种方式。当进行线性转换时，需要配置采集数据的最大、最小值和计算数据的最大、最小值，此处的采集数据为现场设备的数据，计算数据为组态软件中使用的数据，如下图所示。 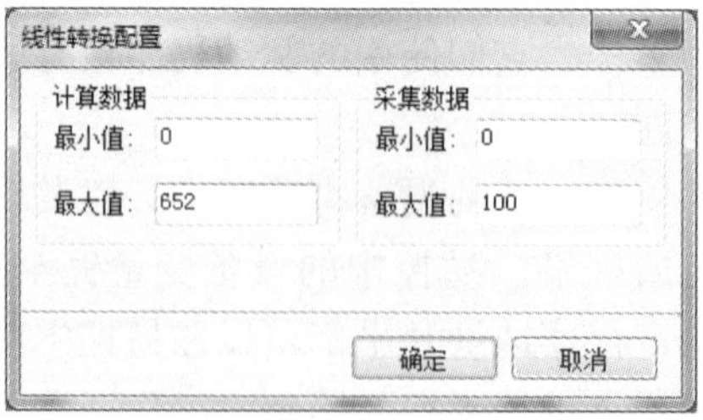<br>线性转换配置<br>计算数据　最小值：0　最大值：652<br>采集数据　最小值：0　最大值：100<br>确定　取消 |
| 说明 | 设备变量的描述信息 |

易控为设备变量的建立和使用还提供了一些快捷的功能，通过设备变量工作区下方的按钮实现，如图 4-5 所示。

图 4-5　设备变量工作区功能按钮

各个按钮的具体作用见表 4-4。

**表 4-4　设备变量工作区按钮作用**

| 名　称 | 作　用 |
|---|---|
| 新建 | 新建设备变量寄存器 |
| 删除 | 删除选中设备变量寄存器 |
| 检查 | 检查建立的设备变量寄存器是否有错误，检查完毕后会弹出“变量检查”对话框报告检查信息，如下图所示。 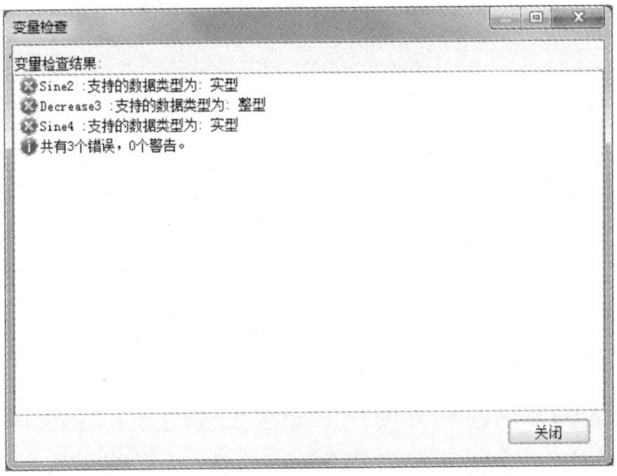 |
| 运行 | 工程无需进入运行环境、再回到开发环境修改设置等步骤，在开发环境就能查看到设备变量连接状态及当前数值，方便工程师进行设备调试。点击该按钮，会在工作区“当前值”列中显示对应设备变量的当前数值，当该列无数值显示时，说明有设备变量的建立存在问题，需要检查 |
| 批量建立 | 批量建立设备变量。该功能只能批量建立某一类型的设备变量，建立时通过“批量建立 I/O 变量”对话框完成。在该对话框中，通过寄存器类型选择所要建立的寄存器类型，通过起始地址和连续变量个数确定建立寄存器变量的地址。当选择同时建立数据库变量后，可以在建立设备变量的同时建立相应的数据库变量，此处数据库变量建立的方式有两种：数据库变量名末尾序号递增和寄存器名 + 起始地址。批量建立设备变量见下图。 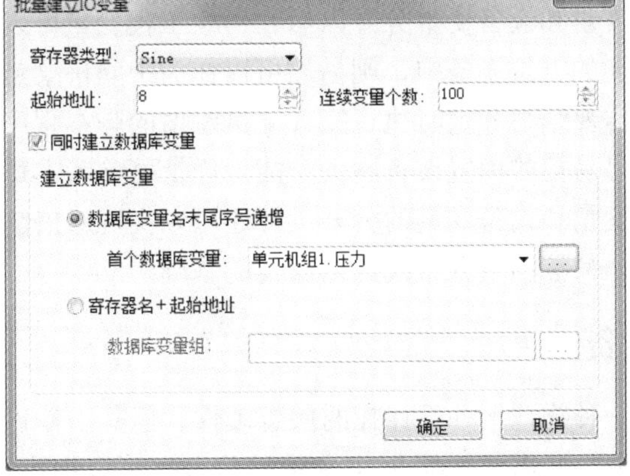 |

（续）

| 名　称 | 作　用 |
|---|---|
| 批量连接 | 将建立的设备变量与对应的数据库变量进行批量连接，通过“与数据库变量批量连接”对话框完成，如下图所示。在该对话框中与数据库变量建立连接有两种方式：数据库变量名末尾序号递增和寄存器名＋起始地址。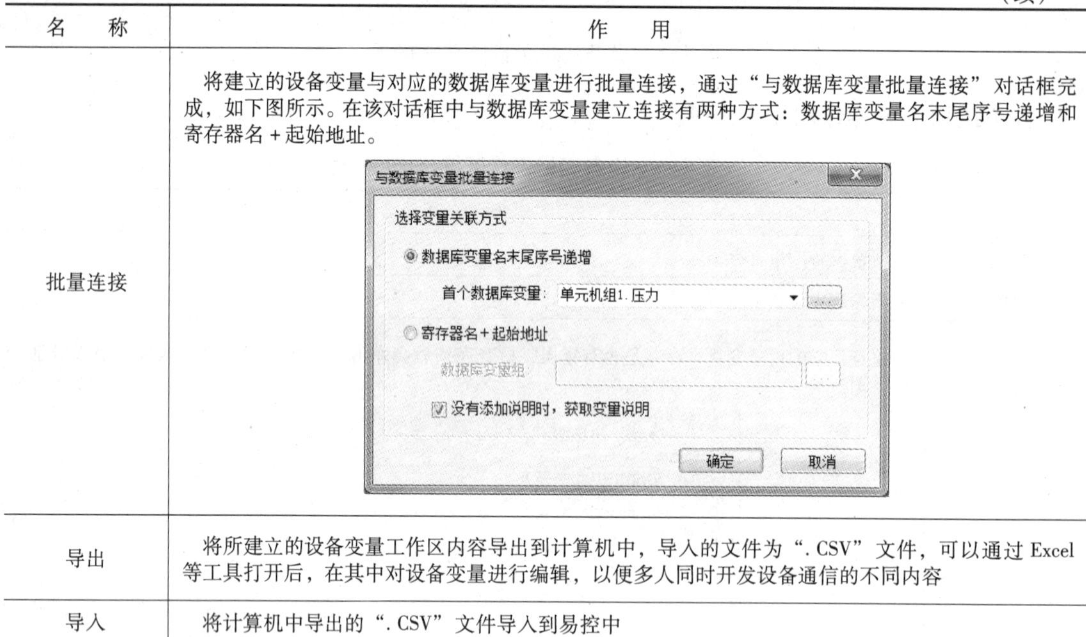 |
| 导出 | 将所建立的设备变量工作区内容导出到计算机中，导入的文件为“.CSV”文件，可以通过 Excel 等工具打开后，在其中对设备变量进行编辑，以便多人同时开发设备通信的不同内容 |
| 导入 | 将计算机中导出的“.CSV”文件导入到易控中 |

易控的设备变量不能在工程中直接使用，需要间接进行，即将一个设备变量和一个工程变量关联起来，通过使用工程变量间接使用设备变量。通过这种方式的使用，能给系统增加特殊的功能和极大的灵活性和方便性。如果工程的开发经过了认真的规划，通过批量建立和批量连接功能的使用，会使开发效率更高，同时还保留了这一设计所带来的以下好处：

首先，设备变量和工程变量的分开使得工程的上位开发和下位开发完全可以分开进行。上位系统的开发不会因为下位信息的经常变化而反复修改。上位工程的开发完全可以脱离下位进行，等上位工程和下位都开发完毕之后，将两者中的变量连接起来即可，减少了工作的反复，提高了工程开发的效率。

其次，设备变量和工程变量的分开后，工程变量没有和硬件通道进行绑定，这样将硬件层与逻辑层进行隔离。即使将来发生变化，也只需要改变一下映射关系，而不需要改变变量本身。否则，所有的功能模块都将会因为硬件通道的损坏而改写全部程序。

再次，工程变量和设备变量分开以后，一个工程变量可以连接多个设备变量。如果多个设备变量位于不同的下位设备中，则易控可以作为中间桥梁自动在设备之间传递变量，不像一般组态软件中需要编写和定时执行完成变量赋值的脚本程序，不仅需要编写脚本，而且执行效率低，这就是易控的内置设备网关功能。详情可参考本章的“设备网关”一节。

此外，工程变量和设备变量的分开设计还可以实现通信链路的冗余。工程变量和设备变量的分开设计也是易控网络分布式数据采集的基础。

### 4.2.5　虚拟设备

虚拟设备是一种物理上并不存在的假想硬件，但其工作过程和真实设备没有区别，主要用于测试以及获取一些需要按照规律变化的信号。可以把虚拟设备当成一个多路信号发生器，它可以产生多个按照不同规律变化的信号，这在工程开发期间对于那些需要一些动态数据来模拟最终设计效果的功能来说极为方便。

易控的虚拟设备可以通过“虚拟设备属性配置”对话框统一设置其数据刷新的周期和数据的上下量程，如图 4-6 所示，也可以在寄存器列表中单独修改每个寄存器的刷新周期。

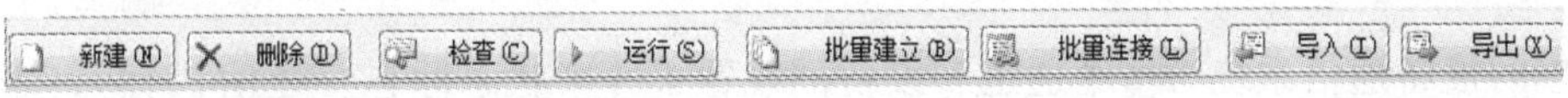

新建(N) 删除(D) 检查(C) 运行(S) 批量建立(B) 批量连接(L) 导入(I) 导出(X)

图 4-6 虚拟设备属性配置

虚拟设备包含几类寄存器，具体见表 4-5。每一个类型的寄存器其设备变量的数值自动变化，寄存器的类型名称直观表明了这种变化规律。

**表 4-5 虚拟设备的寄存器名称及含义**

| 寄存器名称 | 寄存器含义 |
|---|---|
| Increase | 递增寄存器。数据类型为整型。该寄存器的数值从虚拟设备的寄存器下量程（最小值）开始逐渐递增到上量程（最大值） |
| Decrease | 递减寄存器。数据类型为整型。该寄存器的数值从虚拟设备的寄存器上量程（最大值）开始逐渐递减到下量程（最小值） |
| Random | 随机变化寄存器。数据类型为整型或实型。该类型的寄存器变量的数值是随机变化的 |
| Sine | 正弦变化寄存器。数据类型为实型。该类型的寄存器变量的数值是按照正弦规律变化的 |
| SquareWave | 方波变化寄存器。数据类型为开关型或整型。该类型的寄存器变量的数值是按照方波规律变化的 |
| Static | 静态寄存器。数据类型为开关型、整型或实型。该类型的寄存器变量的数值保持不变 |
| Triangle | 三角波变化寄存器。数据类型为整型。该类型的寄存器变量的数值先递增再递减 |

易控的虚拟设备使得工程开发人员能在工程开发过程中抛弃实际的硬件设备完成工程的开发任务，在工程调试过程中再使用实际的设备进行调试，能大大加快工程的开发过程。同时，在实际工程中也可以使用虚拟设备，利用其按规律变化的寄存器数值实现一些特殊的动画效果等。

## 4.3 通信管理和优化

组态软件中采集到现场数据只是完成了软件与设备连接的最基本要求，组态软件的目的是能实现对现场设备的实时监控，如果采集和控制数据不能与现场设备状态保持实时性，那么将会使监控系统的操作人员对现场状况有错误的认识，严重的可能造成现场事故。因此，对于组态软件数据采集和控制就需要做出一些状态的监控，另外，还必须提供数据安全性保护，以及数据的管理和优化等功能。

### 4.3.1 通信状态监控

组态软件访问现场设备的数据一般是通过组态软件的驱动程序主动发送请求信息给现场设备，当现场设备驱动程序收到组态软件发送的信息后将现场信号返回给组态软件。在组态软件通信过程中，如果现场数据不能及时返回或者现场通信发生错误，那么组态软件怎样确认与现场通信状态呢？

组态软件通过驱动程序读取现场数据。有些驱动程序中存在着反映现场设备状态的状态信息，组态软件可以通过读取这些状态信息判断现场的通信情况，但是有些驱动程序是没有这种状态信息的，而且这些状态信息也只是反映设备的状态却不能反映设备通信中通道的状态。

易控的设备通信系统为每个通道和设备都设置了一个状态标志“通信状态”，表明通道和设备的通信状态，对于设备与通道的通信状态的判断全部集成到易控的驱动程序中，用户只需要对它们进行适当的配置即可。易控的这种状态标志对所有的设备和通道都适用，不论设备驱动中有无状态信息。这些状态作为通道和设备的属性，在它们的属性页中配置，并且可以连接到一个工程变量中，如图 4-7 所示。通过这些变量的数值直接了解通信是否正常。

易控中除了判断通道和设备的通信状态外，还为每一个通道和设备都设计了一个控制其工作状态的命令属性，它也可以连接到一个普通的开关型工程变量，这样通过设置该变量的数值为“On”或“Off”，就可以启动或停止设备或者通道的通信，启停一个通道会启停通道下所有设备的通信。需要注意的是，这种设备通信的启停完全是按照用户要求进行的，是可控的，与通信的故障完全不同。通过这种方式可以实现系统在运行情况下的数据采集和控制的可控性，这种方式对于现场设备在检修过程中十分有用，可以避免监控系统的误操作导致检修过程中的事故。

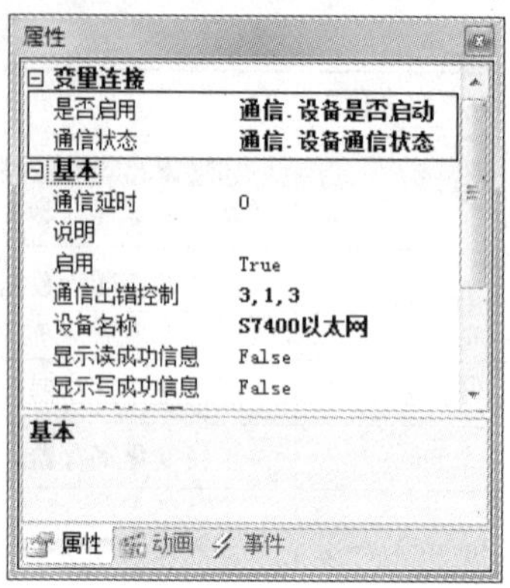


图 4-7　通道、设备的变量连接

## 4.3.2　数据管理和优化

理论上的组态软件与现场设备的通信就是通信介质通过硬件接口和通信驱动程序将现场设备和组态软件进行连接后实现数据的采集与控制。但是，现实中的设备通信情况较为复杂，它不是简单的读写设备数据，还涉及通信故障后的处理方法，通信检修过程中与其他设备的关联。如何根据组态软件对设备变量的信息控制决定是否进行数据采集，从而提高通信的速度等，都是组态软件应该处理的问题。

对于通信出现错误后的处理工作需要通过易控的“通道错误处理”来实现，在易控的通道和设备属性中都有“通道错误处理”的属性，它们的界面设置完全相同，如图 4-8 所示为通道的“通信错误处理”对话框。

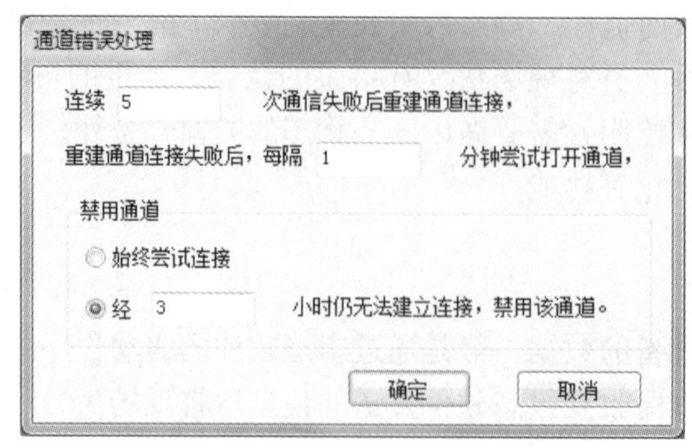


图 4-8　“通道错误处理”对话框

在“通道错误处理”对话框中包括以下几项设置：

（1）连续几次通信失败后重建通道连接

在这里可以设置易控与现场设备连续通信的次数。易控与现场设备通信是主动发送数据请求（一些特殊通信协议除外），当在设定次数内，如果仍没有收到现场设备返回的数据信息，易控将会把与该设备的通信断开，等待设定时间后再重新与该设备建立通道的连接。

（2）重建通道连接失败后，每隔几分钟尝试打开通道

此处设置易控与设备通信失败后重新连接的间隔时间。一般设备通信失败有可能是设备通信延时或者与其他设备正在通信从而导致与易控的连接失败，因此，当设备通信失败后预留一定时间再重新与设备建立通信连接是处理设备通信问题的一个基本方法。

（3）禁用通道：始终尝试连接和经几小时仍无法建立连接禁用该通道

当组态软件中连接了多个通道后，如果其中一个通道通信出错后仍然对该设备进行连接会影响到其他通道的数据采集工作，因此，易控中通过禁用通道的方式将通信中有问题的通道进行屏蔽，用户可以选择始终尝试连接和经过几小时仍无法建立连接禁用该通道两种方式选择是否禁用该通道。

设备的通信出错控制与通道的出错控制配置方式完全相同，这里就不再介绍了。

另外，易控在进行数据采集和控制时，提供了“I/O通信的优化采样”功能。当选择优化采样后，仅采集易控后台及运行环境已打开画面中使用的变量，其他I/O变量不予采集，通过这种方式可以提高采集效率，对于监控系统数据的实时性很有帮助。I/O通信的优化采样在易控工程树目录下的“运行选项”节点下的“I/O”菜单项中，如图4-9所示。

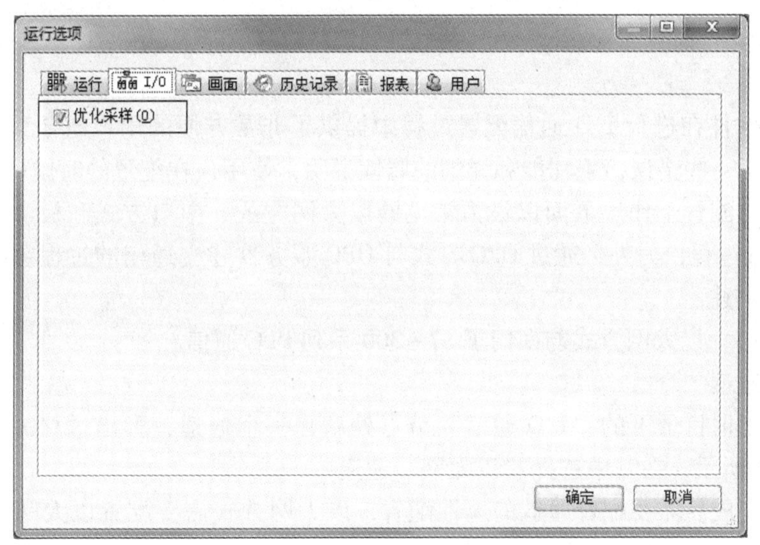


图4-9　通道或设备的通信优化控制

## 4.4　设备网关

自动化现场的各个设备一般都不是独立工作的，它们往往需要互相联系，使用对方采集的数据。但对于现场设备来说，这种读取不同设备中的数据往往需要一些硬件网关来实现数

据的采集与转换，使用这种方式不仅增加硬件的成本，而且采集的数据稳定性也很难保证。

在组态软件中处理这种问题的方式往往是：通过使用定时执行的脚本程序将不同设备的设备变量互相赋值，从而实现不同设备之间的数据互相访问。这种方式在执行时效率比较低，而且还要编写很多脚本赋值程序。

易控中，对于设备变量互相访问可以通过易控的“设备网关”功能实现。易控的设备网关功能通过将不同设备中需要关联的两个变量同时关联到同一个工程变量，就可以实现它们之间的直接数据交换，不需编写脚本程序，而且效率大幅提高。比如，工程中使用了一台西门子的 PLC 与易控通信，同时易控还通过其他通道与一个板卡进行通信，该板卡中可以采集一个液位信号，而在 PLC 中需要使用这个液位信号，那么在易控中只需建立一个数据库变量，命名为“液位.液位1”，将该变量分别与板卡中的设备变量和 PLC 中的设备变量进行连接即可，这样当板卡采集到的液位信号发生变化时，该数据会自动传送到 PLC 对应的寄存器中，如图 4-10 所示。

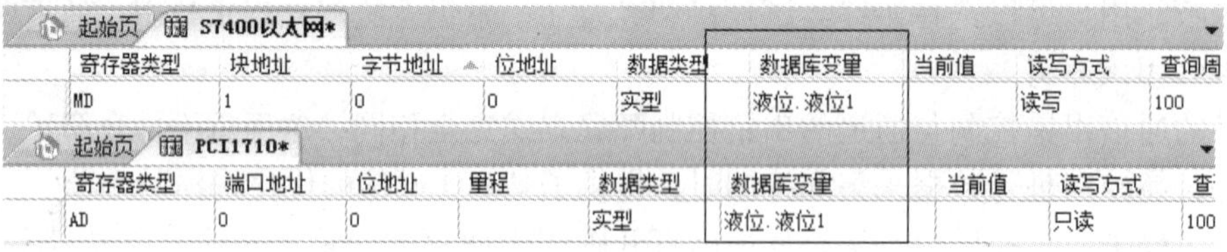

起始页 | S7400以太网*

| 寄存器类型 | 块地址 | 字节地址 | 位地址 | 数据类型 | 数据库变量 | 当前值 | 读写方式 | 查询周 |
|---|---|---|---|---|---|---|---|---|
| MD | 1 | 0 | 0 | 实型 | 液位.液位1 | | 读写 | 100 |

起始页 | PCI1710*

| 寄存器类型 | 端口地址 | 位地址 | 量程 | 数据类型 | 数据库变量 | 当前值 | 读写方式 | 查 |
|---|---|---|---|---|---|---|---|---|
| AD | 0 | 0 | | 实型 | 液位.液位1 | | 只读 | 100 |

图 4-10　易控设备网关

## 4.5　示例

易控组态软件在进行 I/O 通信配置过程中提供了非常方便的用户向导和丰富的功能按钮，同时提供了一些错误检查功能和详细的属性说明，使用户在配置的时候可以十分轻松地完成 I/O 通信的配置工作。下面以最为常见的以太网方式、串口方式和板卡方式详细介绍 I/O 通信的配置过程，另外，通过 OPC 方式与 OPC 服务器建立通信的过程在第 8 章“外部接口”中详细讲述。

**【示例 4-1】** 以太网方式与西门子 S7 - 300 系列 PLC 通信。

（1）新建通道

在易控工程树目录下的“I/O 通信”节点处新建一个通道，弹出“I/O 通信”配置向导，如图 4-11 所示，在其中选择“以太网”通道。

通道选择完成后需要配置通道的属性配置，以太网方式需要配置以太网通信的远程 IP 地址及 IP 端口，这里的 IP 地址为：192.168.0.12（根据实际连接填写），西门子以太网方式通信的 IP 端口默认为：102，如图 4-12 所示，可以通过“测试”按钮测试通信网络是否连通。

（2）新建设备

通道的选择与属性设置完成后便可以开始设备的建立，在弹出的对话框左侧选择需要连接的设备，通过对话框中间的方向箭头将选中设备移动到对话框右侧，如图 4-13 所示。

其中“地址”列使用默认值，鼠标点击“配置”列会弹出“‘S7300 以太网’属性配置”对话框，如图 4-14 所示。其中的通信超时表示 PLC 在收到易控数据请求信号后在多长时间内必须有数据返回，超过则认为数据通信失败。“插槽号”表示易控通信所连接的 CPU 所处的插槽号，这些使用默认值即可。

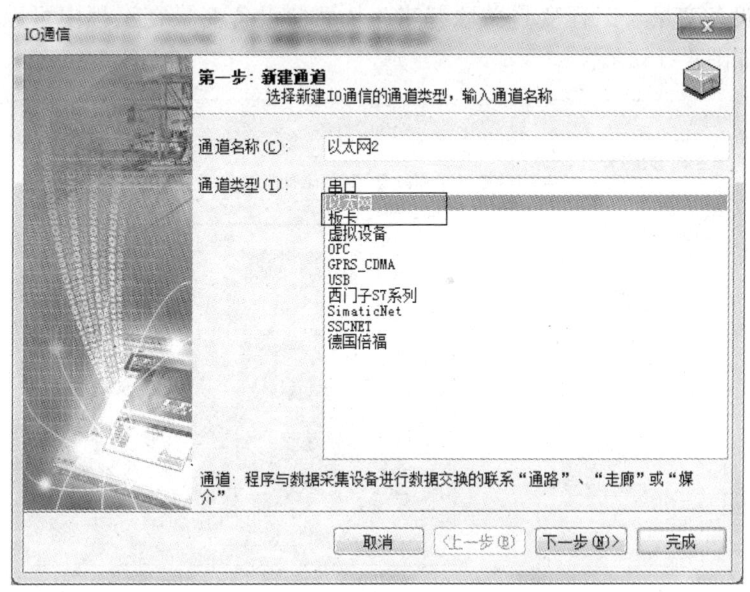


图 4-11　新建以太网通道

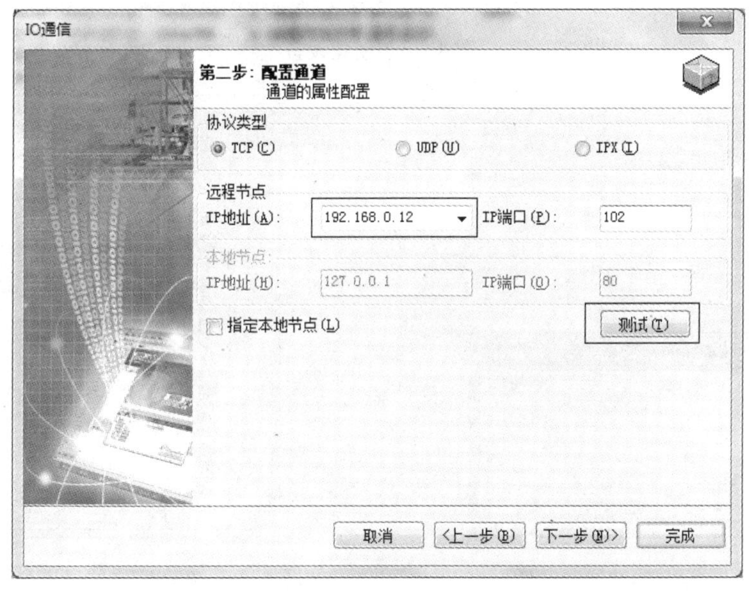


图 4-12　通道配置

通过上述过程在易控工程树目录的 I/O 通信节点下就会产生一个通过以太网方式建立的 S7300 以太网设备，如图 4-15 所示。

（3）设备变量建立

设备变量的建立通过打开设备“S7300 以太网”，在工作区会打开设备变量建立画面，通过画面下方的各种功能按钮，如："新建"、"批量建立"等，便可以建立易控中需要使用的设备变量，通过"检查"按钮检查设备变量是否有错。当有设备连接并且设备处于运行状态时，还可以通过"运行"按钮检查 IO 通信是否正常。通过配置设备变量的"数据库变量"属性，使设备变量与工程变量关联起来，从而使设备变量在工程中可以使用。建立完成的设备变量如图 4-16 所示。

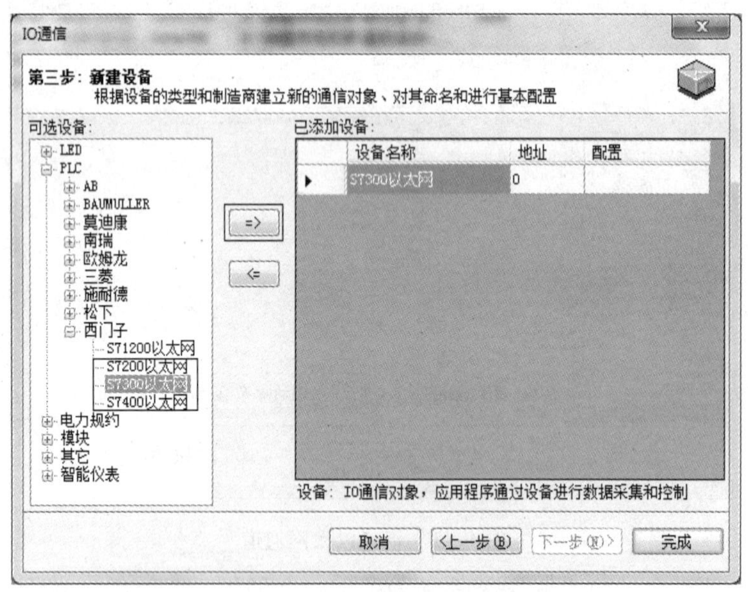


图 4-13　新建设备

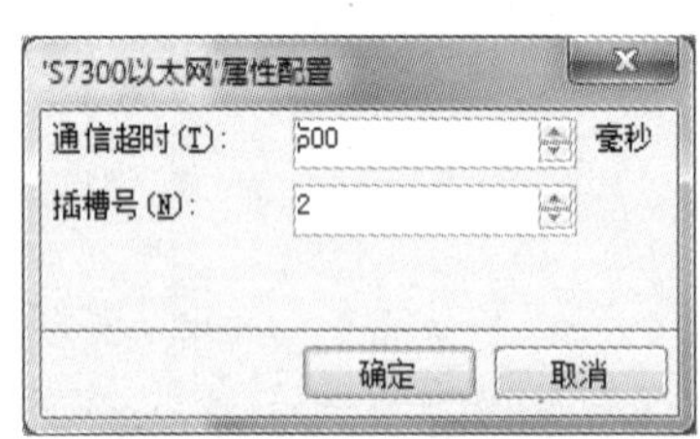


图 4-14　设备属性配置对话框

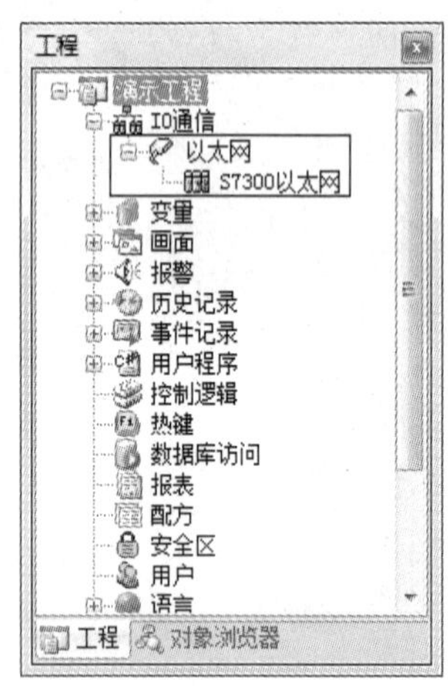


图 4-15　新建完成的通道和设备

**【示例 4-2】** 串口方式与三菱 FX2N PLC 通信。

在"I/O 通信"配置向导中选择"串口"通道 。

需要配置串口通信的端口号、波特率、校验位、数据位及停止位等通道属性，端口号使用：COM1（根据实际连接填写），三菱 FX2N 通信的波特率为：9600，校验位为偶校验，数据位为 7，停止位为 1，如图 4-17 所示。

起始页 | S7300以太网

| 寄存器类型 | 块地址 | 字节地址 | 位地址 | 数据类型 | 数据库变量 | 当前值 | 读写方式 | 查询周期 | 数据转 |
|---|---|---|---|---|---|---|---|---|---|
| I | 1 | 0 | 0 | 开关型 | 一号机组.阀门1 | | 只读 | 100 | 无转换 |
| Q | 1 | 0 | 1 | 开关型 | 一号机组.阀门2 | | 读写 | 100 | 无转换 |
| M | 1 | 0 | 3 | 开关型 | 一号机组.阀门3 | | 读写 | 100 | 无转换 |
| M | 1 | 0 | 7 | 开关型 | 一号机组.阀门4 | | 读写 | 100 | 无转换 |
| DBX | 1 | 0 | 5 | 开关型 | 一号机组.阀门5 | | 读写 | 100 | 无转换 |
| M | 1 | 0 | 6 | 开关型 | 一号机组.阀门6 | | 读写 | 100 | 无转换 |
| ID | 1 | 4 | 0 | 整型 | 一号机组.流量1 | | 只读 | 100 | 无转换 |
| ID | 1 | 8 | 0 | 整型 | 一号机组.流量2 | | 只读 | 100 | 无转换 |
| ID | 1 | 12 | 0 | 整型 | 一号机组.流量3 | | 只读 | 100 | 无转换 |
| ID | 1 | 16 | 0 | 整型 | 一号机组.流量4 | | 只读 | 100 | 无转换 |
| ID | 1 | 0 | 4 | 整型 | 一号机组.压力 | | 只读 | 100 | 无转换 |
| [illegible] | 1 | 0 | 2 | 整型 | 一号机组.液位 | | 读写 | 100 | 无转换 |

新建(N) 删除(D) 检查(C) 运行(S) 批量建立(B) 批量连接(L) 导入(I) 导出(X)

图 4-16　易控设备网关

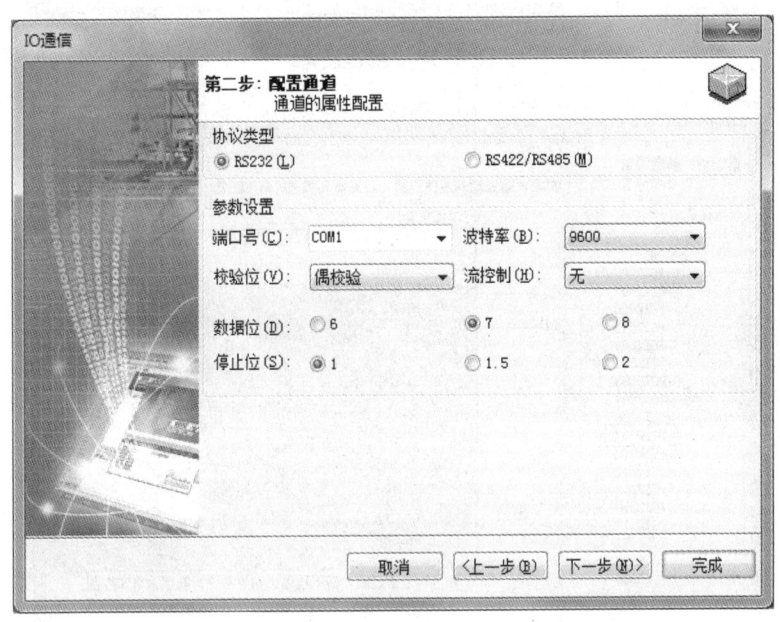


图 4-17　串口通道配置

通道设置完成后，在弹出的对话框左侧选择需要连接的设备类型，在右侧属性显示区域“设备属性”列表中选择 FX2N，通信超时使用默认值即可，如图 4-18 所示。

通过上述过程，在易控工程树目录的 I/O 通信节点下就会产生一个利用串口方式建立的 FX2N 设备。

**【示例 4-3】**　板卡方式与阿尔泰 PCI2307 板卡通信。

在“I/O 通信”配置向导中选择“板卡”通道，板卡通道不需要配置通道属性。在弹出的对话框左侧选择需要连接的设备，通过对话框中间的方向箭头将选中设备移动到对话框右侧，如图 4-19 所示。

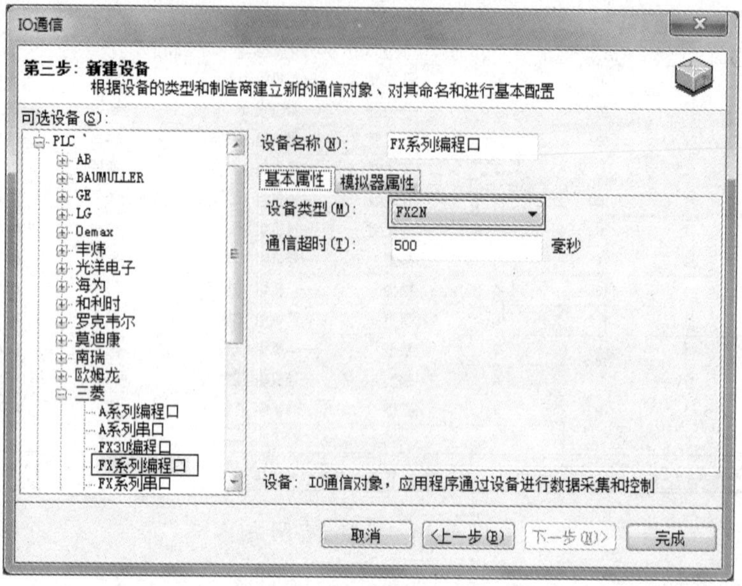

图 4-18　新建设备

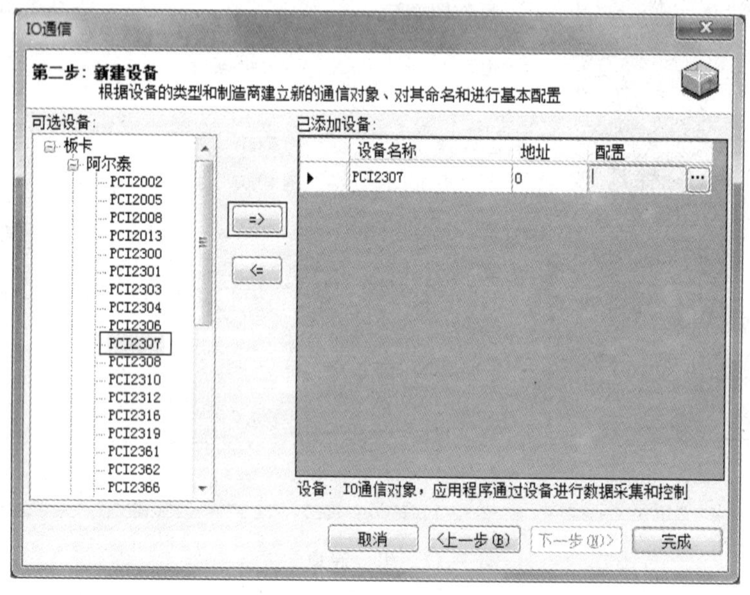


图 4-19　新建设备

其中“地址”列使用默认值，鼠标点击“配置”列，弹出“‘PCI2307’属性配置”对话框，如图 4-20 所示。“设备编号”表示易控通信所连接的设备地址号，使用默认值即可。

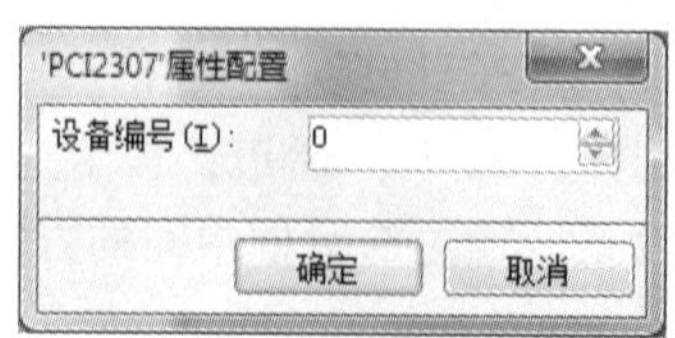


图 4-20　“‘PCI2307’属性配置”对话框

通过上述过程，在易控工程树目录的IO通信节点下就会产生一个利用板卡方式建立的PCI2307设备。

## 4.6 本章小结

组态软件的数据采集与控制是组态软件功能实现的基础，只有实时、高效、准确地采集与控制现场的数据，组态软件的其他功能（如：画面、报警、历史记录等）才能够发挥其效用。工业现场的各种实时数据通过现场的智能仪器仪表等硬件设备进行采集，组态软件通过相应的硬件接口、通信驱动程序等将这些数据运用到监控系统中。易控组态软件中集成了现在工控行业中绝大多数的硬件接口与通信驱动程序，在与硬件设备的连接过程中提供了简单快捷的配置向导和属性说明，同时，各种优化与管理功能的使用使得易控在进行数据采集与控制时，数据更新更加快速准确。另外，易控中还提供了虚拟设备、设备网关等，使得工程的开发与调试过程更加方便。

工程设计提示

- 进行组态前，了解整个监控系统的通信方式，根据现场和设备的需要选择合适的设备驱动方式，既可以提高通信速率又可以节省成本。
- 在使用易控建立设备通信前，先使用第三方通信软件进行测试，如厂家自己的调试软件或串口调试工具等。
- 设备与组态软件在进行通信的过程中往往需要设备一些通信的参数，如串口号、波特率等，在易控的通信驱动帮助文档中对于这些参数的设备都有介绍。按照系统点表建寄存器，注意某些设备有地址偏移。
- 重视通信的某些参数：查询周期、通信超时、通信延时和通信出错控制，更改这些参数有时可以显著改善通信质量。
- 在易控软件和设备通信有问题时，通过日志查看器查看是否有相关的错误提示，根据提示修改相关的配置等。
- 易控组态软件按设备变量的个数多少进行收费，购买软件前就需要对设备变量进行合理规划。

# 第5章　监控界面

**本章要点**

- 静态画面、动画、事件
- 组合图形和图形库
- 画面功能的扩展——高级功能组件
- 画面的管理功能

## 5.1　概述

组态软件的基本功能就是实现对数据的监视和控制，即监控系统的相关人员通过查看组态软件显示界面上的图形、数据、图表、曲线等各种画面表现形式来直观了解自动化系统的工艺过程以及其中的数据和变化过程，并通过在界面上的点击、拖曳、输入等各种方式的操作实现对自动化系统的干预和控制。可见对自动化系统的监视和控制主要是通过组态软件工程的软件界面来进行的，这就是组态软件的“监控界面”。

组态软件的监控界面主要包括三个方面的内容：

① 监控系统整体界面风格和工艺流程的设计，用来直观描述监控对象的构成，即静态画面。

② 监控现场信号的改变引起画面上的相应对象的颜色、形状、大小、位置、内容等（称为对象的属性）的变化，通过它来展现监控现场的状况，即动画。

③ 在监控界面上通过对对象的移动、点击或者数值的输入等操作改变监控系统中的数据，从而改变现场设备的状态，即事件。

通过静态画面的绘制以及动画和事件的配置就能基本完成监控界面的开发任务，但是，对于监控界面的用户来说，往往要求精美的界面、逼真的动画、灵活的操作，这就要求监控界面能提供丰富的图形对象、精美的图符，同时图形图符要提供丰富的基本属性、动画和事件属性，此外绘制操作的过程要简单方便。

同时，监控系统对监控界面的功能要求也在不断提高，希望在监控界面上能完成更多功能，诸如批量处理过程（配方）的管理、数据的统计分析、图表的对比、报表的显示、打印、储存等高级功能，这就要求监控界面的扩展功能更强，能提供丰富的高级功能组件。

在组态软件中监控界面的管理功能也是必不可少的，例如：界面在开发过程中需要随时浏览画面效果，动态调整画面的属性；当画面开发是由多人完成的时候，需要提供类似“导出”、“导入”的功能，将在不同工程中开发的画面整合到一个工程中，也可以通过该功能将一个画面在其他工程中再次得到使用，减少工程开发时间；画面有时候还需要保存为各种格式的图片，在其他软件中打开；工程中画面较多时，还可以按照界面风格或工艺要求等多种方式将画面进行分组，方便查找，等等。

另外，随着网络通信和信息科技的飞速发展，人机交互的手段越来越丰富，也不仅仅停留在“监控界面”的程度上。比如，用户不管在任何地方，无需安装组态软件，只要能连接 Internet，就可以对自动化系统进行监控。还可以通过有线电话和 2G、3G 等各种无线网络终端（如 PDA）实现对自动化系统的监控。这些功能都是组态软件“监控界面”的一种延伸，这些内容在以后的章节介绍。本章主要介绍组态软件的监控界面的开发。

总之，监控界面是进行人机交互的主要接口，是工业控制系统的“脸面”。工程开发时，30% 以上的时间是和监控界面密切相关的，掌握好监控界面开发的内容能显著提高工作效率和工作质量。不同的组态软件对监控界面的称呼有所区别，在易控组态软件中称为“画面”，易控的画面主要包含静态画面、动画、事件等内容。

## 5.2 静态画面

静态画面是指组态软件为方便和简化监控，通过对一系列图形属性的编辑和修改来达到模拟自动化现场的画面。这些图形称为画面的绘图元素，在工程运行起来后是不变的，只能通过组态软件的开发系统进行修改。静态画面直观描述了监控对象构成、外观等。

早期组态软件的静态画面是通过一些简单的点、线、面的结合之后将现场的工艺流程简易地绘制出来，随后由于现场设备种类的增多以及用户要求的提高，简单图形已经不能满足要求，因此各种图形图库不断更新，画面中的对象也从简单的点线面逐步发展到现在的通过图形软件或 3D 软件绘制的精美图符。

易控提供的图形和图库工具箱中集合了大量绘制静态画面的绘图元素，这些都是开发人员根据多年工作经验和用户实际需要开发而成的，而且图形图库工具箱中的对象还可以根据用户的需要随时增补，用户也可以自己添加需要的图形图符元素。图形图库中的对象具有基本属性、动画、事件等属性配置，配置过程简单灵活。易控的图形系统在组态软件中是最早采用 GDI +（Graphics Device Interface，图形设备接口）技术，图形的绘制和处理能力可以媲美专业的图形处理软件，能开发出非常精美的画面。图 5-1 所示为易控组态软件绘制的画面。

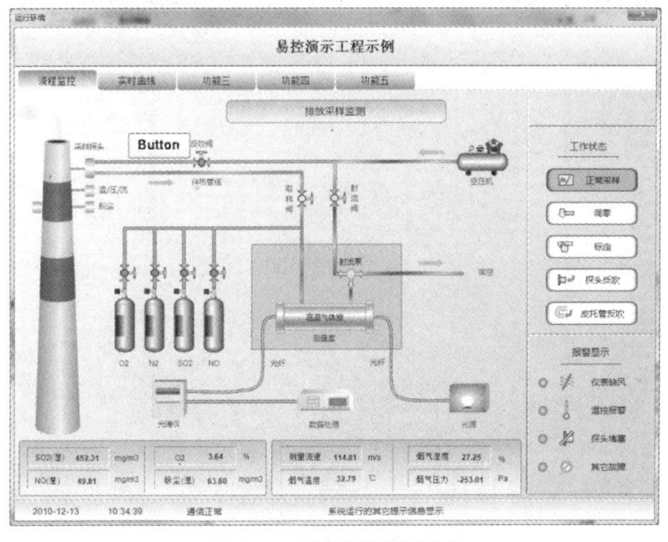


图 5-1　易控绘制的画面

### 5.2.1 画面属性

画面属性是指画面本身具有的一些属性，例如名称、大小、位置、风格等。在画面开发之前需要了解画面的属性，从而确定监控系统的设计风格，包括工程中需要建立哪些画面，这些画面是怎样布局的，哪些画面是通过切换来显示的，哪些画面是弹出显示的，这些画面的背景是怎样的等。

易控中画面的属性可以通过画面属性窗口查看与修改。画面属性及含义见表 5-1。

**表 5-1 画面属性及含义**

| 属性 | 含义 |
| --- | --- |
| 名称 | 画面在工程中的名字 |
| 说明 | 对画面的描述 |
| 文件名 | 画面在计算机中保存的实际文件名称 |
| 背景 | 画面显示的效果。可以指定画面的背景为一个固定颜色、渐变色、一个图案或者图片 |
| 网格样式 | 画面开发期间为了方便对齐而设计的指示网格，包括线式网格、点式网格或无网格。网格样式只是为了画面开发的方便，不影响工程的运行 |
| 大小 | 画面按照点阵计算的宽度和高度 |
| 位置 | 画面在运行时的位置。为了最大利用工作区空间，在开发期间，所有画面都位于工作区的统一位置——工作区的左上角。位置属性只在工程运行期间有效，但可以在开发期间预览。当运行界面由导航栏、工具条及主画面等多个画面组成时，需要设置每个画面的不同位置和大小 |
| 锁定 | 当对画面的各种属性配置都满意以后，可以设置其“锁定”属性，以免误修改。锁定是画面开发期间有效的属性，运行时无效 |
| 起始画面 | 工程运行时是否首先打开该画面，也可以在工程的“运行选项”中进行设置 |
| 画面样式 | 画面的风格。正常情况为普通画面，可以配置为窗口风格（模式窗口和顶层窗口） |

对于画面的“大小”属性，除了在属性工具栏中设置外，还可以通过鼠标的拖曳来实现。图 5-2 所示为用鼠标调整画面的大小。

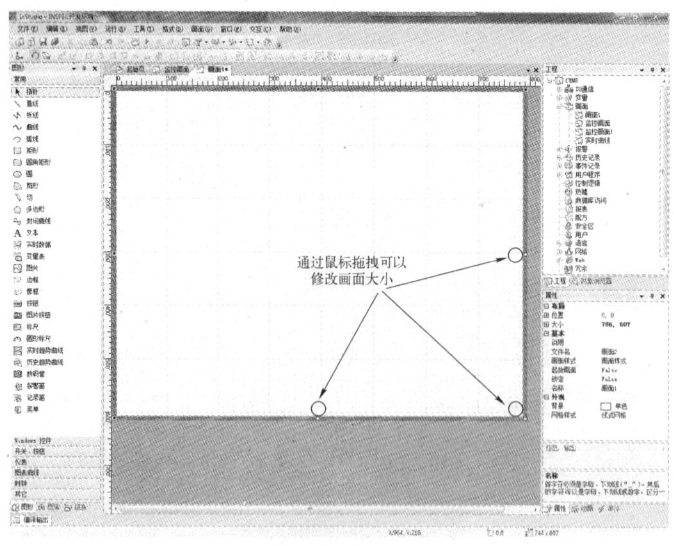


图 5-2 用鼠标调整画面的大小

### 5.2.2 画面绘图元素

画面绘图元素主要是指画面上的各种对象，这些对象一般都是组态软件提供的各种图形和图符，这些图形和图符的大小、位置、外观、动作等都可以进行修改、配置和组合。通过画面绘图元素的使用可以绘制出适合不同监控要求的画面。画面就像是绘画时的画布，或者是画图的纸张，通过对画面中的对象的修改调整就形成了画布或纸上的图画。易控中的画面构成元素及含义见表5-2。

表5-2 画面的构成元素及含义

| 画面构成 | 含义 |
| --- | --- |
| 基本图形 | 基本图形是最基本和最简单的一类图形，比如直线、圆、矩形等图形。基本图形也是最常用和最有用的，因为它给了用户最大的自由发挥空间，由它们可以构成任何复杂的图形或画面 |
| 高级图形 | 一些图形经常使用，但用基本图形构建起来过于复杂、很难构建或者不可能构建，易控提供了此类高级的图形，也称“高级功能组件”。和基本图形相比，它们的图形更为复杂，功能更为丰富，如“报警窗”、“实时曲线”、“历史曲线”、“饼图”等。还可以插入新的高级图形组件，却不会对软件功能造成影响，这使得易控的画面图形能力可以不断丰富和壮大 |
| 插件 | 插件是按照易控定义的“插件图形编程规范”来编程实现的一种高级图形，是易控画面组件的一种 |
| 控件 | 控件则是按照微软的.NET平台所定义的标准WinForm控件，是一种有图形界面的程序模块、一种高级图形，也是易控支持的画面组件的一种 |
| 组合图形 | 组合图形是将基本图形或者插件结合到一起而形成的新图形。产生组合图形的过程称为“组合”。组合过的图形还可以进行分解 |
| 图符 | 图符是图库中所包含的元素，是根据长期工程经验制作好的图形。其中有些带有动画和事件效果，这些图形可以直接在画面中使用。图符是易控软件为方便用户所附带的，用户自己也可以使用易控制作图符。图符可以重复使用。画面开发时的“组合图形”也可以放到“图库”中，形成“图符”。易控的图符在图库中按照分类进行组织管理。易控的图库包括了上千种常用的符号、标识和图形，并在快速扩充 |

在易控中这些画面构成对象主要是位于图形工具箱和图库工具箱这两个工具箱中。在这两个工具箱中所有对象按照一定的规律分别存放在不同的分类中，它们可以通过三种视图模式进行查看，分别是“列表”、“大图标”和“小图标”。易控还为用户提供了智能屏蔽功能，只有当工作区中为打开的画面时，图形和图库工具箱中的对象才可以被使用。

**1. 图形工具箱**

图形工具箱中包括画面构成对象中的基本图形、高级图形、插件和控件。这些对象分布在图形工具箱中的“常用”、“Windows控件”、“开关按钮”、“仪表”、“图表曲线”、“时钟”、“其他”几个分类中。

在画面开发过程中的基本图形是画面开发的基础，主要有直线、折线、曲线、弧线、矩形、圆角矩形、圆、扇形、切、多边形等，这些都被放在图形工具箱的“常用”分类中。图形工具箱的基本图形及简介见表5-3。

表5-3 图形工具箱的基本图形及简介

| 图形对象 | 简介 |
| --- | --- |
| 直线 | 易控的直线效果非常丰富，包括单色、图案、纹理、渐变和管道等。直线的虚实、粗细、端点样式都可以调整。由于其属性的多变，可以通过直线绘制出很多复杂的图形效果，与复杂的绘制方法相比，同样的效果，工程运行效率大幅提高 |

（续）

| 图形对象 | 简　　介 |
| --- | --- |
| 折线 | 折线是多根连接到一起的直线，折线绘制完成后，可以通过移动、添加、删除折线的节点来改变折线的形状。折线的拐点还有多种样式，可以通过调整线条属性来实现 |
| 曲线 | 曲线是没有拐点的“折线”，也可以通过移动、添加、删除节点的方式来细微调节曲线的形状 |
| 弧线 | 弧线是圆形边界的一部分，可以调整弧线的起始角度、扫描角度和线型等 |
| 矩形 | 矩形的线条和填充部分的效果可以单独进行设定。通过设置这两个属性，一个简单的矩形就可以绘制复杂的图形 |
| 圆角矩形 | 带圆角的矩形。其具有矩形的一切特性，四个圆角的半径是可以调整的。圆角的半径可以在属性窗中输入数字或者通过选中圆角矩形后用鼠标拖动来调整 |
| 圆 | 圆的边线和内部效果可以通过线条和填充属性分别设置，可以选择只显示边线，只显示内部或者两者都显示。绘制时选中“正交模式”或者同时按下〈Ctrl〉键则可以绘制标准的圆 |
| 扇形 | 圆的一部分，扇形具有边界和内部填充区域，可以分别设置其线条和填充属性 |
| 切形 | 圆的一部分，特性同扇形，不同之处在于封闭的区域不是经过圆心，而是弧线和弧线两个端点的连线共同构成的区域 |
| 多边形 | 多边形是封闭的折线，具有线条和填充属性，特性同矩形 |
| 封闭曲线 | 曲线构成的任意形状的封闭图形，其中，曲线的形状可以通过移动、添加、删除曲线的节点来改变 |
| 文本 | 文字类型的图形对象，用来显示数值和文字。文本也具有填充和边界属性，默认不显示边线，通过分别设定文字的线条和填充属性，可绘制非常精美的艺术文字效果。文本大小默认情况下是自动缩放的，也可以按照指定大小进行显示 |
| 变量表 | 一种表格形式，可以配置表格的行列数以及每一个表格中连接的内容，如表达式或者文本 |
| 图片 | 对应 Windows 的图形文件。易控中可直接使用 BMP、JPG、GIF、PNG、TIF、WMF、EWF 等各种各样图形格式的图形文件，还可对图片进行透明处理，可将画面或者画面的一部分保存为图形文件 |
| 边框 | 可以绘制带有凸凹、浮雕或雕刻等效果的边框。 |
| 相框 | 相框型的边框，通过设置背景可视为 False，可出现背景透明的效果 |
| 按钮 | 按钮具有不同样式（标准按钮、XP 按钮、平坦按钮、上提按钮），不同颜色模式，可选择图标及其位置，对齐方式，矩形或圆形，不同文字效果等 |
| 图片按钮 | 按钮处于不同状态时显示不同位图的按钮。按钮状态包括：禁止、按下、正常、鼠标滑过 |
| 标尺 | 显示刻度线的标尺，标尺的背景颜色可以分段显示不同的颜色，刻度位置、数值方向等都可以修改 |
| 圆形标尺 | 圆形或者弧形刻度的标尺，可设置圆形的起始角度和终止角度，指针值的显示方向 |
| 数码管 | 以数码管的形式显示数值，可以显示小数、负数等类型数值，可以直接关联变量或表达式，无需定义动画 |
| 实时曲线 | 以曲线的方式显示变量的变化趋势。曲线的样式、轴的样式，游标大小，曲线颜色，样式（模拟、阶梯、逻辑、棒图）等都可以灵活设置。一个曲线组件最多可以设置 32 条曲线，曲线可放大缩小 |
| 历史曲线 | 以曲线的方式显示变量的历史记录值的变化趋势，除了具有实时曲线特性外，历史趋势曲线还可以用于查询和对一段时间的数值进行最大值、最小值、平均值等的统计 |
| 报警窗 | 用于在画面上显示工程运行时的报警信息，确认报警，查询报警的历史信息。当报警数量很多时，可以根据报警的严重程度、报警的类型等进行筛选过滤 |
| 记录窗 | 用于在画面上显示工程运行中的重要事件记录，比如变量操作，用户登录和注销等 |
| 报表浏览器 | 用于在画面上查看报表。该组件还提供工具命令直接保存和打印报表等 |
| 菜单 | 在画面运行时可以由画面上的任何操作事件来弹出菜单和进行相应的处理程序 |

除了上面介绍的画面开发的基本绘图对象外，画面开发的其他对象都包括在易控图形工具箱的不同分类中，主要包含了一些实用的画面图形组件，比如：

①“时钟”分类下的数字式和指针式时钟。在工程运行期间直接显示了系统时间。

②“开关按钮”分类中的开关。有多种样式可以选择，便于模拟一个实际开关。

③“仪表”分类中的圆形仪表。模拟了一个指针式表头，其中的特性都可以设置。

④“图表曲线”分类中提供了各种各样的曲线，如反应两个变量之间关系的 XY 曲线、反应计划设定值和实际值之间关系的计划曲线。饼图可以显示多个变量的构成关系。

⑤“Windows 控件”分类下，则包含了 Windows 系统中常见的一些窗口组件，如单选复选按钮、分组框、滚动条、进度条、滑块、文本框、组合框等，也就是 Windows 中一般应用程序中常见的界面元素在易控中都是可用的。

⑥“其他”分类中，易控提供了几个功能强大使用十分方便的“浏览器”组件。如“配方浏览器”可以查看、修改、导入导出配方，通过变量名称关联配方等可视化的配方操作。“数据库浏览器”是一个通用的数据库客户端，可以直接查看常见数据库的内容，“数据库访问浏览器”则可以直接查看工程中事先定义好的一个数据库表格。“视频浏览器”可以动态显示摄像头的视频图像。“Web 浏览器”可以在画面上直接浏览本地网页，也可以直接上网查找任何信息等。

这些分类中的许多组件属于高级图形，具有各自特殊的功能，所以也称“高级功能组件”。高级功能组件的插入和使用极大地丰富和增强了监控系统的功能和效果，本章 5.6 节“画面的扩展”中会对这些控件进行介绍。

**2. 图库工具箱**

图库工具箱中的对象被称为“图符”，是通过易控的基本图形绘制组合而成的，这些对象在画面开发的过程中经常被使用，因此将这些“图符”放置在图库工具箱中。易控的图库工具箱默认包含“形状·形体”、“指示·仪表”、“开关·按钮”、“管道·阀门”、“容器·炉罐”、“电机·泵类”、“控制·电脑”、“标识·场景”、“时钟”和“其他”等几个分类，每个分类下面包含若干图符，易控的图库具有图符精美、制作容易等特点。

相对于图形工具箱来说，图库工具箱中的图符不限于易控所提供的，还可以在画面中自己制作图符，并将它添加到图库工具箱中。易控图库工具箱中的对象也可以被分解重新组合为新的图符，这里就不对图库工具箱中的对象进行详细的介绍。在画面开发的过程中，开发人员可以根据需要选择使用。关于图库工具箱中图符的制作见本章 5.5 节“组合图形和图库”。

## 5.2.3 图形属性和图形编辑

图形的属性配置和图形的编辑操作是画面开发过程中使用最多的步骤，是开发出精美画面的关键。

**1. 图形属性**

图形属性是指放置在画面上的各种图形图符对象的基本属性，比如位置、大小、外观等。画面开发的大量工作都是在调整图形的属性。在易控中，图形属性的调整是在图形的属性工具箱中进行的，有些属性例如位置、大小等也可以通过鼠标修改。不同的图形组件属性不尽相同，表 5-4 是一些常见的属性描述。

**表 5-4　图形的常见属性及含义**

| 属性 | 含　义 |
| --- | --- |
| 位置 | 工程运行时图形组件在画面上的位置。一般通过鼠标拖动或在对象的位置属性处输入坐标值来调整对象在画面上的位置 |
| 大小 | 图形组件外观大小。通过鼠标拖动或在对象大小属性处输入宽高数值来调整图形组件的外观大小。 |
| 线条 | 在这一属性中设置图形的线条，线条决定了直线和其他图形边框所绘制线条的样式。线条是一种常用的图形属性，易控的线条属性十分丰富。比如，线条可以是单一颜色的，可以是一种图案，可以是由一种纹理构成的，也可以是颜色渐变的，还可以直接画出管道线。可以设定线条是实线、虚线、点划线等，线条可以是任意粗细的，线条的起点和末点可以是不同的外观类型，折线的拐点也有几种不同的类型。通过组合选择这些线条本身的属性，可以很容易绘制出非常复杂的图形。下图为线条属性配置对话框和线条属性的效果演示 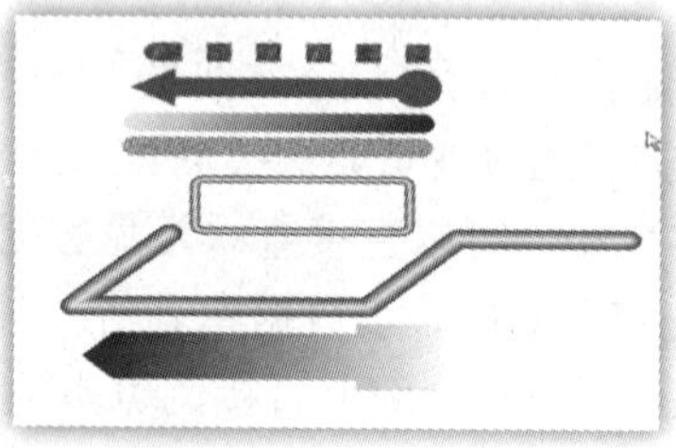 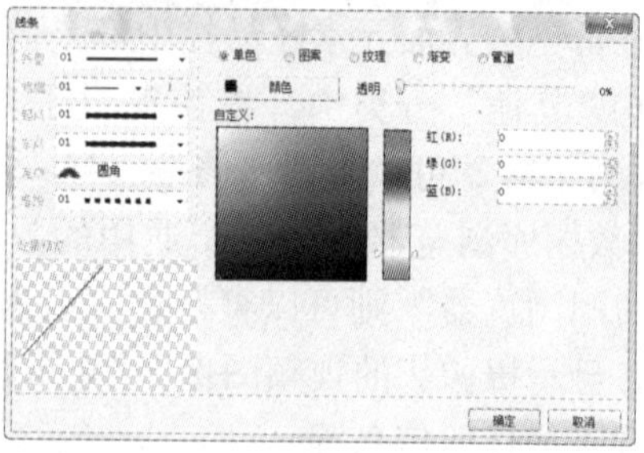 |
| 填充 | 填充属性决定了图形内部的填充样式。填充是一种常用的图形属性，易控的填充属性十分丰富，包括单色、图案、图片、渐变及放射等多种方式。通过组合选择这些填充本身的属性，可以很容易绘制具有非常复杂填充效果的封闭图形。下图为填充属性的配置对话框和填充属性的效果演示 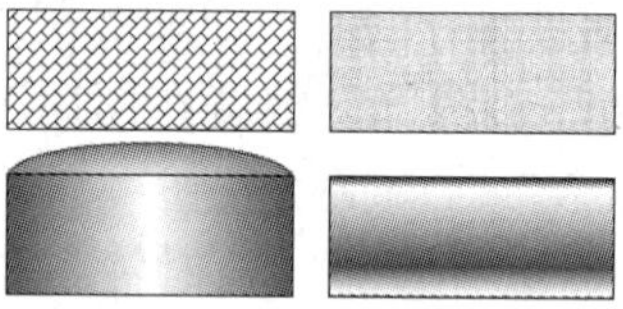 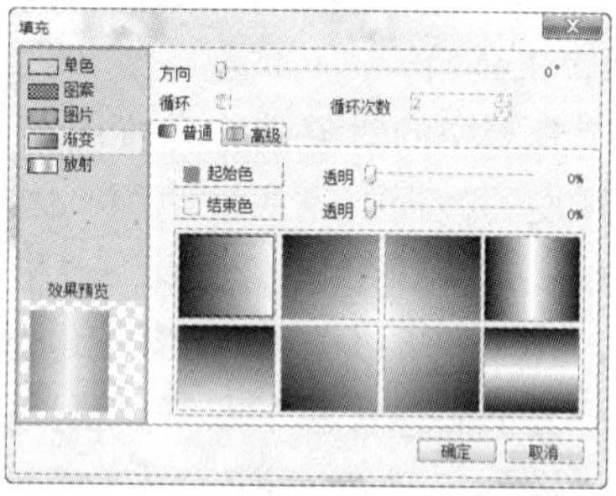 |
| 提示文本 | 设置对象的提示文本，在运行系统中，鼠标在对象上停留时，将弹出提示文本 |
| 旋转角度 | 设置图形的旋转角度。范围从 -360° ~ +360°，可以设置小数位 |
| 水平倾斜 | 设置图形沿水平方向的倾斜，取值范围是 -5 ~ +5，可以设置小数位 |
| 垂直倾斜 | 设置图形沿垂直方向的倾斜，取值范围是 -5 ~ +5，可以设置小数位 |
| 绘制方式 | 指定可填充图形是否绘制边框线条，是否绘制填充效果 |
| 中心 | 设置对象的旋转中心点。系统提供了 9 种预置模式和一个自定义选项。系统默认的模式为正中心。自定义中心时，可以将对象的中心点定位到画面中的任意位置。下图为中心点设置图标 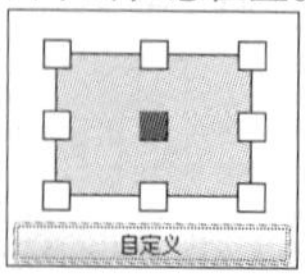 |
| 平滑模式 | 该属性设置图形的质量，默认为高质量绘图，降低质量会加快绘图速度，系统提供了 6 个选项 |
| 可见 | 设置对象在运行时是否可见 |

（续）

| 属性 | 含　义 |
| --- | --- |
| 安全区 | 用于管理对象操作的权限，当操作员和图形具有相同安全区时方可操作该图形 |
| 锁定 | 用来避免开发完成后，对画面对象的误操作。锁定时，用鼠标操作对象无效，但可通过属性窗来进行修改。锁定时，选中图形，其左上角会出现小锁的图标 |
| 起始角 | 弧或扇形的起始角度 |
| 扫描角 | 弧或扇形的扫描角度，即张开角度 |

属性窗以表格的形式显示了被选中图形对象的各种属性，属性窗有两列，左侧为属性名称，右侧为属性的具体数值。对于不同属性的配置，可以通过直接输入数值、下拉框选择或者在弹出的属性编辑器中编辑三种方式来实现。

**2. 图形编辑**

图形编辑是指在画面开发过程中对画面上单个或多个图形图符对象的旋转、倾斜、对齐、组合、分解、分层等操作。通过这些操作可以提高画面开发的效率和画面整体的美观性，对于这些操作，组态软件一般都会提供相应的快捷方式工具条。图5-3所示为易控的图形操作工具条。

图5-3　图形操作工具条

图形编辑的主要操作/选项见表5-5。

**表5-5　图形编辑的主要操作/选项**

| 操作/选项 | 含　义 |
| --- | --- |
| 正交选项 | 选中此命令后，画面的编辑模式为“正交模式”。即绘制的直线为水平、垂直或者角度为45°的倍数的斜线；其他如圆形、矩形将会绘制为正圆、正方形等。易控中，除了曲线和封闭曲线外，其他图形都支持正交模式。格式工具条上的命令按钮是正交模式的切换开关。绘图时按住〈Shift〉键进入正交模式，松开即退出正交模式 |
| 旋转操作 | 当需要旋转图形时，将格式工具条上的命令按钮切换到被选中状态后，鼠标移到图形选择框的四个顶点附近时，会出现旋转光标，拖动鼠标可以旋转图形。图形的旋转是围绕着图形的中心点旋转的。中心点可以调整。下图为易控的图形旋转操作示意图。 |
| 倾斜操作 | 当需要倾斜图形时，将格式工具条上的命令按钮切换到被选中状态后，鼠标移到图形选择框的四边中心附近时，会出现倾斜光标，拖动鼠标可以倾斜图形。一个图形不能同时进行水平和垂直倾斜。当将图形对象向一个方向倾斜后，再反方向倾斜时，在倾斜度为0°，会暂停倾斜，如需进一步倾斜，需要再次使用倾斜命令。下图为易控的图形倾斜操作示意图。 |

（续）

| 操作/选项 | 含　义 |
| --- | --- |
| 属性提取操作 | 包括“填充”和“线条”属性的提取。在格式工具条上的命令按钮分别是 、 。可以将一个对象的属性提取后填充到另一个对象中，使两个对象具有相同属性 |
| 对齐操作 | 将同时选中的多个图形与参考图形对齐。参考图形是多选后标记有白色选中框的图形，多选后再次点击一个已经被选中的图形，可以改变参考图形为其他图形。除上下左右外，还可以按照中心点对齐 |
| 相同大小操作 | 将同时选中的多个图形的大小设为与参考图形相同。参考图形是多选后标记有白色选中框的图形，多选后再次点击一个已经被选中的图形，可以改变参考图形为其他图形。相同大小操作还包括使宽度或高度单独相同的操作 |
| 分布操作 | 使同时选中的多个对象在水平或垂直方向上等间隔的分布 |
| 居中操作 | 使选中的图形对象居于画面的水平中间或垂直中间 |
| 镜像操作 | 包括逆时针、顺时针、水平、垂直翻转 |
| 层次操作 | 调整多个图形在画面上绘制的层叠顺序，当对象出现覆盖情况时显示处于最顶层的对象 |
| 组合 | 将多个同时选中的图形组合到一起，形成一个新的对象，组合后子图形的动画和事件不会丢失，同时还可以将子图形的图形暴露给组合后的图形，具体参见“组合图形和图形库”一节。另外，由于其特殊性，控件类的图形对象不能参与组合 |
| 分解 | 分解是组合操作的反操作，即将组合成的图形拆散成多个图形的操作。对组合了多次的组合图形，可以按照组合过程的逆序逐次拆散，也可以一次性彻底拆散 |

### 3. 对象浏览器

对象浏览器是管理画面中所有对象的一个工具。工程中的所有画面都是由画面中不同对象构成的。有些画面简单，只需要几个对象就可以构成，对这些对象的选取十分方便；但是有些画面却很复杂，画面中往往使用很多对象，而且有些对象往往被其他对象所覆盖，这时对画面中的对象进行选取就比较麻烦，有了对象浏览器就可以快速方便地定位画面中的所有对象。

在对象浏览器中包含了一个画面中所有对象的名称，通过名称的选择可以快速地定位到相应的对象，同时可以在画面浏览器中对画面内的对象进行剪切、复制、粘贴以及删除操作，另外，还可以对画面中的对象进行层次的调整。对象浏览器可以通过易控菜单的“视图”中的“其他窗口”打开，与“工程”窗口并列放置。图 5-4 为易控的对象浏览器窗口。

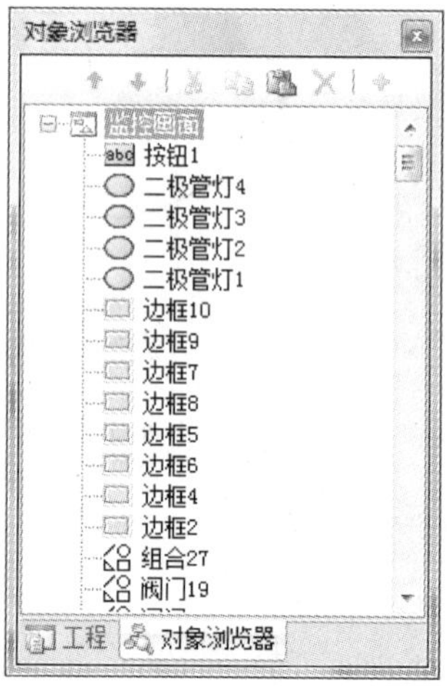

图 5-4　易控的对象浏览器窗口

## 5.3　动画

动画是指画面上对象的属性值（如对象的颜色、形状、大小、位置、内容等）随着外部条件的变化而变化的一类效果。这种外部条件的改变是由于自动化系统中指定监控信息的变化而引起的，即动画是工程中变量或表达式的数值改变而引起的画面上的对象属性的变化。画面上的对象属性有多种，数据也有数字量和模拟量之分，因此动画也有多种，动画的种类越多意味着组态软件展示数据的能力越强。动画在数据的表现方式上具有直观化、简单化和图形化的特点，极大地方便了对工业现场信号的监控。

易控的动画功能十分强大，具有三大类动画：常规动画、复合动画、用户程序动画。其中的复合动画和用户程序动画是易控独创的高级动画功能。在常规动画中也有许多是易控独有的特点。

### 5.3.1 常规动画

常规动画是图形对象本身所具有的动画属性。易控的常规动画有十几类，几十种之多，而且每一种动画还可能有多种可变的动画效果，因此最终能实现的动画效果十分丰富。

动画的实现是通过图形对象相应的属性随着变量或表达式值的改变而发生变化的。如果按照变量或表达式的数值类型来分，动画可以划分为离散型动画和线性动画。如果按照图形的属性类型来分，则可划分为可见性动画、缩放动画、旋转动画、移动动画、填充动画、线条动画、倾斜动画、数值显示动画、文本动画，另外直线和弧线类等图形具有一些特别的动画，将它们归为“其他”动画类之下。其中每一类动画可能包含多种动画，比如“填充动画”包含了“填充”、“百分比填充”和“透明”三种动画。“缩放动画”包含了“垂直离散缩放”、“垂直（线性）缩放”、“水平离散缩放”、“水平（线性）缩放”四种动画。

动画的配置主要是通过变量或表达式来进行的，配置方式比较简单。表 5-6 列出了易控常见的动画类型及含义。

**表 5-6　易控常见的动画类型及含义**

| 动画 | 含　义 |
| --- | --- |
| 可见性动画 | 可见性动画是和图形对象是否可见的属性相关的动画。通过变量或表达式值来控制图形的可见、不可见、闪烁等，从而模拟工业现场的动态变化（注：如果要实现逐渐可见与不可见的效果可使用填充动画中的透明动画） |
| 显示隐藏 | 显示隐藏动画是通过变量或表达式的值为 1 或者 0（True 或 False）控制对象的显示和隐藏的动画效果 |
| 闪烁 | 闪烁动画是通过变量或表达式的值为 1 或者 0（True 或 False）控制对象是否闪烁的动画。可以定义闪烁的快慢，即闪烁速度 |
| 移动动画 | 和图形对象的位置属性相关的动画。移动动画通过由变量或表达式值可控的图形的位置变化来模拟工业现场的动态变化 |
| 垂直移动 | 垂直移动动画是图形对象在画面中的垂直位置随表达式的值按线性关系变化的动画。定义表达式和图形垂直位置的最小、最大值，当表达式的值从最小变化到最大时，图形坐标 Y 对应从最小值变化到最大值。移动距离以像素为单位，以定义动画的对象在画面中的静态位置为参考基准 |
| 水平移动 | 水平移动动画是图形对象在画面中的水平位置随表达式的值按线性关系变化的动画。定义表达式和图形水平位置的最小、最大值，当表达式的值从最小变化到最大时，图形坐标 X 对应从最小值变化到最大值。移动距离以像素为单位，以定义动画的对象在画面中的静态位置为参考基准 |
| 离散移动 | 离散移动动画是图形对象在画面中的位置随表达式的值按“值对”关系变化的动画。定义一组表达式的取值范围和相应的图形位置。当表达式取值在某一预先定义的取值范围内时，图形移动到定义的对应位置 |
| 缩放动画 | 缩放动画是和图形对象的“大小”属性相关的动画。缩放动画通过由变量或表达式值可控的图形的大小变化来模拟工业现场的动态变化，分水平、垂直、线形和离散四种缩放 |
| 水平缩放 | 水平缩放动画是图形对象水平方向上的大小随变量或表达式的值按线性关系变化的动画。定义表达式和图形水平缩放的最小、最大值，当表达式的值从最小变化到最大时，图形对象的缩放也从最小缩放百分比变化到最大缩放百分比。可以控制三种水平缩放方向：向右缩放、向左缩放、从中间向左右同时缩放 |

（续）

| 动画 | 含　义 |
| --- | --- |
| 垂直缩放 | 垂直缩放动画是图形对象垂直方向上的大小随变量或表达式的值按线性关系变化的动画。分别定义表达式和图形垂直缩放的最小、最大值，当表达式的值从最小变化到最大时，图形对象的缩放也从最小缩放百分比变化到最大缩放百分比。可以控制三种垂直缩放方向：向上缩放、向下缩放、从中间向上下同时缩放 |
| 水平离散缩放 | 水平离散缩放动画是图形对象水平方向上的大小随变量或表达式的值按“值对”关系变化的动画。定义一组表达式的取值范围和相应的水平缩放百分比。当表达式取值在某一预先定义的取值范围内时，图形在水平方向上按照定义的对应缩放百分比进行缩放。可以控制三种水平缩放方向：向右缩放、向左缩放、从中间向左右同时缩放 |
| 垂直离散缩放 | 垂直离散缩放动画是图形对象垂直方向上的大小随变量或表达式的值按“值对”关系变化的动画。定义一组表达式的取值范围和相应的垂直缩放百分比。当表达式取值在某一预先定义的取值范围内时，图形在垂直方向上按照定义的对应缩放百分比进行缩放。可以控制三种垂直缩放方向：向上缩放、向下缩放、从中间向上下同时缩放 |
| 填充动画 | 填充动画是和图形对象的“填充”属性相关的动画。填充动画通过由变量或表达式值可控的图形的填充模式、颜色、图案、纹理、渐变、渐变方向等变化来模拟工业现场的动态变化。分为百分比填充、填充和透明三种动画 |
| 百分比填充 | 百分比填充动画是使图形对象的填充区域占整体的百分比随变量或表达式的值按线性关系变化的动画。分别定义表达式和图形百分比填充的最小、最大值，当表达式的值从最小变化到最大时，图形对象的填充百分比也从最小变化到最大。可以任意控制填充的方向和填充的模式 |
| 填充 | 填充动画是图形对象的填充样式随变量或表达式的值按“值对”关系变化的动画。定义一组表达式的取值方位和分别对应的填充模式。当表达式取值在某一预先定义的取值范围内时，图形的填充模式按照定义的对应设置改变 |
| 透明 | 透明动画是图形对象的透明度随变量或表达式的值按线性关系变化的动画。分别定义表达式和图形透明度的最小、最大值，当表达式的值从最小变化到最大时，图形对象的透明度也从最小变化到最大 |
| 线条动画 | 线条动画是和图形对象的“线条”属性相关的动画。线条动画通过由变量或表达式值可控的图形的边界线模式、粗细、端点类型、直线的连接模式等变化来模拟工业现场的动态变化 |
| 线型 | 线型动画是图形对象的线型随变量或表达式的值按“值对”关系变化的动画。定义一组表达式的取值范围和分别对应的线型。当表达式取值在预先定义的取值范围内时，图形的线型按照定义的对应设置线型改变 |
| 旋转动画 | 旋转动画是和图形对象的“旋转角度”属性相关的动画。旋转动画通过由变量或表达式值可控的图形的旋转角度的变化来模拟工业现场的动态变化。图形旋转角度的中心点在开发期间是可以指定的。共分为旋转、离散旋转、旋转启停和旋转速度 |
| 旋转 | 旋转动画是图形对象的旋转角度随变量或表达式的值按线性关系变化的动画。分别定义表达式和图形旋转角度的最小、最大值，当表达式的值从最小变化到最大时，图形对象的旋转角度也从最小变化到最大 |
| 离散旋转 | 离散旋转动画是图形对象的旋转角度随变量或表达式的值按“值对”关系变化的动画。定义一组表达式的取值范围和分别对应的旋转角度。当表达式取值在某一预先定义的取值范围内时，图形的旋转角度按照定义的对应设置值改变 |
| 旋转启停 | 旋转启停动画是通过变量或表达式的值为 1 或者 0（True 或 False）控制对象是否开始围绕中心点旋转的动画。可以定义旋转的速度是顺时针还是逆时针，以及每次旋转时的步长 |
| 旋转速度 | 旋转速度动画是通过变量或表达式的值控制对象围绕中心点在旋转过程中的旋转速度，可以定义顺时针或逆时针旋转时表达式与旋转速度的旋转百分比 |
| 倾斜动画 | 倾斜动画是和图形对象的倾斜度相关的动画。倾斜动画通过由变量或表达式值可控的图形的水平和垂直倾斜度的变化来模拟工业现场的动态变化。倾斜动画分垂直、水平、线性和非线性倾斜动画 |
| 水平倾斜 | 水平倾斜动画是图形对象的水平倾斜度随变量或表达式的值按线性关系变化的动画。分别定义表达式和图形水平倾斜度的最小、最大值，当表达式的值从最小变化到最大时，图形对象的水平倾斜度也从最小变化到最大 |

（续）

| 动画 | 含　义 |
| --- | --- |
| 垂直倾斜 | 垂直倾斜动画是图形对象的垂直倾斜度随变量或表达式的值按线性关系变化的动画。分别定义表达式和图形垂直倾斜度的最小、最大值，当表达式的值从最小变化到最大时，图形对象的垂直倾斜度也从最小变化到最大 |
| 水平离散倾斜 | 水平离散倾斜动画是图形对象的水平倾斜度随变量或表达式的值按“值对”关系变化的动画。定义一组表达式的取值范围和分别对应的水平倾斜度。当表达式取值在某一预先定义的取值范围内时，图形的水平倾斜度按照定义的对应设置值改变 |
| 垂直离散倾斜 | 垂直离散倾斜动画是图形对象的垂直倾斜度随变量或表达式的值按“值对”关系变化的动画。定义一组表达式的取值范围和分别对应的垂直倾斜度。当表达式取值在某一预先定义的取值范围内时，图形的垂直倾斜度按照定义的对应设置值改变 |
| 流动动画 | 流动动画是让图形“流动”起来的动画效果。图形对象的“填充”属性以及“线条”属性可用于流动动画。流动动画包含填充流动、线条流动、线条流动启停、填充流动启停四种 |
| 填充流速 | 填充流速动画是图形对象的填充区域流动速度随变量或表达式的值按线性关系变化的动画。分别定义表达式和填充区域的流动速度的百分比的最小、最大值，当表达式的值从最小变化到最大时，图形对象线条填充区域流动速度从最小变化到最大。可以定义流动的方向和步长 |
| 线条流速 | 线条流速动画是图形对象的线条流动速度随变量或表达式的值按线性关系变化的动画。分别定义表达式和线条流动速度的百分比的最小、最大值，当表达式的值从最小变化到最大时，图形对象线条流动速度从最小变化到最大。可以定义流动的方向和步长 |
| 线条流动启停 | 线条流动启停动画是图形对象的边线随变量或表达式的值为“1”或“0”（True 或者 False）而开始或者停止流动的动画。可以定义流动的方向，速度和步长 |
| 填充流动启停 | 填充流动启停动画是图形对象的填充区域随变量或表达式的值为“1”或“0”（True 或者 False）而开始或者停止流动的动画。可以定义流动的方向，速度和步长 |
| 数值显示动画 | 数值显示动画是和文本的“文本”属性有关的动画，只适用于“文本”图形组件，是文本的显示内容随变量或表达式的值动态变化的动画。其分为离散值动画、模拟值动画、字符串值动画和模拟值字符串动画 |
| 离散值 | 离散值动画是文本的显示内容随表达式的离散结果值而变化的动画。可以定义变量或表达式的离散结果值为“0”（False）和“1”（True）时分别显示的文本内容，如“打开”、“关闭” |
| 模拟值 | 模拟值动画是文本的显示内容显示了表达式的模拟结果值的动画。可以定义模拟值显示的显示方式，如整数位数、小数位数等 |
| 时间值 | 时间值动画是文本的显示内容显示了表达式连接的时间型变量或字符串变量的结果，配置时可以调整时间和日期的显示格式 |
| 字符串值 | 字符串值动画是文本的显示内容显示了表达式的字符串结果值的动画 |
| 模拟值字符串 | 模拟值字符串动画是文本的显示内容随变量或表达式的值按“值对”关系变化的动画。定义一组表达式的取值范围和分别对应的文本显示内容。当表达式取值在某一预先定义的取值范围内时，文本的显示内容为定义的对应字符串 |
| 文本动画 | 文本动画是和文本的外观属性有关的动画。文本动画通过由变量或表达式值可控的文本的颜色、图案、纹理、渐变等的变化来模拟工业现场的动态变化 |
| 文本前景色 | 文本前景色动画是文本的字体部分的颜色、图案等随变量或表达式的值按“值对”关系变化的动画。定义一组表达式的取值范围和分别对应的文本字体颜色或模式。当表达式取值在预先定义的某一取值范围内时，文本的颜色图案按照对应的设置改变 |
| 直线端点移动动画 | 直线端点移动动画是直线所独有的一种动画。是直线的起点和终点位置随着连接的变量或表达式的值发生变化时而改变的动画。共六种，分别是直线的起点和终点沿水平、垂直或直线方向上移动的动画 |
| 起点垂直 | 起点垂直动画是直线的起点 Y 坐标随变量或表达式的值按线性关系变化的动画。分别定义表达式和起点垂直移动的最小、最大值，当表达式的值从最小变化到最大时，直线起点的垂直位置也从最小变化到最大。图形的坐标按相对位置计算，0 表示图形绘制的当前位置 |

（续）

| 动画 | 含　义 |
|---|---|
| 起点水平 | 起点水平动画是直线的起点 X 坐标随变量或表达式的值按线性关系变化的动画。分别定义表达式和起点水平移动的最小、最大值，当表达式的值从最小变化到最大时，直线起点的水平位置也从最小变化到最大。图形的坐标按相对位置计算，0 表示图形绘制的当前位置 |
| 起点伸缩 | 起点伸缩动画是直线的起点位置随变量或表达式的值按线性关系变化的动画。分别定义表达式和起点伸缩百分比的最小、最大值，当表达式的值从最小变化到最大时，直线的起点位置沿着直线方向也从最小百分比伸缩到最大 |
| 终点垂直 | 终点垂直动画是直线的起点 Y 坐标随变量或表达式的值按线性关系变化的动画。分别定义表达式和终点垂直移动的最小、最大值，当表达式的值从最小变化到最大时，直线终点的垂直位置也从最小变化到最大。图形的坐标按相对位置计算，0 表示图形绘制的当前位置 |
| 终点水平 | 终点水平动画是直线的起点 X 坐标随变量或表达式的值按线性关系变化的动画。分别定义表达式和终点水平移动的最小、最大值，当表达式的值从最小变化到最大时，直线终点的水平位置也从最小变化到最大。图形的坐标按相对位置计算，0 表示图形绘制的当前位置 |
| 终点伸缩 | 终点伸缩动画是直线的终点位置随变量或表达式的值按线性关系变化的动画。分别定义表达式和终点伸缩百分比的最小、最大值，当表达式的值从最小变化到最大时，直线的终点位置沿着直线方向也从最小百分比伸缩到最大 |
| 弧、扇形和切的起始角、扫描角动画 | 扇形、切、弧所独有的动画。图形的起始点（或边）和终点（或边）的位置随变量的值发生变化而变化 |
| 起始角度 | 扇形、切、弧的起始角度随变量或表达式的值按线性关系变化的动画。分别定义表达式和起始角度的最小、最大值，当表达式的值从最小变化到最大时，扇形等的起始角度也从最小变化到最大 |
| 扫描角度 | 扇形、切、弧的扫描角度（张角）随变量或表达式的值按线性关系变化的动画。分别定义表达式和扫描角度的最小、最大值，当表达式的值从最小变化到最大时，扇形等的扫描角度也从最小变化到最大 |
| 其他动画 | 其他动画和图形对象的一些特殊属性有关。这里不一一列举 |
| 允许禁止 | 允许禁止动画是一个特殊动画，它由变量或表达式的值来控制图形对象的事件是否有效。它和安全区的安全控制类似，但安全区是不能动态控制的，允许禁止动画则可以动态决定图形的事件是否被允许执行 |

上面介绍了对象中的各种动画效果，这些动画效果在使用的时候可以单独使用，也可以叠加使用。动画的叠加使得动画效果也叠加起来。比如在水平方向和垂直方向上的移动动画叠加起来后，图形对象就可以在画面上移动到任意位置。有些动画是互相冲突的，不能叠加到一起，易控自动为用户过滤并屏蔽了这些冲突。图 5-5 所示为易控动画属性窗口，在图中同时配置了垂直移动和水平移动，离散移动则被屏蔽起来。

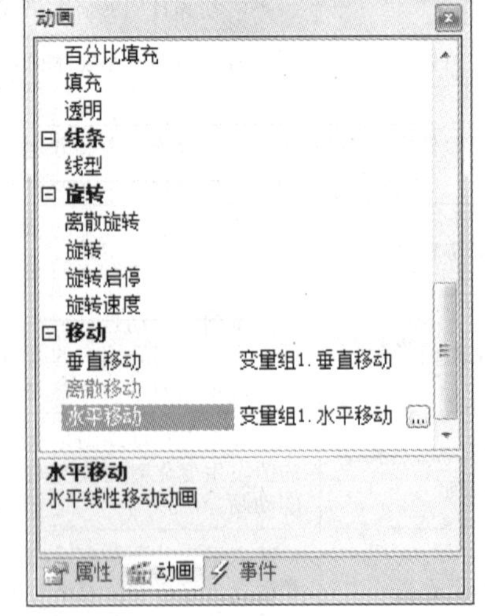

图 5-5　动画属性窗口

上面介绍了易控图形对象的丰富动画属性，下面通过油罐液位、灯光闪烁以及旋转风扇叶等几个示例，对画面中对象的动画进行详细介绍。

**【示例 5-1】** 油罐液位。

动画的制作过程：

1）在“动画”变量组中定义“液位”变量，变量为整型且初始值为 0。

2）在图库工具箱的“管阀容器”分类中选用“立罐 2”，再绘制一个矩形制作液位填充效果，矩形的填充为单色灰色，如图 5-6 所示。

3）在矩形的“百分比填充动画”中连接变量“动画．液位”，填充属性为“向上”，模式选为单色绿色，如图 5-7 所示。

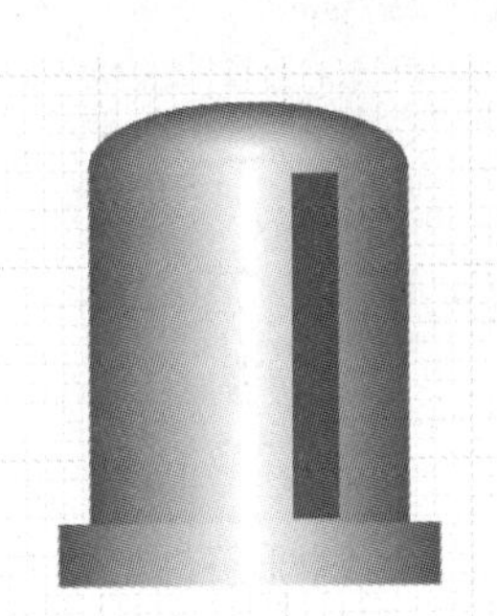

图 5-6　油罐静态绘制

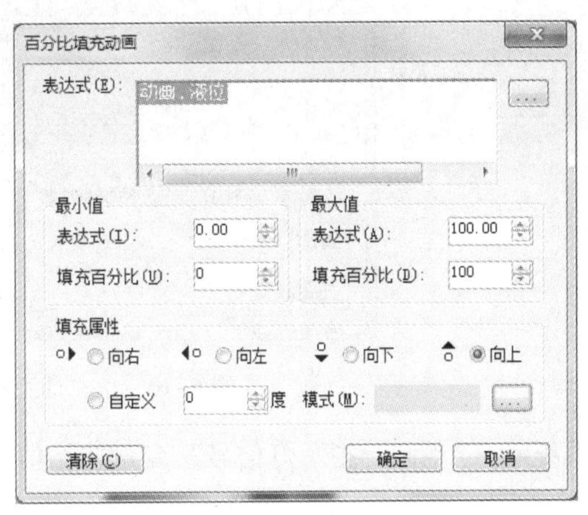


图 5-7　动画配置

运行系统后，随着“动画．液位”变量的变化，油罐上的矩形也会发生相应的填充变化，如图 5-8 所示。

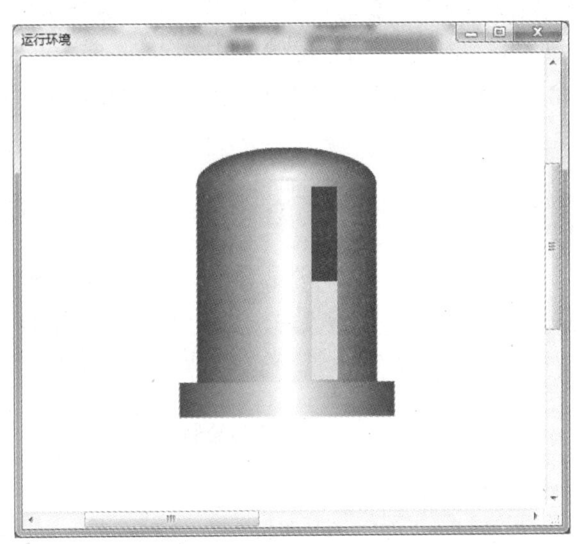


图 5-8　填充动画效果

【示例 5-2】　灯光闪烁。

动画的制作过程：

1）在“动画”变量组中定义“指示灯信号”变量，变量为开关型且初始值为“True”。

2）绘制一个圆形作为灯座，填充为单色黑色，再绘制一个圆形作为灯体，填充为放射红色，并为灯体配置填充效果，如图 5-9 所示。

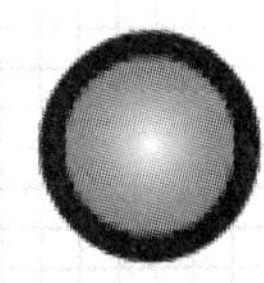

图 5-9　二极管灯静态绘制

3）在灯体的“闪烁动画”中连接变量“动画．指示灯信号”，表达式值为真时闪烁，闪烁速度为1000毫秒，如图5-10所示。

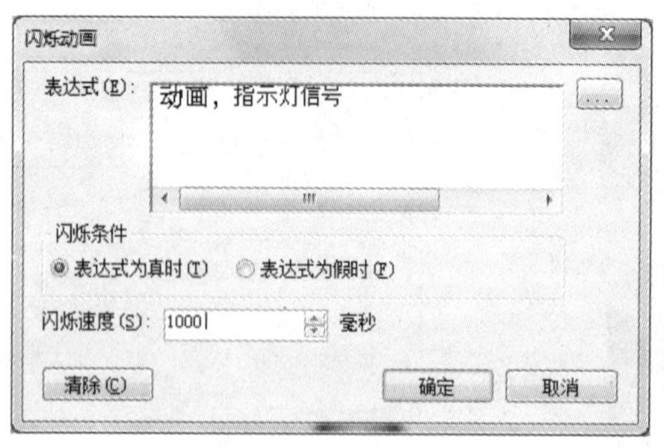


图5-10 填充动画配置

运行系统后，“动画．指示灯信号”变量初始值为True，满足闪烁条件，灯体会按设置的速度闪烁。

**【示例5-3】** 旋转风扇叶。

动画的制作过程：

1）在“动画”变量组中定义“旋转开关”变量，变量为开关型且初始值为“True”。

2）绘制一个封闭曲线作为扇叶，填充为单色灰色，复制扇叶并旋转到合适的角度，通过工具栏提供的“中心点对齐”按钮将两个扇叶的中心点对齐。再绘制一个圆作为轴，填充为放射黑色，调整三个对象到合适位置，然后进行组合，如图5-11所示。

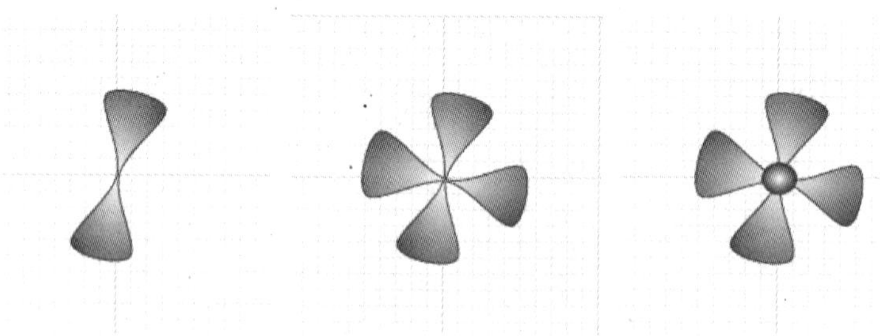

图5-11 静态画面绘制

3）在组合的动画属性“旋转启停”中连接变量“动画．旋转开关”，设置转速为200毫秒，步长为5度，顺时针方向旋转，如图5-12所示。

运行系统后，“动画．旋转开关”变量初始值为True，满足旋转条件，风扇会按照设定属性进行旋转。

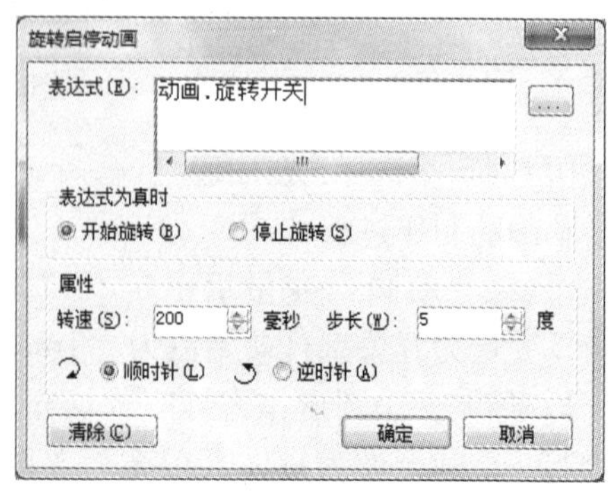


图5-12 旋转动画配置

## 5.3.2 复合动画

在易控中，不仅仅画面上的基本图形、插件和控件可以定义自己的动画，将这些已经定义有动画的图形组合起来形成的组合图形除了具有子图形的动画外，还可以和基本图形一样定义自己的动画。由于组合图形是可以嵌套的，因此组合图形中的动画也出现了嵌套。这种“嵌套”的动画就是复合动画。

易控中复合动画和动画的叠加完全不同，通过叠加的方式，动画中的每一个动画都是相对该图形所在的画面而言的，而组合图形的子图形的动画和组合图形本身的动画具有不同的级别，组合图形的动画是相对所在画面的，其子图形的动画则是相对组合图形的。这样就出现了相对不同图形对象的动画，不仅仅是相对画面的动画。在组合图形多级嵌套的情况下，多个层次相对关系的动画，将产生更加复杂和丰富的动画效果。

复合动画是易控图形系统的重要特征之一。下面以太阳、地球、月球三者之间的旋转关系为例介绍易控的复合动画效果，该示例的动画效果也在易控的演示工程中存在。

复合动画在制作之前，首先要清楚所做的复合动画应该具有什么样的动画效果，需要哪些属性的配合，在这个复合动画中，太阳、地球、月球三者之间的旋转关系为月球围绕地球旋转，同时月球和地球又共同围绕太阳旋转，因此需要用到动画属性的旋转功能，同时旋转必须有一个旋转的中心点，这就用到了中心点的配置，其次就是一些位置和填充的功能达到美观实用的效果。只有清楚所要做的复合动画需要达到什么效果，才能快速地配置完成。该复合动画配置的效果如图 5-13 所示。

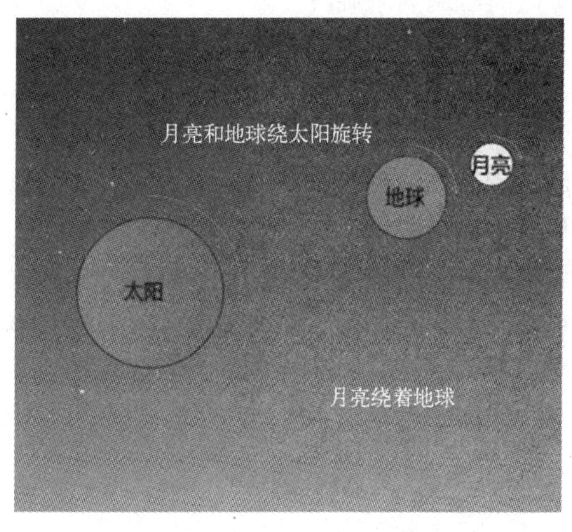


图 5-13　太阳、地球、月球旋转的复合动画

复合动画的制作过程：

1）定义两个变量：月球旋转、地球旋转，它们存放在“复合动画”变量组中，这两个变量都为开关型且初始值为“True”。

2）在画面上绘制三个圆和三个文本，调整位置、大小属性，注意圆与文本要进行中心点对齐，然后进行组合，如图 5-13 所示。

3）配置月球与地球的旋转关系：月球围绕着地球旋转，因此首先要修改月球的旋转中心点，通过月球属性中的“中心”项，利用自定义的方式将月球的中心点移动到地球的中心点上，之后选中月球和地球，利用快捷方式工具条中的中心点对齐功能将月球和地球的中心点对齐，最后在月球的动画属性中选择“旋转启停”项，在其中关联变量“复合动画.月球旋转”，同时配置表达式为真时开始旋转，转速为 1000 毫秒，步长为 5 度，顺时针旋转，如图 5-14 所示。

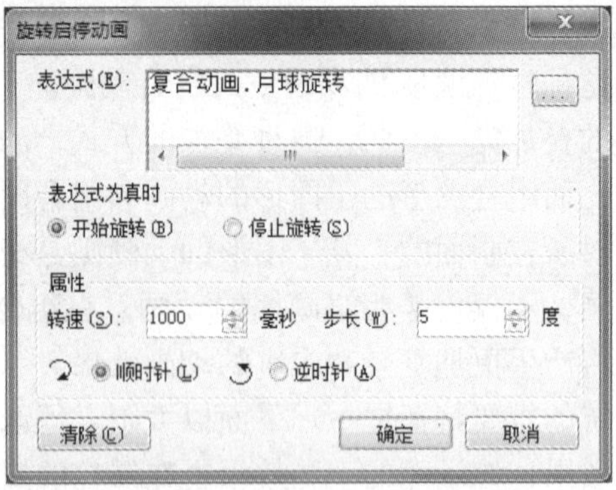

图 5-14　太阳、地球、月球旋转的复合动画

4）地球、月球围绕太阳旋转：首先将地球、月球进行组合，之后将组合完成的对象中心点移动到太阳上并进行中心点对齐，最后配置组合图形的旋转动画，将组合图形的“旋转启停”与“复合动画．地球旋转”关联，转速为100毫秒，步长为2度，其他与月球旋转相同。

通过上面的操作就完成了复合动画的配置效果，编译运行，观察运行效果，月球围绕地球旋转的同时，月球和地球同时围绕太阳旋转。

## 5.3.3　用户程序动画

用户程序动画是易控中更为高级的一类动画，它的动画效果不是通过图形对象的动画属性窗来实现的，而是通过用户程序调用画面中图形对象的属性，并以编写程序的方式来改变属性值实现的。由于是用户直接编写程序来控制画面上的图形对象，所以非常灵活，能够实现常规动画所不能实现的更为复杂的动画效果。

在易控的用户程序编辑器中可以直接调用画面上所有的图形对象，这些对象的大部分属性都被暴露出来，可以供用户直接使用，画面中对象的属性方法可以通过点运算符“.”调用。图5-15就是易控演示工程中用户程序动画调用对象属性的一段示例。

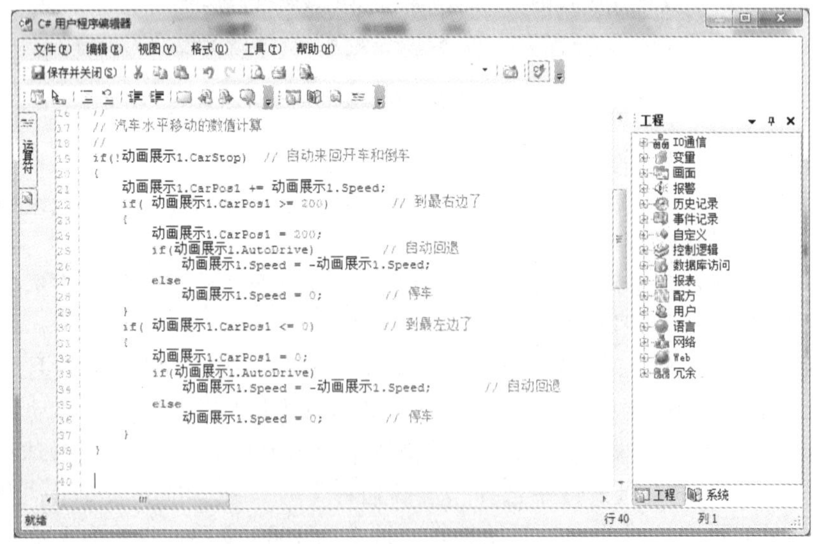


图 5-15　易控用户程序动画

由于易控提供了可视化、智能感知及文字提示等用户程序编写方法，因此，对于缺少编程经验的用户来说，并不需要记住用户程序中对象属性的指令及参数就能编写出非常丰富的代码程序。易控用户程序的使用方法将在第 6 章“脚本编程”中进行介绍。

## 5.4 事件

事件是指画面上的对象由于某些外部设备的触发从而执行相应任务的操作。这些任务需要在所要操作的对象中事先编写完成，而外部设备的触发包括鼠标点击、拖动、转动或者键盘的相应按键的动作等。通过画面上对象的事件操作可以实现对自动化现场设备的控制和打印、浏览等画面上其他功能的调用。

为了方便用户使用，易控将常用的事件操作处理办法直接提供给了用户，用户只需做最简单的配置即可，比如，在工程运行时希望鼠标拖动对象来改变变量的值，它的事件配置方法就是将对象事件的滑动输入与需要改变的变量进行关联就可以了。对于另外一些比较复杂的事件操作，在易控中通过用户程序执行，相关的内容将在第 6 章“脚本编程”中介绍。

易控画面中的对象一般具有的事件见表 5–7。

**表 5–7　事件类型及描述**

| 事件类型 | 事　件 | 描　述 |
|---|---|---|
| 滑动输入 | 垂直滑动① | 垂直方向拖动图形对象改变一个变量的数值 |
| | 水平滑动① | 水平方向拖动图形对象改变一个变量的数值 |
| 鼠标键 | 键按下 | 在图形对象上按下鼠标左键，执行配置的用户程序片段② |
| | 键按住 | 在图形对象上按住鼠标左键，按照指定的时间间隔不断重复执行配置的用户程序片段 |
| | 键抬起 | 在图形对象上抬起鼠标左键，执行配置的用户程序片段 |
| | 右键按下 | 在图形对象上按下鼠标右键，执行配置的用户程序片段 |
| | 右键按住 | 在图形对象上按住鼠标右键，按照指定的时间间隔不断重复执行配置的用户程序片段 |
| | 右键抬起 | 在图形对象上抬起鼠标右键，执行配置的用户程序片段 |
| 值输入 | 离散值输入 | 鼠标左键点击图形弹出对话框输入开关量的值 |
| | 模拟值输入 | 鼠标左键点击图形弹出对话框输入模拟量的值 |
| | 时间值输入 | 鼠标左键点击图形弹出对话框输入时间值 |
| | 字符串输入③ | 鼠标左键点击图形弹出对话框输入字符串内容 |
| 菜单 | 鼠标左键 | 在图形对象上按下鼠标左键弹出菜单④ |
| | 鼠标右键 | 在图形对象上按下鼠标右键弹出菜单 |
| 转动 | 旋转输入 | 转动图形对象改变变量的数值（根据角度变化） |

① 水平和垂直滑动可以叠加

② 程序片断可包含任何希望的指令，比如打开画面、切换工程语言、计算机关机等

③“字符串值输入”时可以选择“密码形式”，即在弹出对话框中键入字符时，以星号显示字符，用于密码输入

④ 菜单的内容对应于画面上的一个菜单组件，在菜单组件中配置菜单的菜单项和对应的执行指令

## 5.5　组合图形和图库

在画面开发过程中，用户经常会大量用到如阀门、电动机等图符对象，这些对象可以从组态软件提供的图库中获得，也可以由用户使用基本图形绘制后组合而成。在易控软件中对于用户自己绘制组合而成的对象称为组合图形，而从图库中选取的对象称为图符。

### 1. 组合图形

组合图形是将单个或多个图形或图符对象进行组合形成一个新的对象。组合图形可以和其他基本图形或组合图形进行再组合，形成新的组合。仅仅由基本图形结合起来构成的组合称为“基本组合”，由“组合图形”再组合形成的新组合，称为“复合组合”。由于组合图形的特殊性，控件类的图形对象不能参与组合。

组合图形将多个图形结合为一个整体，方便了使用并提高了效率。比如用多根直线画成一个梯子，如果把这些直线组合成一个梯子，则每次移动梯子只需要进行一次，而不需将梯子的每一个部件移动一次。

组合图形在组合的时候可以选择子图形中需要暴露的属性，这样在修改组合图形的属性时可以直接在组合图形中修改。例如：一个房子由一个三角形，两个矩形组成，在它们制作为组合图形的过程中已经将图形的填充属性暴露给组合图形，图形“组合”对话框如图5-16所示，当需要修改这三个图形中任意图形的填充属性时可以在组合图形的属性中直接修改。组合图形的属性如图5-17所示。

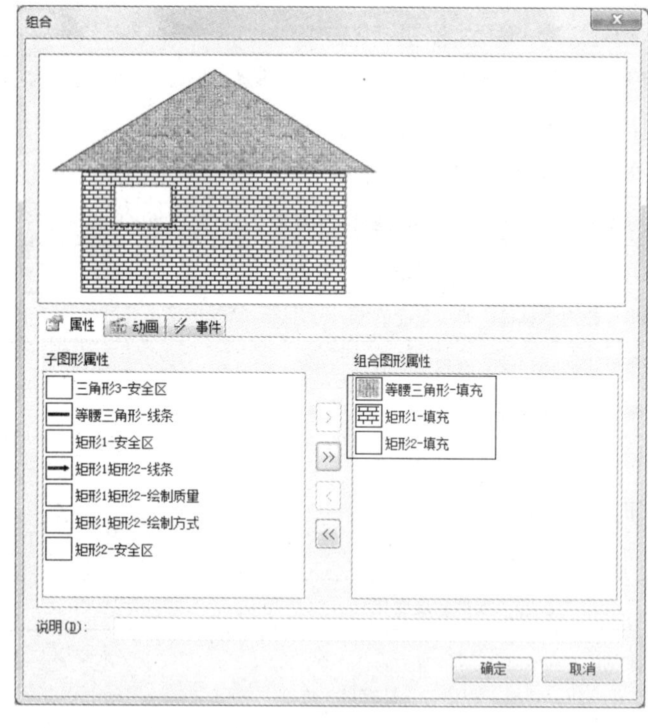


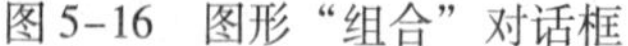
图5-16　图形“组合”对话框

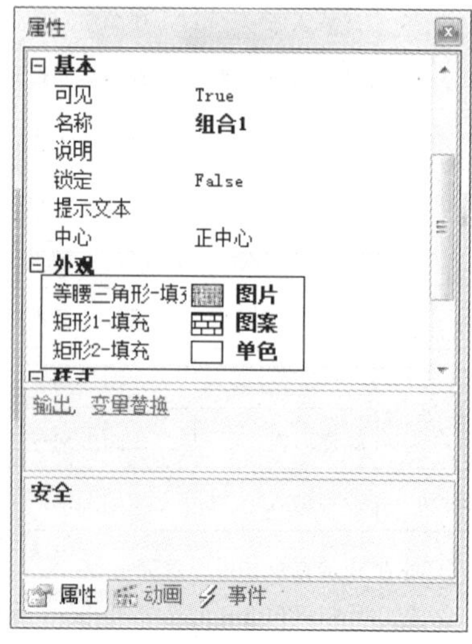


图5-17　组合图形的属性

组合图形在组合之前图形中配置的动画和事件属性不会丢失，在组合之后可以继续使用，同时可以对组合图形继续配置自己的动画和事件，形成“复合动画”。

当组合图形中子图形的属性、动画或事件不适合组合图形时，可以将组合图形分解后重新配置。组合图形的分解有两种方式：一种是取消组合，一种是完全取消组合。取消组合一次只能撤销一个组合命令，完全取消组合可以将对象的所有组合命令全部撤销。例如，一个组合图形是由一个基本组合和一个对象组成的复合组合图符，当使用取消组合命令时只能将组合图形分解为一个基本组合和一个对象，当使用完全取消组合后，会将组合图形中的基本组合和复合组合全部分解。组合图形在进行取消组合操作的过程中子图形本身的属性、动画和事件不会丢失。

### 2. 图库

图库是组态软件为了方便用户开发画面，提供给用户的一些根据多年工程经验和实际需要所制作出来的常用画面对象的集合，在易控中称为图库工具箱。图库中所有的元素称为图符，这些图符比较接近实际工业现场，而且其中一些图符已经配置了符合现场的动画和事件，通过这些图符的使用可以加快画面的开发速度。

图符在图库工具箱中按照一定的分类进行管理，这些分类可以添加、删除或重命名，通过这些操作可以使用户打造属于自己的图库。

### 3. 组合图形和图符的关系

在易控中，组合图形是图符的基础，图库中所有的图符都是由组合图形构成的，画面中所有的对象只有组合后才能放入到图库中形成图符。将组合图形加入图库，是为了在以后的工程开发中可以重复使用。

图符和组合图形中的变量不同，图符中的变量是图符自己内部的变量，而组合图形中的变量为工程变量，例如，组合图形在动画或事件中连接了变量“变量组 1. 变量 1”，当它添加到图库中后形成图符再使用时，图符中所连接的变量则变为“#变量 1”。

### 4. 图符的制作

图库中的图符除了软件本身带有的，用户也可以在图库中添加自己的图符，方便用户不断扩充自己的图形库，也便于在内部进行图形库的传承、分享和积累。因为图符都是组合图形，因此添加一个新的图符的过程就是制作一个组合图形并将它添加到图库中的过程。易控中图符的制作非常简单，主要由三个步骤构成：

1）在画面中根据用户的需要绘制出图符的各个部分，并且将各个部分的动画和事件配置完成。

2）选中所有对象，将这些对象组合到一起形成一个组合图形，在组合的过程中选择需要暴露的子图形属性，修改组合图形的名称、大小等，这将是图符使用时的默认值。

3）将该组合图形添加到图库中。可以直接拖动该组合到图库工具箱中，或者通过图库工具箱中的“添加组合”命令添加。

### 5. 图符的使用

图符是多个图形对象形成的组合图形，因此，图符既具有和基本图形一样的属性、动画和事件，同时又具有组合图形的各种功能。这里主要介绍图符作为组合图形的使用。

① 图符作为组合图形在制作过程中已经将子图形中的一些属性暴露出来，因此，在修改图符中子图形的属性时可以直接在组合图形中进行修改。例如，图 5-13 中房顶和墙壁的

填充属性可以直接在组合图形中修改。

② 图符在组合过程中子图形的动画和事件配置不会丢失而是作为图符的内部动画和事件。

③ 图符在使用时只需将图符中的内部变量替换为工程中的工程变量，可以通过变量替换功能实现。

④ 在图符中当需要调整没有暴露出来的子图形的属性、动画、事件时，可以将图符进行取消组合操作重新配置子图形的属性、动画或事件，配置完成后再重新组合。

⑤ 图符在使用时还可以嵌入新的动画和事件，动画甚至可以是多层次的，能实现易控独创的“复合动画”效果，而不需要用户编写任何程序，所以易控中的图符又称为“智能图符”。

⑥ 在画面上的图符对象都可以输出为各种格式的图片文件，对于单个图形对象只有组合为组合图形后才能输出。

## 5.6 画面的扩展

画面的扩展是指在组态软件的监控界面中插入用于完成一些特定功能任务的插件和控件。这些插件和控件统称为高级功能组件，它们都是为专门的功能设计的，具有许多特有的属性。通过对这些高级功能组件的插入和使用，能极大丰富和增强监控系统的功能和效果。如反映系统报警信息的报警窗，显示数据实时变化趋势的实时趋势曲线，了解数据变化过程的历史趋势曲线，反映两个数据变化关系的 XY 曲线，优化操作的菜单，读写各种媒体文件的媒体文件播放器，播放视频信号的视频浏览器，浏览因特网的 Web 浏览器，能读写各种商业数据库的数据库浏览器，直观显示统计数据的饼图、棒图等。

高级功能组件位于图形工具箱中的不同分类项下，使用时直接从图形工具箱中调用，许多高级控件的功能在运行时都可以直接通过控件上的工具栏实现，一些高级功能可以通过用户程序直接访问，可调用该组件对象暴露的属性方法。下面就上述的一些高级功能组件进行一个简单的介绍。

### 1. 实时趋势曲线

实时趋势曲线用来显示变量或表达式的值随着时间的变化而实时变化的情况。一般使用在类似液位、温度等有波动变化信号的监视过程中，也可以用在对多种同类型信号的实时对比上。在使用的时候需要在属性工具箱对它的大小、时间轴、数值轴等静态参数进行设置。实时趋势曲线中一次最多可以配置 32 条曲线，每一条曲线的显示颜色、显示说明和显示样式等都可以修改。实时曲线集合界面如图 5-18 所示。

图 5-19 所示为将温度 1、温度 2、温度 3 三种温度信号在同一个曲线图中显示的易控实时趋势曲线效果。

### 2. 历史趋势曲线

历史趋势曲线用来显示一个或多个历史记录数据或其表达式在某一时间段的数值变化情况，还可以显示在这一段时间内的数值统计值。历史趋势曲线中记录的变量必须是在历史记录节点中进行配置后的变量。在工程运行过程中可以随时修改曲线显示的时间范围，可以对曲线进行放大或缩小的操作，同时可以将所显示时间段的曲线进行导入、导出、打印等操作。有关历史趋势曲线的详细介绍参见第 10 章“历史记录”。图 5-20 为易控历史趋势曲线效果。

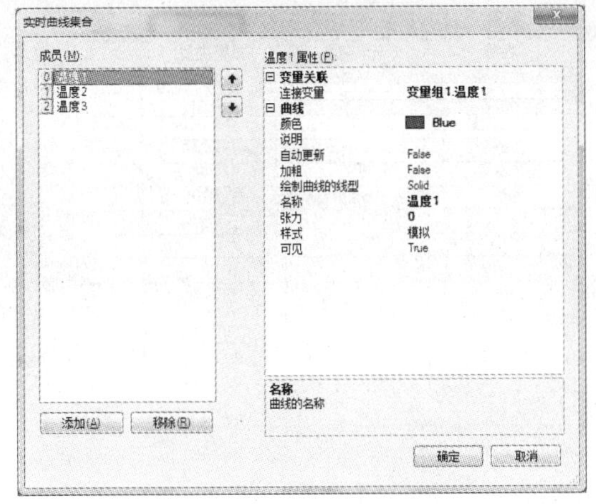


图 5-18　实时曲线集合界面

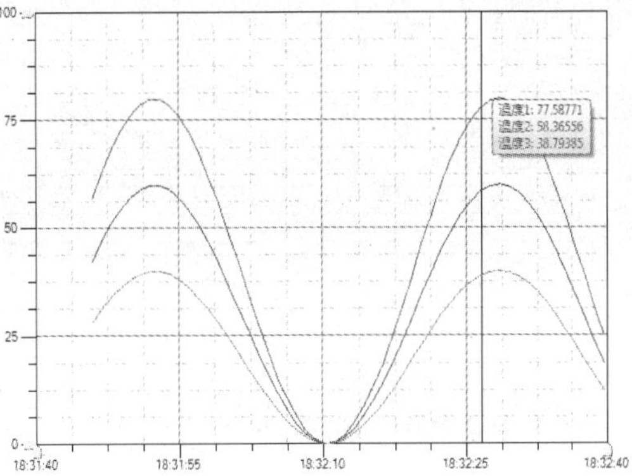

图 5-19　易控实时趋势曲线效果

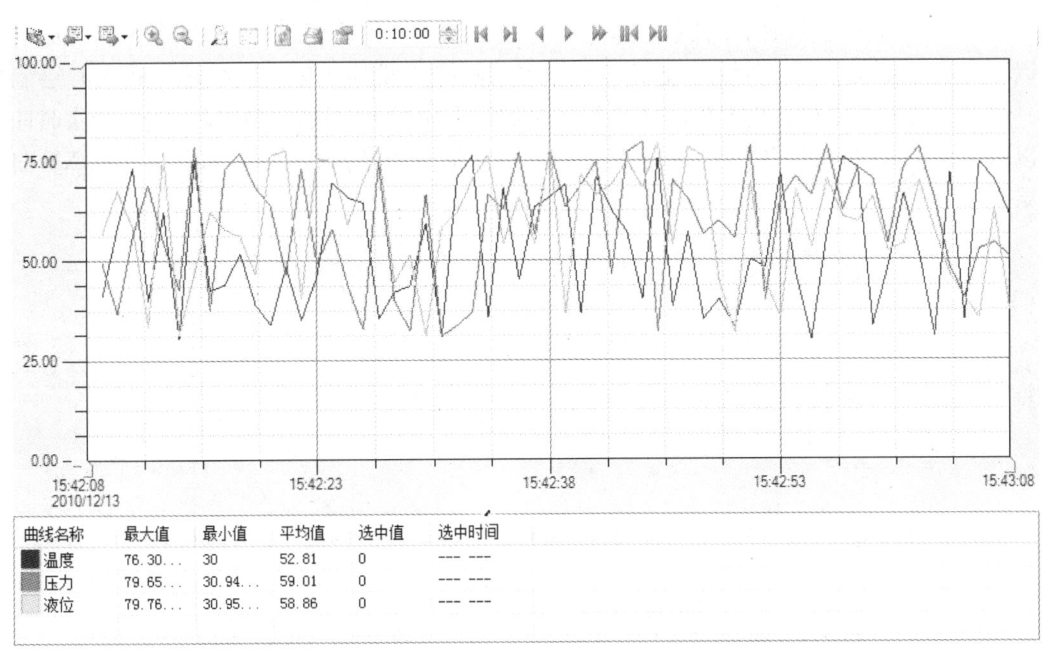


图 5-20　易控历史趋势曲线效果

### 3. 报警窗

报警窗是用于显示在工程运行过程中的各种报警信息，包括报警信息的报警时间，恢复时间、应答时间、报警名称、报警描述、报警区、报警级别、报警类型、限制和恢复值等。通过在属性窗口中的一些设置，可以配置报警窗中不同类型报警的报警文本颜色、闪烁颜色等。同时报警窗中可以对已发生报警进行应答和查询等操作。对于报警窗的详细配置和详细介绍参见第 7 章“报警和事件”。图 5-21 为易控报警窗效果。

其他高级功能组件如下：

记录类型 ▾ 报警类型 ▾ 报警区 ▾ 不急 ▾ 页面设定 打印设定 打印 打印预览

| 报警时间 | 恢复时间 | 应答时间 | 变量源 | 名称 | 记录类型 | 报警类型 |
|---|---|---|---|---|---|---|
| 2010-5-14 1... | --- | --- | jiusiyi-91c... | 泵故障 | 报警 | 开到关 |
| 2010-5-14 1... | 2010-5-14 1... | --- | jiusiyi-91c... | 泵故障 | 恢复 | 关到开 |
| 2010-5-14 1... | --- | --- | jiusiyi-91c... | 泵故障 | 报警 | 关到开 |
| 2010-5-14 1... | 2010-5-14 1... | --- | jiusiyi-91c... | 泵故障 | 恢复 | 开到关 |
| 2010-5-14 1... | --- | --- | jiusiyi-91c... | 泵故障 | 报警 | 开到关 |
| 2010-5-14 1... | 2010-5-14 1... | --- | jiusiyi-91c... | 泵故障 | 恢复 | 关到开 |
| 2010-5-14 1... | --- | --- | jiusiyi-91c... | 泵故障 | 报警 | 关到开 |
| 2010-5-14 1... | --- | --- | jiusiyi-91c... | 液位 | 报警 | 高 |

报警的数量：8 新报警出现的位置：前面

图 5-21　易控报警窗效果

### 1. XY 曲线

采用曲线的方式反映两个任意变量之间的函数关系。在 XY 曲线中可以配置实时曲线也可以配置设定曲线。实时曲线是在工程运行的时候将关联的变量以曲线的形式实时绘制出来，而设定曲线则是根据理论值来预先将结果显示在曲线上，通过使用设定曲线和实时曲线可以验证在工程执行过程中的实际工况是否按照理论模型来执行。图 5-22 为易控 XY 曲线效果。

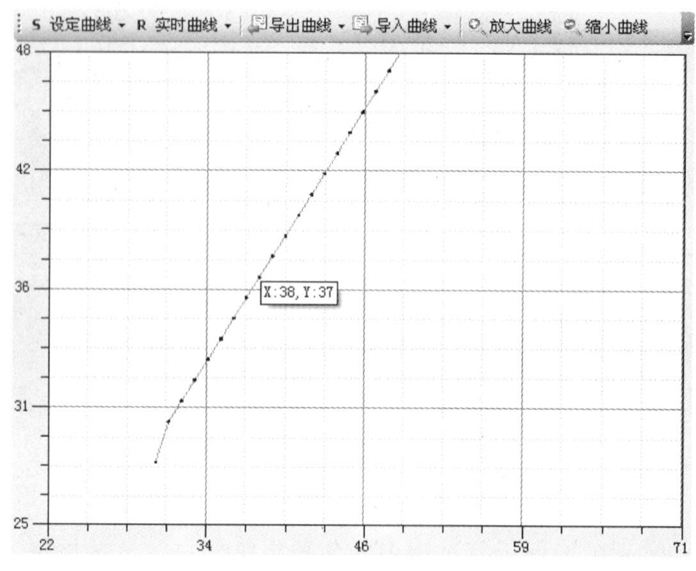


图 5-22　易控 XY 曲线效果

### 2. 饼图

用来显示一个数据列中各项的大小与各项总和的比例，例如一个配方中各种成分的配比关系。在饼图中新建成分时可以配置每种成分的颜色和描述，饼图中每一种成分可以用百分比显示，也可以用实际的数值显示。同时，饼图的外观也有多种风格。图 5-23 为易控饼图效果。

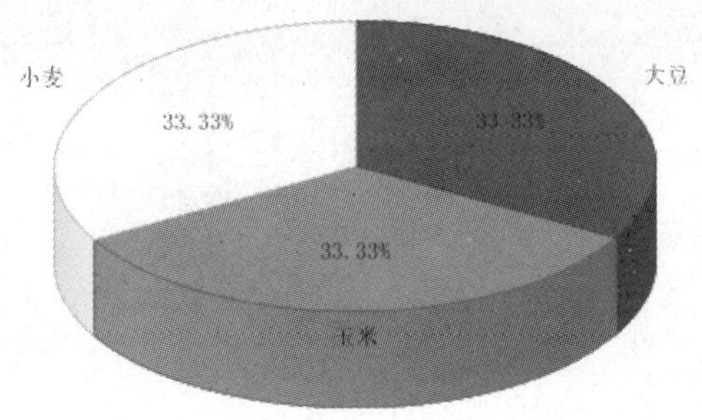


图 5-23　易控饼图效果

### 3. 棒图

用来显示同一时间内实时数据变化的情况。通过在属性窗口中配置好静态参数后，再将需要反映的变量或表达式进行关联即可。图 5-24 为易控棒图效果。

### 4. 历史棒图

用于显示一个或多个历史记录数据或其表达式在某些时间段内的数值统计值，包括平均值、总和、最大值和最小值等。在历史棒图中可以对同一时间段内的不同数据进行对比，同时又可以对不同时间段内同一数据进行对比。关于历史棒图的详细使用方法参见第 10 章“历史记录”。图 5-25 为易控历史棒图效果。

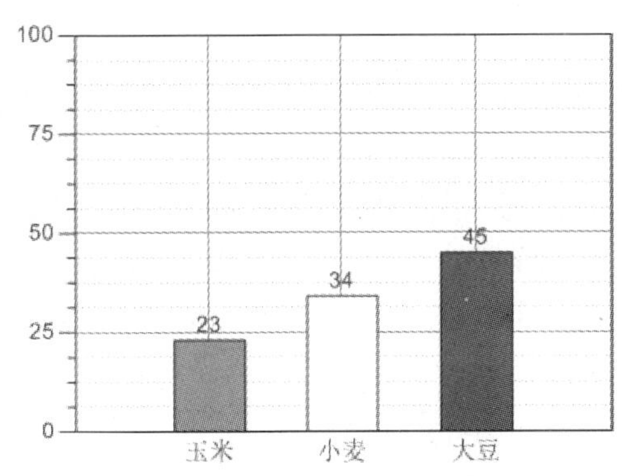


图 5-24　易控棒图效果

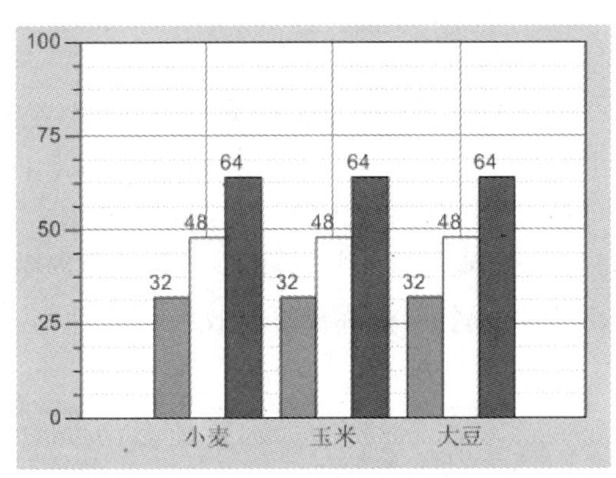


图 5-25　易控历史棒图效果

### 5. 记录窗

用于记录工程运行过程中重要的操作和运行人员的登录和注销情况，其主要目的是记录操作员的操作过程、辅助事故的定位。有关记录窗的详细介绍参见第 7 章“报警和事件”。图 5-26 为易控记录窗效果。

### 6. 配方浏览器

用来对工程中的配方进行操作的一个窗口。易控的配方浏览器提供了一种可视化的配方操作方法。使用配方浏览器，不需要编写用户程序就可以直接显示和操作配方，简化了配方的使用和管理。关于配方的详细配置详见第 15 章。图 5-27 为易控配方浏览器效果。

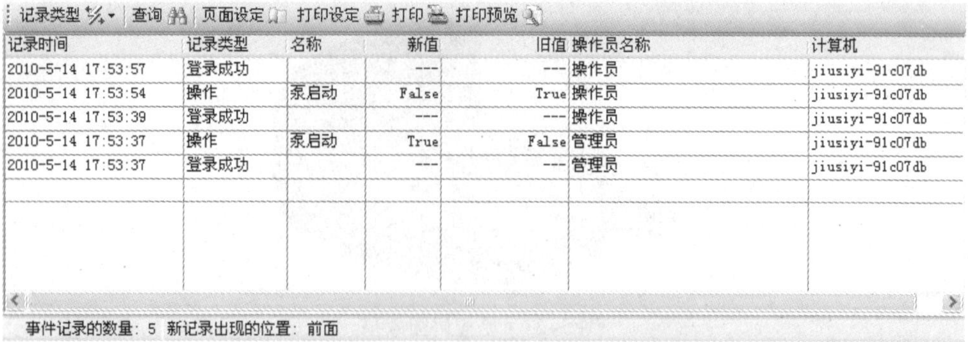

记录类型 | 查询 | 页面设定 | 打印设定 | 打印 | 打印预览

| 记录时间 | 记录类型 | 名称 | 新值 | 旧值 | 操作员名称 | 计算机 |
|---|---|---|---|---|---|---|
| 2010-5-14 17:53:57 | 登录成功 | | --- | --- | 操作员 | jiusiyi-91c07db |
| 2010-5-14 17:53:54 | 操作 | 泵启动 | False | True | 操作员 | jiusiyi-91c07db |
| 2010-5-14 17:53:39 | 登录成功 | | --- | --- | 操作员 | jiusiyi-91c07db |
| 2010-5-14 17:53:37 | 操作 | 泵启动 | True | False | 管理员 | jiusiyi-91c07db |
| 2010-5-14 17:53:37 | 登录成功 | | --- | --- | 管理员 | jiusiyi-91c07db |

事件记录的数量: 5 新记录出现的位置: 前面

图 5-26 易控记录窗效果

全部 | 详细 | 新建 | 编辑 | 删除 | 最前 | 向前 | 向后 | 最后 | 导入 | 导出 | 读取 | 写入 | 刷新

| | 糖 | 食盐 | 奶油 | 咖啡粉 | 面粉 | 水 | 鸡蛋 | 芝麻 | 酵母 | 蜂蜜 | 核桃粉 | 黄油 |
|---|---|---|---|---|---|---|---|---|---|---|---|---|
| 甜味 | 85 | 5 | 10 | 0 | 500 | 200 | 10 | 30 | 0 | 0 | 0 | 0 |
| 咸味 | 10 | 80 | 10 | 0 | 500 | 200 | 10 | 30 | 0 | 0 | 0 | 0 |
| 奶油味 | 10 | 10 | 80 | 0 | 500 | 200 | 10 | 30 | 0 | 0 | 0 | 0 |
| 咖啡味 | 30 | 10 | 10 | 50 | 500 | 200 | 10 | 30 | 0 | 0 | 0 | 0 |
| 淡咖啡味 | 50 | 10 | 10 | 30 | 500 | 200 | 10 | 30 | 0 | 0 | 0 | 0 |

配方名称:面包　值组 1/5

图 5-27 易控配方浏览器效果

### 7. 数据库浏览器

数据库浏览器是易控用来与计算机中安装的数据库进行连接的一个窗口。在数据库浏览器中通过一定的配置可以与 Access、SQL、ODBC 等数据库连接，当连接正常后在易控运行的过程中可以实时查询这些数据库中数据，并且可以通过一些命令和方法对数据库中的数据进行查看、修改、删除等操作。有关数据库浏览器的详细介绍参见第 10 章“历史记录”。图 5-28 为易控数据库浏览器效果。

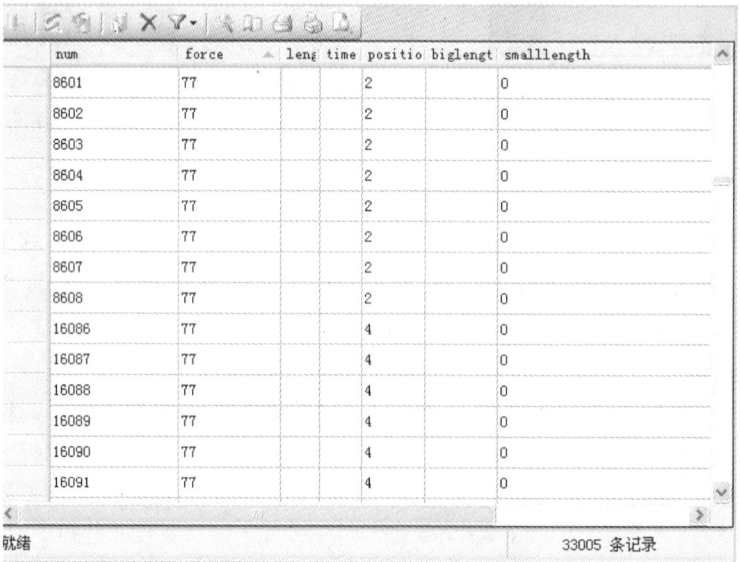

| num | force | leng | time | positio | biglengt | smalllength |
|---|---|---|---|---|---|---|
| 8601 | 77 | | | 2 | | 0 |
| 8602 | 77 | | | 2 | | 0 |
| 8603 | 77 | | | 2 | | 0 |
| 8604 | 77 | | | 2 | | 0 |
| 8605 | 77 | | | 2 | | 0 |
| 8606 | 77 | | | 2 | | 0 |
| 8607 | 77 | | | 2 | | 0 |
| 8608 | 77 | | | 2 | | 0 |
| 16086 | 77 | | | 4 | | 0 |
| 16087 | 77 | | | 4 | | 0 |
| 16088 | 77 | | | 4 | | 0 |
| 16089 | 77 | | | 4 | | 0 |
| 16090 | 77 | | | 4 | | 0 |
| 16091 | 77 | | | 4 | | 0 |

就绪　33005 条记录

图 5-28 易控数据库浏览器效果

8. Web 浏览器

位于图形工具箱的“其他”分类中。当易控运行起来后就可以通过画面上的 Web 浏览器直接浏览网页，而不需要再单独打开 IE 程序。使用 Web 浏览器和平时使用 IE 的方法是一样的，可以有工具栏、默认网页等，这些都可以在属性窗口中进行设置，这里就不过多介绍了。图 5-29 为易控 Web 浏览器效果。

图 5-29　易控 Web 浏览器效果

## 5.7　画面管理

画面管理是指在画面开发过程中对画面进行分组、导入、导出、预览、输出等操作。对开发完成的画面需要进行有效的管理以提高工程开发效率。

### 1. 画面分组

在工程画面较多时，可以将画面进行分组管理。画面一般按照界面风格或工艺要求进行分组。画面放置在一个画面组中能方便使用和便于查找。

工程树的“画面”节点下可以新建画面组，画面组相当于一个画面文件夹，其下可以存放多个画面。在画面组中可以新建画面，建立的画面位于该画面组中，而在“画面”节点下选择新建画面，则建立的画面不属于任何画面组，不过画面可以在不同的画面组中移动，这种移动不会影响画面中对象的使用。

### 2. 画面导入和导出

利用画面的导入和导出功能可以使画面在其他工程中重复使用。对于画面中经常使用的一些公用画面，可以将这些画面导出，在需要使用的工程中再导入继续使用。同时画面的导入和导出功能还可以应用在多人开发工程中，对于大系统来说，每个人开发工程中的一部分画面，最后再导入到一个统一的工程中，可以缩短工程开发的时间。

画面的导入和导出功能在工程树的“画面”节点中通过右键菜单命令完成，导出的画面是一个以“. export”为后缀的文件，画面导入导出时可以对多幅画面同时操作。

### 3. 画面预览

画面预览是在画面开发期间预先阅览画面运行期间的效果。可以同时预览多个画面。预览时，画面按照其位置属性所定义的位置显示，可以调整画面的位置和大小。

画面预览只有在画面打开的情况下才可以进行。在易控开发环境中，三种方法可以进行画面预览：

- 主菜单中的“画面”选项下。
- 工作区中已打开画面的右键菜单中。
- 工作区中已打开画面的属性窗中。

预览分为两种，一种是对当前打开的画面进行预览，通过“预览”命令完成，另外一种是对所有已经打开的画面预览，通过“预览全部”命令完成。在画面预览期间可以进行两种十分有用的操作：改变画面运行时打开的位置；改变画面的大小。拖动正被预览的画面会改变画面在运行时的打开位置。拉动正被预览的画面边缘会调整画面的大小。这种预览期间的画面大小和位置的调整是画面属性的“可视化”调整。但是，画面的“锁定”属性如果为 True，则不能在预览期间改变画面的大小，但可以改变位置。

### 4. 画面输出

画面输出是将画面的内容另存为标准格式的图形文件。易控专业的图形系统可以方便地开发精美的图形画面，易控以专用的文件格式保存画面，如果用户需要在其他软件中打开易控的画面，则需要将画面保存为其他格式。易控可以将画面、画面上的图形或者画面的一部分保存为 BMP、JPG、GIF、TIF、PNG、WMF、EMF 等多种格式。

画面只有在打开的情况下才可以进行输出。在易控开发环境中，三种方法可以进行画面的输出：

- 主菜单中的“画面”选项下。
- 工作区中已打开画面的右键菜单中。
- 工作区中已打开画面的属性窗中。

图 5-30 就是画面预览与输出的三种方法。

易控在进行画面输出操作的时候可以通过画面输出设置对话框灵活选择画面输出的地址、画面输出的名称、画面输出的格式、画面输出的大小。其中，在设置画面输出的大小时，画面的宽度和高度默认情况下为画面的大小，可以调整它们的数值，若选择“约束比例”，则改变任何一个数值，另一个数值按照画面的宽高比自动计算。画面“输出设置”对话框如图 5-31 所示。

### 5. 多画面管理

实际工程开发时，工程界面往往由多个画面构成，如图 5-32 所示，显示界面由“灌装生产线”、“工具栏”和“导航栏”三个画面组成，这时就需要对这些画面进行合理布局。“工具栏”画面通常位于显示界面的最上方或最下方，“导航栏”画面位于主画面的右侧或左侧。

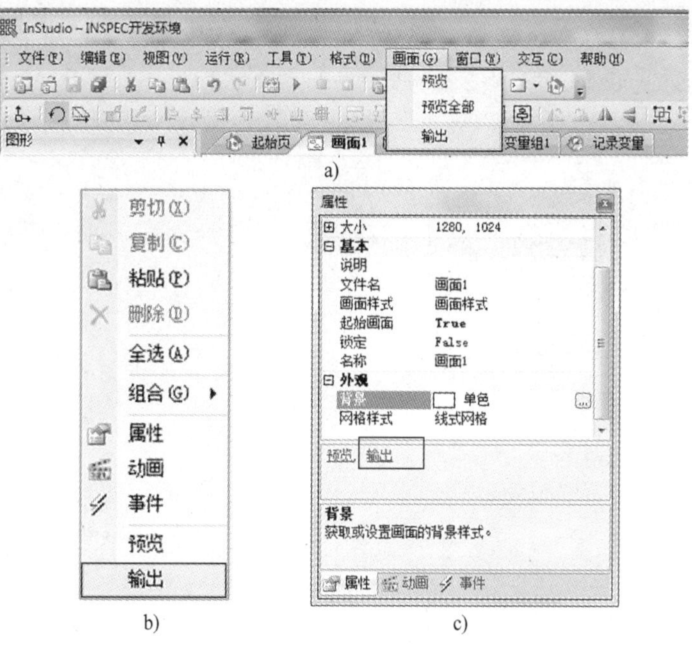


图 5-30 画面预览与输出的三种方法

a）菜单栏中的画面选项 b）右键菜单中 c）属性窗中

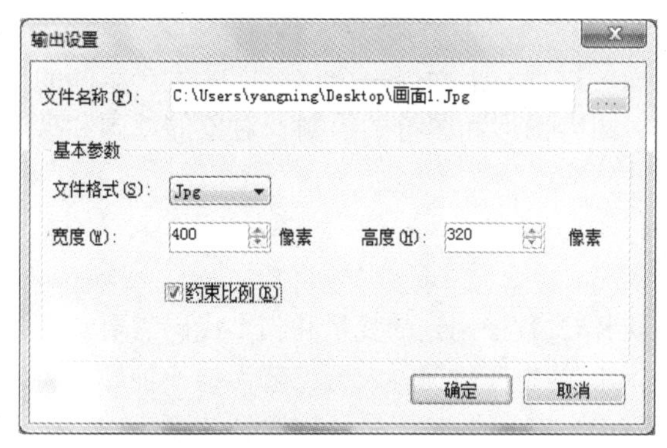


图 5-31 画面“输出设置”对话框

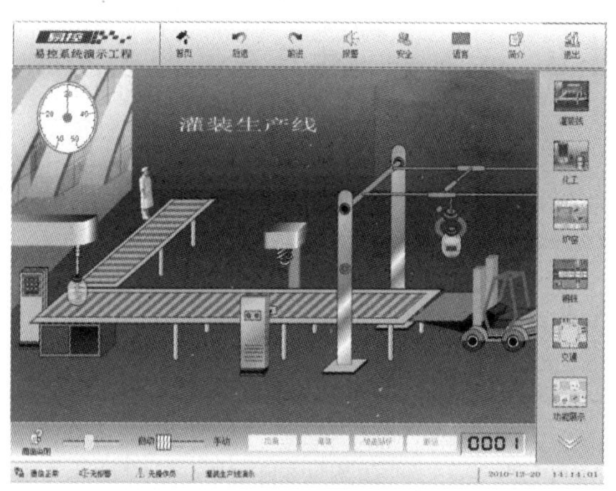


图 5-32 画面构成

每个画面的位置通过对画面的位置属性设置来实现，如工具栏位置为（0，0），灌装生产线画面起始位置为（0，81），导航栏起始位置为（904，81）。在工程运行前在运行选项“画面”选项卡中设置起始画面为灌装生产线、工具栏和导航栏多个画面，如图 5-33 所示。

工程中除了灌装生产线画面之外，还有化工、功能展示、曲线等多个画面，这些画面与灌装生产线画面为同一级别的画面，在导航栏中通过图片将它们分别显示出来，并对图片添加键按下事件，在弹出的“C#程序编辑器”中输入代码：

```
Grp.Open("化工");
Grp.Close("流水线");
```

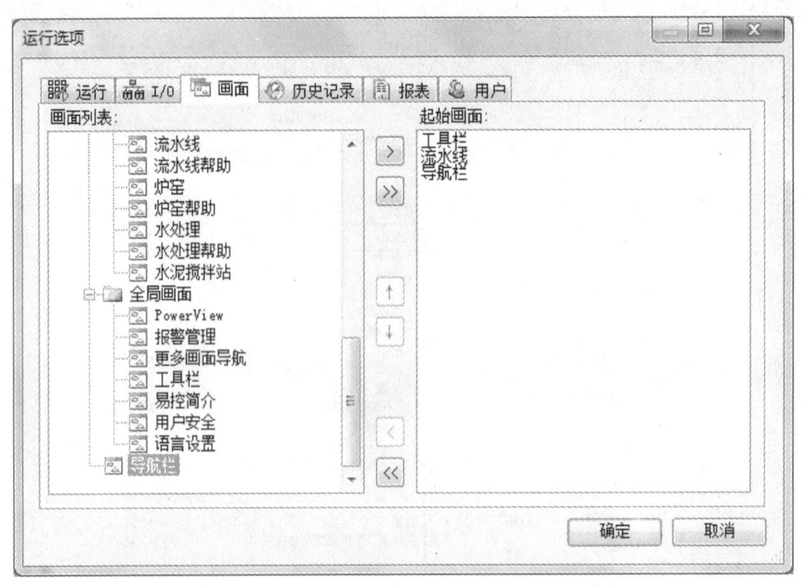


图 5-33　起始画面设置

通过以上设置方法，实现了不同画面之间的快速跳转。工程运行后，点击化工图片，就可以显示化工画面，并关闭流水线画面。

## 5.8　示例——生产车间监控画面

上面介绍了易控画面的概念以及易控开发画面的过程，下面以一个化工厂的生产车间的监控画面的设计为例，对画面中静态图形的绘制、组合图形和图符的绘制、对象的动画和事件进行详细介绍。

### 5.8.1　静态画面的绘制

该示例为易控演示工程中的一个画面，在示例制作过程中用到的变量和脚本代码需要参考演示工程。整个画面为监控一个化工厂的混合工艺车间的生产情况。大概工艺为：三种原材料（原料甲、原料乙和添加剂）注入反应炉中，进行混合加热，形成产品再输送到储藏罐中，需要监控整个工艺的阀门、输送泵、液位、温度变化曲线、报警信息等。化工流程画面如图 5-34 所示。

本节主要是绘制化工示例的基本框架和大部分设备，绘制过程如下：

1）新建画面，将画面重命名为“化工流程”，并配置画面的大小、位置等属性，画面背景设置为灰色。

2）对画面进行布局设计和各区域元素绘制，画面分为 4 个区域，如图 5-34 所示。

① 区域 1：该区域包含 4 个指示灯和 6 个文本。其中，指示灯是通过圆角矩形实现的，调整矩形的圆角半径，设置放射的填充效果，并设置放射的中心色为白色，周围色为淡蓝色，配置参考图 5-35 所示圆角矩形填充效果。通过复制生成 4 个圆角矩形，并进行对齐操作。绘制 4 个文本分别放置在 4 个指示灯上，修改文本为“加料”、“混合”、“加热”、“灌装”，同时将文本与指示灯进行“中心点对齐”操作。另外两个文本分别显示计数器的名称和数据。

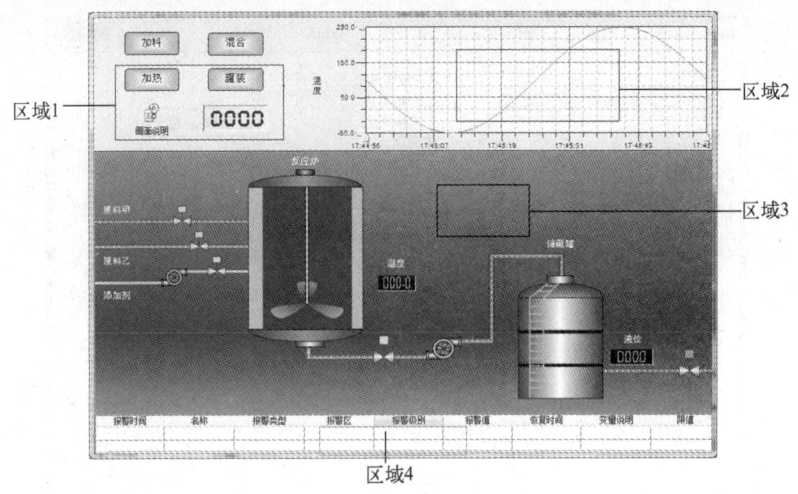


图 5–34　化工流程画面

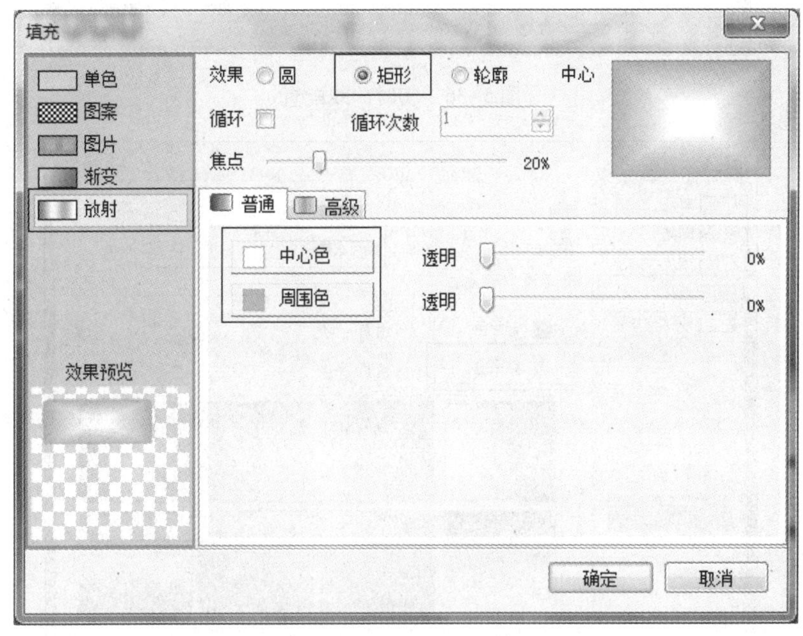


图 5–35　圆角矩形填充效果

② 区域 2：该区域是一个温度实时曲线。在图形工具箱中的“图表曲线”分类里可以直接调用实时曲线，调整好位置和大小。在实时曲线的属性窗“曲线”配置项中添加成员“温控曲线”，将“温控曲线”的连接变量与“化工流程．温度”变量关联。实时曲线配置如图 5–36 所示。

③ 区域 3：该区域显示的是工程的工艺流程。背景的墙体和地板通过两个矩形拼接组成，将位置和大小调整到合适，分别对它们配置渐变的填充效果：墙的起始色为淡蓝，结束色为深蓝，渐变方向改为 270°，配置如图 5–37 所示的墙体填充属性。地板的效果可以通过复制填充的功能将墙体的填充效果复制，然后将地板旋转 180°。为了去掉墙体和地板的边框，可将这两个矩形的“绘制方式”改为“仅填充”。

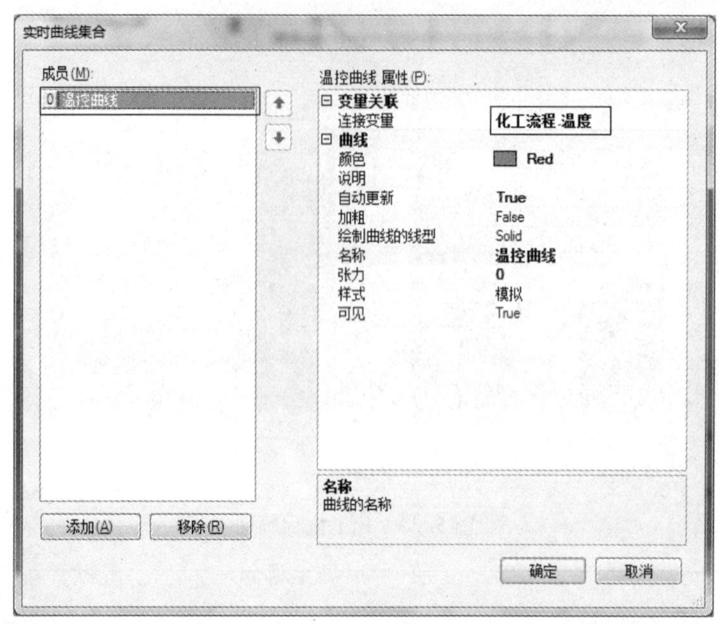


图 5-36　实时曲线配置

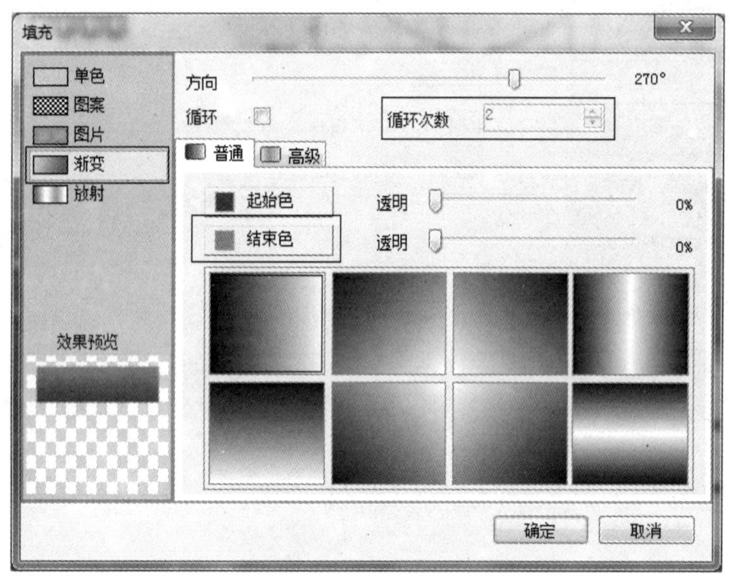


图 5-37　墙体的填充属性

泵、阀门和储藏罐可以直接在图库工具箱中找到。泵选用“电机泵扇”分类中的“泵15”，阀门选用“管阀容器”分类中的“动力阀 3”，储藏罐选用“管阀容器”分类中的“立罐 25”，调整好位置和大小。反应炉的制作在下一节讲述。

管道是通过直线或折线来实现的，将它们的线条属性修改为“管道”。

画面中各设备的名称、温度的显示、储藏罐液位的显示都是通过文本实现的。

反应炉在 5.8.2 节“组合图形和图符”中介绍。

④ 区域 4：该区域显示工程的报警信息。在图形工具箱中的“图形曲线”分类里可以直

接调用报警窗，调整好大小和位置，将报警窗的工具栏属性设为（False），当配置了报警信息时会显示相关报警信息。报警的配置在第 7 章“报警与事件”中介绍。

至此，化工示例的基本框架和部分设备的绘制已经完成了。在画面空白处点击鼠标右键，选择预览命令，就可以查看画面效果了。

### 5.8.2 组合图形和图符

本节主要通过反应炉的制作方法来介绍怎样制作组合图形，以及将其放于图库工具箱中形成图符。要求能看到反应炉炉内的搅拌设备情况以及炉内液位变化，如图 5-38 所示，它由一个立罐、一个矩形和一个搅拌器组合而成。具体的制作方法如下：

1）制作组合图形。在图库工具箱的“管阀容器”分类中选用“立罐 14”和“搅拌器”，再通过一个矩形制作内部效果。矩形的填充为单色灰色，同时在矩形的动画属性“百分比填充”中连接变量“化工流程．液位”，填充属性为“向上”。将立罐、搅拌器和矩形调整大小和位置，通过快捷工具条中的层叠工具排列三者之间的层次关系：立罐在下，矩形在中间，搅拌器在最上层。将立罐、搅拌器、矩形全部选中后，通过鼠标右键的组合命令进行组合。组合过程中将矩形和罐体的填充效果暴露出来成为反应炉的属性。反应炉组合界面如图 5-38 所示。

图 5-38 反应炉组合界面

2）制作图符。在图库工具箱中的任意位置通过鼠标右键添加一个分类，可以对该分类重命名，该分类默认情况下里面只有一个指针的图符。在画面中选中需要添加到分类中的组合图形，可以通过鼠标拖动的方式直接拖入到新建的分类中，或者选中组合图形后在图库工具箱中通过鼠标右键添加组合，这样组合图形便被添加到新建的分类中，形成一个“图符”，此时可以通过鼠标右键将添加进来的“图符”重命名为“反应炉”。组合图形可以放置到自己新建的分类中，这样便于查找，也可以放置到已有的分类中。

通过上面的操作后，反应炉的组合图形制作完成，同时在图库工具箱中添加了一个名为“反应炉”的图符。

### 5.8.3 动画和事件

上面介绍了制作静态画面及组合图形的示例。下面需要将这些制作好的对象的动画及事件属性进行关联，这样制作的画面才能够按照用户的要求显示整个工艺流程。因此首先需要建立与动画和事件关联的变量，之后将相关对象的动画和事件与变量关联。

1）建立变量。所有变量建立在“化工流程”变量组中，变量的名称和类型如下：计数（整型），温度（整型），储藏罐液位（整型），原料甲阀门（开关型），原料乙阀门（开关型），出料阀门（开关型），储藏罐出料阀门（开关型），添加剂泵运行（开关型），出料泵运行（开关型），添加剂泵启动（开关型），出料泵启动（开关型）。

2）配置动画。在图中需要配置动画效果的有：计数器、温度、储藏罐的数值显示；管道中液体的流动效果；泵和阀门的状态。

① 计数器、温度、储藏罐的数值显示。这些显示值是通过文本的动画属性实现的。以温度显示为例，选中温度显示的文本，在文本的动画属性“模拟值”添加变量“化工流程.温度”，将小数位设为1位，如图5-39所示。同样的方法配置计数器和储藏罐液位显示的动画。

② 管道中液体的流动效果。流动效果是当管道上的泵或阀门打开后管道上显示的液体流动状态，它是线条的动画效果。这类动画效果需要用到动画属性中的“显示隐藏”和“线条流动启停”项。这里以原料甲管道线条为例，在线条的动画属性中的“显示隐藏”与“线条流动启停”项中关联变量“化工流程.原料甲阀门”，当该变量值为真时流动线条显示并且开始流动。需要注意的是在配置流动启停效果时需要配置流动的方向、流速及步长效果，这些根据实际动画效果调整，如图5-40所示。

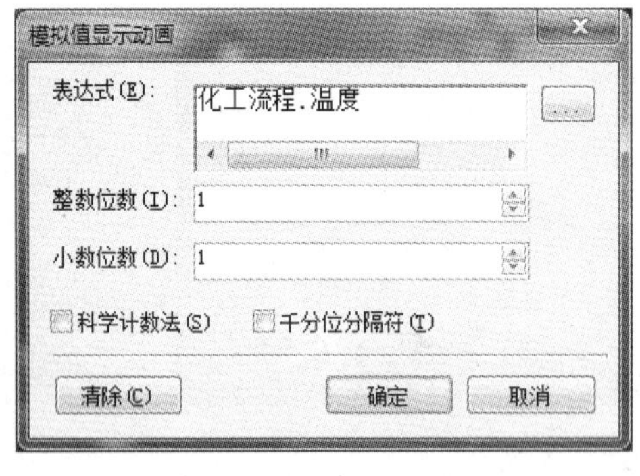


图5-39 温度显示的动画配置

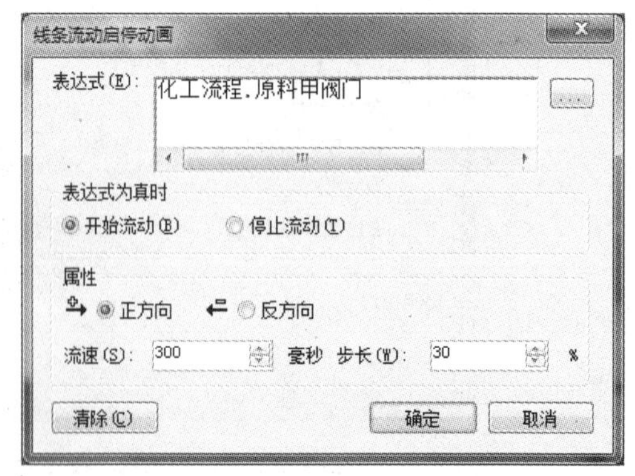


图5-40 线条流动启停的动画配置

③ 泵和阀门的状态。阀门、泵和反应炉是图库工具箱中已经组合好的图符，在它们的动画中已经配置了部分功能，对它们的操作有两种方式：

第一种方法是通过变量替换的方法，使用图符中原有的动画效果。以原料甲阀门为例，选择原料甲阀门后，通过鼠标右键选择“变量替换”命令，在弹出的变量替换界面中将目标变量选择为“化工流程．原料甲阀门”，变量替换如图 5-41 所示。

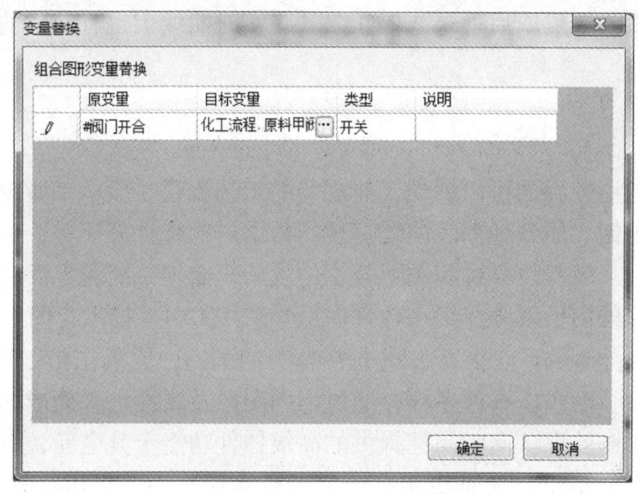


图 5-41　变量替换

第二种方法是在图符的动画效果中直接配置子图形的动画。仍以原料甲阀门为例，在原料甲阀门的动画配置窗中找到子图形动画“动力”，将表达式中的“#阀门开合”删除，重新连接“化工流程．原料甲阀门”，如图 5-42 所示。另外还可以修改填充的颜色。需要注意的是在泵的子图形动画中有两处需要替换。

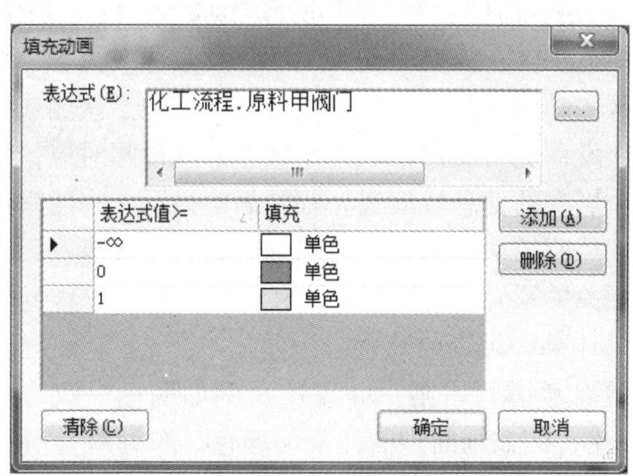


图 5-42　组合图形的子图形动画配置

3）事件配置。事件配置是针对画面中有操作的设备进行的，如泵的操作，通过鼠标左键的点击来启动泵或停止泵。以图中添加剂泵为例，在泵的事件窗口中选择鼠标键的“键按下”项，在弹出的“C#程序编辑器”中输入代码：

```
化工流程．添加剂泵启动 =！化工流程．添加剂泵启动；
```

对于用户程序和C#程序编辑器在第6章“脚本编程”中会介绍，这里只是直接使用。同样的方法可以配置出料泵的事件。

通过上面对静态画面、组合图形和图符以及动画和事件示例的制作，完成了化工原料监控画面的制作过程。将工程编译运行起来后就可以检查制作的效果，当泵或阀门的反馈信号变真时管道的流动效果就出现了，同时反应炉的液位也在升高，温度、液位的数值也在显示，点击运行画面上的泵可以启动泵或停止泵，在实时曲线上也有液位的曲线显示。

## 5.9 本章小结

通过组态软件的监控界面可以展现工业现场的工艺流程、显示工业现场的各种数据、对现场设备执行操作控制、用各种图表曲线对现场数据进行统计分析等，可以说没有监控界面组态软件就无从谈起。随着计算机和图形技术的发展，监控系统对界面精美程度和功能的要求也越来越高，易控的图形系统在组态软件中最早采用GDI+技术，图形的绘制和处理能力可以媲美专业的图形处理软件，能开发出非常精美的画面，它的图形、图符对象十分丰富，各种图形图符的属性、动画、事件多样，通过不同图形及属性组合而成的组合图形还可以完成一些非常专业的动画效果。同时易控提供的高级控件功能十分全面，对于特殊行业可以添加针对该行业的控件。易控的画面功能给开发人员和最终用户提供了视觉和使用上的双重享受。

工程设计提示

- 系统界面布局一般分为三部分：
  标题菜单区：进入监控系统各项功能最全面的入口，一般位于顶部或底部。
  图形或功能显示区：需要时刻关注的重要数据或流程，位于中央区。
  画面导航区：画面之间进行切换跳转，一般位于左侧或右侧。
- 画面的层次设计应与所监控的生产装置的规模相对应，不宜过多，但也不应将多个层次的信息堆放在一幅画面中显示。一般来讲，对于一个中等规模的工厂监控项目而言，可以划分为三个等级：厂级（展示全流程的结构和相关关系）、流程级（展示相对独立的一套生产流程）和单元级（展示具体某一设置或装置）。
- 面设计通常要考虑的原则：一致性（例如颜色一致、大小相等、对齐等）；重要性（例如画面中的元素的颜色、布局应与所显示的数据的主次重要程度相匹配）；顺序性（例如画面及画面中的图形元素的访问顺序应尽量与操作顺序一致）。
- 画面颜色和字体：为避免颜色过多过杂导致信息获取困难，同一画面中的颜色一般不超过5种，背景色与前景色应有明显的差异，背景色应暗淡，宜采用灰色或蓝色，前景色应明亮一些，提示和警告信息宜采用红色和黄色。同一画面中的字型也尽量统一，采用简洁清晰的字型，易于辨识。

- 尽量提前确认工程运行机器的显示分辨率，工作制作时选择相同的分辨率。
- 画面上尽量减少复杂操作顺序，复杂流程画面或者操作画面需要考虑用户求助机制。画面上的重要操作应提供用户确认、允许取消等操作。
- 画面中避免使用大量图片对象，影响画面打开时的响应时间。
- 设计曲线时，一个曲线控件里同时显示的曲线一般不超过 8 条，便于曲线的对比；量程相近且具有可比性的曲线放在一个曲线控件里；不同曲线要使用不同颜色，颜色的对比度要强；曲线较多的时候可以添加图例，以便一目了然地区分各曲线。

# 第6章 脚本编程

**本章要点**

- 脚本程序和易控用户程序的概念
- 程序开发和组织管理
- 自定义方法和外部引用

## 6.1 概述

组态软件作为通用的监控系统二次开发平台，在机械、冶金、石化、交通、智能建筑等各行各业都有广泛应用。面对行业如此分散，功能要求各不相同的最终用户，组态软件是怎样满足千变万化的监控需求的呢？

在组态软件中可以通过编写程序的方式来调用组态软件中的各种功能指令或进行流程控制，使组态软件能够适应不同行业、不同用户的需求，同时用户也可以按照自己的意愿来编写自己的逻辑和控制流程。组态软件中的这种编程功能称为“脚本编程”，它是将计算机中的通用编程语言嵌入到组态软件中，在组态软件中编写代码，由组态软件执行，来实现用户的特殊功能和流程控制。

脚本语言决定了脚本程序功能的强弱、执行得快慢等多方面，是脚本编程的基础，常用的脚本语言包括类 C 语言、类 Basic、VBA、JavaScript、C#等。

脚本程序根据工程开发的需要可以随时调用，使用起来相当灵活。程序执行的触发方式多样，例如，可以在按下某一个按钮，打开某个窗口或当某一个变量的值变化时，用脚本触发一系列的逻辑控制程序来改变变量的值，图形对象的颜色、大小，控制图形对象的运动，报表的打印等。组态软件中将这些分别执行不同逻辑控制程序的代码称为“程序片段”，它们按照程序执行条件的不同可以集中分类管理。

脚本程序可以调用工程中的各种资源，例如变量、画面、报警信息等，同时也可以调用计算机中的一些功能函数，通过这种方法实现组态软件与系统中其他数据的交互功能。

组态软件中脚本语言代码的编写通过脚本编辑器来完成。脚本编辑器中包含了常用的程序代码编写的命令和运算符等，在程序代码编写的过程中脚本编辑器也会提供一些程序检查的功能，帮助用户更好地完成程序代码的编写。脚本编辑器功能的强弱也反映了组态软件脚本功能的强弱。

脚本编程可实现对工程中各种资源的灵活控制，极大地增强了组态软件的灵活性和实用性，可以说是组态软件最重要的功能之一。

## 6.2 脚本程序发展

### 6.2.1 脚本发展阶段

组态软件中的脚本程序是由嵌入到计算机中的编程语言编写的，它的功能强弱与所嵌入的计算机编程语言的功能强弱有着十分紧密的联系。根据编程语言的强弱，组态软件的脚本程序发展可以归纳为三个阶段。

早期的组态软件所使用的编程语言是厂商自己开发的编程语言，其语法类似 Basic 语言或 C 语言，所以称为"类似 Basic 语言"或者"类似 C 语言"的脚本语言，用户使用时需要查阅厂家提供的函数手册。这时的脚本语言能满足一般功能上的需求，是组态软件中的第一代脚本语言。

伴随着组态软件在工业自动化中的应用增强，第一代脚本语言的缺点不断暴露，比如脚本语言的指令少、功能有限、稳定性较差、完全封闭、执行速度慢、维护和使用都比较困难等，它已经逐渐被淘汰。主流的组态软件都开始采用通用的标准化的脚本语言作为自己的脚本程序语言，比如 VBA、JavaScript 等，这些通用脚本语言与自定义脚本语言相比，提供了更多的功能、更加灵活和开放，在稳定性和兼容性上有了提高，它们是第二代脚本语言。

目前，组态应用系统越来越复杂，规模不断扩大，各种网络和计算机技术的交叉融合，使用户对脚本程序的依赖越来越强，使用自定义脚本语言或者通用脚本语言编写的脚本程序，都很难满足用户在功能上、开放性上等不断提高的要求，表现出明显的局限性。这些不足主要体现为脚本语言的简易性，指令和功能的局限性，不能很好利用用户自己或第三方现成的代码，而且这些脚本程序的执行方式为解释性执行，执行效率低下。正是为了解决这些问题，极少数领先的组态软件厂家开始使用计算机高级语言作为脚本语言使用，在功能、稳定性、执行效率、错误处理、开放性、兼容性、扩展性、可维护性和易用性等各个方面都有全面增强或提升，开始进入组态软件脚本功能的第三个时代。

组态软件第三个时代的代表语言就是 Microsoft 最新高级编程语言 C#，它和传统的自定义脚本语言及通用脚本语言有根本性的不同。C#语言的语法源自 C/C ++，继承了 C/C ++ 的强大功能，吸收了 Java 的面向对象和垃圾自动回收机制，融合了 Visual Basic 的快速程序开发特性，是微软为 .NET 时代量身设计并优先推荐的高级编程语言，具有高性能、简洁优雅、易掌握、快速开发等诸多优点，已经成为 IT 界的主流开发语言。

传统脚本语言采用的通常是解释执行方式，这种方式是以源程序作为输入，输入一句解释执行一句，不产生完整的目标程序，相应的翻译程序称为解释程序。解释执行工作方式如图 6-1 所示。

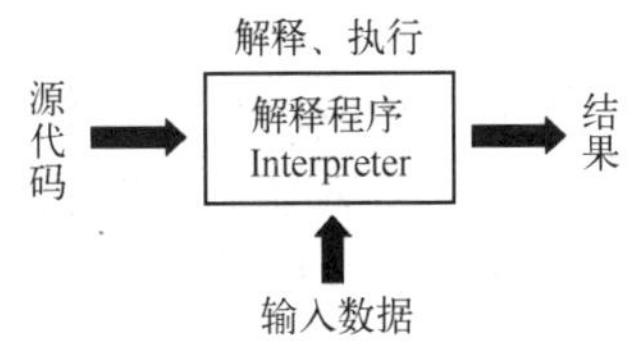


图 6-1 解释执行工作方式

C#脚本语言采用的是编译执行方式，这种方式将源程序全部译为目标程序，该目标程序可在操作系统环境下直接执行，相应的翻译程序称为编译程序。编译执行工作方式如图 6-2 所示。

从图 6-1 和 6 - 2 中可以看出解释执行方式的用户程序是消极的，用户程序运行时，控制点在解释程序，即用户程序的执行离不开解释程序。而编译执行方式的用户程序是积极的，用户程序执行时，控制点在用户程序自身。除操作系统外，程序运行无需其他支撑软件。从中也可以看出，采用编译执行工作方式的C#脚本程序运行效率很高且比较稳定。

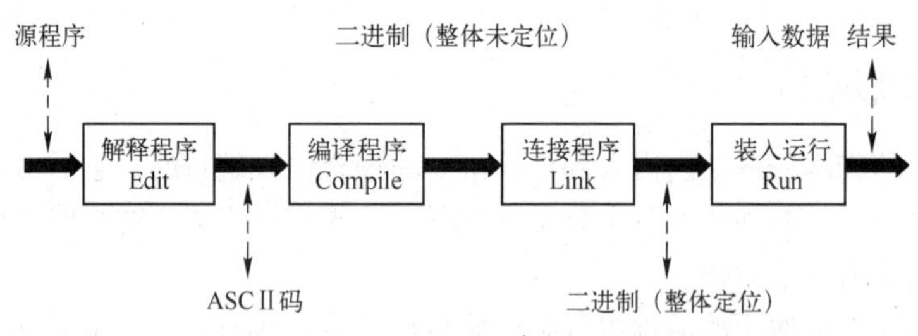


图6-2 编译执行工作方式

### 6.2.2 易控用户程序

脚本程序是指通过组态软件脚本编程功能编写的程序代码，脚本语言是指脚本编程所使用的编程语言，也称为“脚本”。用户程序是易控中对脚本程序的称呼，它和传统的脚本程序在功能和执行方式上都有很大的区别。

实际上，易控的用户程序已经超越了脚本语言的定义，它将组态软件的脚本编程功能推向了一个前所未有的新高度，这也是易控不再继续使用脚本程序概念的原因。

易控组态软件本身采用C#语言开发，易控的用户程序也采用C#高级语言，在用户程序中可以直接使用C#语言的丰富指令及.NET框架平台下提供的数以万计的类库。易控的用户程序提供了各种封装好的功能指令，它可以调用工程中所有变量、图形等对象的属性和方法，另外，易控提供了大量算法和逻辑模块，还可以将外部的由用户自己或第三方开发的代码无缝集成或嵌入到易控中运行，极大丰富和扩充了组态软件的功能。

易控的用户程序不再是解释执行的，而是编译后执行的，这样用户程序比脚本程序的运行效率更高。

易控的用户程序功能虽然强大，但掌握和使用却非常简单。其设计充分考虑了自动化工程师的编程能力和特点，提供了“零代码输入”的图形化编程技术、智能感知、自动代码填充、关键字着色、可视化关键字以及命令和对象的自动使用方法提示、自动语法和错误检查等多种手段，使用户不需要记忆指令，只要按照简单的逻辑规则，在不知不觉中就可以开发出功能强大的用户程序。自动化工程师可以不必过多关心编程语言本身，而将主要精力放在自己工程所需要解决的问题上。同时易控也考虑到了具有丰富高级语言编程能力的工程师的需要，可以让他们毫无局限地自由发挥和施展水平。

可见，和传统的“脚本程序”相比，易控的“用户程序”具有明显的优势：

- 功能大幅增强。编程语言更强大，能使用的代码和访问的资源多，能实现传统脚本编程所不能实现的功能。
- 稳定性大幅提高。成熟而开放的高级语言，与组态厂家自己开发的脚本语言在稳定性上不可同日而语。
- 执行效率大幅提高。脚本程序在工程运行时逐条解释执行，用户程序在工程运行前编译成可执行代码，速度快。
- 开放性大幅增强。C#是完全开放的国际标准语言。

- 集成能力大幅增强。用户程序中可以使用用户或第三方的成熟代码。
- 用户程序是面向对象的，而脚本程序是面向过程的。
- 兼容性、灵活性和扩展性更好。

另外，易控把工程中分散在各处的用户程序按照片段进行管理，按照执行的触发条件分为对象事件程序、热键程序、工程程序、画面程序、变量改变程序、条件程序等。这种清晰的组织管理使得用户程序的维护和使用都很方便。

## 6.3 程序开发和组织管理

程序开发是指编写用户程序片段的过程。程序开发通常都是在代码编辑器中进行的，在程序开发的过程中需要了解程序代码执行的条件、执行的方式、执行的内容、有哪些功能可供程序开发使用等。程序的组织管理是将工程中分散在各处的程序片段按照它们执行条件的不同集中分类管理的一种方式。

### 6.3.1 代码编辑器

代码编辑器是组态软件提供给用户进行程序开发的工具。一般在代码编辑器中包含有程序开发的常用命令和符号。用户在使用代码编辑器的时候可以根据自己对脚本语言掌握的程度编辑满足功能要求的代码，同时代码编辑器还提供了一些基本的检查功能，使用户在编写程序的过程中减少代码出错的问题。代码编辑器功能的强弱也反映了组态软件功能的强弱。

易控中使用的代码编辑器称为 C#用户程序编辑器。C#用户程序编辑器是一个独立的窗口，包含自己的菜单、工具栏、状态栏、代码编辑区、运算符窗口、关键字窗口、工程及系统窗口等。默认的 C#用户程序编辑器如图 6-3 所示。

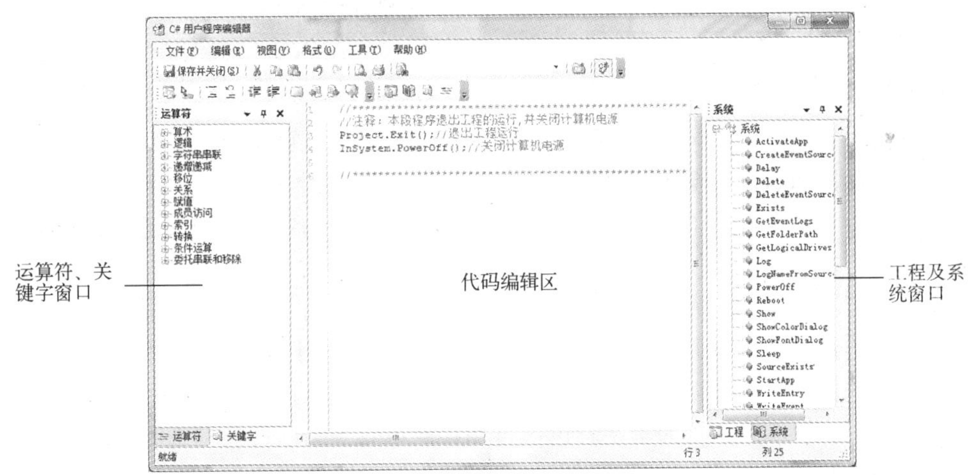


图 6-3　用户程序编辑器

工程窗口：该窗口是按照工程功能进行分类的，其中列出了可以在用户程序中直接调用的易控的各种功能指令，比如数据采集功能的启停；画面的打开、关闭和打印；操作人员的登录和密码验证、密码修改和添加新的操作人员；报警的响应、允许和禁止声音报警、修改报警的限值；切换画面的显示语言；启停数据的记录；保存或打印报表；工程的退出等。工程窗口中还可以直接访问和修改的工程对象包括：数据采集通道，通道下的设备；工程变量；画面和画面上的图形、报警变量等。工程窗口如图 6-4 所示。

系统窗口：该窗口中列出了工程在开发过程中用到的一些与系统相关的指令，比如计算机的系统信息（操作系统版本、计算机名称、计算机重启、关机、启动和关闭计算机上的其他软件）；文件和目录管理；数学计算和数值转换；常见的字符串操作；时间和声音相关操作等。系统窗口如图 6-5 所示。

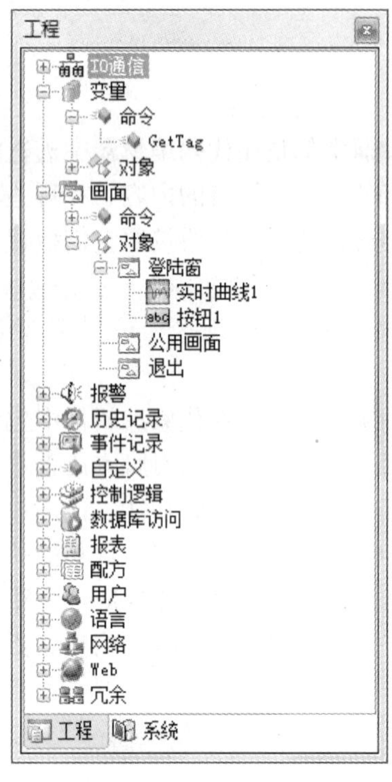


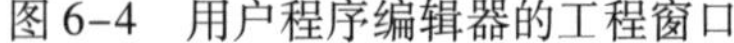
图 6-4　用户程序编辑器的工程窗口

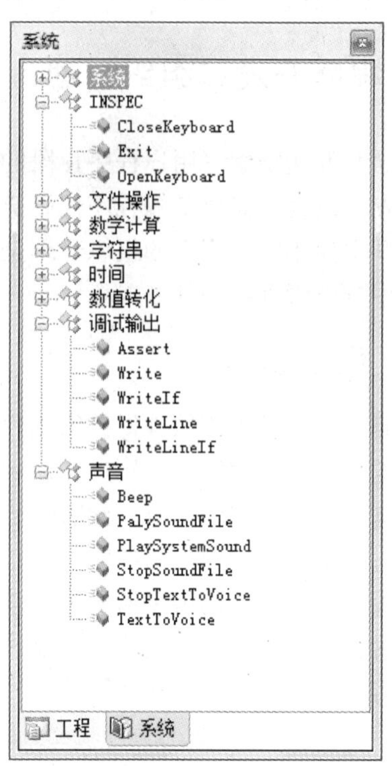


图 6-5　用户程序编辑器的系统窗口

运算符窗口：该窗口中包含了编写用户程序经常使用的运算符号，如算术运算、逻辑运算、索引和成员访问等，如图 6-6 所示。

关键字窗口：该窗口中包含了用户在编写程序的过程中的各种流程关键字，如 if、else、foreach、switch、case、break 等，如图 6-7 所示。

代码编辑区：该区域是输入程序代码的地方。完全手工输入代码编写程序对用户的要求是比较高的，用户需要记住大量的关键字、运算符、功能调用指令、指令所需要的参数等，或者依赖厚厚的用户手册或在线帮助文档，这也是多数组态软件目前所使用的方法。易控采用了图形化编程、智能感知、关键字着色、自动代码填充等一系列技术手段，让用户不需要记住大量的指令和使用参考手册，就可以很容易地编写自己的用户程序。用户程序编辑器中代码编辑的特点如下：

- 双击用户程序编辑器中的命令或对象、关键字窗口中的关键字或者运算符窗口中的运算符，将自动在编辑区中的当前光标处插入相应的代码。
- 根据类型查找命令，根据类型和名称查找对象，编程是可视化的。
- 鼠标移动到指令处，出现用户程序气泡提示，如图 6-8 所示。

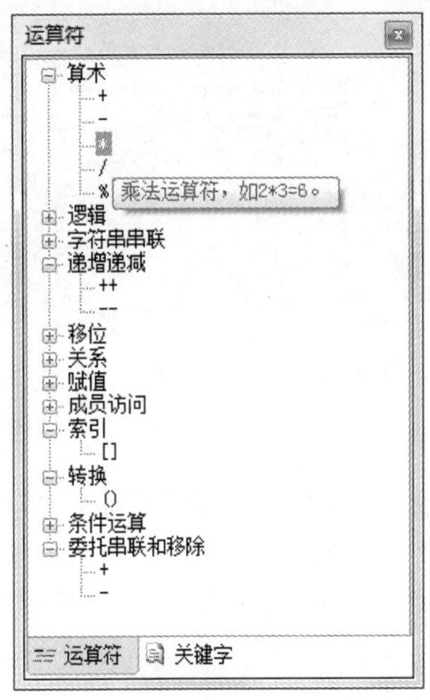


图 6-6　用户程序编辑器的运算符窗口

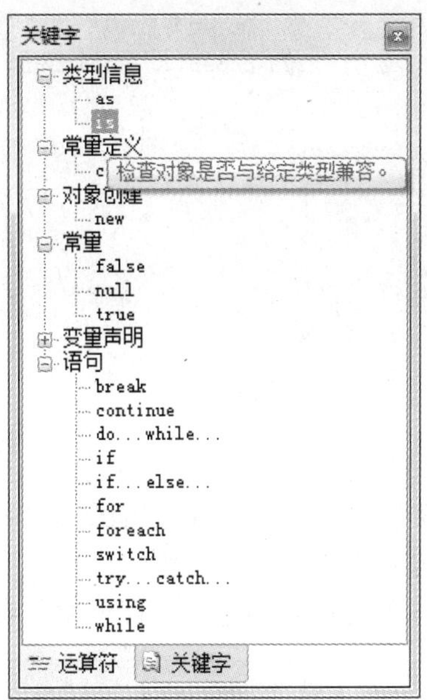


图 6-7　用户程序编辑器的关键字窗口

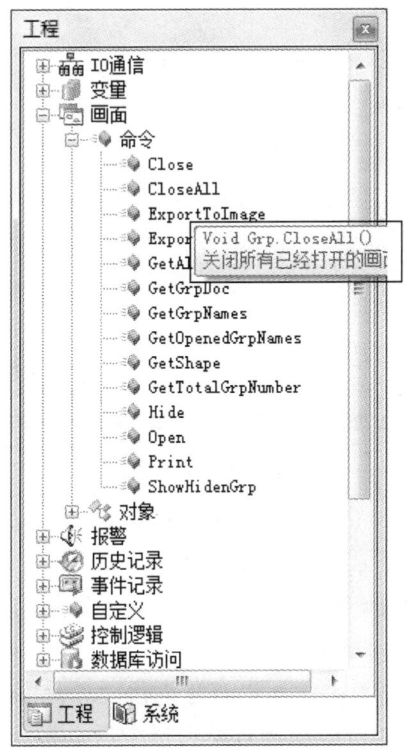


图 6-8　用户程序气泡提示

- 图形化编程功能。双击需要参数的指令后，编辑器会弹出对话框让用户可视化地选择参数，确认后编辑器将图形化的选择结果变成程序代码插入到编辑区的代码中。如使用打开画面指令“Open”会弹出图形化编程界面，如图 6-9 所示。

图 6-9 图形化编程

- 智能感知功能。在编辑区手动输入代码时，每输入一个字符，编辑器都会自动以下拉菜单的形式提示可用的代码，用上下箭头可以选择代码，继续输入字符会逐渐缩小提示的可用代码范围，直至输入或找到完整的关键字或者对象。如图 6-10 所示。

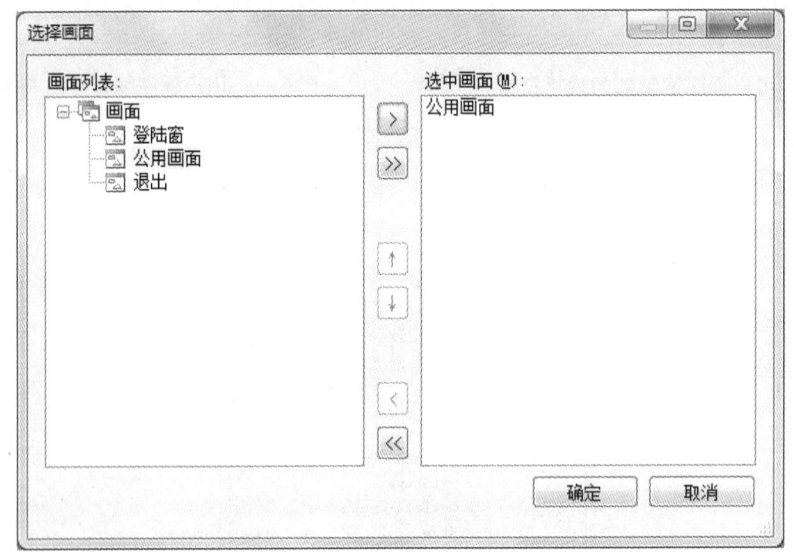


图 6-10 智能感知

- 在输入指令或对象时，输入名称要从管理该对象的对象开始。比如 GrpManager 对象是管理画面的对象，然后是具体的画面，再后面是画面上的图形对象。如引用“总貌画面”上的名为“矩形 1”的对象方法是输入“GrpManager. 总貌画面 . 矩形 1”而不是直接使用“矩形 1”；关机指令的正确输入方法是“InSystem. PowerOff( )”而不是“PowerOff( )”。注：在易控中，并不需要记住“GrpManager”、“InSystem”等名称，在编辑器的对象或指令窗口中选择对象和指令后，系统会自动为用户添加这些对象名称。
- 在对象后面输入连接符“.”，会弹出该对象支持的功能列表，用上下箭头可以选择其中的属性或者方法。这种提示也是智能的。
- 代码的关键字、指令、参数、对象名称等在程序编辑区中是以不同颜色显示的，用户可以方便地进行检查和修改参数，而且不容易出错。如图 6-11 所示。

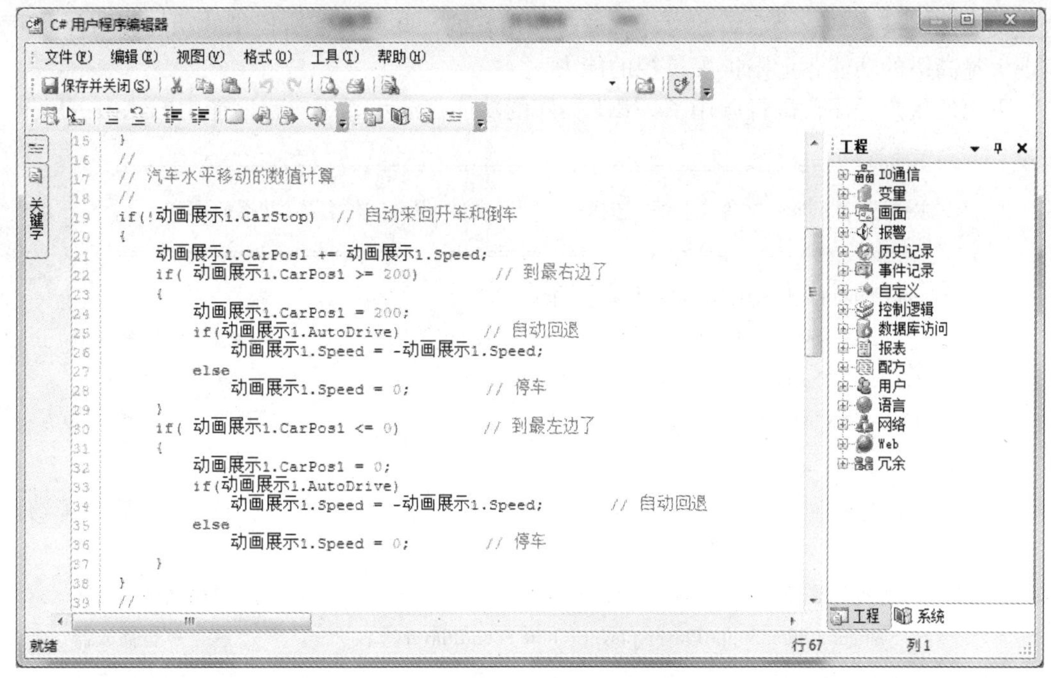


图 6-11　关键字着色

## 6.3.2　程序代码的使用

程序代码反映了用户需要完成的功能，是用户程序的主题。和其他高级语言程序一样，用户程序由数据的定义、关键字、运算符、访问类库功能、程序执行流程的控制代码等构成。通过使用这些指令、功能和资源，用户程序可以实现十分强大的功能。

下面的用户程序代码行调用了易控提供的编程指令，它们在编写的过程中不需要过多的输入，通过易控提供的图形化编程和智能感知功能就可以轻易完成。

```
Grp. CloseAll();                                          //关闭所有画面
Grp. Open("主画面");                                      //打开"主画面"
ProjLanguage. SwitchLanguageTo("en - GB");                //切换画面显示为英文
Recipe. LoadRecipeValues("钢化玻璃","送入阶段");          //装载配方值
DbAccess. TagToCurrentRow("玻璃炉窑");                    //变量写入外部数据库
电机组 . 电机 1 = true;                                   //打开电机
AlarmManager. 窑炉 . 温度 . HiHiLimit = 200;              //修改报警限值
Alarm. AckAllAlarm();                                     //确认所有报警
HistoryRecords. StopRecord();                             //停止记录历史数据
Project. Exit();                                          //退出运行的工程
InSystem. PowerOff();                                     //关闭计算机电源
```

除了上面常用功能和资源的使用外，易控还可以调用 . NET 框架类库下数以万计的类，

这些类功能丰富，是一个浩瀚的海洋，通过使用它们，并与易控所提供的功能相结合，可以实现大量高级的功能，无限扩展易控的能力。

下面的用户程序代码行调用了.NET类库的功能，演示了用户程序能力的冰山一角。

```
// ==================================================================
//注:打开 Windows 文件选择框,选择一个声音文件,保存文件名称,并播放声音
// ==================================================================
System. Windows. Forms. OpenFileDialog dlg =
        new System. Windows. Forms. OpenFileDialog( );                //建立对话框对象
dlg. CheckFileExists = true;
dlg. Filter = "WAV files ( *. wav) | *. wav";                          //只允许选择 . wav 文件
dlg. DefaultExt  = ". wav";
if (dlg. ShowDialog( )  = =  DialogResult. OK)                       //显示对话框,选择文件
{
    功能演示 . WaveFileName = dlg. FileName;                          //保存文件的名字
    System. Media. SoundPlayer player = new SoundPlayer( );            //建立声音播放器
    player. SoundLocation = 功能演示 . WaveFileName;                  //播放的声音文件
    player. LoadAsync( );                                             //装载
    player. Play( );                                                  //播放
    player. Dispose( );                                               //释放处理
}
```

.NET框架类库是微软提供的免费类库。用户也可以使用其他软件厂商所提供的各种各样的专业.NET类库。与第三方类库一样，用户自己编写的.NET类库（程序代码）也可以插入到易控的用户程序之中进行使用。具体使用方法在示例中介绍。

### 6.3.3 程序组织管理

组态软件在工程开发的过程中，经常由于功能和使用的需要进行用户程序片段的编写。例如，在工程运行时需要对工程中某些变量进行初始化的操作，在工程退出时又要对某些变量进行恢复值的操作，工程运行到整点时需要对工程中的数据进行保存或者报表的打印等。在实际工程中，由于用户程序片段的执行条件不同造成了编写的用户程序片段分散在工程的不同部位。如果不对这些程序片段进行有效的组织和管理，工程的开发、调试和后续的维护将会十分混乱。

易控将工程中经常需要使用用户程序片段的地方，按照用户程序执行的触发条件分门别类罗列出来，对用户程序片段进行了组织划分和管理，以便用户在开发、调试及维护工程的过程中对用户程序的编辑、查找和使用。易控工程常用的用户程序片段分为以下几种类型：变量改变程序、工程程序、画面程序、条件程序、外部引用、自定义方法、热键和对象事件程序。这些程序片段除了热键和对象事件程序外，其他都在易控的“用户程序”功能节点下，如图6-12所示。

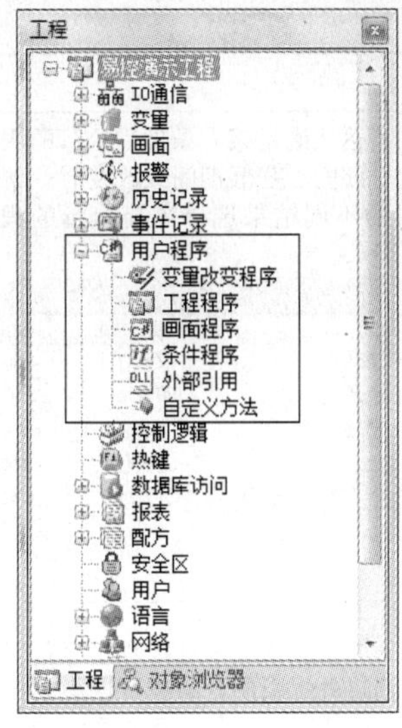


图 6-12　易控的用户程序功能节点

易控用户程序类型及含义见表 6-1。

**表 6-1　用户程序类型及含义**

| 用户程序类型 | 含　义 |
| --- | --- |
| 变量改变程序 | 指工程中的某一变量发生变化就立即执行的用户程序。一般用在对工程中的工艺流程控制或者特定功能的实现，比如通过系统时间变量的改变实现定时打印功能等。变量改变程序配置工作页如下图所示 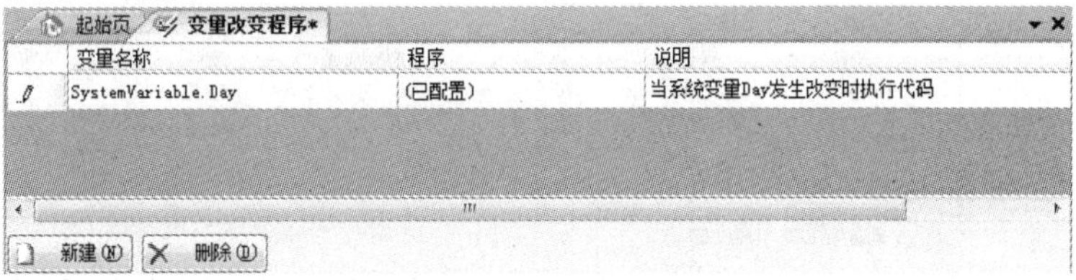<br>起始页　变量改变程序*<br>变量名称 \| 程序 \| 说明<br>SystemVariable.Day \| (已配置) \| 当系统变量Day发生改变时执行代码<br>新建(N)　删除(D) |
| 工程程序 | 指由于工程的运行而触发执行的用户程序代码。工程的运行包括工程启动时、工程退出时，或者工程运行期间。工程程序中一般执行诸如对工程的初始化或者在工程运行过程中周期执行的一些用户程序。工程程序配置工作页如下图所示 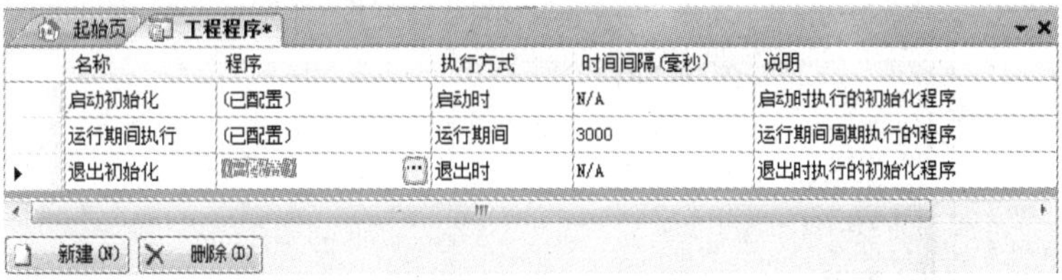<br>起始页　工程程序*<br>名称 \| 程序 \| 执行方式 \| 时间间隔(毫秒) \| 说明<br>启动初始化 \| (已配置) \| 启动时 \| N/A \| 启动时执行的初始化程序<br>运行期间执行 \| (已配置) \| 运行期间 \| 3000 \| 运行期间周期执行的程序<br>退出初始化 \| (已配置) \| 退出时 \| N/A \| 退出时执行的初始化程序<br>新建(N)　删除(D) |
| 画面程序 | 指工程中由于画面的动作而触发执行的用户程序代码。画面程序的触发通过对工程中的特定画面的操作来进行，画面程序中一般执行对画面的初始化或者画面打开期间的赋值程序。配置画面程序时需要选择触发的画面名称以及执行方式是打开时、关闭时还是存在期间。画面程序配置工作页如下图所示 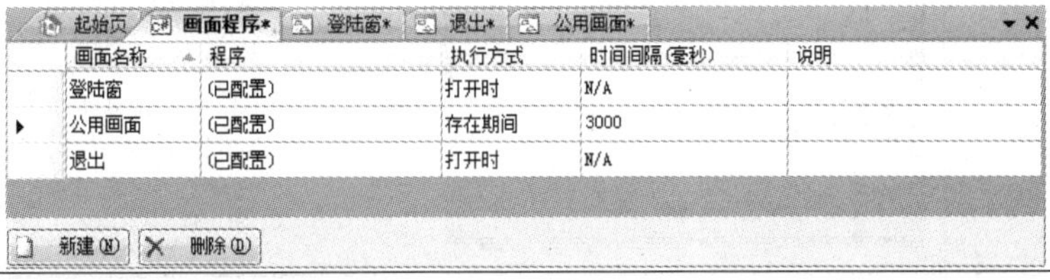<br>起始页　画面程序*　登陆窗*　退出*　公用画面*<br>画面名称 \| 程序 \| 执行方式 \| 时间间隔(毫秒) \| 说明<br>登陆窗 \| (已配置) \| 打开时 \| N/A<br>公用画面 \| (已配置) \| 存在期间 \| 3000<br>退出 \| (已配置) \| 打开时 \| N/A<br>新建(N)　删除(D) |

（续）

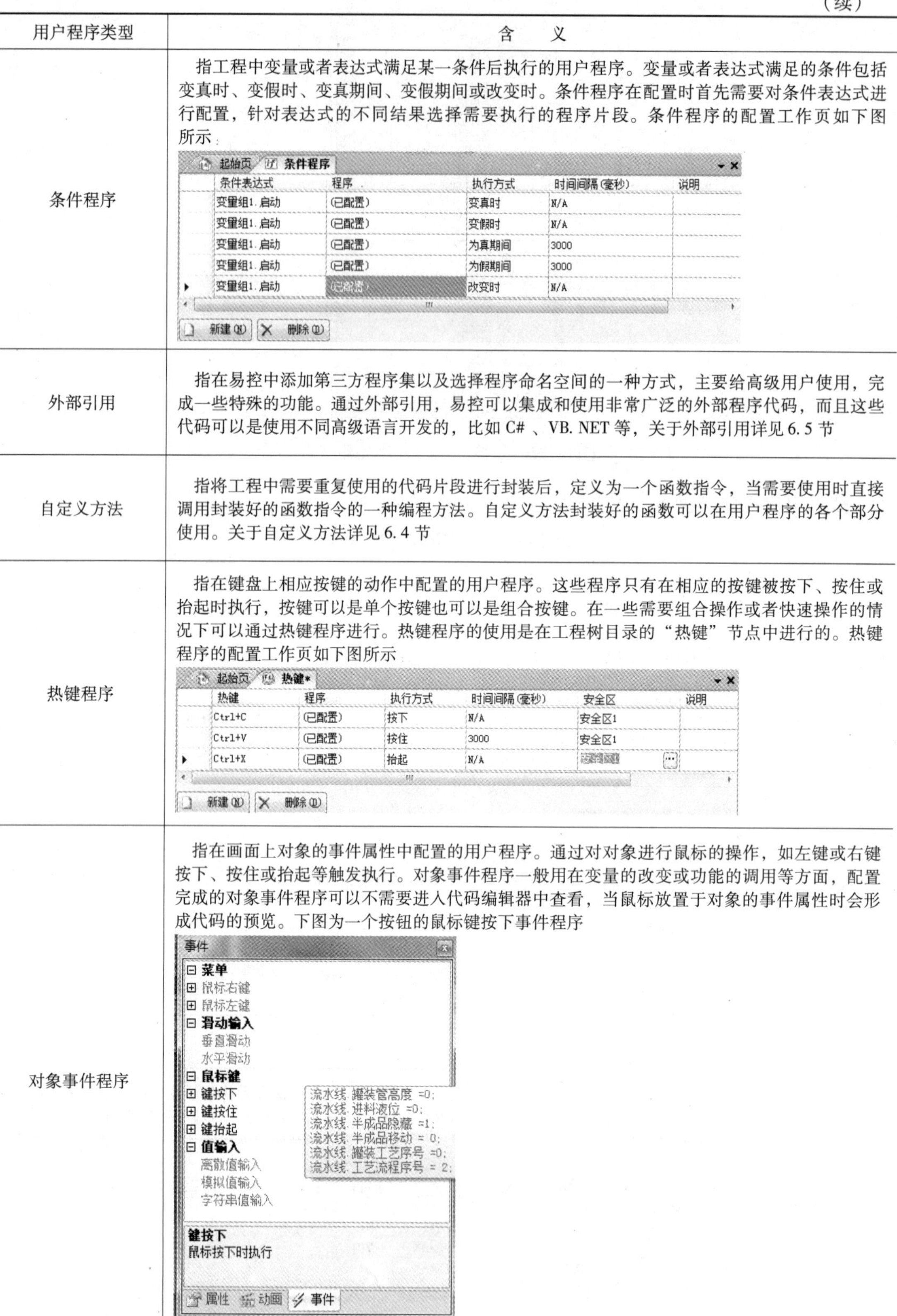

| 用户程序类型 | 含　义 |
| --- | --- |
| 条件程序 | 指工程中变量或者表达式满足某一条件后执行的用户程序。变量或者表达式满足的条件包括变真时、变假时、变真期间、变假期间或改变时。条件程序在配置时首先需要对条件表达式进行配置，针对表达式的不同结果选择需要执行的程序片段。条件程序的配置工作页如下图所示 |
| 外部引用 | 指在易控中添加第三方程序集以及选择程序命名空间的一种方式，主要给高级用户使用，完成一些特殊的功能。通过外部引用，易控可以集成和使用非常广泛的外部程序代码，而且这些代码可以是使用不同高级语言开发的，比如 C# 、VB. NET 等，关于外部引用详见 6. 5 节 |
| 自定义方法 | 指将工程中需要重复使用的代码片段进行封装后，定义为一个函数指令，当需要使用时直接调用封装好的函数指令的一种编程方法。自定义方法封装好的函数可以在用户程序的各个部分使用。关于自定义方法详见 6. 4 节 |
| 热键程序 | 指在键盘上相应按键的动作中配置的用户程序。这些程序只有在相应的按键被按下、按住或抬起时执行，按键可以是单个按键也可以是组合按键。在一些需要组合操作或者快速操作的情况下可以通过热键程序进行。热键程序的使用是在工程树目录的“热键”节点中进行的。热键程序的配置工作页如下图所示 |
| 对象事件程序 | 指在画面上对象的事件属性中配置的用户程序。通过对对象进行鼠标的操作，如左键或右键按下、按住或抬起等触发执行。对象事件程序一般用在变量的改变或功能的调用等方面，配置完成的对象事件程序可以不需要进入代码编辑器中查看，当鼠标放置于对象的事件属性时会形成代码的预览。下图为一个按钮的鼠标键按下事件程序 |

### 6.3.4 程序错误处理

程序开发完成后，需要对程序是否存在错误进行检查，来保证系统运行的稳定性和安全性。脚本程序错误包括编译错误和逻辑错误两种。编译错误也称为语法错误，是由于不正确地编写代码而产生的。逻辑错误有时也称为运行错误，是指在工程运行期间，当一个语句试图执行一个不能执行的操作时发生运行错误。

易控提供了完善的错误处理机制，对于编译错误，用户程序编辑器工具栏中提供了“退出时是否检查”按钮选项，默认情况下处于选中状态，如图 6-13 所示。

图 6-13　编译错误检查功能

如果程序存在语法错误，比如错误地输入了关键字（例如，将 int 写为 inf)、遗漏了某些必需的语句成分等，那么易控在编译程序时就会检测到这些错误，并提示相应的错误信息，如图 6-14 所示。编译提示的错误需要全部修改，工程才能够进入运行系统。

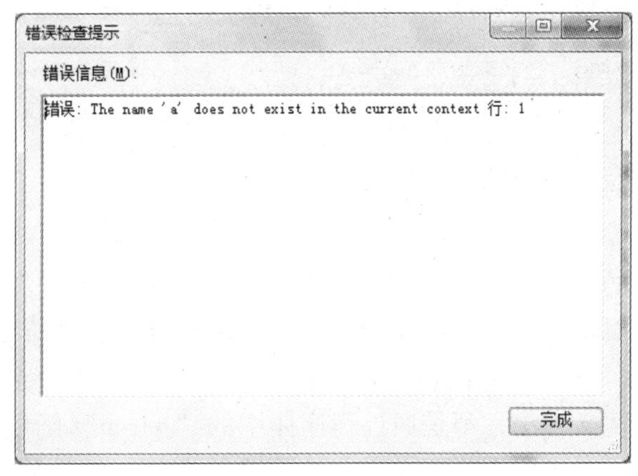


图 6-14　错误检查提示界面

此外用户在编写代码时需要避免可能出现的逻辑错误，比如数据溢出、数组下标越界等。易控针对逻辑错误也提供了完善的错误输出机制，利用系统指令中的调试输出指令，将信息输出到日志查看器中，准确定位错误。用户程序编辑器提供的调试输出指令如图 6-15 所示。

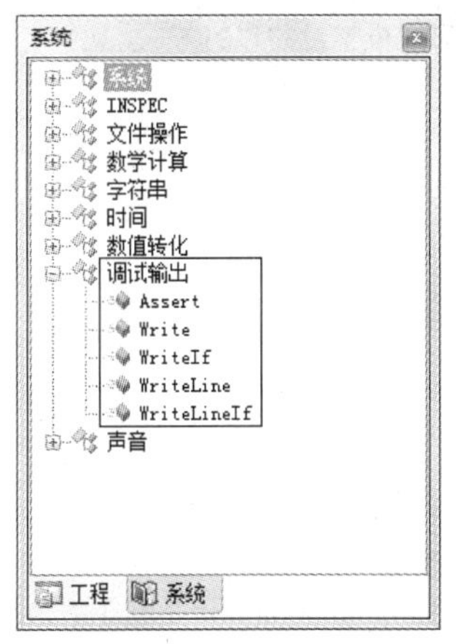


图 6-15　调试输出指令

## 6.4　自定义方法

自定义方法是一段封装的程序片段，可以在工程的任何用户程序中调用。在编写用户程序时，有时候需要到处使用重复的代码片段，如果到处复制粘贴，既容易出错也不便于代码的修改完善。因此需要把反复使用的代码封装到一起，定义为一个函数指令，供其他用户程序调用，在易控中这个函数被称为“方法”，用户自己定义的函数就是自定义方法。自定义方法能很好解决代码重用的问题，提高用户程序开发的效率和简化代码的管理。当自定义方法中的代码需要修改时，只需要修改方法本身而不用在调用的对象中进行修改。

在易控中，所有的自定义方法都是在用户程序的自定义方法节点下完成的。自定义方法包含方法的名称、说明、调用参数、返回值类型、方法的程序体等几个部分。对于自定义方法的名称和说明可以在工作区的配置工作页中完成，返回值及参数等则需要在C#用户程序编辑器中完成。图6-16为自定义方法的配置页。

起始页　公用画面　登陆窗*　日报　自定义方法*

| 方法名称 | 方法内容 | 返回值 | 参数 | 说明 |
| --- | --- | --- | --- | --- |
| Add | (已配置) | int | int a, int b | 加法演示方法 |
| ShutDown | (已配置) | void | | 安全关闭计算机 |

新建(N)　删除(D)

图6-16　自定义方法的配置页

对于任何一个新建的自定义方法，C#用户程序编辑器都会自动加入函数的声明，在编写用户程序时可以随时对函数的返回值类型、方法名称以及参数进行修改。图6-17标注了自定义方法的各个部分。其中，返回值是指该自定义方法程序执行完成后，返回的数据结果，对于有返回值的自定义方法，都是通过程序体中的“retrun”函数来执行。返回值类型是指返回值的数据类型，对于没有返回值的自定义方法来说，其返回值类型为“void”。参数是自定义方法与外部程序调用进行数据连接的地方，参数根据程序需要可有可无，对于有多个参数的方法，每个参数都需定义参数的类型，参数间使用逗号分隔。

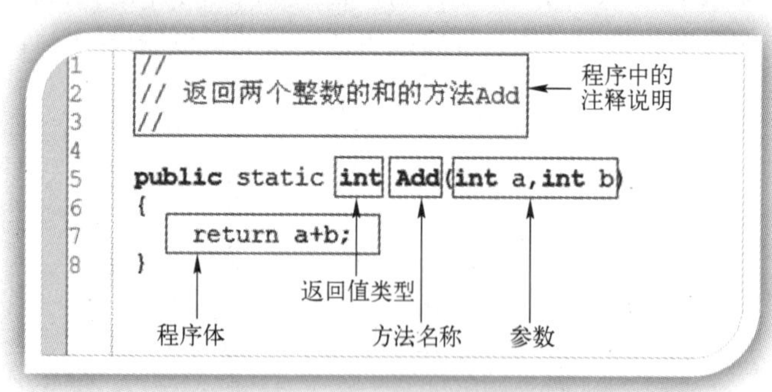


图6-17　自定义方法程序片段

用户根据需要完成自定义方法编写后便可以在用户程序中被调用，编写完成的自定义方法会在C#用户程序编辑器中的工程窗口“自定义”节点下出现。使用时根据自定义方法的参数和返回值定义相应的参数即可，同一个自定义方法可以在程序的任何地方多次重复使用。

## 6.5 外部引用

外部引用是指在组态软件中添加第三方程序代码以及选择程序命名空间的一种接口，它是为高级用户提供的。通过外部程序代码的引用，可以使用外部的成熟程序代码，将它们的功能插入到软件中，从而扩展了软件的功能。

对于普通用户来说，在编写用户程序时，可以使用用户程序提供的各种命令，访问工程的对象，修改对象的属性和调用工程对象的各种方法，定义自己的方法指令，这些虽然能满足绝大多数用户的需求，但是，事实上不管厂家如何不断地去扩充、完善和丰富组态软件的脚本指令，任何组态软件的脚本指令和能够完成的功能总是有限的，因此，在出现特殊需求和功能时仍然需要外部高级语言编写代码来完成。对于大多数组态软件来说，由于采用的脚本语言的限制，对这些高级语言编写代码不能兼容导致功能受限，但是易控采用的 C#语言本身就是当今主流的高级编程语言，它可以使用标准 C#语言提供的所有功能、. NET 框架内数以万计的庞大类库所提供的丰富功能，以及用户自己的动态库或第三方软件提供商提供的类库，这样易控就可以集成和使用非常广泛的外部程序代码了，而且这些类库可以是使用不同高级语言开发的，比如 C# 、VB. NET 等。可以直接使用外部高级语言程序功能的能力，使得易控可以实现在其他组态软件中难以想象的功能。

易控中可以使用的外部程序代码一般有以下几种类型：

- . NET 框架的类库。如在 . NET 框架类库中微软提供了专门用于消息队列处理的程序集 System. Messaging. dll，在其中包含了连接、监听、管理网络消息队列以及发送、接收和侦听消息的类。在易控中使用这些类可以实现自己的网络消息队列功能。
- 第三方软件提供商提供的 . NET 类库。. NET 框架的类库是微软提供的，其他厂商也提供自己专业的类库，如 NI 提供的 Measurement Studio 类库包含了专门用于测试、测量和自动化应用的各种类。在易控中可以使用这些类来做数据采集、分析和显示数据。
- 用户自己编写的 . NET 类库。除了专门软件厂商提供的类库外，用户自己编写的类库一样可以使用。
- 传统的 Windows 动态链接库。除了上述的 . NET 框架的类库外，传统的 Windows 动态链接库在易控中也可以使用，不过使用前需要进行一些包装，在包装的 . NET 程序集中对 Windows 连接库中的函数进行申明，通过使用包装程序集间接使用 Windows 的动态连接库。但 Windows 的动态链接库本身不需要进行重新编译等任何处理。

在易控中集成和使用外部代码是专门为高级用户准备的，需要用户具备一定的编程基础，了解 . NET 框架的基本概念，如类、类库、方法、属性、程序集、命名空间等，了解 Windows 动态连接库的一些基本知识和使用。

外部程序代码都是以程序集或动态链接库的形式出现的，它包含一些位于一个或多个命名空间下的类或数据类型等。要使用它们，首先要将它们添加到工程中，然后才可以使用。在使用用户程序进行添加时，可通过全部程序集添加已经安装到计算机并已经登记的程序集或者最近一段时间使用过的程序集，对于一些特定的程序集可以通过浏览在计算机中进行选择。

## 6.6 示例——常用用户程序

易控用户程序的功能十分强大，使用起来却很简单，适合各种程度的开发人员使用。下面就通过几个示例介绍一下用户程序的使用。

**【示例6-1】** 用户登录程序。

监控系统的操作一般需要用户登录才能进行监视和操作，用户登录一般通过登录按钮来实现，在按钮事件属性的“键按下”中配置用户程序。具体的实现方法如下：

用户程序编辑器的工程窗口中的“用户”命令节点下找到封装好的登录命令“logon”，如图6-18所示。

图6-18 用户登录命令

添加该命令到代码编辑区。在易控中，对于可以直接添加参数的函数，易控都提供了对话框选取参数。对于参数有多种可能的函数，易控提供了各种参数配置的格式和说明。用户根据需要配置不同的参数格式，函数的格式和说明在函数命令后面添加左括号“(”来查看。“logon”为多参数格式的函数，在代码编辑区的命令后面添加左括号“(”，显示出该函数有两种命令格式：一种是指定用户名和密码登录，另一种是通过弹出对话框的形式选择用户名和密码登录。图6-19为第一种登录方式的提示。

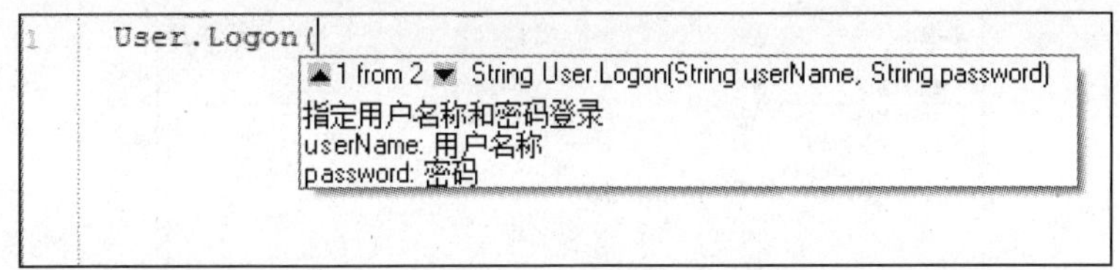


图 6-19　函数参数格式的查看

下面的代码为使用第一种方式完成的代码，第一个参数为用户名称，第二个参数为登录密码：

```
User. Logon("管理员","guanliyuan");
```

用户进入系统后，点击该按钮，则会直接以管理员的身份登录。

【示例 6-2】　画面切换程序。

用户在使用监控系统提供的各个功能时，需要切换到不同画面进行操作。画面切换一般通过按钮来实现，在按钮事件属性的“键按下”中配置用户程序。具体的实现方法如下：

在“画面”命令节点下，找到封装好的登录命令“Open”，如图 6-20 所示。

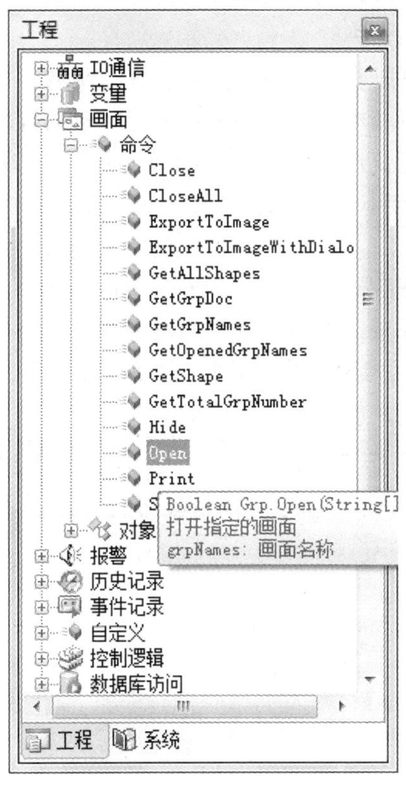


图 6-20　打开画面命令

双击“Open”打开指定画面指令，在弹出的对话框中进行选择配置，如图 6-21 所示。

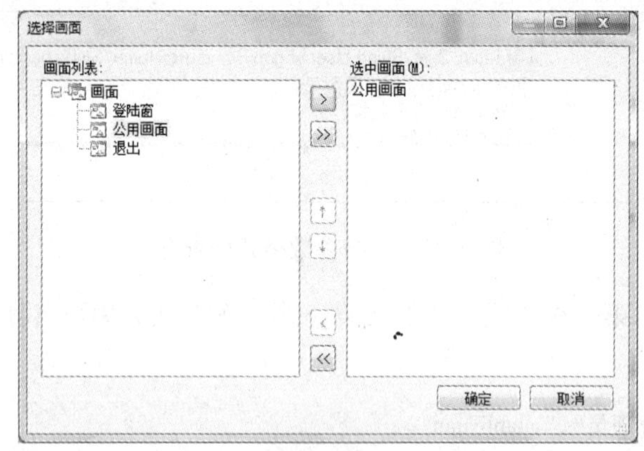


图 6-21 “选择画面”对话框

通过中间选择按钮选择需要打开的画面，点击“确定”按钮后，在 C#用户程序编辑器中系统会自动完成下面代码的输入：

```
Grp.Open("公用画面");
```

完成上述配置后，运行系统，点击按钮即可打开“公共画面”查看画面信息。

**【示例 6-3】** 报表打印程序。

报表打印程序在易控中可以直接使用专门封装好的函数。根据打印的要求不同，可以在易控用户程序的不同地方编写。本示例为一个每天定时自动打印报表的功能，通过变量改变程序来实现，触发变量为系统变量“SystemVariable.Day”。实现的步骤主要有：

1）建立报表。在报表节点下建立一个“日报”，将报表中内容设计好，有关报表的建立参考第 9 章“报表”。

2）配置变量改变程序。将系统变量“SystemVariable.Day”添加到变量改变程序的变量名中。该变量为系统的日期变量，每天零点日期发生变化。

3）配置报表打印函数中的参数。在 C#用户程序编辑器中，报表打印函数的相关参数通过弹出的对话框进行选择配置，如图 6-22 所示。

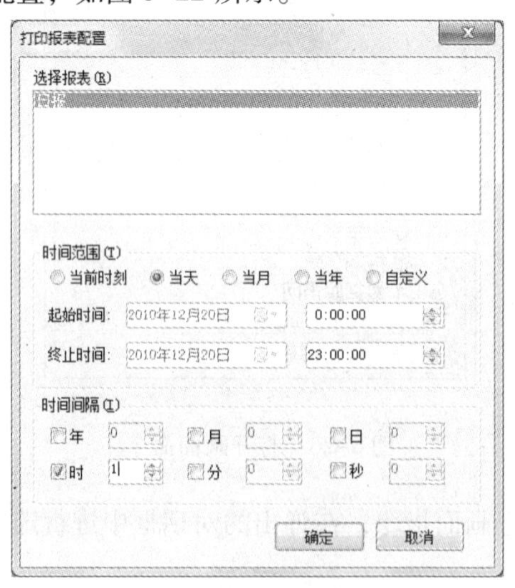


图 6-22 “打印报表配置”对话框

通过选择需要打印的报表名称、时间范围和时间间隔后，在 C#用户程序编辑器中系统会自动完成下面代码的输入：

```
Report. PrintReport( " 日报" ,
new DateTime( DateTime. Now. Year, DateTime. Now. Month, DateTime. Now. Day - 1,0,0,0) ,
new DateTime ( DateTime. Now. Year, DateTime. Now. Month, DateTime. Now. Day - 1, 23, 0, 0), new
TimeIntervalRange(0, 0, 0, 1, 0, 0));
```

完成上述配置后，运行系统，每天零点自动将上一天的整点日报表打印出来。

【示例 6-4】　自定义方法的实现。

自定义方法的使用可以减少程序中重复代码的输入，自定义方法一般有两种：一种是带返回值的自定义方法，一种是不带返回值的自定义方法。图 6-23 为两个自定义方法的配置。

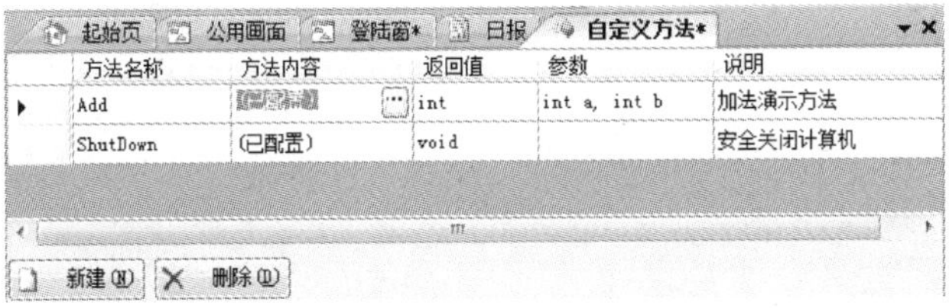

起始页　公用画面　登陆窗*　日报　自定义方法*

| | 方法名称 | 方法内容 | 返回值 | 参数 | 说明 |
|---|---|---|---|---|---|
| ▸ | Add | (已配置) | int | int a, int b | 加法演示方法 |
| | ShutDown | (已配置) | void | | 安全关闭计算机 |

新建(N)　删除(D)

图 6-23　自定义方法的配置

① 带有返回值的自定义方法。方法的名称为 Add，作用是：调用该方法后，会将工程中的两个整型变量 a 和 b 的值相加后再返回到工程中。图 6-23 所示工作区中为该自定义方法的配置，该自定义方法的具体代码如下：

```
public static int Add(int a,int b)
{
    return a + b;
}
```

其中返回值类型、函数名称、参数都是可以修改的。图 6-24 所示为该自定义方法的使用，将两个整型变量 X、Y 的值传递给自定义方法 Add，最后将结果返回给整型变量 Z。

② 不带返回值的自定义方法。方法的名称为 ShutDown，作用是：调用该方法后，会将工程关闭，并且关闭计算机。图 6-23 所示工作区中为该自定义方法的配置，该方法的具体代码如下：

```
public static void ShutDown( )
{
    if( MessageBox. Show( "确实要关机吗?" ,"确认关机" ,
                MessageBoxButtons. YesNo,
                MessageBoxIcon. Question)
                = = DialogResult. Yes)
    {
        Project. Exit( ) ;            //退出工程
```

```
            InSystem.PowerOff();            //关闭计算机电源
        }
    }
```

当触发调用该方法的对象后首先会弹出确认对话框，当确认后，执行关闭工程和计算机的任务。图 6-24 所示为该方法的使用。

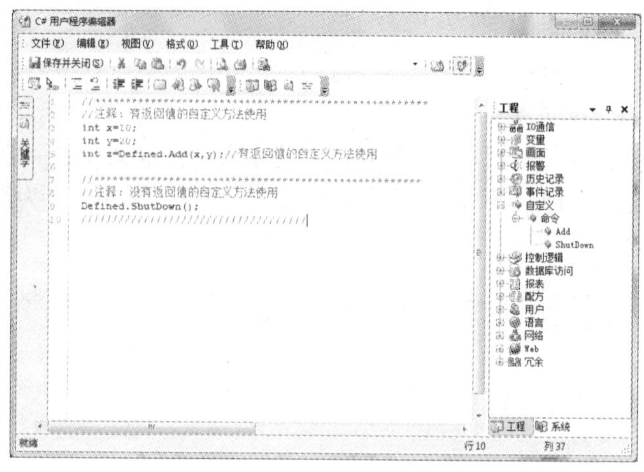


图 6-24　自定义方法的内容示例

## 6.7　本章小结

脚本编程是组态软件中最重要的功能之一，通过脚本编程能有效地扩展组态软件的功能和使用范围。同时，脚本语言功能的强弱也关系到脚本编程功能的强弱，易控组态软件中嵌入的 C#用户程序是组态软件领域最为领先的技术级语言，用户可以实现一般组态软件无法实现的复杂功能，实现系统的无限扩展。易控用户程序能对不同程序片段进行很好的组织管理。利用 C#用户程序，使用 .NET 框架提供的数以千计的庞大类库，以及第三方软件提供商提供的类库，减轻用户的工作量。用户程序编辑器提供的图形化编程、智能感知等一系列的智能编程方法，可以减少代码输入工作量，轻松实现程序编写。

工程设计提示

- 分析工程需求，从执行效率和实现难度两方面来选择用户程序使用场合。
- 综合考虑程序的可靠性、可重用性和可理解性，考虑程序的执行时间。
- 当代码比较多，功能比较复杂时，应在代码中添加详细的注释，使除了代码编写者之外的其他工程师也能快速了解功能是如何实现的。

# 第7章　报警和事件

**本章要点**

- 报警和事件的概念与功能
- 报警的分类、配置及使用
- 报警的查看、查询及确认
- 报警的通知方式及记录
- 事件记录

## 7.1　概述

在工业自动化系统中，当出现像“锅炉的压力过高”、“安全门被打开”等严重或者需要引起注意的工况时，监控系统需要及时向系统运行人员、维护人员、主管技术人员、甚至管理人员以各种手段发出警示信息，以引起他们的注意，让他们能及时掌握系统的运行状况，及时采取行动，避免可能出现的事故或危险，保证系统正常、安全、可靠和高效率运行，这就是监控系统的“报警”功能。系统除了能及时报警外，对报警产生前操作员有过哪些操作、报警产生后操作员的处理措施以及是哪个操作员进行了操作等都需要进行记录，供报警产生原因分析和处理过程分析用，这些对操作过程的记录及操作人员的记录就是监控系统的“事件记录”功能。

组态软件中，报警是变量变化达到预设限值时产生的消息，不同类型的变量报警的方式也不相同，比如电机故障、安全门被打开等通过开关量信号的变化产生的报警称为开关量报警，开关量报警包括开报警、关报警和变位报警。而其他如液位超过高限设定，锅炉的压力过高等通过模拟量的比较发出的报警信号称为模拟量报警，模拟量报警包括高限报警、低限报警等。在工程运行期间，组态软件监视变量的状态或者数值，根据报警设定，决定是否发出报警信息。

报警信息的发出并不一定是有事故产生，有些报警信息是进行事先的预警作用，根据报警发生的严重程度可以将报警划分为不同的报警级别。同时报警的设备或区域的不同使报警可以划分出不同报警区。通过对报警级别和报警区的配置可以使工程运行和维护人员能快速得知报警的严重程度以及发生的地点，从而采取相应的处理措施。

在工程运行期间，报警发生后，需要在第一时间显示在监控界面上，并且要能通过各种灵活的方式通知系统维护和运行人员。运行人员一般可以通过监控界面的报警窗查看实时报警和历史报警及其恢复信息，同时可以对报警进行确认、查询等处理。报警也可以通过语音来通知。报警还可以通过电子邮件、手机短信、或者 MSN Messenger、Yahoo Messenger 等即时消息软件将报警信息发送给相关技术负责人员或管理人员。

报警信息是系统运行过程中非常重要的信息，除了即时显示和通知相关人员外，还需要在电脑上记录下来，供后续查找、事故分析和其他分析使用。

事件记录是与报警紧密相关的一个概念，它记录的是系统运行过程中操作人员对系统中变量的操作，比如设备的启停、重要参数的修改等，同时它也可以记录操作员的登录退出等情况。通过对操作员的这些操作的记录可以分析报警产生的原因以及报警后操作员处理过程的合理性，这对事故的分析和解决十分有益。事件一般通过监控界面上的事件窗来查看。

完善的报警和事件记录机制满足不同人员对系统安全的不同需求，是系统稳定可靠运行的重要保障。

## 7.2 报警相关概念

报警是变量变化达到预设限值时产生的消息，它在工程开发时根据用户的要求进行配置，在工程运行期间根据现场情况产生报警。它反映的是工业现场的警告信息，监控人员根据这些信息采取相应的处理工作，从而保护现场设备及人员安全，使系统处于一个稳定可靠的运行状态。

在一些组态软件中，在定义变量时，直接完成变量的报警的定义，在易控组态软件中，报警变量的定义与变量的定义是分开进行的，通过“报警”节点下的“报警变量”对报警进行详细定义。易控中配置了报警的变量称为报警变量，用户根据变量的类型、变量内容的重要程度以及变量对应的设备所处的位置等将报警变量进行不同的分类，配置不同的报警级别和报警区，通过这些方式可以快速地查找、定位和处理相关报警信息。

### 7.2.1 报警的分类

报警变量根据变量类型的不同可以分为开关量报警和模拟量报警。

开关量报警指开关量信号发生变化产生的报警，包括开报警（变量值从 False 变为 True 时报警）、关报警（变量值从 True 变为 False 时报警）、变位报警（变量值变化就报警）。

模拟量报警指模拟量变化超过某些设定值后产生的报警，根据触发条件的不同又将模拟量报警分为：越限报警、偏差报警和变化率报警。

越限报警指一个模拟量值超越了某一限定值所引起的报警。越限报警分低低报警、低报警、高报警和高高报警。在监控系统中高报警和低报警通常作为预警值使用，高高报警和低低报警作为报警值使用。图 7-1 表示了一个模拟量数值在不同范围变化时，发出报警的情况。

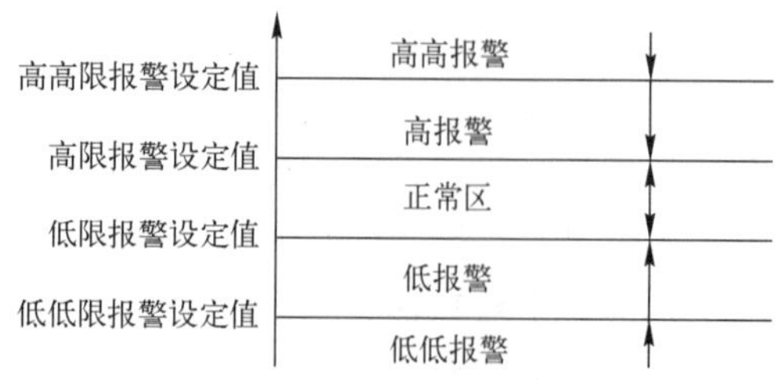


图 7-1 越限报警示意图

偏差报警是指一个模拟量信号的变化偏离某一设定值达到一定偏差后所引起的报警。偏差报警分为大偏差和小偏差两种。图 7-2 为偏差报警的示意图。

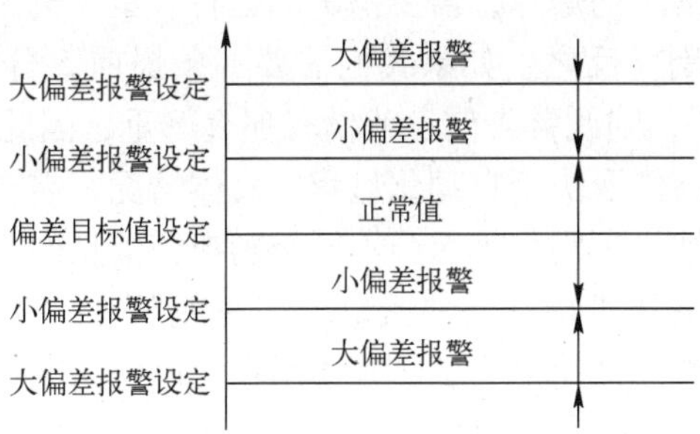


图 7-2 偏差报警示意图

在越限报警和偏差报警中，当数值在定义的报警限值附近频繁发生变化时，会引发不必要的频繁报警和恢复信号，这时就需要定义一个报警恢复的缓冲数值区间来避免这个问题，即“死区”。例如对越限报警来说，使用报警死区后，当变量值越过限值后立刻产生报警（报警还没有恢复时除外），变量值持续发生变化，当变量值在报警限制加减死区值范围区间之内时，并不立刻解除报警，而是等待测量值恢复到报警限值以上或以下超过死区设定的范围后，报警才会消除。例如：变量的高限 = 80，死区值为 2。当变量值增加到 80 时立刻产生高限报警，当变量值减小到 78 ~ 80 之间时，高报警一直存在，只有变量值减小到 78 以下时才消除高限报警。对偏差报警也同样存在死区的概念。死区只对报警的恢复有效。图 7-3 为报警死区示意图。

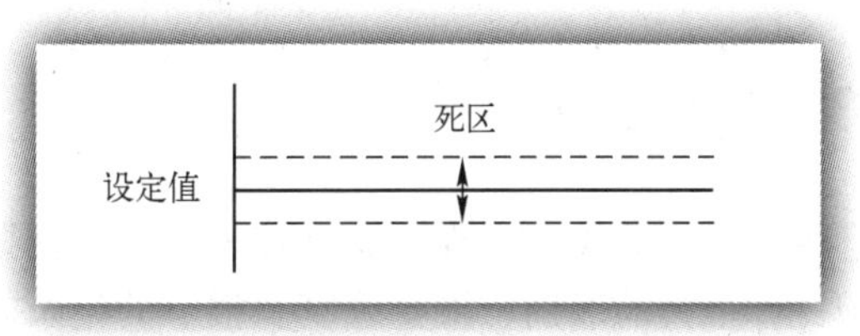


图 7-3 死区示意图

另外，在自动化监控现场经常会由于现场的各种电磁或其他因素影响到数据采集的准确性，特别是模拟量信号，经常会发生报警信号的突然变化然后马上就恢复的情况，针对这种情况，在越限报警和偏差报警中引入了一个“报警延时”的设置，它的作用是在当一个变量的值越限或超过偏差以后，并不立即产生报警，而是开始计时，当计时时间等于或超过所设定的延时时间时，此时报警如果仍然存在，则显示报警信息，如果在此时间内测量值恢复到正常值，则不产生报警信息。另外，如果在这段时间内，报警不仅没有消失而且还产生了新类型的报警，则计时从产生新类型报警的时间开始重新计时。

变化率报警是模拟量的值在固定时间内的变化超过一定量时产生的报警，即变量变化太快时产生的报警。当模拟量的值发生变化时，系统就自动计算变化率以决定是否报警。变化率的时间单位有三种：秒、分和时。

变化率的计算公式为：&V/(&T * (Vmax - Vmin)) * 100%。

式中，&V 是模拟量当前值和上一次测量值之间的差值；&T 为对应 &V 的两个数值的测量时间间隔，单位为秒；Vmax 和 Vmin 是变量的最大值和最小值。

### 7.2.2 报警级别

报警级别是指报警信息的严重程度以及需要引起注意和关切的程度。比如锅炉的压力超越高高限值，可能会引起锅炉的爆炸，需要锅炉的运行人员立刻采取行动来降压，因此其报警应该设定很高的报警级别。反之，如果我们需要一条提前 5 分钟通知的消息，告知“锅炉运行将于 5 分钟后停止”，则此警告信息就没有那么严重，因此可以将其报警设定为较低的报警级别。报警级别的高低取决于自动化过程的具体情况，需要工程开发人员据情确定。

报警级别不易划分过细，否则很难区分不同级别报警信息的重要程度，不便于对报警信息的管理。一般的报警级别分“特急”、“紧急”、“一般”和“不急”四个级别。既能有效区分出不同紧急程度的报警，又简单明了，方便用户使用。

有了报警级别以后，在存在大量报警信息时，就可以按照报警的级别设置过滤条件，快速找到重要的、紧急的报警。在系统出现严重异常的情况下，可以只查看比较严重的报警，忽略级别较低的报警，方便系统的运行和维护，通过易控的报警窗可以设置报警查看过滤条件。在定义手机短信报警、邮件报警时还可以有选择地将不同级别的报警信息送往不同级别的负责人员，做到各取所需。

### 7.2.3 报警区

报警区是将工程中相关联的报警信息组织到一起，从而能快速定位，是报警分组管理的一种手段，有时也称为报警组。报警区是一个逻辑概念，可以将相关联的某些报警划分到一个报警区中，这种“关联”可以是物理位置上的同一区域，如把锅炉 A 有关的报警划分为一个区（“锅炉 A”），锅炉 B 的报警划分为另外一个区（“锅炉 B”）。这种“关联”也可以是逻辑关系上的一种联系，如把多个锅炉中有关压力的报警分为一个区（“压力报警”）。对于存在大量报警信息的工程来说，通过报警区的使用方便了报警的管理。

## 7.3 报警的配置

报警的配置是在工程开发过程中对需要报警的变量进行报警属性的配置，包括报警产生的条件，报警的级别、报警区以及报警的记录方式等的配置。配置了报警属性的变量，在工程运行过程中，如果产生报警，系统会将报警信息通知运行人员。

对于大多数组态软件来说，报警的配置一般是在变量建立的过程中进行的，可以根据变量内容的重要程度、变量的类型、初始值、最大最小值等属性进行报警的配置。但是，由于工程中不是所有变量都具有报警属性，当工程中变量较多时，对于变量的报警属性的查看和修改就十分麻烦。在易控组态软件中，变量的报警属性配置是与变量的建立分开进行的，通过这种方式，用户可以快速知道工程中哪些变量具有报警属性，便于查找和修改。

易控的报警配置主要包括三个部分：报警变量、报警区、报警记录。对于报警的通知方式如声音报警、短信报警、邮件报警、MSN 报警等则是根据需要进行配置，这在“报警的通知”一节将进行详细介绍。

### 7.3.1 报警变量的配置

报警变量的配置是通过工程树“报警”节点下的“报警变量”来实现的。首先会在工作区中打开一个报警变量配置工作页，如图 7-4 所示。

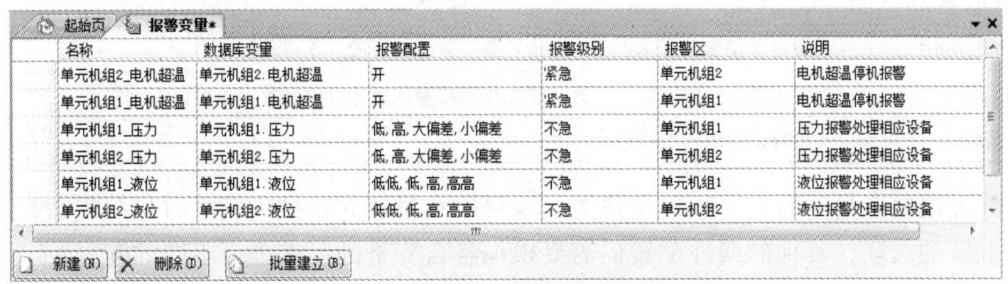

| 名称 | 数据库变量 | 报警配置 | 报警级别 | 报警区 | 说明 |
|---|---|---|---|---|---|
| 单元机组2_电机超温 | 单元机组2.电机超温 | 开 | 紧急 | 单元机组2 | 电机超温停机报警 |
| 单元机组1_电机超温 | 单元机组1.电机超温 | 开 | 紧急 | 单元机组1 | 电机超温停机报警 |
| 单元机组1_压力 | 单元机组1.压力 | 低,高,大偏差,小偏差 | 不急 | 单元机组1 | 压力报警处理相应设备 |
| 单元机组2_压力 | 单元机组2.压力 | 低,高,大偏差,小偏差 | 不急 | 单元机组2 | 压力报警处理相应设备 |
| 单元机组1_液位 | 单元机组1.液位 | 低低,低,高,高高 | 不急 | 单元机组1 | 液位报警处理相应设备 |
| 单元机组2_液位 | 单元机组2.液位 | 低低,低,高,高高 | 不急 | 单元机组2 | 液位报警处理相应设备 |



图 7-4　报警变量配置工作页

报警变量工作页中可以配置报警的相关内容，见表 7-1。

**表 7-1　报警配置的相关内容及含义**

<table>
<tr><th>内　容</th><th>含　义</th></tr>
<tr><td>名称</td><td>指报警发生后在报警窗中看到的名称，默认情况下与配置的报警变量名称相同，可以修改</td></tr>
<tr><td>数据库变量</td><td>指需要配置报警属性的工程变量，配置时在变量浏览器中选择</td></tr>
<tr><td>报警配置</td><td>配置数据库变量产生报警的条件，不同变量类型配置的方式不同：<br>开关量报警需要根据数据库变量发生的情况选择是开报警、关报警，还是变位报警。报警文本的内容描述的是报警产生的原因，报警时它会在报警窗的报警类型中看到。“开关变量报警配置”对话框见下图<br>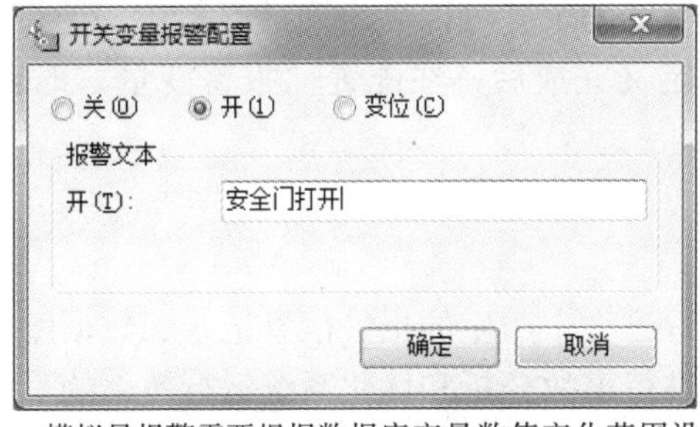<br><br>模拟量报警需要根据数据库变量数值变化范围设定相应的越限报警、偏差报警和变化率报警，这些报警可以根据需要配置，不是必须全部配置。“模拟型变量报警配置”对话框见下图<br>模拟型变量报警配置<br>越限报警　报警值　报警文本<br>低低(O)　0.00　低低<br>低(L)　50.00　炉仓温度低<br>高(H)　90.00　炉仓温度高<br>高高(I)　100.00　高高<br>死区(D):　0.00<br>越限或偏差报警延时(W):　1　秒<br>偏差报警　报警值　报警文本<br>大偏差(B)　80.00　大偏差<br>小偏差(S)　20.00　小偏差<br>目标值(T):　100.00<br>死区(E):　0.00<br>变化率报警　报警值　报警文本<br>变化率(R)　20　变化率<br>类型(Y):　秒<br>确定　取消</td></tr>
</table>

（续）

| 内　容 | 含　义 |
|---|---|
| 报警的级别 | 设置报警发生的严重程度，分为特急、紧急、一般、不急四种 |
| 报警区 | 配置报警发生的区域，该处必须先配置报警区后才可以配置，也可以不设置该项 |
| 说明 | 对报警信息的详细描述 |

在配置报警变量的时候可以逐条建立，也可以批量建立，批量建立时只是将数据库变量进行了批量的关联，其他的属性配置仍需要根据各自变量的要求进行不同的配置。

## 7.3.2 报警区的配置

报警区通过工程树“报警”节点下的“报警区”配置。根据用户功能的要求，可以不进行报警区配置，也就是说，工程中的报警变量比较少时，可以不用进行分组管理。报警区的配置也是在工作区中进行，如图 7-5 所示。

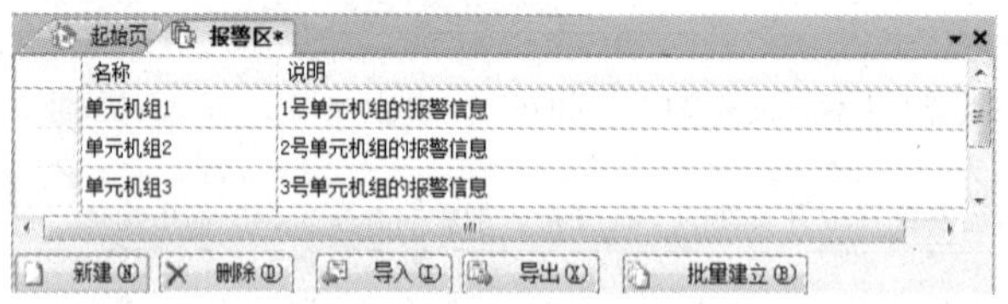


图 7-5　报警区的配置

报警区的配置主要是配置报警区的名称和报警区的说明。在配置时，根据需要可以逐条配置，也可以批量建立。同时，报警区的配置可以导出到计算机中，通过 Excel 软件打开并进行配置之后，再导入到易控中。定义完成后，在配置“报警变量”时就可以指定此处已定义好的报警区。

## 7.3.3 报警记录的配置

报警记录的配置是指将工程运行过程中产生的报警信息记录到数据库中。记录的报警信息可以在以后进行查询，同时也是进行事故分析和优化系统运行效率的重要原始数据。

报警记录的配置在“报警配置”对话框中的“报警记录”选项卡中进行，如图 7-6 所示。

图 7-6　报警记录配置

报警记录的内容包括选择是否记录，记录哪些报警，记录保留多长时间，以及记录保存到什么地方，具体内容见表 7-2。

**表 7-2　报警配置内容及含义**

| 内　容 | 含　义 |
|---|---|
| 记录报警 | 选中后，工程运行时，将记录报警信息 |
| 记录内容 | 根据报警区和报警级别来配置哪些报警可以被记录。在进行报警记录的过程中，只要报警信息中的报警区或报警级别有一条满足就会被记录 |
| 记录位置 | 默认记录到本机的数据文件中。选择“自定义”可以将报警信息通过 ODBC 记录到标准数据库中 |
| 记录缓冲 | 在易控工程运行时，需要记录的报警并不是立即写入磁盘或数据库中的，而是首先将报警写入内存的缓冲区中，当缓冲区写满以后，或者超过一定的时间间隔才写入磁盘。当系统中存在大量报警时，为了提高报警记录的效率，可以调整缓冲区的大小和写盘的间隔时间 |
| 记录删除 | 设定报警在数据库中存储的天数，当记录存储超过设定时间后，系统会将超过时间的记录删除，以优化系统资源占用 |

## 7.4　报警窗

报警窗是组态软件进行报警查看的传统工具。组态软件的运行系统根据报警变量的实际情况发出报警信息，系统的运行和维护人员需要及时查看和确认这些报警信息，并且能通过报警窗进行历史报警信息的查询。报警窗是画面对象元素中的一个高级控件，位于图形工具箱的“常见”分类中，报警窗的使用和其他画面组件完全相同，拖放到画面上后配置组件属性即可使用。运行系统的报警窗如图 7-7 所示。

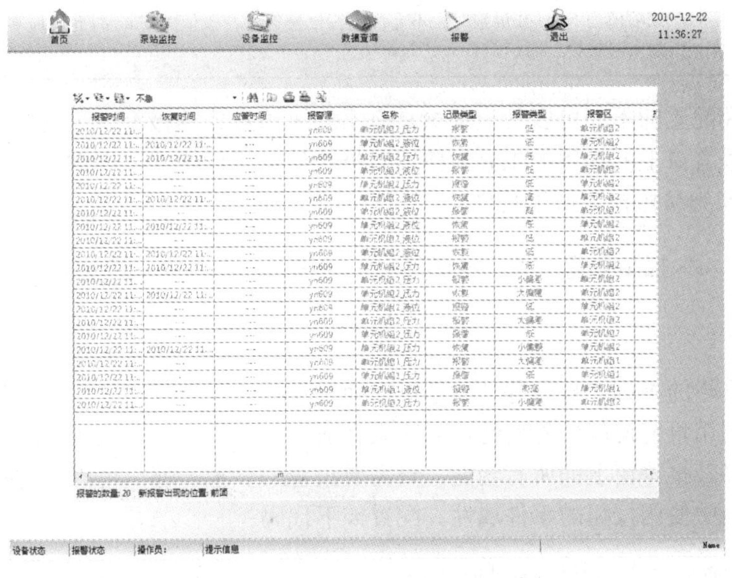


图 7-7　报警窗

报警窗的功能配置通过报警的属性窗口实现。在其中可以配置一个报警窗显示哪一部分报警，显示报警的哪些内容，报警时间的格式，不同的外观风格，是否允许应答或确认报警，是否允许查询报警，是否有工具栏以及工具栏的样式，显示报警信息的字体、颜色等许多信息。关于报警窗属性的详细描述可参考易控的在线帮助。这里只对其中的部分属性进行介绍，见表7-3。

**表7-3　易控报警窗的常见属性及含义**

| 内　容 | 含　义 |
| --- | --- |
| 启用报警类型颜色 | 该项值为False时，所有报警文本采用统一的报警颜色红色；当该值为True时，所有报警类型颜色可以单独配置（通过“报警类型颜色”项完成） |
| 显示格式 | 配置报警窗中显示的内容及时间格式，显示的内容可以增加或减少，显示的顺序也可以调整 |
| 报警级别 | 设置运行时报警窗显示哪些级别的报警信息，也可以在系统运行过程中通过报警窗上的工具栏进行修改 |
| 报警类型 | 设置运行时报警窗显示哪些类型的报警信息，也可以在系统运行过程中通过报警窗上的工具栏进行修改 |
| 报警区 | 设置运行时报警窗显示哪些报警区的报警信息，也可以在系统运行过程中通过报警窗上的工具栏进行修改 |
| 显示类型 | 该选项包含“只显示报警信息”和“显示报警信息和恢复信息”两项。当选择为“只显示报警信息”时，运行系统中的报警窗为实时报警窗，此时“允许查询”项被屏蔽，且不显示报警恢复信息；当选择为“显示报警信息和恢复信息”时，运行系统中的报警窗为历史报警窗，此时“允许应答”项被屏蔽 |
| 记录类型 | 包括“报警”和“恢复”两种类型。当显示类型选项选择为“显示报警信息和恢复信息”时，设置报警窗上哪一种记录可以显示，也可以在系统运行过程中通过报警窗上的工具栏进行修改 |
| 允许应答 | 该项值为False或屏蔽时，不允许应答报警信息，该值为True时允许应答报警信息。报警窗作为实时报警窗时应设置为“True” |

报警窗属性配置的不同可以使报警窗具有不同风格样式的报警窗工具栏。系统在运行过程中可以通过报警窗上的提供的工具栏按钮对报警信息进行筛选、查询、应答、显示及打印等操作。图7-8为易控报警窗工具栏。

应答报警　报警类型　报警区　不急　页面设定

图7-8　报警窗工具栏

报警窗工具栏的查询、打印等功能还可以通过易控的用户程序来完成。除此之外，在用户程序中可以调用报警窗的各种属性或方法来完成许多报警窗工具栏所不能完成的功能。例如，如果需要屏蔽报警窗上的所有功能，只需要报警的显示，那么可以通过报警窗的使能命令完成，在画面中使用按钮的事件属性，配置如下代码：

```
GrpManager. 报警 . 报警窗 1. Enabled = False;
```

更多有关易控报警窗的用户程序命令和属性方法的使用可参考易控“用户使用手册”

中的内容。

## 7.5 报警的通知

报警的通知是指运行系统已经发出的报警信息。除了系统的运行操作人员需要在画面上通过报警窗及时查看和确认以外，有时候还需要将报警信息主动发送给非现场的技术和管理等相关人员。报警的通知方式包括电子邮件、手机短信和即时消息等。通过这些方式可以使远程的用户工程技术人员和管理人员了解系统的运行状况，对于一些突发或重大报警问题能及时快速地做出处理决定。

报警的通知是在报警配置对话框中进行的，在该对话框中包含“手机短信”、“电子邮件”“MSN”和“声音”四个报警通知配置选项卡。对于这四种方式的使用，根据用户的需求，可以有选择的配置。

### 7.5.1 手机短信报警

手机短信报警是指报警发生时通过手机短信的方式将报警信息发送给指定的手机号码。通信技术的普及几乎使每个人每时每刻都离不开手机，在这种情况下，当控制系统现场出现重要报警信息时可以随时通知不在现场的各个相关人员，从而对现场事故能做到及时准确的处理。使用手机短信报警发送的报警信息内容有限，因此一般用来发送比较紧急的报警信息。

通过手机短信的方式发送报警信息需要在计算机中安装或连接相应的短信发送设备，如手机或短信 Modem 等，易控会自动识别这些设备，把相应的设备信息显示在“发送手机”设置处。开发人员需要做的只是在“接收手机”处配置接收报警信息的手机的号码以及发送报警信息的内容（报警区、报警类型、报警级别、记录类型、信息格式等）。配置完成后可以通过“测试”按钮测试所连接的设备是否正常。图 7-9 为易控中手机短信“报警配置”的对话框。

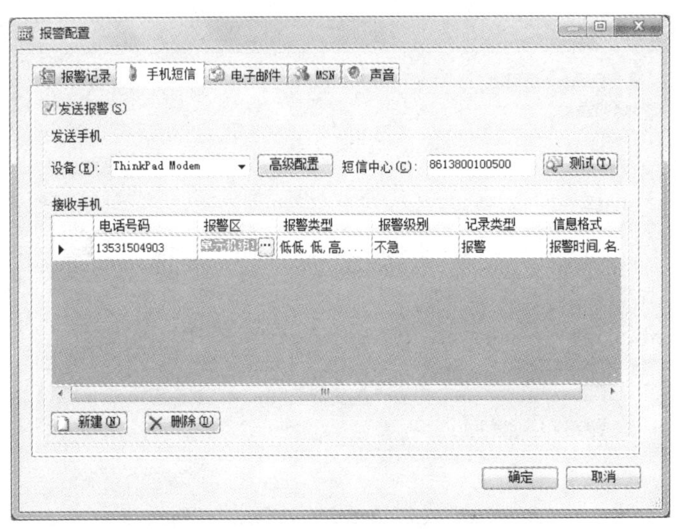


图 7-9　手机短信“报警配置”对话框

## 7.5.2 电子邮件报警

电子邮件报警是指报警发生时通过电子邮件的方式将报警信息发送给指定的电子邮件账户。通过电子邮件发送的报警信息内容可以更加清楚，不过要求监控计算机能够访问 Internet。这种方式的即时性较差，对于一些重大、紧急的报警信息传送有一定的局限性，一般用于给相关人员发送一些需要注意或提醒的报警信息。

电子邮件报警配置时，易控作为发送方，需要配置一些发送电子邮件的基本信息，如邮件服务器信息，发送电子邮件的登录信息，即用户名和密码，配置的方式如图 7-10 所示。这些信息配置完成后，可以通过“发送测试”按钮检查设置是否正确。

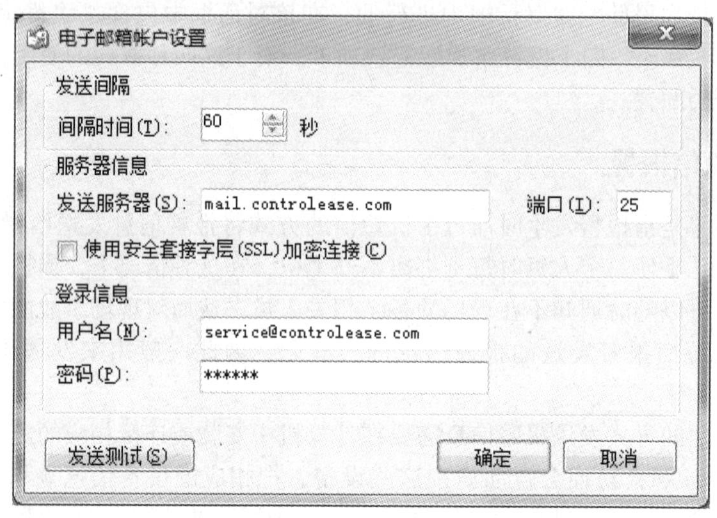


图 7-10　电子邮件报警发送端设置

对于接收报警信息的电子邮件账户只需配置接收电子邮件地址、接收的报警区、报警类型、报警级别、记录类型、信息格式设置等内容，如图 7-11 所示。

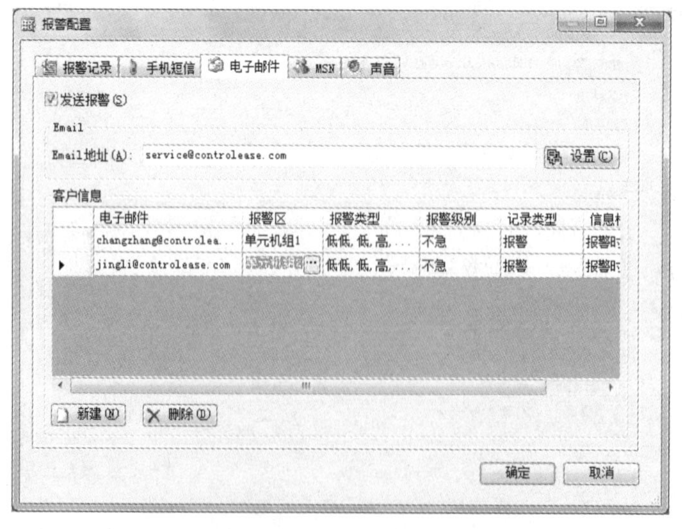


图 7-11　电子邮件“报警配置”对话框

### 7.5.3 MSN 报警

MSN 报警是指通过微软 MSN 等即时消息软件将报警信息发送给消息接收者。在一般的计算机安装过程中都会带有微软 MSN 软件，它在发送内容上比短信报警的内容更多，即时性上比邮件报警更快，但是，通过 MSN 发送报警信息是有条件的，本地和远程的 MSN 账号要添加对方为好友，并且接收报警信息的远程 MSN 账号必须在线的情况下才能发送。

MSN 报警的配置方法与电子邮件报警的配置方法类似，发送方需要配置 MSN 的账号信息，同时还要设置相关的网络信息。对于接收报警信息的 MSN 账户只需配置相应的账号信息、接收的报警区、报警类型、报警级别、记录类型、信息格式设置等内容。易控的 MSN "报警配置"对话框如图 7-12 所示。

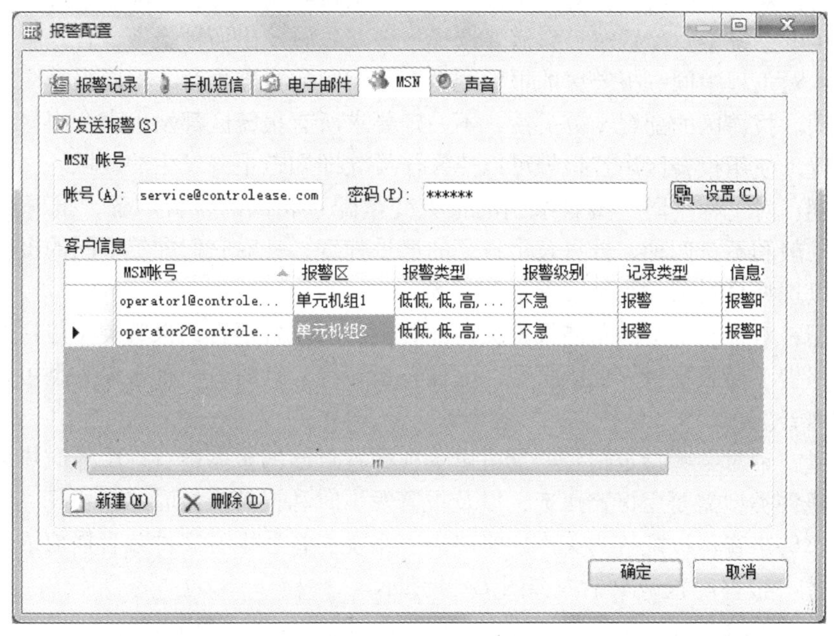


图 7-12　MSN "报警配置"对话框

### 7.5.4 声音报警

声音报警是指监控系统将报警以声音的方式通知给操作人员，这种方式一般用在监控系统现场。在控制系统中，报警信息在画面上大都以文字的形式显示，操作员常常由于处理其他问题或者没有注意到报警信息等种种原因而错过处理问题的最好时机，从而造成各种事故。通过声音报警的方式则更加直观和方便，可以有效地避免事故的发生。

根据报警情况的不同，可以选择不同的报警声音，可以对报警按照报警区、报警级别、报警类型的不同配置不同的声音，也可以单独为每个变量配置不同的声音。在易控中，报警声音配置如图 7-13 所示。

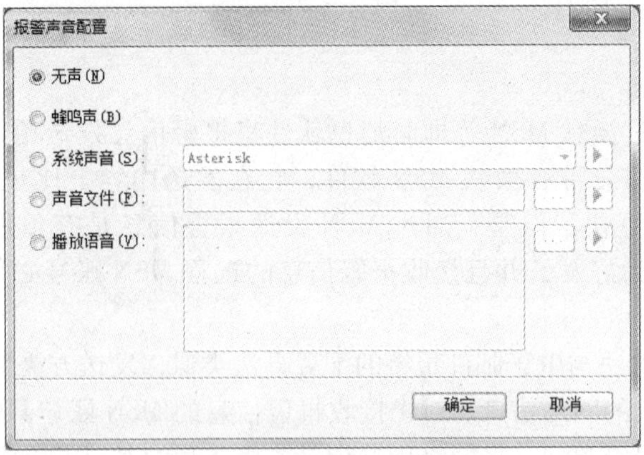

图 7-13 报警声音配置

所有报警：对工程中所有报警变量配置相同的报警声音。这种情况一般用在报警比较少且不经常发生的系统中。配置时，只需要选择报警发生时发出何种报警声音。

报警区：对工程中同一报警区的报警变量配置相同的报警声音，不同报警区的报警变量报警声音不同。报警区的配置十分灵活，不一定要求所有报警区都发出声音报警，可以根据用户要求配置。使用报警区声音报警可以使操作员立即知道报警发生的区域。

报警级别：对工程中同一报警级别的报警变量配置相同的报警声音，报警级别分为特急、紧急、一般和不急四种，分贝表示报警的严重程度，针对它们配置不同的报警声音更加直观，也可以选择只对某些级别配置报警声音。

报警类型：对报警变量的不同报警类型配置不同的报警声音，报警类型包括开报警、关报警、变为报警、高限报警、低限报警、大偏差报警等。针对每一种报警类型可以选择配置相应的报警声音。

报警变量：针对某些特定报警变量可以单独配置自己的报警声音，配置时可以选择报警变量的哪些报警类型需要用报警声音，以及报警发生时和报警恢复时的声音。

易控的报警声音可以配置为无声、蜂鸣声、系统声音、声音文件或者播放语音等多种报警声音，声音“报警配置”对话框如图 7-14 所示。

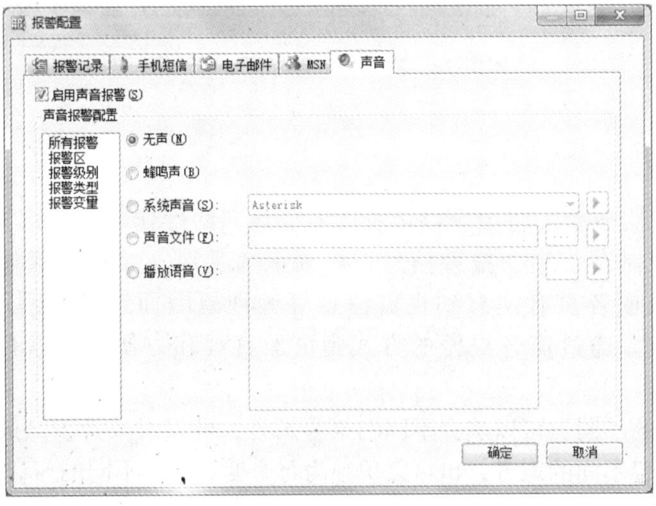

图 7-14 声音“报警配置”对话框

报警声音的种类及含义见表7-4。

**表7-4　报警声音的种类及含义**

| 内　容 | 含　义 |
| --- | --- |
| 无声 | 报警发生时计算机不发出任何声音 |
| 蜂鸣声 | 报警发生时系统会通过计算机的蜂鸣器发出蜂鸣声，由于蜂鸣声时间持续比较短，且无法区分，所以当多个报警产生时，蜂鸣声依次响起 |
| 系统声音 | 报警发生时计算机发出用户在系统声音列表中选择的一种系统声音，默认为Asterisk。易控还可以选择Beep、Exclamation、Hand、Question等其他系统声音 |
| 声音文件 | 报警发生时计算机发出用户作为报警声音存放在声音资源器列表中选定的声音。声音资源器中的声音文件可以是计算机中的任何声音文件，通过播放按钮可以试听选中的声音文件 |
| 播放语音 | 报警发生时计算机发出用户自定义的语音文本内容。语音文本内容可以是自己定义的，也可以通过报警变量配置信息产生，对于选中的内容可以调整播放的顺序。“语音内容”配置对话框如下图所示 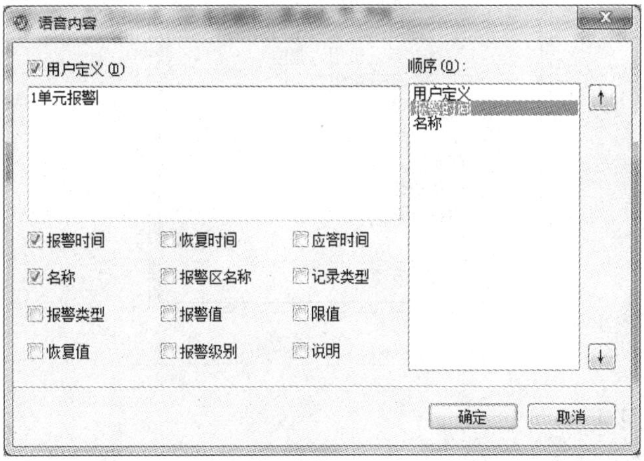 |

由于易控报警变量的不同属性都可以配置各自的报警声音，所以有可能出现同一个报警发出不同的报警声音的现象，比如报警变量A既配置了报警级别报警声音，又配置了报警类型报警声音，那么当报警发生时系统发出哪一个报警声音呢？对于这种冲突，易控提供了一个报警发声优先的原则，它能按照优先顺序对报警声音进行屏蔽，一个报警的出现可能对应的多个声音，系统只播放重要的那个声音。

报警发声优先原则按照从重要到次重要的顺序，排列如下：

【报警变量中配置的声音】

【报警级别中配置的声音】

【报警区中配置的声音】

【报警类型中配置的声音】

【所有报警中配置的声音】

## 7.6　报警变量与命令的使用

报警的使用主要有报警窗的操作以及用户程序中报警变量与报警命令的使用。报警窗作为画面的一个高级控件，它的一些操作如查询、确认、打印等功能可以在运行过程中通过报警窗工具栏完成，这些在“报警窗”一节已经介绍过了，这里主要介绍报警变量与报警命令的使用。

报警变量和报警命令大多是在用户程序中使用，在易控的用户程序编辑器工程窗口中的“报警”节点下包含有报警常用的命令和对象（报警变量），通过这些命令和对象的使用可以增加报警使用的范围和功能。图 7-15 所示为易控用户程序中的报警节点。

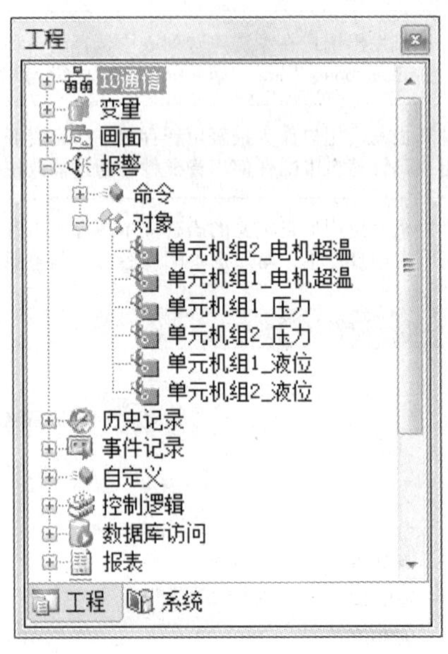


图 7-15　易控用户程序中的报警节点

**1. 报警变量的使用**

报警变量存在于在报警节点下的对象中。在易控中配置了报警属性的变量就会在此处显示出来，在用户程序中可以直接使用报警对象的属性和方法。常用的报警变量的属性和方法有：

HiHiLimit：获取或设置高高报警限值。

HiLimit：获取或设置高报警限值。

LoLimit：获取或设置低报警限值。

LoLoLimit：获取或设置低低报警限值。

MajorDevLimit：获取或设置大偏差报警限值。

MinorDevLimit：获取或设置小偏差报警限值。

读/写报警限值用户程序的使用的方法，以 HiHiLimit（读取高高报警限值）为例：

读：变量组 1. 变量 2 = AlarmManager. 单元机组 2. 压力 . HiHiLimit;

写：AlarmManager. 单元机组 2. 压力 . HiHiLimit = 变量组 1. 变量 3;

**2. 报警命令的使用**

易控的报警命令主要包括一些报警确认命令、报警功能启/停命令、报警声音启/停命令等内容。易控中对于这些命令都有中文说明，使用这些命令的时候提供了可视化编程和智能感知的功能，对于没有 C#经验的用户来说也十分简单。下面通过一个简单的示例介绍易控报警命令的使用，其他函数的使用方法可以参考“易控用户程序手册”。

【示例 7-1】　确认某报警变量的报警，函数 AckAlarmByTag。

通过画面中的按钮事件属性调用易控 C#用户程序编辑器中的报警命令节点下的该函数，双击后弹出“报警变量选择”对话框，如图 7-16 所示。

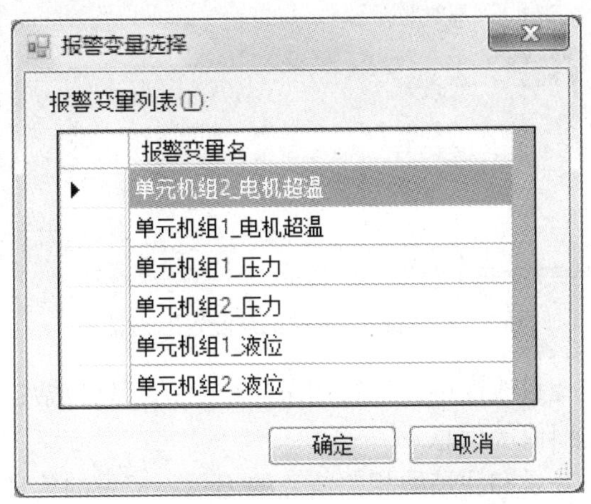


图 7-16　易控“报警变量选择”对话框

在对话框中选择需要确认的报警变量，确认后在 C#用户编辑器的代码编辑区就会自动生成该函数的代码：

```
Alarm. AckAlarmByTag("单元机组 2_压力");
```

当系统运行后，如果单元机组 2_压力信号报警，则可以通过点击该报警确认按钮确认该报警。

## 7.7　事件记录

事件记录是记录工程运行过程中重要的操作以及运行人员的登录和注销等行为，其主要目的是记录操作员的操作过程，辅助事故的定位。系统运行时，有些操作有操作顺序、条件等的特殊要求，不按要求改变这些数值可能会造成严重的后果，使系统产生报警，通过事件记录将系统运行时操作人员对系统进行的操作、对工程中变量的修改记录下来，可供运行分析时使用。对于有多位操作员的系统，需要知道是哪位操作员进行了相关的操作，因此可以选择记录运行人员什么时候登录和注销，即进入系统和退出系统。

### 7.7.1　事件记录的配置

事件记录的配置是指配置监控系统需要记录操作员的哪些操作，以及这些记录存储的位置、时间等。对于监控系统来说，运行人员对系统的操作具有记录意义的是对工程中变量的改变，其他一些无关操作，如打开不同的画面等没有必要进行记录，因此事件记录主要是指变量操作记录。

易控中对于事件记录的配置主要包括两部分的内容：事件记录配置和操作变量配置。

事件记录配置主要包括选择记录的内容，记录文件的大小、时间、位置等。如图 7-17

所示为易控“事件记录配置”对话框。

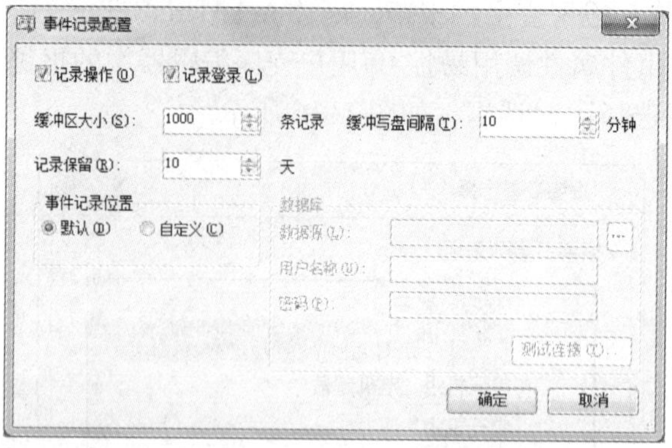
事件记录配置
记录操作(O)
记录登录(L)
缓冲区大小(S):
1000
条记录
缓冲写盘间隔(T):
10
分钟
记录保留(R):
10
天
事件记录位置
默认(D)
自定义(C)
确定
取消

图 7-17　易控“事件记录配置”对话框

记录操作：允许操作变量改变事件进行记录。记录的信息包括：变量的名称、改变的时间、变量的新值和变量的旧值等信息。

记录登录：所有用户登录和注销的相关信息的记录。记录的信息包括：时间、操作员名称和记录类型（登录或者注销）等。

缓冲区大小、缓冲写盘间隔：被记录信息总是先写入内存缓冲区中，当缓冲区满或达到一定时间间隔后，再将缓冲区中的信息写入磁盘。缓冲区大小是指内存中的事件记录信息的数量，缓冲写盘间隔是指达到设定的时间间隔后把缓冲区的记录信息写入磁盘。这两个参数的目的是优化系统性能。一般保持默认值即可。

记录保留：记录设定天数内的变量操作信息，超过时间后的记录则被自动删除。

事件记录位置：可以选择软件默认的位置记录或者指定到其他数据库中。数据库是通过指定 ODBC 数据源来决定的，可以是根据需要的任何数据库，如 Access、SQL-server、Oracle 等。

操作变量配置是添加哪些变量需要进行事件记录，配置时可以配置相应的变量名称和说明。图 7-18 所示为易控事件记录操作变量配置工作区。

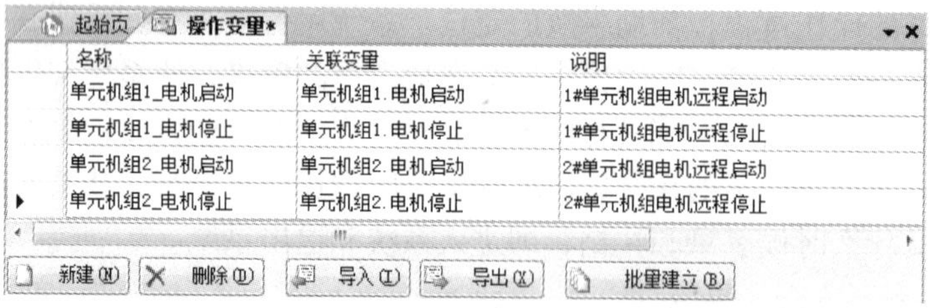
起始页
操作变量*
名称
关联变量
说明
单元机组1_电机启动
单元机组1.电机启动
1#单元机组电机远程启动
单元机组1_电机停止
单元机组1.电机停止
1#单元机组电机远程停止
单元机组2_电机启动
单元机组2.电机启动
2#单元机组电机远程启动
单元机组2_电机停止
单元机组2.电机停止
2#单元机组电机远程停止
新建(N)
删除(D)
导入(I)
导出(X)
批量建立(B)

图 7-18　易控事件记录操作变量配置工作区

对于配置好的事件记录信息，在工程开始运行后，运行系统就会按照配置的要求将操作员的登录和注销、对变量的修改情况等自动记录到指定位置。

### 7.7.2　事件记录的查看

事件记录的目的就是为了日后查看和分析。易控提供了一个专门的功能组件“记录窗”，用于在画面上查看记录的事件信息。

记录窗和事件记录信息自动关联，不需要进行复杂的配置，但可以选择显示哪些记录信息，如只显示操作信息、登录信息和注销信息等，以方便定位和分析，可以配置信息显示的格式，可以通过记录窗查询不同时间段中的记录信息，可以控制不同类型信息的文本显示颜色，信息显示的前后顺序等。记录窗还有可以配置的工具条，用于满足运行时各种查询的要求。有关记录窗的使用和配置，与其他画面组件的使用完全相同，这里不再赘述。图 7-19 所示为易控事件记录窗。

记录类型 查询 页面设定 打印设定 打印 打印预览

| 记录时间 | 记录类型 | 名称 | 新值 | 旧值 | 操作员名称 | 事件源 | 变量说明 |
| --- | --- | --- | --- | --- | --- | --- | --- |
| 2010-7-5 17:08:29 | 操作 | 单元机组2_电机停止 | True | False | | jiusiyi-91c07db | 2号单元机组电机远程停止 |
| 2010-7-5 17:08:29 | 操作 | 单元机组2_电机启动 | False | True | | jiusiyi-91c07db | 2号单元机组电机远程启动 |
| 2010-7-5 17:08:29 | 操作 | 单元机组2_电机停止 | False | True | | jiusiyi-91c07db | 2号单元机组电机远程停止 |
| 2010-7-5 17:08:29 | 操作 | 单元机组2_电机启动 | True | False | | jiusiyi-91c07db | 2号单元机组电机远程启动 |
| 2010-7-5 17:08:28 | 操作 | 单元机组2_电机停止 | True | False | | jiusiyi-91c07db | 2号单元机组电机远程停止 |
| 2010-7-5 17:08:28 | 操作 | 单元机组2_电机启动 | False | True | | jiusiyi-91c07db | 2号单元机组电机远程启动 |
| 2010-7-5 17:08:27 | 操作 | 单元机组2_电机启动 | True | False | | jiusiyi-91c07db | 2号单元机组电机远程启动 |
| 2010-7-5 17:08:27 | 操作 | 单元机组1_电机启动 | False | True | | jiusiyi-91c07db | 1号单元机组电机远程启动 |
| 2010-7-5 17:08:27 | 操作 | 单元机组1_电机停止 | True | False | | jiusiyi-91c07db | 1号单元机组电机远程停止 |
| 2010-7-5 17:08:26 | 操作 | 单元机组1_电机启动 | True | False | | jiusiyi-91c07db | 1号单元机组电机远程启动 |
| 2010-7-5 17:08:26 | 注销 | | --- | --- | 管理员 | jiusiyi-91c07db | --- |
| 2010-7-5 17:08:25 | 登录成功 | | --- | --- | 管理员 | jiusiyi-91c07db | --- |
| 2010-7-5 17:08:21 | 注销 | | --- | --- | 操作员 | jiusiyi-91c07db | --- |
| 2010-7-5 17:08:20 | 登录成功 | | --- | --- | 操作员 | jiusiyi-91c07db | --- |

事件记录的数量：16 新记录出现的位置：前面

图 7-19　易控事件记录窗

## 7.8　本章小结

报警是保障现场安全运行的一个重要功能。它可以将工业现场的各种警告通过各种方式发送给相关人员，并记录这些警告信息，便于后续查找和分析。事件记录则是报警功能的一个有益的补充，用于了解报警前的操作情况以及报警后的处理措施。报警可以分为不同类型、不同级别和不同区域的报警。除了监控界面通过报警窗显示外，报警还提供多种通知方式，例如播放声音、语音朗读报警文本、发送手机短信、电子邮件、MSN 等，方便系统维护人员在第一时间获知重要报警，其中，MSN 报警为易控首创功能。另外，在易控中通过用户程序可以增加报警的功能和使用范围。

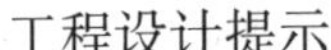

工程设计提示

- 对于高级别的重要报警，需要提供声音报警方式或者手机报警方式。
- 报警发生时，能够快速显示报警信息。
- 工程中报警信息较多时，使用报警窗中的过滤条件，采用多个报警窗分别显示报警信息，方便用户快速定位报警。
- 报警确认等操作在画面上尽量提供命令操作方式。
- 充分考虑报警发生后的报警源查找，可以结合事件记录方式，在报警画面上能迅速切换到事件窗显示画面。

# 第8章　外部接口

**本章要点**

- 外部接口的内容
- 数据库介绍及使用
- OPC 介绍及使用
- 其他数据共享方式：Web Service、无线通信、高级功能组件

## 8.1　概述

在自动化系统中，来自生产过程的数据是工厂自动化和信息化建设的基础。工厂中的数据采集系统负责从各种控制器、仪表和控制系统中采集数据，并把这些数据传递和共享给其他需要这些数据的系统。这些数据消费系统和数据采集系统间需要统一的数据交换平台才能实现数据的共享，组态软件的“外部接口”功能就是连接数据采集和数据消费系统的桥梁。

组态软件与其他系统可以有多种多样的数据交换方式，如通过中间数据文件、中间数据库、共享内存等中间环节交换数据，也可以通过约定的方式或协议直接通信，如通过 OPC 或网络通信接口等。

使用标准的数据库是组态软件与其他系统进行数据交互的一种方式。组态软件一般通过数据库将工程中重要的数据进行存储（例如历史数据记录、报警记录等），同样，与自动化系统紧密相关的其他系统，如作为管理层的 ERP 软件系统，它们大多数的功能也都是通过数据库完成的，因此，通过共用数据库的方式可以很容易实现组态软件和其他管理层系统的数据交互。

OPC（OLE for Process Control，过程控制中的对象链接和嵌入）技术是当今自动化系统中使用比较广泛的一种数据交换技术，其目的就是通过一个统一的接口实现不同系统间的数据交换。OPC 是过程控制领域的一个开放的国际标准，在组态软件中都有应用，对于自动化系统中的其他系统来说，使用 OPC 技术也很容易，在实际应用中，组态软件经常通过其 OPC 功能与其他系统进行通信。OPC 通信的双方分别称为 OPC 客户和 OPC 服务器。

另外，随着计算机和通信技术在组态软件中的应用，以及组态软件自身功能的不断强大，出现了许多新的外部数据访问的方式，比如 Web Service、3G、GPRS 等。组态软件本身自带的一些插件和控件也可以作为组态软件的一种外部接口功能进行数据的交互。交互的内容也日益丰富，除了数据外，还包括画面等。

组态软件的外部接口功能使监控系统能与更多系统实现数据等信息的共享，它使生产管理更加灵活、准确、高效。

## 8.2 数据库

数据库是数据进行组织、储存和管理的地方，组态软件一般都能实现与数据库的连接，可以将数据写入到数据库中，同时也能读取数据库中的数据。数据库软件有很多版本，在组态软件中可以和哪些数据库进行连接以及它们怎样连接，就是组态软件外部接口功能所要解决的问题。

### 8.2.1 数据库介绍

传统的组态软件一般是通过配置 ODBC 的方式将数据库与组态软件进行连接。通过这种方式，组态软件能连接大部分标准数据库，但是，对于在组态软件中使用比较广泛的 SQL Server 数据库和 Access 数据库来说，通过 ODBC 的方式比较麻烦，一些组态软件会将这两种常用方式进行简化配置。在讲述如何配置之前，先简单介绍通用的数据库接口标准 ODBC。

1. ODBC

ODBC（Open Database Connectivity，开放数据库互连）是微软提供的一种开放的标准数据库访问编程接口。图 8-1 是组态软件通过 ODBC 方式与多种数据库相连的示意图，通过对 ODBC 的配置可以与其他任意厂家的关系型数据库进行连接，但在效率方面略差一些。

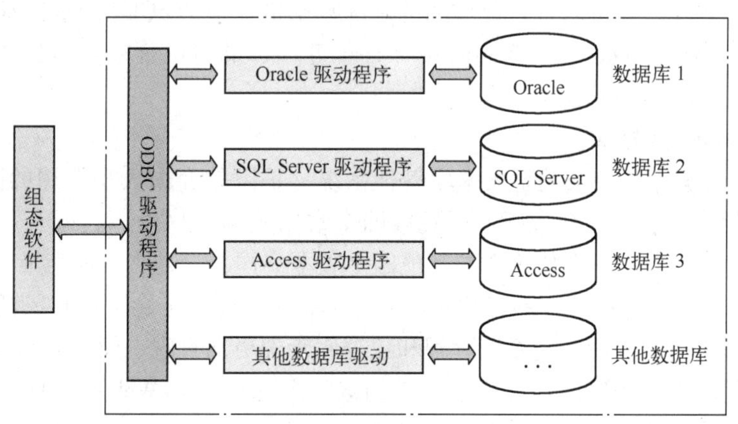


图 8-1 开放数据库互连 ODBC 方式

要了解 ODBC，首先需要知道以下几个概念：

① ODBC 驱动程序：一个动态链接库（DLL），用以将特定的开放式数据库连接的数据源（DSN）和另一个应用程序（客户端）相连接。

② ODBC 驱动程序管理器：提供从主机语言到特定后端数据源驱动程序的接口。

③ ODBC API：数据库厂商为程序设计者提供的直接访问数据库的一组函数。

④ ODBC 数据源（DSN）：DSN 为 ODBC 定义了一个确定的数据库和必须用到的 ODBC 驱动程序。安装 ODBC 驱动程序以及创建一个数据库之后，必须创建一个 DSN。

对于组态软件来说，ODBC 中最重要的是 ODBC 数据源（DSN），一个 DSN 中至少应该包含如下内容：

- 关于数据库驱动程序的信息。

- 数据库存放位置。文件型数据库（如 Access）的存放位置为数据库文件的路径；非文件型数据库（如 SQL Server）的存放位置是指服务器的名称。
- 数据库名称。在 ODBC 数据源管理器中，所有的 DSN 名称是不能重复的。

ODBC 数据源（DSN）可以定义为以下 3 种类型中的任意一种：

- 用户数据源。这个数据源对于创建它的计算机来说是局部的，并且只能被创建它的用户使用。
- 系统数据源。这个数据源属于创建它的计算机并且是属于这台计算机而不是创建它的用户。任何用户只要拥有适当的权限都可以访问这个数据源。
- 文件数据源。这个数据源对底层的数据库文件来说是确定的。换句话说，这个数据源可以被任何安装了合适的驱动程序的用户使用。

组态软件通过 ODBC 要访问一个数据库，首先必须用 ODBC 管理器注册一个数据源（DSN），管理器根据数据源提供的数据库位置、数据库类型及 ODBC 驱动程序等信息，建立起 ODBC 与具体数据库的联系。这样，只要组态软件能与 ODBC 建立连接，访问到 ODBC 中所建立的数据源（DSN），就能建立起与相应数据库的连接。

组态软件中，工程开发人员对于 ODBC 的使用不需要掌握很深，在组态软件中都有周到而完善的设计，开发人员只需要根据组态软件的提示向导便可以完成对 ODBC 的配置，从而大大降低开发人员的使用难度。

通过 ODBC 方式，组态软件可以访问的标准数据格式包括 SQL Server、Access、Paradox、dBase、FoxPro、Excel、Oracle 以及 Microsoft Text 等。如果用户希望使用其他数据格式，则需要安装相应的 ODBC 驱动器。

### 2. SQL Server 数据库

SQL Server 数据库是一个关系数据库管理系统，是微软面向大型应用的高性能数据库。其包括：企业版、标准版、个人版、开发版四个常用版本。另外，它还有一个桌面应用版本：SQL Server Express，它在使用上与其他四个版本一样，只是其数据容量受到了限制。

SQL Server 数据库具有真正的客户端/服务器体系结构，在稳定性和灵活性上更好；它的软件采用图形化用户界面，使系统管理和数据库管理更加直观、简单；它具有丰富的编程接口工具，为用户进行程序设计提供了更大的选择余地；它对 Web 技术的支持，使用户能够轻易地将数据库中的数据发布到 Web 页面上。

组态软件中，SQL Server 数据库的配置可以通过两种方式完成：一种是利用 ODBC 数据源的方式；另一种是利用专门的 SQL Server 数据库的连接配置。

### 3. Access 数据库

Access 数据库是微软推出的微机数据库管理系统。它具有界面友好、易学易用、开发简单、接口灵活等特点，是典型的新一代桌面数据库管理系统。

Access 数据库作为微软 Office 套件的一部分，可以与 Office 集成，实现无缝连接。另外，它能够利用 Web 检索和发布数据，实现与 Internet 的连接。与 SQL Server 数据库相比，Access 数据库只适合数据量少的应用，在处理少量数据和单机访问的数据库时是很好的，效率也很高。但是，当客户端数量比较多、数据量比较大时，就不适合使用该数据库。

组态软件中，Access 数据库的配置一般也有两种方式：一种是利用 ODBC 数据源的方式；另一种是利用专门的 Access 数据库的连接配置。

组态软件中除了可以直接应用 SQL Server 数据库、Access 数据库或者通过 ODBC 连接的一些数据库外，对于一些特殊应用来说，也可以通过其他方式连接适合的数据库，如 Oracle、MySQL 数据库等。组态软件对于数据库的使用主要包括两个步骤：一是利用向导进行数据库配置，将外部数据库中的数据表的信息在组态软件中显示出来，并且将表中的字段与组态软件中的工程变量关联起来；二是在组态软件中利用一个访问控件或者命令实现对外部数据库的读、写、查询等操作，即数据交互。

## 8.2.2 数据库配置

数据库配置是指组态软件与数据库的连接配置。数据库配置主要是选择连接什么类型的数据库、配置数据库服务器的名称、数据库的登录名称和密码、数据库名、数据库表名等内容。对于这些配置，在组态软件中一般都会提供配置向导，从而降低工程开发人员配置的难度。

易控中数据库的配置是通过工程目录下的“数据库访问”完成的。配置时按照易控提供的配置向导便可顺利完成数据库的连接。易控中提供了三种数据源类型：SQL Server 数据库、Access 数据库、ODBC 数据源，如图 8-2 所示。开发人员可以根据工程实际情况选择相应的数据源配置。

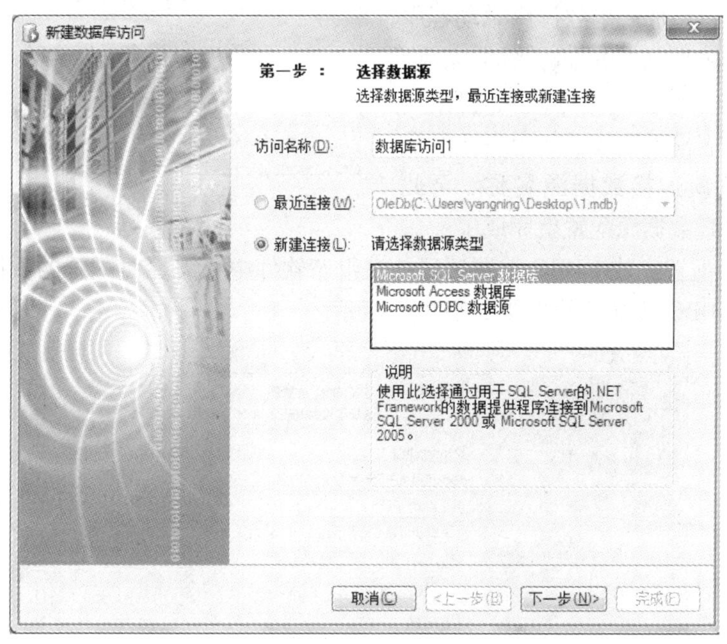


图 8-2 易控数据库访问数据源配置

### 1. ODBC 数据源

ODBC 数据源可以与任何数据库建立连接，但是它的前提是需要在计算机中建立一个所连接数据库的驱动程序，以及与该驱动程序相同的一个数据库表模板，通过与这个驱动程序的绑定完成数据库的连接。这个驱动程序是在计算机管理工具中“数据源（ODBC）”管理器内建立的，如图 8-3 所示。下面可以通过连接一个 Microsoft Excel 的过程介绍 ODBC 数据源的配置。

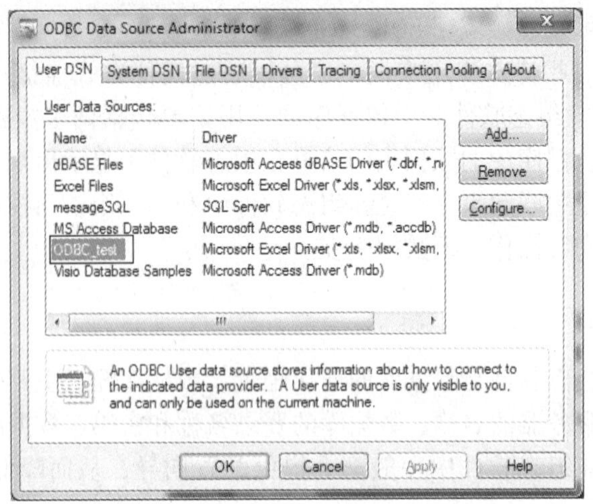


图 8-3　ODBC 数据源管理器

ODBC 数据源的配置首先需要在计算机中建立一个所要连接的数据库模板，这里建立一个名为“表.xlsx”Excel 表，其次，需要在管理器中通过添加一个数据库驱动程序，这里使用 Microsoft Excel Driver，添加完成后为所连接的数据源命名，并将该驱动程序与所连接的数据库表模板连接，如图 8-4 所示，“ODBC_test”为所连接数据源名称。至此，计算机中的 ODBC 数据源配置就完成了。

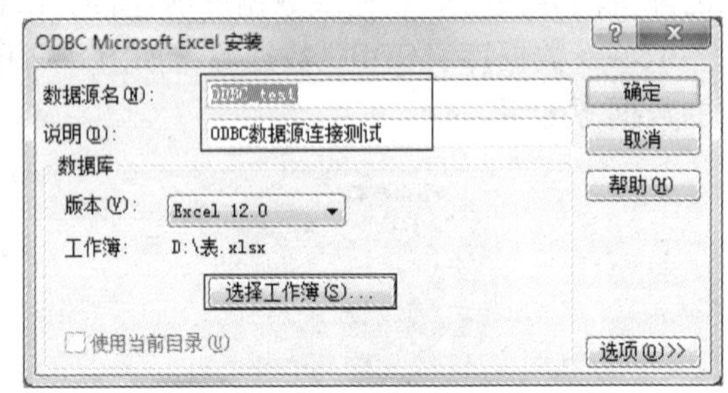


图 8-4　ODBC 数据源配置

在计算机中配置完成 ODBC 数据源后，在组态软件中只需要对配置的数据源名称进行连接即可，易控 ODBC 数据源的连接如图 8-5 所示。

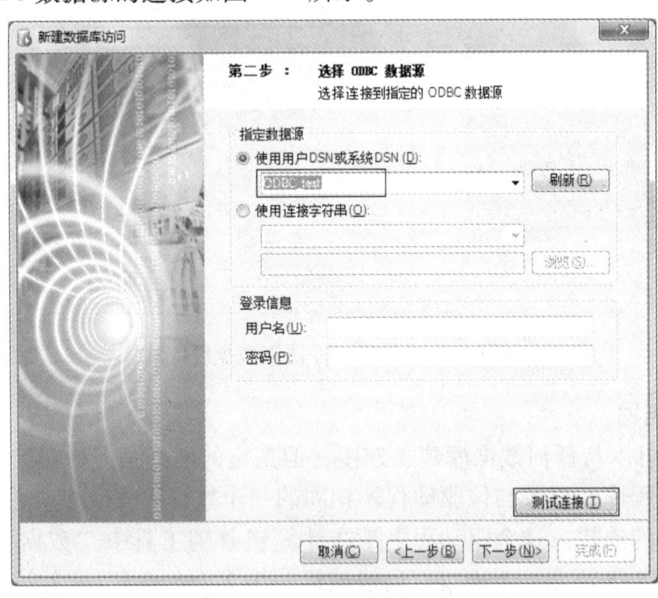


图 8-5　ODBC 数据源的连接

对于连接的 ODBC 数据库，可以通过“测试连接”的方式检查数据库是否连接正确。配置好数据库连接后，便可以在组态软件中对数据库表进行变量的连接和数据的读取工作。

### 2. SQL Server 数据库

SQL Server 数据库的连接需要确定连接服务器的名称以及数据库连接的数据库名称，如图 8-6 所示。

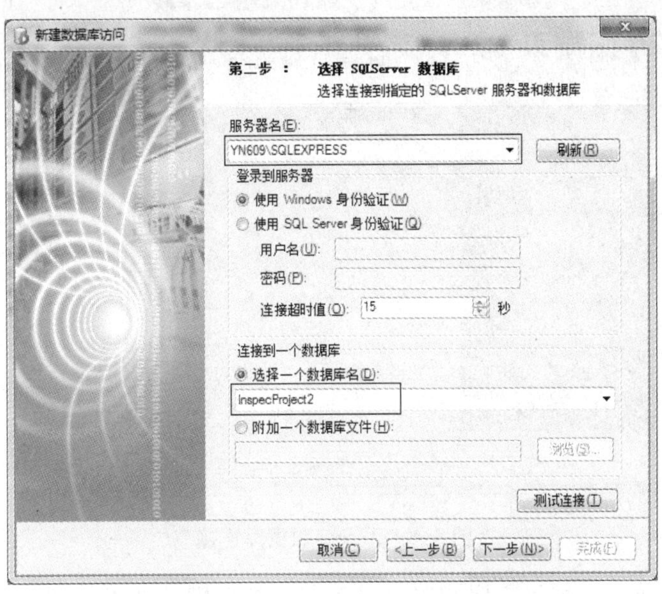


图 8-6　SQL Server 数据库连接

对于 SQL Server 数据库来说，一般情况下都需要使用身份验证才能登录到数据库服务器，SQL Server 数据库通过“使用 Windows 身份验证”登录即可。SQL Server 数据库的配置完成后，便可选择其中的相应的数据库表进行数据的配置，如图 8-7 所示。

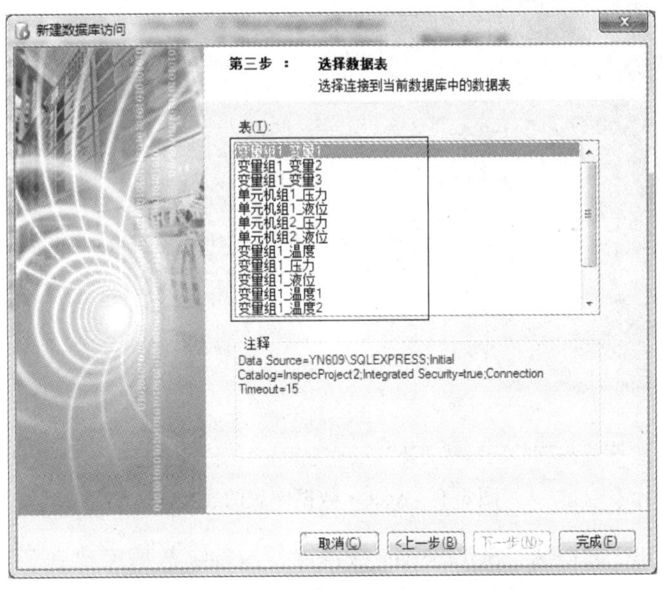


图 8-7　SQL Server 数据库表的连接

### 3. Access 数据库

Access 数据库的连接需要确定所连接数据库的名称和路径，如图 8-8 所示，通过这些配置便可完成与 Access 数据库的连接。

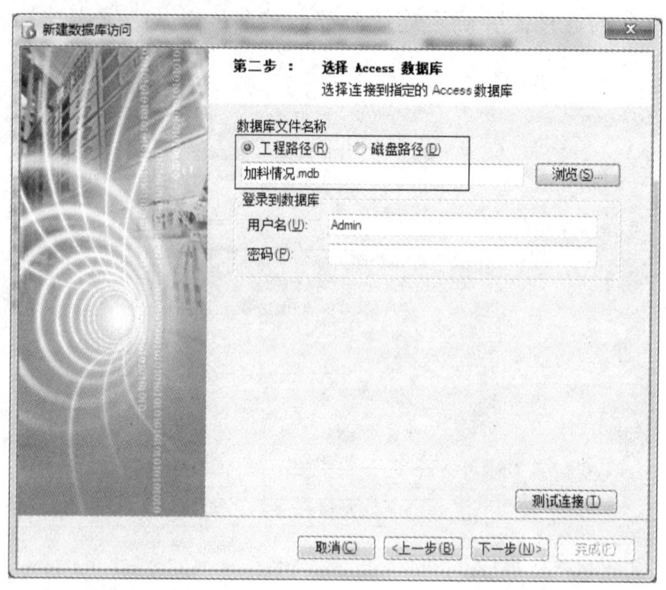


图 8-8　Access 数据库连接

在 Access 数据库中一般不需要配置登录信息，按照默认的设计即可完成。连接完成后便可对其中的数据库表进行选择配置，如图 8-9 所示。

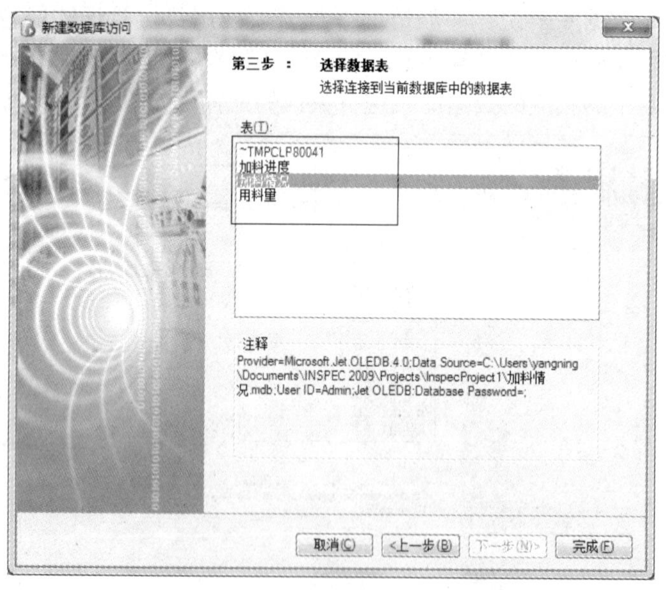


图 8-9　Access 数据库表的连接

易控中通过 ODBC 数据源、SQL Server 数据库、Access 数据库建立了与其相应数据库表的连接后，便会在工作区中形成一个与相应数据库表对应的表格，如图 8-10 所示。

起始页 | 加料情况* | 变量组1

| 列名 | 数据类型 | 允许空 | 变量 |
|---|---|---|---|
| ID | 32位整数 | ☐ | |
| 加料时间 | 时间 | ☑ | 变量组1.加料时间 |
| 料名 | 字符串 | ☑ | 变量组1.料名 |
| 实际料重 | 32位整数 | ☑ | 变量组1.实际料重 |
| 配方料重 | 32位整数 | ☑ | [illegible] |

图 8-10　数据库访问配置工作区

在该表中的“列名”、“数据类型”、“允许空”都是根据连接的数据库表自动生成的，在这里不可以修改。而对于“变量”列，则是易控中数据与数据库表中数据进行交互的关键，对于数据库表里的每个字段，易控中需要配置与其对应的工程变量，配置的方式是通过选择相应字段后“变量”列的单元格，在弹出的“变量浏览器”中选择与数据库字段对应的变量即可。配置完成的数据库访问便可以与数据库进行数据的交互。

## 8.2.3　数据交互

组态软件与数据库表建立连接后便可以对其中的数据进行数据交互的操作，包括对数据库表进行数据读取、查询、修改、统计等。易控中这些工作可以通过易控提供的高级功能组件“数据库访问浏览器”或“数据库浏览器”来实现，也可以通过在脚本程序中使用数据库访问命令来实现。

**1. 数据库访问浏览器**

数据库访问浏览器是易控对数据库表进行操作的高级功能组件。数据库访问浏览器位于图形工具箱的“其他”分类中。在工程开发过程中，可以通过数据库浏览器的属性窗口中的“数据库表文档”为数据库访问浏览器配置一个建立好的数据库连接，通过该连接数据库访问浏览器就可以访问与易控建立完成的数据库表，易控在运行过程中可以通过工具栏按钮动态改变数据库访问浏览器中所连接的访问文档。数据库表文档窗口如图 8-11 所示。

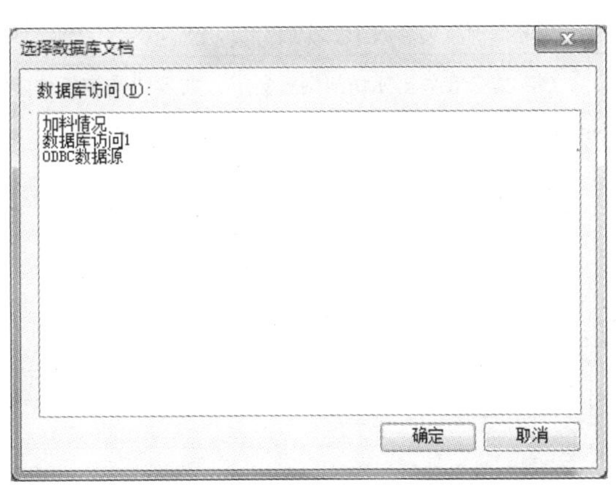


图 8-11　数据库表文档窗口

对数据库访问浏览器还可以配置相应的安全区及工具栏控件等属性。图 8-12 为易控数据库访问浏览器的应用。

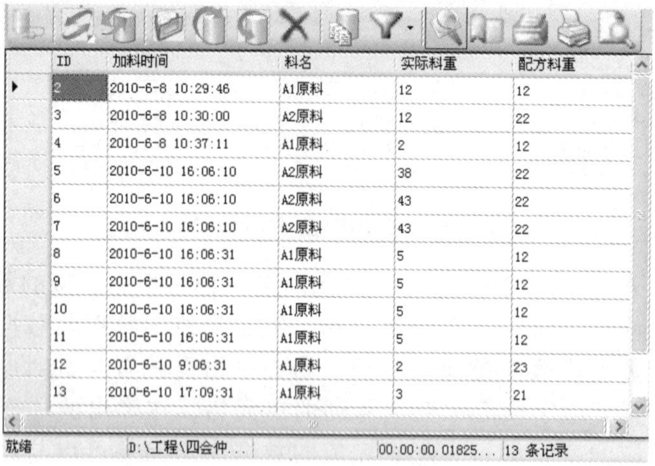

| ID | 加料时间 | 料名 | 实际料重 | 配方料重 |
|---|---|---|---|---|
| 2 | 2010-6-8 10:29:46 | A1原料 | 12 | 12 |
| 3 | 2010-6-8 10:30:00 | A2原料 | 12 | 22 |
| 4 | 2010-6-8 10:37:11 | A1原料 | 2 | 12 |
| 5 | 2010-6-10 16:06:10 | A2原料 | 38 | 22 |
| 6 | 2010-6-10 16:06:10 | A2原料 | 43 | 22 |
| 7 | 2010-6-10 16:06:10 | A2原料 | 43 | 22 |
| 8 | 2010-6-10 16:06:31 | A1原料 | 5 | 12 |
| 9 | 2010-6-10 16:06:31 | A1原料 | 5 | 12 |
| 10 | 2010-6-10 16:06:31 | A1原料 | 5 | 12 |
| 11 | 2010-6-10 16:06:31 | A1原料 | 5 | 12 |
| 12 | 2010-6-10 9:06:31 | A1原料 | 2 | 23 |
| 13 | 2010-6-10 17:09:31 | A1原料 | 3 | 21 |

就绪 D:\工程\四会仲... 00:00:00.01825... 13 条记录

图 8-12　数据库访问浏览器

数据库访问浏览器的功能主要是通过其工具栏按钮来实现的。在工具栏中可以配置数据库表中数据的添加、删除、查询、打印等功能。数据库访问浏览器工具栏的主要功能见表 8-1。

**表 8-1　数据库访问浏览器工具栏的主要功能**

| 名　称 | 功　能 |
|---|---|
| 配置数据库访问文档 | 该功能用来在系统运行过程中动态改变数据库访问浏览器所连接的数据库访问文档 |
| 刷新 | 刷新数据库访问浏览器中数据库表的信息 |
| 更新数据库 | 更新数据库访问浏览器中的信息，当数据库表中有修改需要保存时使用该命令 |
| 将变量值写入新行中 | 将易控的工程变量的当前值写入到该数据库表的新行中 |
| 将变量值写入到当前记录 | 将易控工程变量的当前值写入到数据库表中指定的行 |
| 将当前记录写入变量 | 将数据库表中指定行的数据赋值给所连接的易控工程变量 |
| 删除当前行 | 删除当前数据库表中选中行 |
| 查询 | 该功能会在数据库访问浏览器下方加入“查询语句配置”对话框，通过配置相应的数据库查询语句便可对数据库表进行查询操作 |
| 设置显示的列 | 该项中包括数据库表中的所有列标题，通过对列标题的选择设置该列的显示或隐藏，默认选中为显示 |
| 大图标显示工具栏 | 选中该按钮后，工具栏图标显示方式为大图标 |
| 页面设定 | 设置数据库表中数据打印的打印机和打印页面的方向、大小、边距等信息 |
| 打印设置 | 设置数据库表中数据打印的数据库列、数据库行、打印标题、页脚 |
| 打印 | 打印设置好的数据库表 |
| 打印预览 | 预览设置好的打印效果 |

通过数据库访问浏览器工具栏上各功能按钮的使用，使得数据库访问浏览器实际上成为一个嵌入到易控画面上的通用的数据库客户端软件模块，它能从画面上直接对任何配置的数据库访问进行直接操作，这就使易控很容易实现与外部数据库的数据交互。此外通过用户程

序编辑器中“数据库访问”节点下提供的多种命令，在工程中可以与外部数据库进行数据交互，如图 8-13 所示。

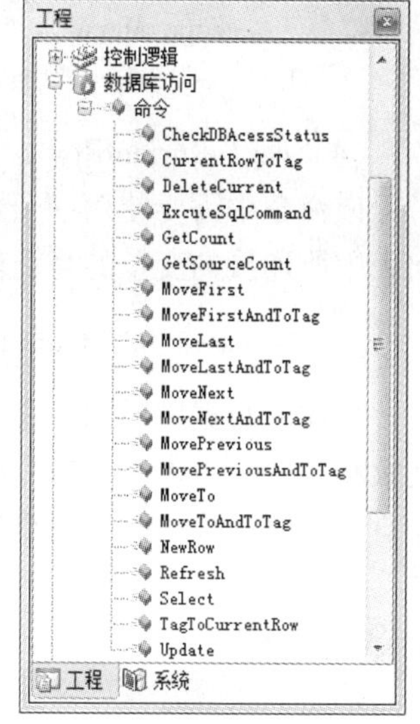


图 8-13 数据库访问指令

### 2. 数据库浏览器

数据库浏览器是易控用来直接连接数据库的高级功能组件。通过数据库浏览器可以在工程运行过程中随时访问计算机本地或者远程网络中的各种可用数据库，可以对所连接的数据库中的数据进行查询、修改、统计等。

数据库浏览器连接数据库的过程与数据库访问浏览器中配置数据库访问的方式相同，不同的是数据库访问浏览器在建立数据库访问的时候，可以将易控中的工程变量与数据库访问浏览器中数据库表进行关联，而数据库浏览器则不能将易控工程变量与数据库中数据表进行关联，同时也不可以使用数据库访问的各种用户程序命令，因此，数据库浏览器只是一个单向的数据查看工具，它不能与易控工程中的工程变量实现实时的数据交互功能。有关数据库浏览器的配置和使用详细介绍参见第 10 章“历史记录”。

### 3. 脚本程序

在组态软件中，对外部数据库中数据的读取在早期都是通过脚本程序的方法实现的，通用的计算机编程语言中都有专门的与数据库进行连接的函数与方法，在组态软件的脚本语言中运用这些函数与方法就可以实现与外部数据库的连接。

在易控中，用户程序所使用的 C#高级语言可以通过很多方式与数据库进行连接，同时，在易控中通过命令封装的方式将一些常用的数据库命令封装起来，这些命令主要针对数据库访问中所连接的数据库表进行操作，在使用的时候只需要简单的配置便可完成代码的编写。常用的数据库命令功能与数据库访问浏览器工具栏中的按钮功能相同，不过操作更加灵活。易控中的这些数据库访问的命令位于用户程序编辑器的“数据库访问”节点下，常用的命令主要有：

(1) MoveFirst

该命令中需要使用一个数据库访问的名称作为参数，通过该命令可以将所连接的数据库中表示数据位置的指针移动到数据库的首行。该命令的使用如下：

```
DbAccess. MoveFirst("加料情况");
```

(2) MoveFirstAndToTag

该命令中需要使用一个数据库访问的名称作为参数，通过该命令可以将所连接的数据库中数据的指针移动到数据库的首行，并将该行中的相应数据信息赋值给该数据库访问中对应的变量。该命令的使用如下：

```
DbAccess. MoveFirst("加料情况");
```

(3) Select

该命令中需要两个参数，一个是所连接的数据库访问的名称，另外一个是需要执行的数据库命令。通过该命令的使用可在相应的数据库表中执行如查询、统计等操作。该命令的使用如下：

```
        string MaxW = "select max(实际料重) from 加料记录";
    DbAccess.Select("加料情况", MaxW);
```

（4）TagToCurrentRow

该命令中需要使用一个数据库访问的名称作为参数，通过该命令可以将对应的数据库访问表中所连接的变量的当前值写入到数据库表的当前行。该命令的使用如下：

```
    DbAccess.TagToCurrentRow("加料情况");
```

易控的数据库访问中还有其他的一些用户程序命令，它们的使用与上述命令的使用方法大致相同，可以参考“易控用户手册”。易控中对于这些命令的编写提供了可视化参数配置和自动代码生成功能，使得用户代码的编写更加简单。

## 8.3 OPC

OPC（OLE for Process Control）是过程控制中的对象链接和嵌入的简称，它是专门为解决应用软件与各种设备驱动程序的通信而产生的一项自动化技术标准和规范，这种技术允许在一个应用程序中使用其他应用程序中的对象。

### 8.3.1 OPC 介绍

OPC 技术是基于微软的 OLE（现在称为 Active X）、COM（部件对象模型）和 DCOM（分布式部件对象模型）技术发展起来的，它是包括一整套接口、属性和方法的标准集，目前主要用于工业与 PC/IPC 之间的数据交互中。OPC 规范了接口函数，不管现场设备以何种形式存在，客户都以统一的方式去访问，从而保证软件对客户的透明性，使得用户完全从底层的开发中脱离出来。基于 OPC 的软件结构如图 8-14 所示。

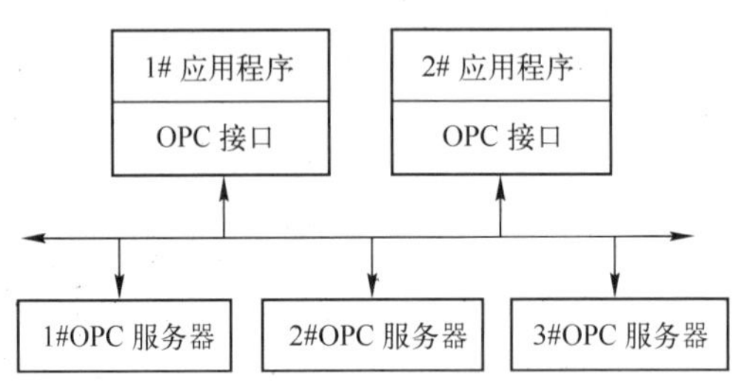


图 8-14　基于 OPC 的软件结构

OPC 在其发展的过程中已经形成了一套比较完整的技术规范，通过对这些技术规范的使用，使得工业控制系统的结构更加简单、寿命更长、价格更低，同时现场设备与系统的连接也更加简单、灵活、方便。

OPC 规范可以应用在许多应用程序中，如它们可以从 SCADA 或者 DCS 系统的底层物理设备中获取原始数据，同样也可以从 SCADA 或者 DCS 系统中获取数据。实际上，OPC 设计的目的就是从网络上某节点获取数据。

随着自动化和信息化的快速发展，OPC 技术规范有了全新的统一架构的 OPC 规范——OPC UA（OPC 统一架构），它彻底抛弃了 OPC 技术中的 COM 和 DCOM 技术，采用更为先进的基于服务的跨平台解决方案，OPC UA 相对于已有的 OPC 技术来说是一个巨大的进步，它不再局限于 Windows 系统，而是跨平台的技术标准，是以 SOA（面向服务的体系结构）、Web Service 为核心的理想数据交换技术。通过 OPC UA 技术能使自动化系统向大型化、系统化方向发展，使数据的整合与交互从控制系统的最底层的设备控制层延伸到最上层的决策管理层。另外，微软 .NET 操作平台的出现将传统的计算机的本地计算模式转变为网络计算模式，使得 OPC UA 技术在自动化系统数据采集、交互和共享的实现上更为简单。对于自动化和信息化系统而言，无论是 .NET 还是 OPC UA 都具有十分重大的意义。所以，组态软件作为自动化和信息化建设中的一种重要分支产品，基于 .NET 平台和全面支持 OPC UA 将是其发展的必然趋势。

OPC 是实现工业现场、组态软件以及自动化管理系统互联的一个理想的方法，现在已经成为自动化系统互联的默认方案，为自动化监控带来了便利，用户不再需要为自动化系统中的各种通信协议而苦恼。任何一家自动化软件解决方案的提供者，如果它不能全方位地支持 OPC，则必将被行业所淘汰。

## 8.3.2 OPC 使用

OPC 技术的实现由两部分组成：OPC 服务器和 OPC 客户端应用。

OPC 服务器提供了 3 种标准 OPC 接口：服务器对象（Server）、组对象（Group）和数据项（Item）。

例如图 8-15 中 FactorySoft 的 OPC 客户端访问易控 OPC 服务器提供的数据时，易控“INSPEC”就是服务器对象（Server），而“报警展示”、“画面展示”等变量组是中间层组对象（Group），变量组中的变量“angle”等是数据项（Item）。

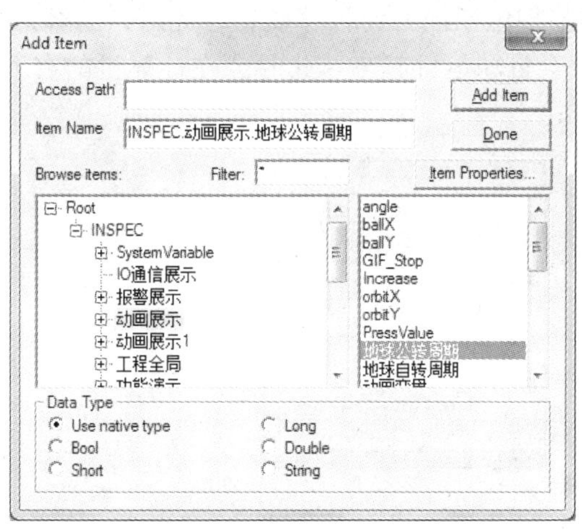


图 8-15　OPC 服务器 3 种接口关系

服务器对象包含服务器的所有信息，同时也是组对象的容器。一个服务器对应于一个 OPC Server，在一个 Server 中可以有若干个组。

组对象包含本组的所有信息，同时包含并管理 OPC 数据项。OPC 组对象为客户提供了组织数据的一种方法。应用组对象时可以对其进行读/写操作，还可以设置客户端的数据更新速率。一般在客户端和服务器的一对连接中只需要定义一个组对象，在一个组中可以有若干个数据项。

数据项是读/写数据的最小逻辑单位，一个数据项与一个具体的内容相连，数据项不能独立于组存在，必须隶属于某一个组。OPC 数据项是服务器端定义的对象，通常指向设定的一个寄存器单元，OPC 客户对设备寄存器的操作都是通过其数据项完成的。

OPC 技术的工作过程就是通过 OPC 服务器收集现场设备的数据信息，然后通过标准的 OPC 接口传送给 OPC 客户端应用。OPC 客户端则通过标准的 OPC 接口接收数据信息，然后将这些信息应用到使用 OPC 客户端的各种应用软件上。

组态软件正是利用了 OPC 这种服务器客户端的数据采集和传送功能，以及在自动化控制系统中的广泛应用的特点，使它成为连接生产过程和管理系统的一座桥梁。几乎各个组态软件厂家都有其各自的 OPC 应用。

在易控组态软件中，OPC 的应用使易控可以作为 OPC 客户与任何第三方的 OPC 服务器程序进行通信和数据交换，这样即使易控一个设备无法直接通信的，也可以通过一个可以和该设备通信的第三方 OPC 服务器软件间接读/写设备数据。同样，易控可以作为 OPC 服务器，为任何第三方支持 OPC 客户端协议的计算机软件提供工程中的数据。下面就易控作为 OPC 服务器和客户端的不同应用做简单介绍。

**1. 易控作为 OPC 服务器**

易控作为 OPC 服务器应用时，它提供了 OPC 服务器的各种标准接口。任何支持 OPC 客户端的用户软件都可以通过易控的 OPC 服务器功能读/写易控工程中的各种数据变量，客户端访问易控的 OPC 服务器时所连接的服务器名称为：ControlEase. OPC. 2 （ControlEase OPC Server）。

易控 OPC 服务器的访问有两种情况：

一种是客户端软件与易控位于同一台计算机中，此时，当客户端访问易控 OPC 服务器时，易控 OPC 服务器软件会自动运行起来。此时会在计算机的右下角出现易控服务器运行的图标，如图 8-16 所示。

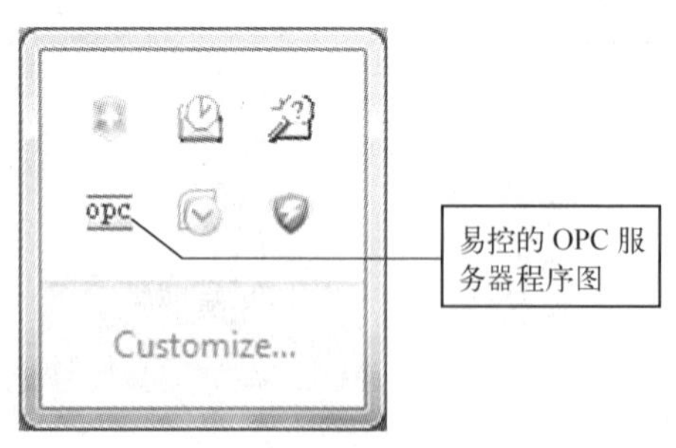


图 8-16　OPC 服务器运行图标

另一种是客户端软件与易控运行在网络上的不同计算机中，此时需要对运行 OPC 服务器和客户端的计算机全部进行 Windows 的分布式 COM 配置，即 DCOM 配置。DCOM 配置是通过 Windows 的“组件服务”管理程序完成的。具体的配置过程可以参考易控的“设备通讯帮助手册”。配置完成后，当客户端连接易控 OPC 服务器时，易控的 OPC 服务器软件会自动运行起来，在服务器所在计算机右下角会出现如图 8-16 所示图标。

### 2. 易控作为 OPC 客户端

易控作为 OPC 客户端应用时，可以与任何专门负责和现场设备进行通信的 OPC 服务器程序通信，采集现场数据，也可以与其他控制系统的 OPC 服务器程序通信，实现不同现场数据的共享。

易控 OPC 客户端应用是通过易控工程树目录下的“IO 通信”节点完成的，配置的过程可以通过易控提供的向导完成。配置易控 OPC 客户端通信时，需要确定所要通信的 OPC 服务器是在同一台计算机上，还是在网络上的其他计算机中。位置不同时，配置的要求也有所区别。当处于同一台计算机中时，可以直接连接；当处于不同计算机中时，首先需要分别配置服务器和客户端的 DCOM，之后在易控向导中选择 OPC 服务器。易控 OPC 服务器选择如图 8-17 所示，当 OPC 服务器在本机时选择“本机节点”，当 OPC 服务器在网络上其他计算机时，选择“远程节点”，并且还要配置远程节点的计算机名称或者 IP 地址。

图 8-17　OPC 客户端配置

易控与 OPC 服务器的连接配置完成后便可以对 OPC 服务器上的变量进行访问。OPC 通信时，OPC 服务器一般会将服务器中所有数据项均提供出来，因此，在易控中可以通过易控寄存器建立时的“批量建立”按钮快速地进行数据项的连接。

使用“批量建立”按钮后会弹出“添加 OPC 项目”对话框（如图 8-18 所示），通过该对话框可以选择易控与哪些数据项进行连接，同时可以选择是否建立与 OPC 数据项相应的数据库变量。对于添加完成并且建立了与数据库变量连接的数据项便可以在组态的工程中直接使用。如果没有选择同时创建数据库变量，则需要手动连接数据项对应的数据库变量，此时工程中才能使用数据项中的数据。

易控中应用的 OPC 技术在配置和使用上都相对简单，应用过程中也可以随时对所做的配置和使用进行修改。另外，随着 OPC 技术的不断发展，在易控的新一代产品中 OPC 技术的使用将使用户感到 OPC 技术更加统一、简化、易用。

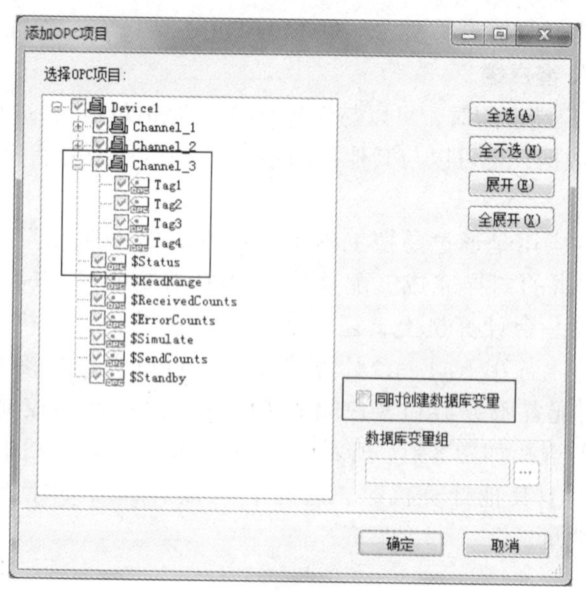


图 8-18 “添加 OPC 项目”对话框

## 8.4 其他接口

由于其功能的不断扩充以及对不断更新的计算机技术和通信技术的融合，组态软件的应用范围已经不仅仅局限于工业控制领域，在交通、建筑、环保、新能源等各个行业都有所应用。在不同行业中，对应用的软件之间的连接已经不仅仅是数据的交互共享，有时可能要求它们提供立体的图像、视频等信息，组态软件如果仍然通过共享数据库或者采用通用的通信协议的方式与这些系统中其他应用软件进行数据交互则是完全不够的，这就要求组态软件能提供一些其他的外部接口与这些应用软件进行数据的交互。

### 8.4.1 Web Service 接口

Web Service 是现在需求比较广泛的一种网络应用服务。它是由企业发布的完成其特定商务需求的在线应用服务，其他公司或应用软件能够通过 Internet 来访问并使用这项在线服务。它是一种构建应用程序的普遍模型，可以在任何支持网络通信的操作系统中实施运行。它是一种新的 Web 应用程序分支，是自包含、自描述、模块化的应用，可以发布、定位、通过 Web 调用。

组态软件中，通过使用 Web Service 功能，可以将组态软件中的各种信息，比如画面、实时数据、历史数据等信息通过网页的形式发布到 Internet 上。对于那些没有安装组态软件或者不在监控现场的用户来说，只要能连接到 Internet 并且具有了相应的浏览权限，便可以通过浏览网页的方式查看组态软件所发布的各种监控画面，对于更高级的用户来说，还可以通过网页直接控制生产过程。

相比使用共享数据库或者 OPC 的方式来说，使用 Web Service 功能可以使那些不需要现场大量数据的管理系统直接通过网页的形式了解生产现场状况，这样可以减少数据库或

OPC 软件的安装，节省了系统使用的成本，而且直接使用浏览器观察监控界面比使用数据报表的形式更加直观。

易控中 Web Service 功能的使用是通过易控的“Web”功能节点实现的。对于易控 Web Service 功能的更多了解可以参考第 13 章“Web 应用”。

### 8.4.2 无线通信接口

无线通信接口是指组态软件通过无线通信的方式与具有无线通信协议的软件或设备进行数据的交互。随着通信技术的不断发展，无线通信技术的适用范围也在普及化、扩大化，而且无线技术打破了空间和距离的限制，因此，在组态软件中加入无线通信协议可以使组态软件数据交互的范围更加广泛。

常用的无线通信接口方式有：无线应用通信协议（WAP）、通用分组无线业务（GPRS）、第三代数字通信系统（3G）。

无线应用通信协议（Wireless Application Protocol，WAP），是一个全球性的开放协议，是移动通信与互联网结合的第一阶段性产物，这项技术让使用者可以用手机之类的无线装置上网。

通用无线分组业务（General Packet Radio Service，GPRS），是一种基于 GSM 系统的无线分组交换技术，提供端到端的、广域的无线 IP 连接。通俗地讲，GPRS 是一项高速数据处理的技术，方法是以“分组”的形式传送资料到用户手上。虽然 GPRS 是作为现有 GSM 网络向第三代移动通信演变的过渡技术，但是它在许多方面都具有显著的优势。

第三代移动通信技术（3rd - generation，3G），是指支持高速数据传输的蜂窝移动通信技术，3G 服务能够同时传送声音及数据信息。

组态软件中的无线通信一般是通过在组态软件中加入相应无线通信协议的驱动程序实现的。这种通信方式与其他硬件设备的驱动程序的配置和使用方式相同，在易控中可以通过工程树目录下的“IO 通信”节点进行配置，具体使用参考易控的“设备通信帮助手册”。

### 8.4.3 高级功能组件接口

高级功能组件接口是指通过组态软件的高级功能组件与外部系统进行数据的交互。组态软件将一些能实现特定功能的应用程序进行封装，将这些应用程序与外部数据通信的接口预留出来，使用的时候通过这些接口实现与外部数据的交互。

易控中，这些具有外部交互功能的高级功能组件主要有视频浏览器、Web 浏览器等，它们都位于易控的图形工具箱中，可以直接在画面上使用，配置过程通过相应的属性窗完成。

组态软件所在的监控系统环境中都会伴有其他一些管理或监控系统，例如厂用信息管理系统或工业电视监控系统等，这些系统一般都运行在自己的计算机平台上，操作人员经常需要在不同的计算机之间进行操作，比如在监控画面上控制设备，在信息管理系统中记录各种维修管理通知、通过工业电视监控现场的实时图像等。在易控中通过高级功能组件的使用完全可以将这些系统集成到组态监控的界面中。下面以“视频浏览器”和“Web 浏览器”为例说明。

视频浏览器：它可以将外部的视频信号直接连接到监控画面上，当监控计算机中连接了视频设备后，易控会自动检索这些设备是否存在，当检索到相应的视频设备后便可以将所连接的视频设备信号通过视频浏览器控件在运行画面中显示，同时视频浏览器还可以对视频信息进行图片或视频的录制、回放及保存，其他系统也可以访问这些保存的图片或视频。图 8-19 为易控中视频浏览器的应用。

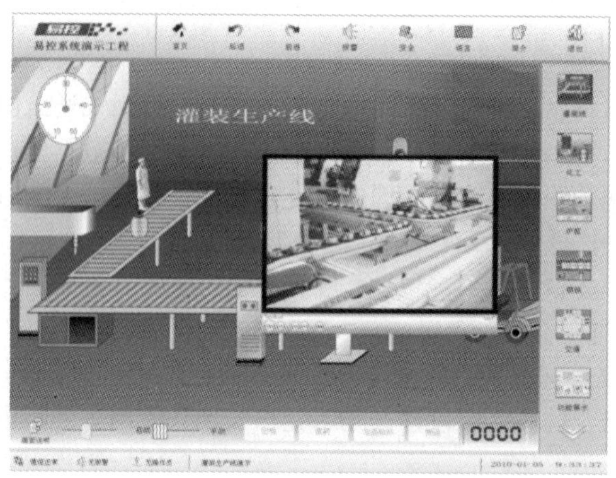


图 8-19　易控视频浏览器的应用

Web 浏览器：它可以在监控画面中嵌入 Web 浏览器，通过 Web 浏览器可以访问到监控系统所处网络中的各种发布的可用网站，比如厂级信息管理系统。易控中的 Web 浏览器在功能和使用上都与一般浏览器用法相同，可以通过在开发环境中的属性窗对 Web 浏览器的工具栏等进行配置。图 8-20 为易控中 Web 浏览器的应用。

图 8-20　易控 Web 浏览器的应用

## 8.5 示例——易控作为 OPC 客户端

以易控作为 OPC 客户端访问 MelsecExplorer 的 OPC 服务器数据为例，来说明 OPC 在易控中的使用方法。

首先在 MelsecExplorerOPC 服务器软件中配置好变量组以及相应的变量，如图 8-21 所示。

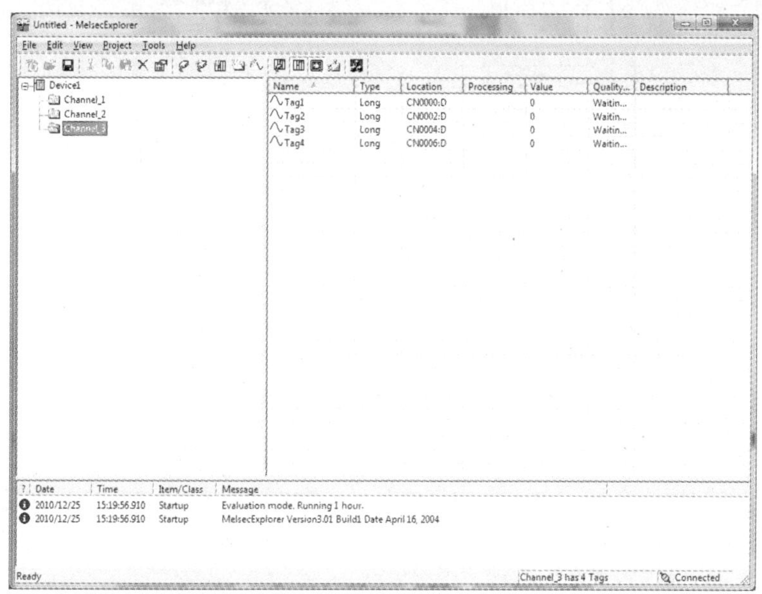


图 8-21 MelsecExplorerOPC 服务器配置

在易控 IO 通信节点下新建一个 OPC 通道，建立设备时选择 Takebishi_MELSEC_OPC_Server 服务器，如图 8-22 所示，点击“完成”按钮，完成 OPC 客户端的建立。

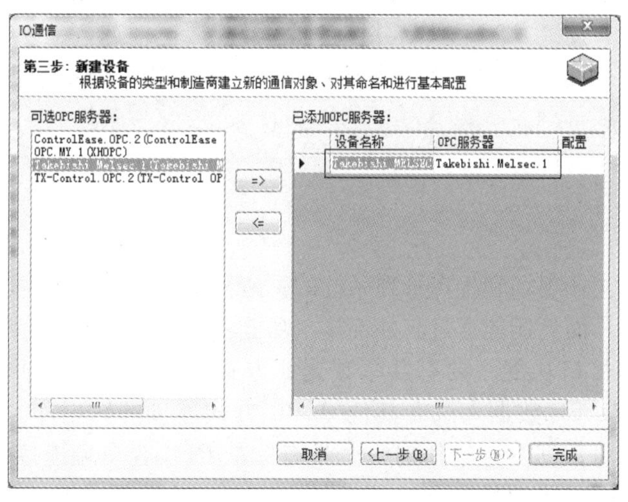


图 8-22 OPC 服务器选择

与 OPC 服务器的连接配置完成之后，就可以对 OPC 服务器上的变量进行访问。双击设备名称将设备打开，在进行 OPC 通信时，OPC 服务器通常会提供所有的数据项，因此在建立与数据项的连接时，可以通过“批量建立”功能按钮快速建立与数据项的连接。

点击“批量建立”按钮后，弹出“添加 OPC 项目”对话框，如图 8-23 所示。

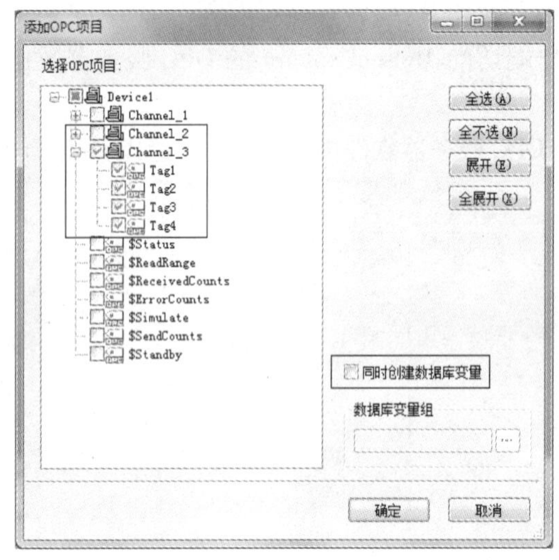


图 8-23　“添加 OPC 项目”对话框

通过图 8-23 所示的对话框可以选择与哪些数据项进行连接，同时可以选择是否建立与 OPC 数据项相应的数据库变量，对于添加完成并且与数据库变量建立连接的数据项，在工程中可以直接进行使用。点击“确定”按钮，设备变量在工作区中就建立好了，如图 8-24 所示。

起始页　Takebishi_MELSEC_OPC_Server*

| Opc项目名 | 访问路径 | 数据类型 | 数据库变量 | 当前值 | 读写方式 | 查询周期 |
|---|---|---|---|---|---|---|
| Device1.Channel_3.Tag1 | | 整型 | 单元机组1.液位1 | 50 | 读写 | 100 |
| Device1.Channel_3.Tag2 | | 整型 | 单元机组1.液位2 | 46 | 读写 | 100 |
| Device1.Channel_3.Tag3 | | 整型 | 单元机组1.液位3 | 23 | 读写 | 100 |
| Device1.Channel_3.Tag4 | | 整型 | 单元机组1.液位4 | 33 | 读写 | 100 |

新建(N)　删除(D)　检查(C)　运行(S)　批量建立(B)　批量连接(L)　导入(I)　导出(X)

图 8-24　设备变量工作区

通过易控提供的“运行”按钮将设备运行起来，随着服务器端数据的变化，设备变量的值也相应发生变化。

## 8.6　本章小结

组态软件是连接工业现场和生产管理系统的一座桥梁，它不仅能通过各种设备驱动程序读取工业现场的数据，而且还能通过其外部接口功能将这些数据发送给网络上其他的系统使用。组态软件的外部接口功能主要有共享数据库方式和 OPC 方式。共享数据库方式支持 SQL Server 数据库、Access 数据库或者其他 ODBC 方式连接的数据库。易控组态软件自带 OPC 服务器，它可以将数据发送给任何一个具有标准 OPC 客户端连接的应用软件。同时，易控软件可以作为客户端接收其他 OPC 服务器发送过来的外部数据。另外，易控还可以通过 Web Service、无线通信以及高级功能组件的方式与外部系统进行数据的交互，通过这些不同方式的外部接口功能的使用，易控的数据交互已经突破了传统的数据交互，实现了画面、图像、视频等全方位的数据交互，使得组态软件的应用范围更加广泛。

# 第9章　报　　表

**本章要点**

- 报表的构成、设计与管理
- 报表查看器
- 报表命令的使用

## 9.1　概述

组态软件通过图形动画等直观的手段极大简化了系统运行和维护人员对系统的实时监视和控制，但对于技术人员和管理人员来说，他们关心的往往不是数据的表现形式而是数据本身。例如在系统出现严重工况时，一份相关参数的报告可以让技术人员分析系统运行中潜在的问题，提出改进措施以提高系统的稳定性。运行人员下班时系统自动打印的反映值班期间重要参数的报告，可以作为管理人员对他们进行工作考核的重要依据，这些报告还包括每天、每周、每月甚至每年的数据统计和分析报告等，它们对系统的运行管理有着重要的意义，这些就是组态软件中的报表功能。

组态软件中的报表可以包含工程运行过程中的各种运行信息，比如工程中实时数据的实时报表，指定时间段的数据变化过程的历史报表，重要事件信息的报警报表和事件报表，甚至是第三方数据库中的数据，等等。只要是工程中可以获得的数据，应该都可以生成报表。

不同功能的报表所包含的数据和内容各不相同，这就要求在开发的过程中根据用户要求设计报表的布局、样式与内容，这个过程称为报表设计。在报表设计时可以从头新建一个报表，也可以通过软件提供的报表模板建立报表，新建的报表可以按照内容或功能等进行分组保存。

组态软件在系统运行过程中，按照报表设计的要求对报表中的各种数据进行填充，这个过程称为报表生成。报表生成可以通过组态软件中提供的专用控件完成，也可以通过使用脚本的方法完成。

通过报表功能的使用可以将工程中的运行信息以一种格式化的方式提供给相关人员，提供的数据在准确性和时效性上都有保证，报表是组态软件数据管理的重要内容。

## 9.2　报表设计

报表设计就是设计报表的布局和内容。在组态软件中，由于工程使用要求和客户需求的不同，报表的布局、样式和内容各有不同，因此报表一般需要在工程开发过程中进行设计。易控提供了专门的报表设计工具和报表模板，能简单、方便、快速地设计任何样式的报表。

## 9.2.1 报表构成

报表与画面有许多相似的地方，如报表也具有报表的属性和报表的基本组件。通过报表的属性和基本组件的配合使用可以完成各种各样风格样式的报表。

### 1. 报表属性

报表属性的内容包括报表的外观、版面和打印效果等。图 9–1 为易控报表属性窗。

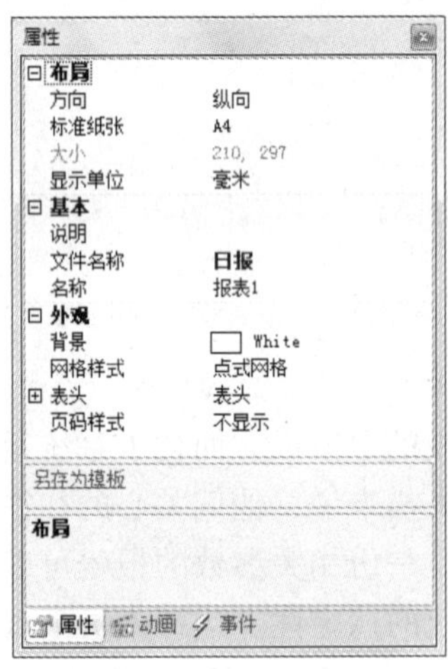


图 9–1 报表属性窗

易控的报表属性根据报表功能和内容进行设置，可以在开发过程中随时调整。报表的属性及含义见表 9–1。

**表 9–1 报表的主要属性及含义**

| 属　　性 | 含　　义 |
| --- | --- |
| 名称 | 报表在工程中的名字。在工程中使用时都通过该名称调用报表，用户可以根据需要修改名称 |
| 文件名称 | 报表在工程文件夹中的文件名称 |
| 说明 | 对报表的描述，例如用途等。该说明文本只在开发过程中显示 |
| 背景 | 报表的背景颜色 |
| 网格样式 | 报表开发期间为了方便对齐操作而设计的网格，可以设为没有网格、点式网格和线式网格。网格样式只是为了报表开发的方便，在实际报表保存和打印时不显示这些网格 |
| 表头 | 设置报表的表头文字、字体、颜色、高度和是否打印等 |
| 页码样式 | 生成报表时页码显示的样式，可以不显示页码、也可以显示为不同形式的页码样式 |
| 方向 | 打印纸张的方向 |
| 标准纸张 | 设置报表打印时纸张的类型，有常规的标准纸张，也可以自定义纸张大小 |
| 大小 | 此项只在选择“标准纸张”项为 custom（定制）时才有效，显示的两个数字分别为报表的宽和高 |
| 显示单位 | 设计报表时的度量单位，可以选择像素、英寸、毫米 |

### 2. 报表组件

报表组件是构成报表内容的基本元素，这些组件存在于易控的报表工具箱中，又称为“报表工具”。报表组件有：文本、线条、图片、实时变量文本、实时变量文本表格、历史变量表格、制表人和报表的生成时间等。图 9-2 为易控报表工具箱。

图 9-2　报表工具箱

常用的报表组件及含义见表 9-2。

**表 9-2　报表组件种类及含义**

| 名　称 | 含　义 |
| --- | --- |
| 文本 | 静态的文字信息 |
| 直线 | 静态的水平、垂直或倾斜线段，用于报表的分割、布局等 |
| 图片 | 任何格式的图片，用于报表中的 LOGO、图形等各种图形化标识 |
| 变量文本 | 动态的文本信息，工程中的实时变量的数值，一般用于实时报表 |
| 历史表格 | 显示工程中多个变量的历史变化记录的表格组件。它具有表头、历史开始时间、结束时间、时间间隔、表格的各种边线样式、统计数据行等多种属性 |
| 制表人 | 报表的生成可以是指定的固定人员，也可以是报表生成时登录的操作人员，根据要求选择配置 |
| 生成时间 | 报表生成时的系统时间 |
| 空白表格 | 标准的对齐表格，可以手动放置一些图片或文本信息，行宽和列宽可以调整 |
| 变量表 | 实时变量表，在单元格类型上可以配置变量表达式或文本等信息，行宽和列宽可以调整 |
| 数据库表 | 可以与数据库中数据连接的表格，可以对数据进行查询配置，包括配置列信息、配置查询条件及配置排序等操作，行宽和列宽可以调整 |

报表组件中的文本、图片及直线等没有与系统中的变量关联，在系统运行过程中不会改变，它们称为报表的静态组件，绘制时主要是调整它们的位置、大小及内容等属性。其他如生成时间、制表人、变量文本、数据库表等组件都与工程中的数据进行连接，这些组件关联变量后，在系统运行过程中根据报表生成条件的不同其内容会发生相应变化，称为报表组件

中的动态组件，配置这些组件时除了调整它们的大小、位置等基本属性外，还要对它们的数据连接进行配置。

### 9.2.2 报表设计与管理

报表的设计就是根据工程要求配置报表的属性和报表内容的过程。不同功能的报表在布局、样式及内容上有不同的要求，比如有的报表要求有制表人、打印时间等，而有的报表需要历史表格，这些都是要在报表设计中完成的。

易控的报表设计通过工程树目录下“报表”节点进行。报表设计过程中提供了设计向导，根据向导的提示可以完成一个空白报表的建立，也可以通过向导中提供的模板来进行报表的建立。图 9-3 为易控报表向导通过模板新建报表。

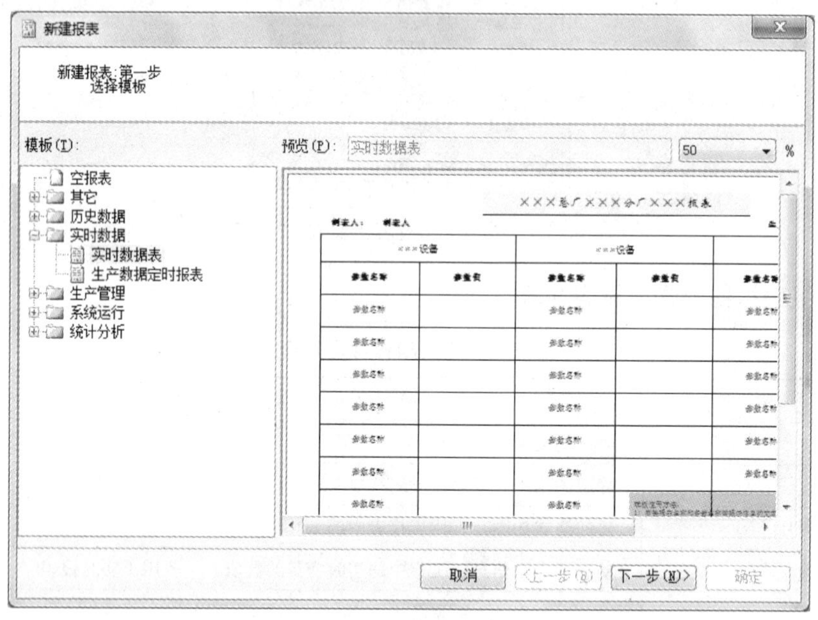


图 9-3 易控报表向导

对于新建的空白报表来说，其报表设计的过程与制作静态画面的过程十分类似。报表的风格通过报表的属性窗进行调整，报表的内容则通过报表工具箱提供的各种报表组件如文字、图片、表格等进行添加，这些组件的大小、位置、颜色、配置内容等可以通过组件的属性窗口配置，图形格式工具条中的各种快捷方式也可以对报表组件进行对齐、反转、排列等操作，从而完成满足用户要求的报表。

对于报表模板来说，它们都是开发人员根据长期的工程经验和使用要求总结出来的一些常用的报表样式。在工程开发过程中，当需要设计的报表在布局、内容与模板中提供的报表相近时，可以通过使用报表模板的方式进行报表的设计，在设计过程中只需要在模板的基础上进行局部的修改即可，使用报表模板会使设计过程简化许多，能节省大量的工程开发时间。另外对于新建的报表，还可以保存为报表模板，方便以后使用。报表模板可以进行预览，重命名和删除等操作。报表模板按照分类进行管理，在模板数量较多时，方便用户快速查找所需要的模板。

当一个工程中有多个报表的时候，在新建报表的时候可以建立报表组，将报表按照一定的功能进行分组管理，便于开发过程中报表的查找。

## 9.3 报表生成

报表生成是组态软件在工程运行过程中按照报表设计的要求将各种数据填充到报表上，同时将报表进行保存或打印的过程。报表的设计只是完成了报表的静态内容的制作，报表中最主要的数据则需要在系统运行过程中进行生成，可见报表是由报表设计与报表生成共同完成的。报表生成的方式有两种，一种是通过报表查看器生成，一种是通过脚本命令生成。下面就对这两种方式进行介绍。

### 9.3.1 报表查看器

易控中的报表不能像画面一样被直接打开，它需要一个工具来显示报表，这就是报表查看器，同时报表查看器还可以对报表进行保存、打印等操作。

易控中报表查看器位于图形工具箱的“图表曲线”分类中，它属于易控的高级控件。在使用报表查看器时，需要对它的属性进行配置。表9-3列出了易控报表查看器的主要属性及其含义。

表9-3 报表查看器的主要属性及含义

| 属　性 | 含　义 |
| --- | --- |
| 安全区 | 用来配置报表查看器的使用权限，只有具有相应权限的用户才可以操作报表查看器 |
| 工具栏安全区 | 用来配置报表查看器工具栏功能的显示和各个功能的使用权限。功能的显示可以通过可见性配置，权限则是对可见功能配置相应的安全区 |
| 报表 | 选择在系统运行时所要加载的报表 |
| 页面设置 | 设置报表打印时的页面属性 |
| 预览模式 | 设置报表查看时的显示样式，分单页显示和分页显示。单页显示将所有数据显示在一页中，分页显示将报表数据按照打印设置的页面大小分多页显示 |
| 加载更新 | 该项设置为报表加载后是否自动更新 |
| 设定更新 | 设置历史查询后是否自动更新报表 |

报表查看器中各种功能的实现是通过报表查看器上的工具栏按钮完成的。图9-4为易控报表查看器工具栏按钮的各种图标。

图9-4　易控报表查看器工具栏

按照图9-4中的图标顺序，报表查看器工具栏按钮的功能依次见表9-4。

**表 9-4　报表查看器工具栏按钮的功能**

<table>
<tr><th>名　称</th><th>功　能</th></tr>
<tr><td>加载</td><td>重新加载所关联的报表</td></tr>
<tr><td>打开</td><td>用来打开保存在计算机中的报表文件</td></tr>
<tr><td>缩放</td><td>调整报表查看器页面中报表显示的大小</td></tr>
<tr><td>历史数据查询条件</td><td>设置报表中历史数据查询的开始时间、结束时间、时间间隔等。该功能只有在报表中存在历史表格的情况下可以使用。通过“查询条件”对话框，完成对历史表格中数据查询条件的设置，如下图所示</td></tr>
<tr><td>数据库表查询</td><td>设置报表中数据库表的查询信息、显示信息等。该功能只有在报表中存在数据库表的情况下可以使用。通过“数据库表数据查询配置”对话框，完成数据库表信息的查询条件设置，如下图所示

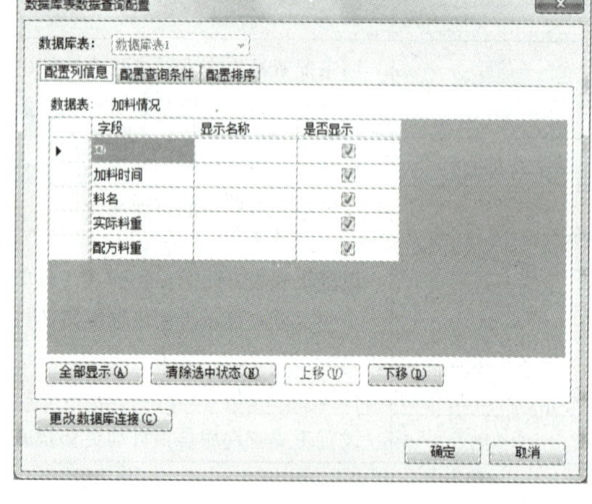

</td></tr>
<tr><td>取消</td><td>取消报表的加载</td></tr>
<tr><td>更新</td><td>重新加载并呈现报表中的所有数据。通过用户程序查询记录时，需配合更新按钮，报表查看器才能显示查询结果</td></tr>
<tr><td>打印预览</td><td>预览所要打印的报表内容</td></tr>
<tr><td>打印</td><td>打印显示的报表</td></tr>
<tr><td>页面设置</td><td>设置报表打印的页面</td></tr>
<tr><td>保存</td><td>将显示的报表保存到计算机中，以便再次打开</td></tr>
</table>

报表查看器工具栏上的按钮只是报表查看器功能的一部分，在易控中通过用户程序还可以调用报表查看器的属性和方法，从而使报表的使用更加灵活方便。常用的报表查看器的属性方法有：

① DesignDocumentName：设置报表浏览器连接报表的名称。在使用时，需要一个已存在的报表名称作为参数。正常情况下报表浏览器只能加载一张报表，通过对报表浏览器的这个属性中参数的改变，可以在同一个报表浏览器中加载不同的报表。

② SetHistoryDataQueryCondition：设定报表中历史数据的查询条件。在该方法中有 7 种参数选择，根据使用选择不同参数条件。该方法与工具栏上的历史数据查询条件功能相同。

③ Print：打印报表查看器中加载的报表。

④ SaveReport：保存报表查看器中加载的报表。

易控报表查看器的用户程序中还有很多属性和方法的使用，可以参考易控的“在线帮助”。

### 9.3.2 报表命令

报表命令是组态软件中针对报表提供的一些常用脚本程序命令。通过这些命令的使用，可以自动完成报表的生成、保存和打印等功能。

在易控中，这些命令可以在 C#用户程序编辑器的“报表”节点下调用，而且易控还为这些命令提供了可视化参数代码配置和自动代码生成的功能，使编程十分容易。易控中报表操作的命令及其作用如下：

① DeleteReportsBefore：删除指定时间之前的报表。该命令中的参数在开发过程中通过“删除报表配置”对话框完成，它用于可视化配置命令参数，配置完成后代码会自动生成在代码区。

② DeleteSelectedReports：删除指定的报表文件。该命令在系统运行时通过弹出“删除报表文件选择”对话框，由操作人员删除相应报表。

③ PrintReport：打印报表。开发时双击该命令后，将弹出“打印报表配置”窗口，用于可视化配置该命令的参数。

④ SaveReport：保存报表。开发时双击该命令后，将弹出“保存报表”配置窗口。可以选择要保存的报表，设定时间范围和时间间隔。时间范围：所要保存的数据的时间段。时间间隔：间隔多长时间保存一次报表。

⑤ SetupPage：设置打印页面。在运行中执行该命令时，可进行页面设置，效果与报表浏览器的“设置打印报表的页面”按钮一致。

⑥ SetupPrinter：设定打印设备。在运行中执行该命令时，可进行打印设备的设置。

## 9.4 示例——报表设计与生成

在组态软件中，报表通过报表的设计与报表的生成将系统中的各种数据信息以格式化的方式记录下来。下面就通过两个简单的示例介绍一下报表的设计与生成过程。

这两个示例报表记录的是某汽车座椅厂的“座椅厂班组日生产情况表”和“座椅厂班组月生产情况表”。前者为一个实时数据统计的实时报表，它记录的是一天 24 小时三班组的值班情况报告，包括该班组值班时生产出的成品件数、废品件数、生产线的运行总时间、最长连续运行时间、停机次数等。后者是座椅厂过去一个月，每班的生产情况统计对比报表，是一个历史报表。这两个报表中用到的各种工程变量和历史记录变量都事先已在工程中定义，这里直接使用。

### 9.4.1 实时报表设计与生成

实时报表是每班组下班时自动生成该班组值班情况的报告，要求在每个班组下班时间（早 8 点，下午 4 点，晚 12 点）自动以 A4 纸打印并在电脑内保存该报表。报表要求打印出来的效果如图 9-5 所示。

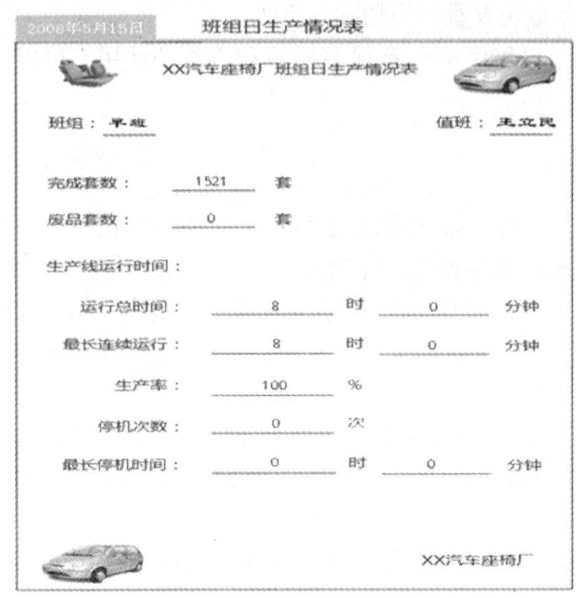


图 9-5 实时报表打印效果

#### 1. 实时报表设计

1）新建报表。在开发系统工程树目录下的“报表”节点新建一个空白报表，命名为“座椅厂班组日生产情况表”。

2）报表静态组件绘制。该示例中用到了文本、线条和图片等静态组件，需要将这些组件按照打印效果中要求的大小、位置及内容进行设置，主要的静态组件配置如下：

静态文字：使用报表工具箱中的“文本”组件添加，在属性窗中将其“文本”属性修改为需要出现的文字，如“班组日生产情况表”，将其“边框样式”属性改为“无”，根据需要调整其“字体”属性。

图片：使用报表工具箱中的“图片”组件添加，在属性窗中将其“图片”属性修改为需要出现的图片，如打印效果图中的小汽车，根据需要调整其他属性。

线条：使用报表工具箱中的“直线”组件添加，在属性窗中调整其“线条”属性，如颜色、宽度、样式等。

3）报表动态组件连接。该示例中用到的动态组件连接主要有报表的生成时间、制表人和变量文本。

报表生成时间：在该报表的左上角，使用报表工具箱中的“生成时间”进行添加。调整其属性中背景样式为“颜色”，并设置为棕色，显示格式中日期格式为长日期，时间格式为不显示。

制表人：在报表上的“值班”处横线上放置工具箱中的“制表人”组件，它所关联的是报表生成时监控系统的操作值班人。

变量文本：在该报表中除“值班”旁的直线外，其他直线部分都对应了工程中的不同变量文本。绘制工具箱中的“变量文本”对象，分别设置其“变量”属性为所对应的工程变量。

通过上面三步的操作就可以完成报表设计的过程，设计完成的报表如图 9-6 所示，工程中“PLine”是工程中的变量组名称，“TotalSets”是该变量组中的一个变量，“PLine. TotalSets”这个变量就表示当前值班的生产总数量，放到“完成套数”后面的直线上方，其他变量都类似，变量的具体名字是工程设计者决定的。

图 9-6　日报表设计完成效果

### 2. 实时报表生成

报表的生成主要是根据用户的要求配置。在该报表中，要求在每个班组下班时间（早 8 点，下午 4 点，晚 12 点）自动以 A4 纸打印并在电脑内保存该报表，这些工作需要用到报表的用户程序。

在易控中可以通过不同的用户程序触发来完成报表的生成、打印和保存功能，这里通过配置“变量改变程序”来完成。变量改变程序的配置如图 9-7 所示。变量改变程序中的变量通过系统变量中的“SystemVariable. Hour”来触发，该变量为系统时间中的小时，当变量改变程序中变量等于 8 点、16 点、24 点时，系统自动执行“座椅厂班组日生产报表”的保存和打印程序。

变量改变程序中的代码主要包括报表保存和报表打印两个命令，在这两个命令中都需要配置一些参数，易控中通过可视化参数配置和自动代码生成可以很快完成。

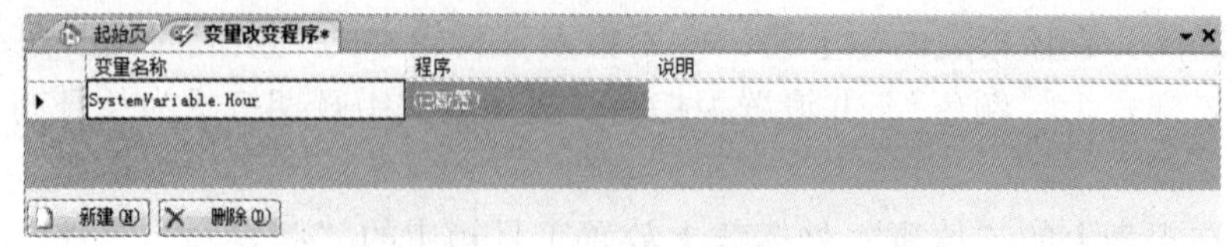


图 9-7　变量改变程序的配置

报表保存命令：Report. SaveReport，调用该命令后会弹出“保存报表配置”对话框，如图 9-8 所示。由于该报表为实时生产数据报表，不涉及到历史数据的查询，因此在其中只需要选择报表文件即可，其他不需要配置，确定后代码会自动产生在代码区。

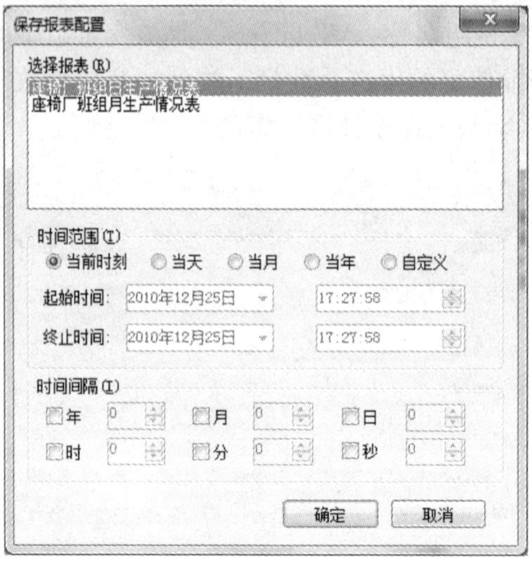

图 9-8　“保存报表配置”对话框

报表打印命令：Report. PrintReport，调用该命令后会弹出“打印报表配置”对话框，如图 9-9 所示。该对话框也不需要配置，只需选择报表名称即可。

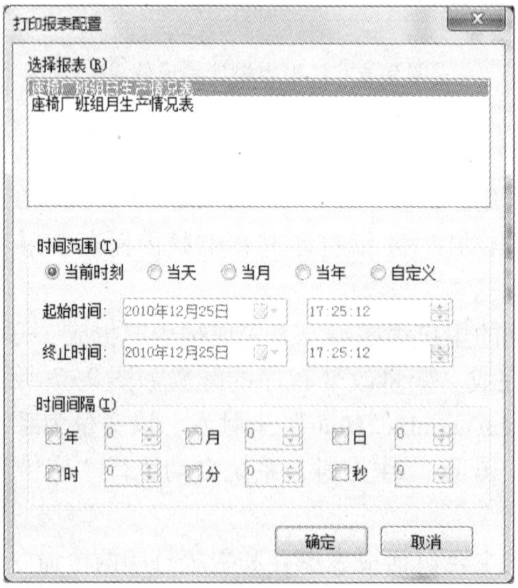

图 9-9　“打印报表配置”对话框

当配置完报表保存和打印的命令参数后，在代码编辑区会自动产生配置的命令，如图 9-10 所示。

```
if((SystemVariable.Hour==8)||(SystemVariable.Hour==16)||(SystemVariable.Hour==24))
{
    Report.SaveReport("座椅厂班组日生产报表", DateTime.MinValue, DateTime.MinValue,
          new ControlEase.Inspec.Reports.TimeInterval(0,0,0,0,0,0), "RDF");
    Report.PrintReport("座椅厂班组日生产报表", DateTime.MinValue, DateTime.MinValue,
          new ControlEase.Inspec.Reports.TimeInterval(0,0,0,0,0,0));
}
```

图 9-10　报表保存和打印代码

通过上面的报表设计与报表生成的配置，当系统运行后会在报表设定的时间点自动完成报表的保存和打印功能。

### 9.4.2　历史报表设计与生成

历史报表记录了一个月内早中晚三班班组生产情况的对比数据。历史报表打印后的效果如图 9-11 所示。

**XXX厂月生产数据统计表**

制表人：　管理员　　　制表日期：　2010-8-12　　　查询日期：　2010-8-12

| 日期 \ 产量 | 早班产量（把） | 中班产量（把） | 晚班产量（把） |
|---|---|---|---|
| 2010-6-1 | 120 | 132 | 124 |
| 2010-6-2 | 124 | 123 | 125 |
| 2010-6-3 | 123 | 151 | 121 |
| 2010-6-4 | 151 | 153 | 115 |
| 2010-6-5 | 153 | 124 | 135 |
| 2010-6-6 | 124 | 124 | 124 |
| 2010-6-7 | 124 | 121 | 123 |
| 2010-6-8 | 121 | 115 | 151 |
| 2010-6-9 | 115 | 135 | 153 |
| 2010-6-10 | 151 | 124 | 124 |
| 2010-6-11 | 153 | 123 | 124 |
| 2010-6-12 | 124 | 151 | 121 |
| 2010-6-13 | 124 | 124 | 115 |
| 2010-6-14 | 124 | 123 | 135 |
| 2010-6-15 | 123 | 151 | 124 |
| 2010-6-16 | 151 | 153 | 123 |
| 2010-6-17 | 153 | 124 | 151 |
| 2010-6-18 | 123 | 124 | 153 |
| 2010-6-19 | 151 | 124 | 124 |
| 2010-6-20 | 153 | 123 | 124 |
| 2010-6-21 | 124 | 151 | 124 |
| 2010-6-22 | 124 | 153 | 123 |
| 2010-6-23 | 121 | 115 | 151 |
| 2010-6-24 | 115 | 135 | 153 |
| 2010-6-25 | 135 | 124 | 124 |
| 2010-6-26 | 124 | 123 | 124 |
| 2010-6-27 | 151 | 151 | 121 |
| 2010-6-28 | 153 | 153 | 115 |
| 2010-6-29 | 124 | 124 | 135 |
| 2010-6-30 | 124 | 135 | 124 |
| 总和 | 3980 | 3986 | 3883 |

图 9-11　历史报表打印效果

1. 历史报表设计

1）新建报表。在开发系统工程树目录下的“报表”节点新建一个空白报表，命名为“座椅厂班组月生产情况表”。

2）报表静态组件绘制。使用报表工具箱中的“文本”组件来添加历史报表中的静态文本，如“××厂月生产数据记录统计表”、“制表日期”和“查询日期”等，并按照打印效果中的要求设置这些组件的大小、位置等。

3）报表动态组件连接。该示例中用到的动态组件连接主要有“报表的生成时间”、“制表人”和“历史表格”。制表人和报表生成时间组件的使用在实时报表中都已经介绍过了，这里就不再介绍。

将报表工具箱中的“历史表格”组件添加到报表编辑器中。历史表格的作用是将数据从历史数据库中取出。在这里它将每个班组每天的产量记录从历史数据库中取出并显示在报表上。

历史表格的属性配置主要有：

“时间列”属性：设置“列眉文字”为“日期”，时间格式通过弹出对话框完成，将日期选为短日期，时间不显示，如图9-12所示。

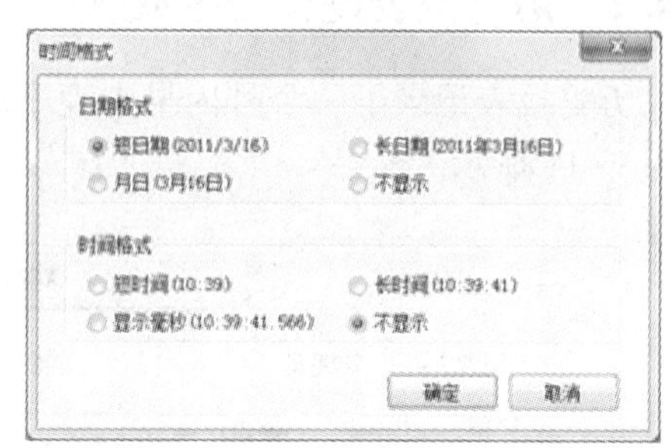


图9-12 “时间格式”对话框

“数据列”属性：该属性通过“历史数据表格列集合”对话框完成，如图9-13所示。分别将每个成员的列眉文字修改为“早班产量”、“中班产量”和“晚班产量”，每个成员的“历史变量”属性分别连接“PLine_TotalSetsM”、“PLine_TotalSetsA”和“PLine_TotalSetsN”三个历史记录数据。这三个变量是工程中早中晚三个班组每天的生产数量，它们是在每天结束的时候（0点）自动记录到数据库中的。

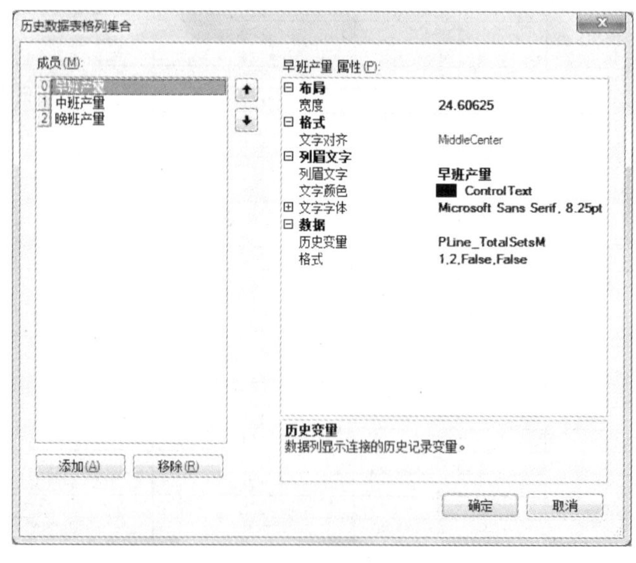


图9-13 “历史数据表格列集合”对话框

"统计行"属性：统计行属性根据用户需要进行配置，通过"统计行集合"对话框完成，如图 9-14 所示。统计行可以显示三个班组在一个月中的生产数量的统计值，如求和、最大量、最小量、平均量等，这里选择"求和"，统计行的位置可以位于表格的顶部或底部，这里选择底部。

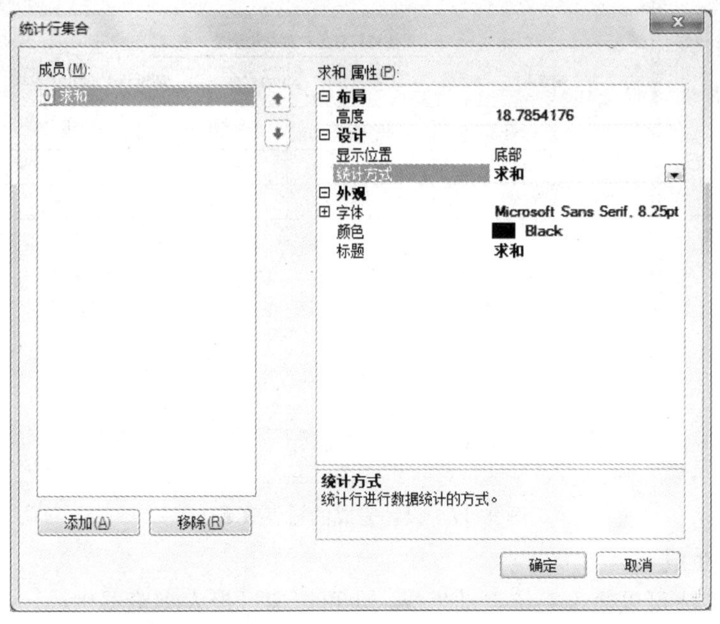


图 9-14　"统计行集合"对话框

"时间间隔"属性：因为该报表显示的是一个月内每天的统计数据，所示报表的每行时间间隔设置为"1 日"，如图 9-15 所示。

"表头显示"属性：在历史表格中显示表头，如图 9-16 所示。

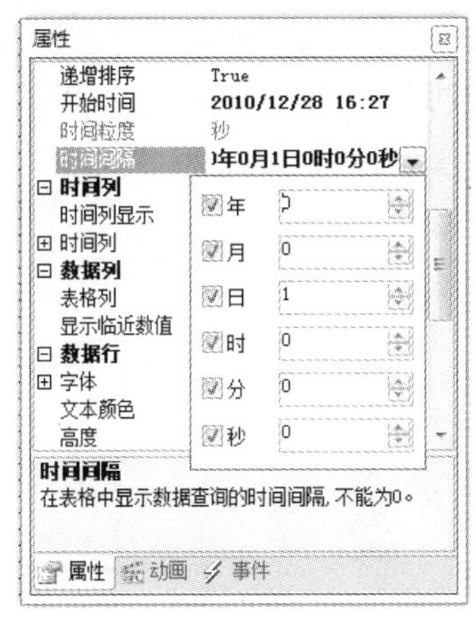


图 9-15　时间间隔属性设置

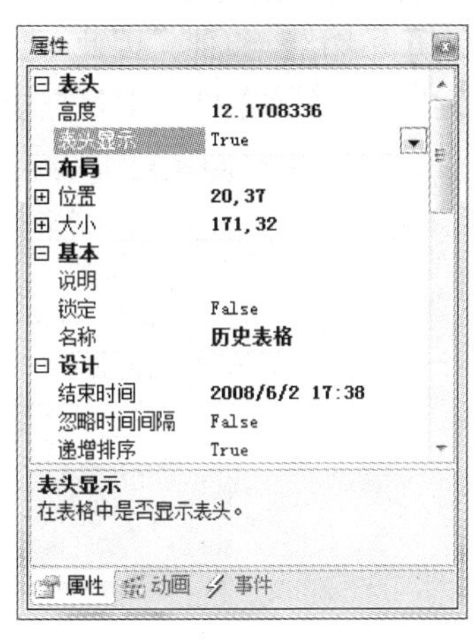


图 9-16　表头显示设置

通过上面的操作就可以完成"座椅厂班组月生产情况表"的设计。设计完成的报表如图 9-17 所示，此时报表设计中看到的"历史表格"只有三行：在报表生成时，会自动添加多行，每行对应一天三个班组的生产数量。

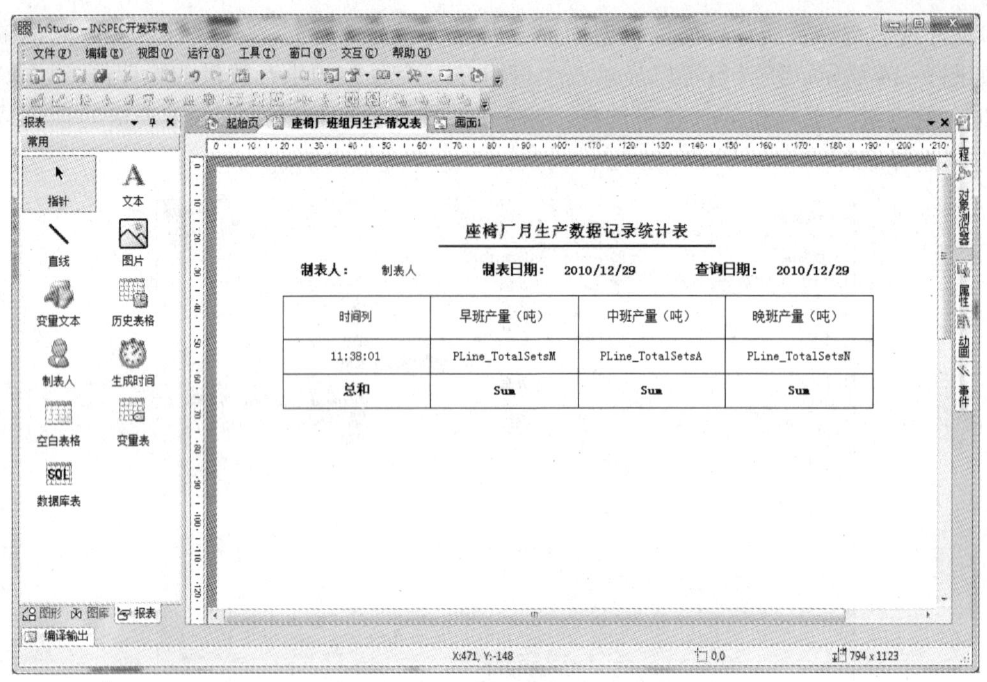


图 9-17　设计完成的报表效果

## 2. 历史报表生成

历史报表的生成可以通过系统自动生成，也可以通过报表浏览器生成。

历史报表自动生成的过程与“实时报表”生成的过程一样，都需要编写简单的用户程序完成，只是变量改变条件和报表名称略有不同，执行条件可以选用工程中提供的“SystemVariable. Day”（系统时间：日）变量为变量改变程序的变量，详情这里不再赘述。

通过报表浏览器进行生成，需要在画面中添加报表浏览器控件，通过报表浏览器工具栏上的功能按钮可以完成工程任何时间段内的报表生成、保存和打印等。在该报表中用到了报表工具箱中的“历史表格”组件，因此可以使用报表查看器的“历史数据查询”按钮完成报表的生成，在弹出的“查询条件”对话框中输入相应的起始时间和时间间隔，如图 9-18 所示。

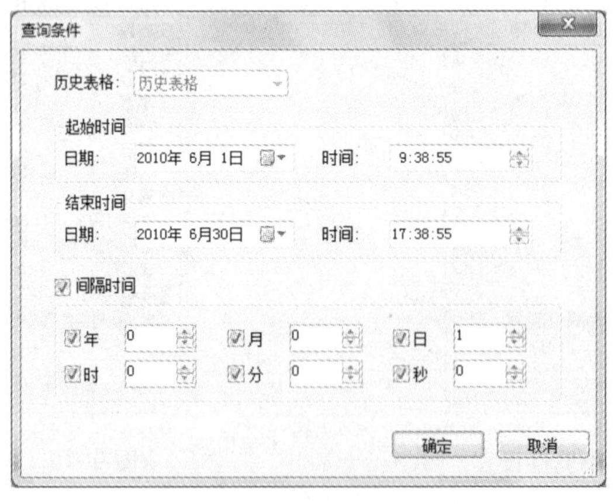


图 9-18　“查询条件”对话框

在报表查看器中便可以按照相应条件生成报表，如图 9-19 所示。

XXX厂月生产数据统计表

制表人：　管理员　　　制表日期：　2010-8-12　　　查询日期：　2010-8-12

| 产量 日期 | 早班产量（把） | 中班产量（把） | 晚班产量（把） |
|---|---|---|---|
| 2010-6-1 | 120 | 132 | 124 |
| 2010-6-2 | 124 | 123 | 125 |
| 2010-6-3 | 123 | 151 | 121 |
| 2010-6-4 | 151 | 153 | 115 |
| 2010-6-5 | 153 | 124 | 135 |
| 2010-6-6 | 124 | 124 | 124 |
| 2010-6-7 | 124 | 121 | 123 |
| 2010-6-8 | 121 | 115 | 151 |
| 2010-6-9 | 115 | 135 | 153 |
| 2010-6-10 | 151 | 124 | 124 |
| 2010-6-11 | 153 | 123 | 124 |
| 2010-6-12 | 124 | 151 | 121 |
| 2010-6-13 | 124 | 124 | 115 |
| 2010-6-14 | 124 | 123 | 135 |
| 2010-6-15 | 123 | 151 | 124 |
| 2010-6-16 | 151 | 153 | 123 |
| 2010-6-17 | 153 | 124 | 151 |
| 2010-6-18 | 123 | 124 | 153 |
| 2010-6-19 | 151 | 124 | 124 |
| 2010-6-20 | 153 | 123 | 124 |
| 2010-6-21 | 124 | 151 | 124 |
| 2010-6-22 | 124 | 153 | 123 |
| 2010-6-23 | 121 | 115 | 151 |
| 2010-6-24 | 115 | 135 | 153 |
| 2010-6-25 | 135 | 124 | 124 |
| 2010-6-26 | 124 | 123 | 124 |
| 2010-6-27 | 151 | 151 | 121 |
| 2010-6-28 | 153 | 153 | 115 |
| 2010-6-29 | 124 | 124 | 135 |
| 2010-6-30 | 124 | 135 | 124 |
| 总和 | 3980 | 3986 | 3883 |

图 9-19　报表浏览器中生成的报表

报表生成后可以通过报表查看器上的保存和打印按钮完成报表的保存和打印任务。

## 9.5　本章小结

通过组态软件的报表功能可以将工程中的各种数据准确而实时地提供给相关人员，使他们更加直观地了解生产运行情况。随着工业自动化水平的不断提高，对报表功能的要求也在不断增加，易控的报表在设计和生成时都十分灵活方便。报表的设计既可以从空白报表开始，也可以通过报表模板完成，同时提供了很多报表组件方便报表内容的设计。报表的生成可以通过报表浏览器这种专用控件，也可以通过用户程序命令的方式完成。通过易控提供的专门的报表设计工具、模板和管理工具，能简单、方便、快速地设计任何样式的专业报表。

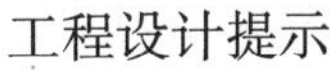

工程设计提示

- 同一报表中表格的行高和列宽设置一致。
- 同一报表中组件通过工具栏中对齐按钮进行对齐操作，注意报表美观。
- 当工程中的报表较多的时候，可通过报表查看器进行多报表切换，避免在多个报表画面间设置切换按钮。
- 在同一报表中历史表格和实时数据组件不建议同时使用。

# 第10章 历史记录

**本章要点**

- 历史记录的方式
- 历史数据库配置
- 历史记录的应用

## 10.1 概述

自动化监控系统中，通过对一些重要数据的变化过程进行记录，可以了解监控系统的运行情况，如系统是否稳定、设备状态是否良好等，同时，从这些数据的分析中还可以找出系统运行的规律，从而对系统进行改进，提高系统的生产效率和改善产品质量。监控系统中对这些重要数据变化过程的记录是通过监控系统的“历史记录”功能完成的。

历史记录功能将工程中变量值的变化过程记录下来，保存在相应的数据库中。不同组态软件对历史数据使用要求的不同所采用的数据库也有区别，有标准的 SQL 数据库，也有自己开发的数据库。

为提高运行速度，节省系统资源，工程中并不需要对所有变量都进行历史记录，只需要对其中重要的变量进行历史记录配置，并且根据变量的类型不同，或者根据变量的变化规律不同可以指定不同的记录方式。一般情况下可以按照规定的时间间隔进行定时记录，也可以根据数据变化的幅度进行变化记录。

记录下来的数据在组态软件中可以通过不同的方式查看，比如通过历史趋势曲线这种高级功能组件在监控界面上进行查看，通过历史趋势曲线可以查看存储在数据库中的任意变量在任意时间段内的历史数据，而且历史趋势曲线还具有一些基本的统计功能，使数据不仅可以直观查看，还可以进行统计分析。另外，对于不能经常在监控界面前查看数据的技术人员和管理人员来说，组态软件可以通过用户程序的方式定时生成日报表、周报表、月报表等，将这些数据以报表的方式输出供他们使用。

组态软件中历史记录功能的使用，使组态软件不再是只具有监视和控制功能，同时使组态软件具有了数据处理分析的功能，是组态软件功能的一个重要的补充。

## 10.2 历史记录配置

组态软件的历史记录配置是指配置工程中哪些变量需要进行历史记录，以及它们记录数据的方式，同时还需要配置组态软件与数据库的连接和数据的保存方式等。通过历史记录的配置就可以将工程中重要的数据按照一定的方式保存下来供相关人员再使用。

### 10.2.1 记录变量

记录变量是指配置工程中哪些变量需要进行历史记录以及这些变量记录的方式。

工程中由于工艺要求的关系，往往存在大量变量，但并不是所有变量都需要配置历史记录，如果记录了很多不必要的数据，一方面会影响工程运行的速度，另一方面大量的数据会占用很多系统资源，影响数据保存的周期，因此，在进行记录变量的选择过程中往往是对于一些重要的变量进行记录。各个品牌的组态软件对于支持的历史变量个数有不同的要求，一般来说，小规模工程的历史记录变量数量在 64 以下，中等规模的工程历史记录变量数量在 64 ~ 1024 范围内，超过 1024 数量的可以称为大规模的工程。

在进行历史记录的过程中，对于不同变量类型的记录变量，它们的变量记录方式也有所不同，常用的记录变量的方式有定时记录和变化记录。

定时记录是将工程中的配置好的记录变量按照规定的时间间隔进行记录的一种方式。定时记录一般用于记录工程中变量数值变化比较缓慢的模拟量。定时记录规定的时间间隔可以在配置的过程中设置，常用的定时记录时间间隔范围为 1 秒 ~ 1 小时。

变化记录是指工程中配置好的记录变量在其数值发生变化时进行记录的一种方式。常用于状态类型的变量，如开关量。

在变化记录中存在着一个重要的概念——死区，它的功能是忽略变量数值在一定范围内的变化，不进行记录。在进行变化记录的时候，有时候记录的变量受到现场各种信号的干扰，可能会造成数据在一个很小范围内的频繁变化，这样会导致记录变量记录了很多不必要的数据，通过设置死区的方式就会减少这些数据的记录。比如，一个采用变化记录方式记录的液位信号基本稳定在 10 米，对于其在 0.2 米内变化的数据可以忽略，但是由于外因的干扰，在监控系统中显示的数值总是在 9.95 ~ 10.03 米附近频繁变化，这样使用变化记录就会记录很多不必要的数据，可以将该变量的变化记录死区设置为 0.2，此时，只有液位低于 9.8 米或高于 10.2 米后才进行记录。

一些组态软件中将变量的历史记录功能作为变量的一个基本属性，在建立变量的过程中对其历史记录功能进行配置，这种方式对于记录变量的修改和查找都不方便。在易控中，变量的历史记录通过工程树节点下的“历史记录”进行配置，在这里包括了所有的记录变量，修改时也在这里修改，十分便于用户的查找和配置。

易控的记录变量配置通过历史记录节点下的“记录变量”完成。配置时在工作区会打开一个表格页面，其中可以通过“新建”、“删除”按钮来增加或删除记录变量，通过“名称”和“说明”列对记录变量进行命名和描述，通过“变量”列添加需要进行历史记录的工程变量，“记录配置”列则是用来配置记录变量记录的方式，包括定时记录和变化记录，“记录变量设置”对话框如图 10-1 所示。通过上述操作便可完成一个记录变量的配置，配置完成的记录变量表格如图 10-2 所示。

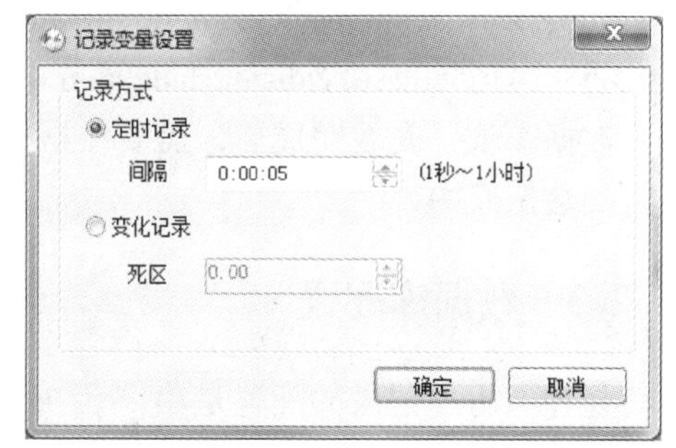


图 10-1 “记录变量设置”对话框

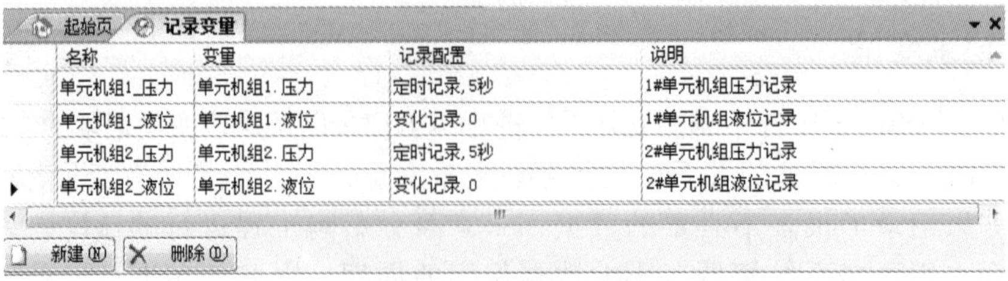

起始页 记录变量

| 名称 | 变量 | 记录配置 | 说明 |
| --- | --- | --- | --- |
| 单元机组1_压力 | 单元机组1.压力 | 定时记录,5秒 | 1#单元机组压力记录 |
| 单元机组1_液位 | 单元机组1.液位 | 变化记录,0 | 1#单元机组液位记录 |
| 单元机组2_压力 | 单元机组2.压力 | 定时记录,5秒 | 2#单元机组压力记录 |
| 单元机组2_液位 | 单元机组2.液位 | 变化记录,0 | 2#单元机组液位记录 |

新建(N) 删除(D)

图 10-2　记录变量配置框

## 10.2.2　数据库安装

组态软件中记录的历史数据不是一天、两天的数据，而是几个月甚至几年的数据，随着工程持续的运行，存储的数据会越来越多，保存这些数据的目的是为了日后对这些数据进行查询、统计和分析，这些工作如果都通过组态软件来完成将会是十分困难的事情，而且，组态软件在进行这些数据处理的过程中会占用大量系统资源，影响监控系统的数据采集，当数据量很大时甚至会影响监控系统的安全。因此，组态软件一般采用数据库的方式进行历史数据的存储和管理。

数据库是专门进行数据存储和管理的工具，一般的组态软件都可以通过一定的配置与数据库软件进行连接。在组态软件中有标准的数据库用来存储历史记录数据，例如 SQL、Access 等，也有组态软件厂家自己开发的数据库。对于自己开发的数据库，其优势在于历史数据在数据库中存储的格式可以灵活配置，但是相对于标准数据库来说，其数据存储的稳定性很难保证，容易造成数据的丢失，同时，它的数据开放性也比较有限，其他系统很难访问这些数据。

易控组态软件连接的是标准的关系型数据库 SQL Server，这种数据库具有数据记录容量大、处理能力强、稳定可靠的特点。同时，易控还采用了特别的缓冲设计，以增强 SQL Server 的快速响应能力。另外，SQL Server 数据库在大多数管理层系统软件中都有使用，对于这些系统来说，它们可以通过相应的设置与易控中存储历史数据的数据库进行连接，使得历史数据的使用更加广泛。

易控安装光盘为用户提供了 SQlExpress 数据库软件，用户可以通过光盘“Tools”文件夹中“SQlExpress. exe”直接安装，也可以通过微软官网下载安装。

微软官方网站提供的 SQlExpress 数据库下载地址：

http://www. microsoft. com/downloads/en/details. aspx? FamilyId = 31711d5d - 725c - 4afa - 9d65 - e4465cdff1e7&displaylang = en

数据库软件安装完成后，需要在易控中对数据库进行连接配置，以保证数据能够记录到指定的数据库中。

## 10.2.3　数据库配置

易控中历史记录的配置是由“历史记录配置”对话框完成的，该对话框通过历史记录节点下的“配置”项调出。“历史记录配置”对话框如图 10-3 所示。

在“历史记录配置”对话框中需要配置的内容见表 10-1。

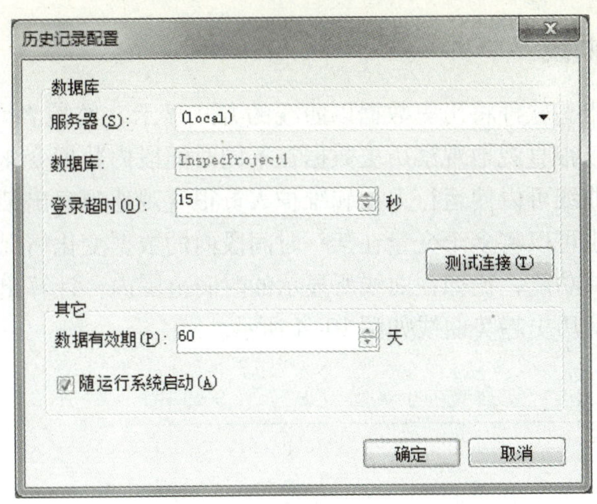


图 10-3 “历史记录配置”对话框

**表 10-1 “历史记录配置”对话框内容及含义**

| 名　称 | 含　义 |
| --- | --- |
| 服务器 | 配置数据保存的数据库服务器。易控的历史记录默认保存到（local） \ SQlExpress 中。如果安装的数据库为 SQL Server，希望数据保存到 SQL Server 中，在此处选择（local）。当数据的历史记录服务器为远程数据库时，在此处输入“机器名 \ SQLExpress”，如 JIUSIYI \ SQLExpress |
| 数据库 | 存储数据的数据库名称。该项默认为工程名称，不可修改 |
| 登录超时 | 连接数据库的最大登录时间。当连接时间超过此设定时间，则登录连接失败 |
| 测试连接 | 测试与数据库连接是否成功 |
| 数据有效期 | 历史记录数据在数据库中保存的有效期限。数据存储到达设定的时间后，系统自动删除过期的记录 |
| 随运行系统启动 | 该项为勾选项。勾选时，历史记录服务随运行环境自动启动；不勾选时，历史记录服务不随运行环境启动，但可以通过用户程序来启动 |

数据库配置完成后将工程运行起来，历史记录服务随运行环境自动启动，事先配置了记录方式的记录变量会自动将数据存储到指定的数据库中。记录变量在数据库中以数据库表的形式存储，表中包含三个字段“ID”、“TagChangeTime” 及 “TagValue”。

## 10.3 历史记录应用

组态软件将大量的历史数据记录在数据库中，工程技术人员怎样在系统运行过程中使用这些历史数据就是组态软件历史记录应用所要解决的问题。在组态软件中一般通过历史趋势曲线、数据库表、历史报表等高级功能组件以及相应的脚本程序将这些数据展现给相关人员，供他们进行查询、打印以及统计等工作。其中历史报表功能在第 9 章“报表”中已详细介绍，此处重点介绍历史趋势曲线和数据库表两种方式。

## 10.3.1 历史趋势曲线

历史趋势曲线是组态软件将历史数据以曲线的方式显示在监控界面上的一个功能组件。通过历史趋势曲线可以很直观地观察历史数据在不同时间段内数据变化的趋势。

易控的历史趋势曲线可以使运行人员和维护人员很直观地观察出某一变量在设定时间段内数据变化的情况，也可以将多个变量在某一时间段内的数据变化情况进行对比，此外，历史趋势曲线还具有统计功能，比如在曲线所显示的时间范围内，计算出数据的最大值、最小值、平均值等。易控的历史趋势曲线如图 10-4 所示。

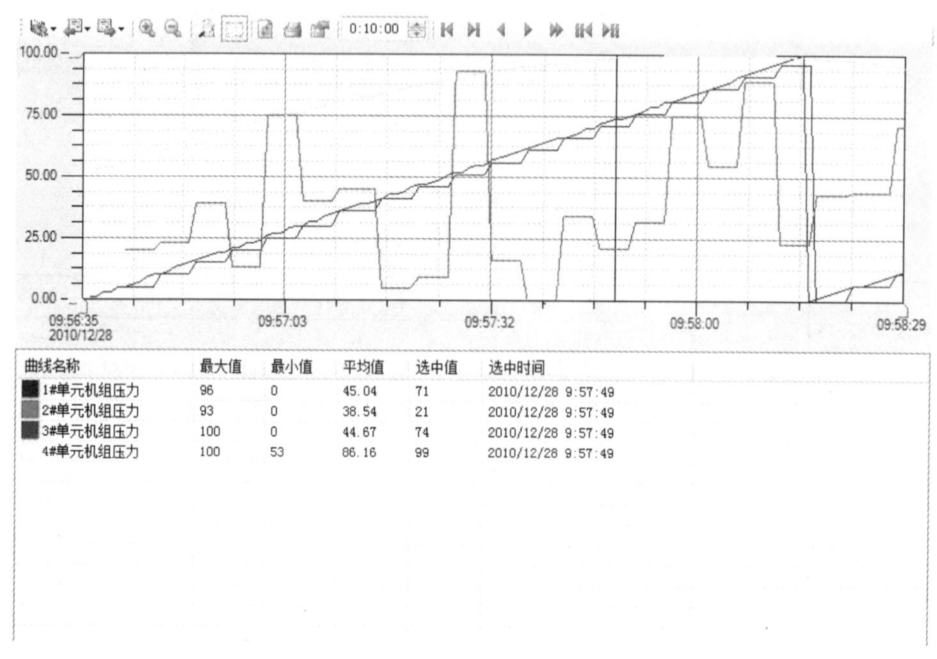


图 10-4 历史趋势曲线

易控的历史趋势曲线控件位于图形工具箱的“常用”分类下，它具有许多可配置的属性，其中主要的属性及其含义见表 10-2。

**表 10-2 历史趋势曲线控件属性及含义**

| 属　性 | 含　义 |
| --- | --- |
| 安全区 | 用来配置历史趋势曲线控件的使用权限，只有具有相应权限的用户才可以使用控件工具栏上的各种功能按钮 |
| 工具栏安全区 | 用来配置历史趋势曲线控件工具栏功能的显示和各个功能的使用权限。功能的显示可以通过可见性配置，权限则是对那些可见功能配置相应的安全区 |
| 图标显示 | 提供“图像”、“文字”、“图像和文字”三种选择，用来设置工具栏上各功能按钮显示的图标形式 |
| 图标位置 | 当“图标显示”项选择为“图形和文字”后，该项可用，用来确定工具栏按钮中图标和文字的位置 |
| 图标样式 | 设置工具栏图标显示的样式，包括“大图标”和“小图标” |

（续）

| 属　性 | 含　义 |
| --- | --- |
| 曲线 | 选择该项，会弹出“历史曲线集合”对话框，如下图所示，在其中可以配置控件中曲线的数量及每条曲线连接的历史变量和曲线的名称、说明、颜色、线型等 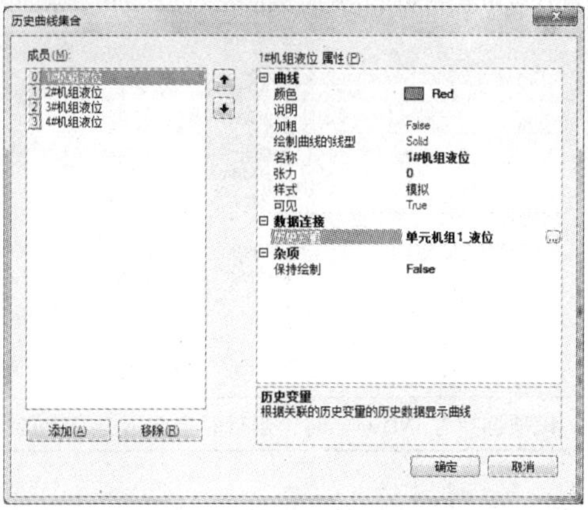 |
| 时间轴 | 该项配置可以通过“时间轴”对话框（如下图所示）或者扩展后的各子属性项进行配置。在其中包括配置历史趋势曲线时间轴显示的刻度、数值及显示方式等<br>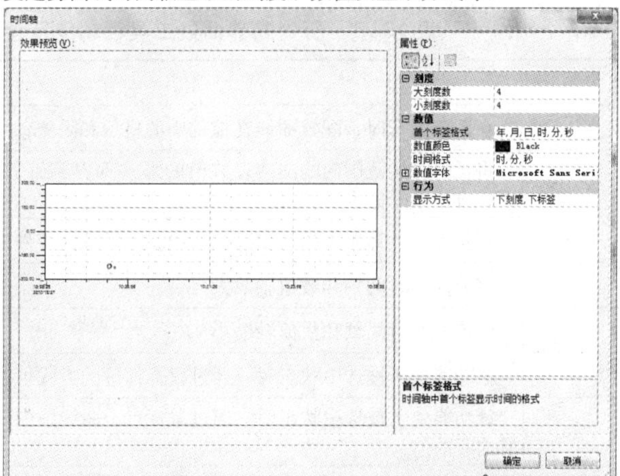 |
| 数值轴 | 该项配置可以通过“数值轴”对话框（如下图所示）或者扩展后的各子属性项进行配置。在其中包括配置历史趋势曲线数值轴显示的刻度、数值等<br>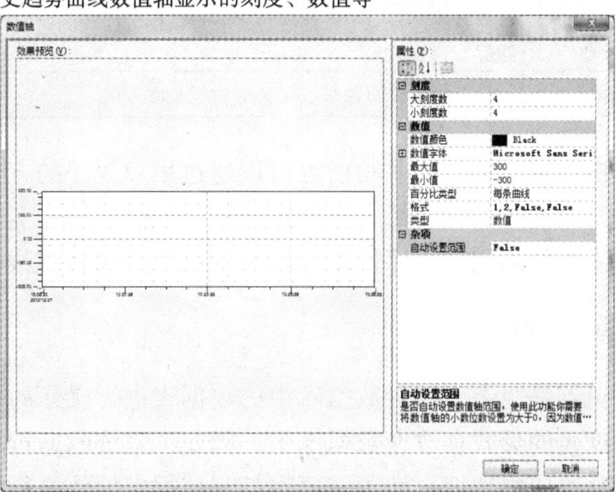 |

（续）

| 属　性 | 含　义 |
| --- | --- |
| 显示格式 | 选择该项，会弹出“历史曲线统计栏格式”对话框（如下图所示），在其中可以配置历史曲线统计栏中显示时间、日期等的格式以及其中显示的内容。 |
| 图例 | 该项选择为“True”时，运行时会在历史趋势曲线上显示各个曲线的曲线名称。 |

组态软件运行时，通过历史趋势曲线控件的工具栏按钮可以完成曲线的显示、刷新、保存、时间轴的移动等。历史趋势曲线工具栏的主要功能见表 10-3。

**表 10-3　历史趋势曲线工具栏功能及含义**

| 功　能 | 含　义 |
| --- | --- |
| 显示曲线 | 在系统运行时，配置曲线在控件中的显示和隐藏，默认设置为显示所有配置的曲线 |
| 保存 | 将显示时间范围内的曲线以数值的形式保存到计算机中，保存的文件格式为“.csv”形式，方便数据的再次“载入” |
| 载入 | 将保存在计算机中的历史趋势曲线文件导入到控件中 |
| 放大 | 将控件的时间轴和数值轴放大 |
| 缩小 | 将控件的时间轴和数值轴缩小 |
| 框选缩放 | 该功能处于被选中状态时，通过鼠标框选的方式可以将曲线图中选定的区域进行放大操作 |
| 实时取值 | 该功能处于被选中状态时，通过鼠标点击曲线图中任意位置会显示出该位置对应时间点所有曲线的值 |
| 刷新 | 按照当前时间轴范围重新取值绘制曲线 |
| 打印 | 将当前曲线控件中显示的曲线打印出来 |
| 配置 | 在系统运行时配置曲线控件，可以配置曲线的时间轴范围，现有曲线的属性，增加新的曲线等 |
| 平移时间间隔 | 设定曲线时间轴每次平移的时间长度 |

历史趋势曲线控件中的一些功能也可以通过用户程序的方式实现，比如，可以动态改变历史趋势曲线所连接的历史变量，可以实现历史趋势曲线和实时趋势曲线的动态切换等。有关历史趋势曲线控件的用户程序使用方法可以参考“易控在线帮助”。

## 10.3.2　数据库浏览器

数据库浏览器是组态软件对数据库中的数据表进行操作的一个工具。组态软件的历史数据都是以数据库表的形式存放在数据库中，因此，系统的运行和维护人员可以通过数据库浏览器直接查看这些历史数据，而不需要去打开数据库软件进行查看。

168

易控的数据库浏览器可以访问系统中的不同数据库，并可以对访问的数据库中的数据进行查询、修改、统计、打印等各种操作。图 10-5 为易控数据浏览器使用的效果。

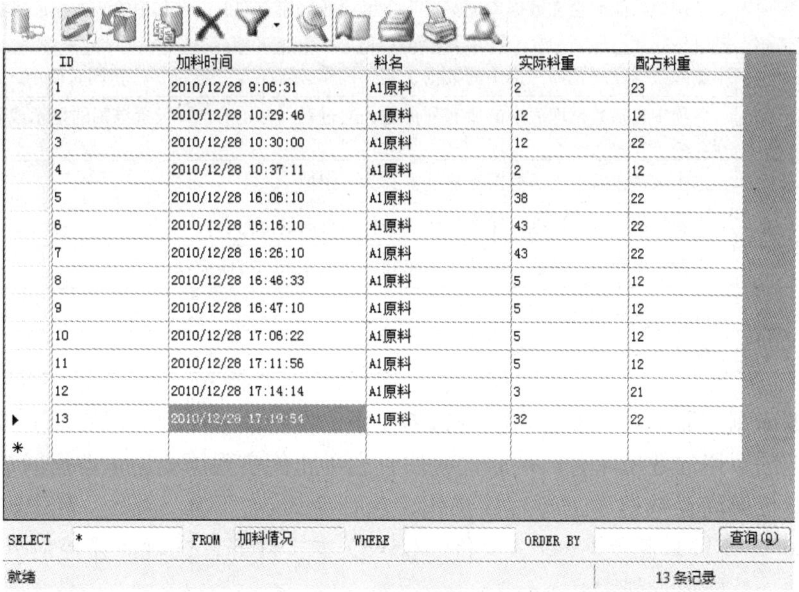

| ID | 加料时间 | 料名 | 实际料重 | 配方料重 |
|---|---|---|---|---|
| 1 | 2010/12/28 9:06:31 | A1原料 | 2 | 23 |
| 2 | 2010/12/28 10:29:46 | A1原料 | 12 | 12 |
| 3 | 2010/12/28 10:30:00 | A1原料 | 12 | 22 |
| 4 | 2010/12/28 10:37:11 | A1原料 | 2 | 12 |
| 5 | 2010/12/28 16:06:10 | A1原料 | 38 | 22 |
| 6 | 2010/12/28 16:16:10 | A1原料 | 43 | 22 |
| 7 | 2010/12/28 16:26:10 | A1原料 | 43 | 22 |
| 8 | 2010/12/28 16:46:33 | A1原料 | 5 | 12 |
| 9 | 2010/12/28 16:47:10 | A1原料 | 5 | 12 |
| 10 | 2010/12/28 17:06:22 | A1原料 | 5 | 12 |
| 11 | 2010/12/28 17:11:56 | A1原料 | 5 | 12 |
| 12 | 2010/12/28 17:14:14 | A1原料 | 3 | 21 |
| 13 | 2010/12/28 17:19:54 | A1原料 | 32 | 22 |

SELECT * FROM 加料情况 WHERE ORDER BY 查询(Q)

就绪 13 条记录

图 10-5　易控数据库浏览器

易控的数据库浏览器位于图形工具箱的“其他”分类中，在工程开发期间可以配置数据库浏览器的默认数据库连接，以及数据库浏览器工具栏的访问权限等一些内容。在系统运行的时候，可以通过数据库浏览器工具栏按钮对数据库表进行操作。工具栏上按钮的主要功能见表 10-4。

**表 10-4　数据库浏览器工具栏按钮功能**

| 名　称 | 功　能 |
|---|---|
| 配置数据库连接 | 该功能用来在系统运行时修改数据库浏览器所连接的数据库与数据库表。修改的方式通过弹出的“添加连接”对话框完成，如下图所示 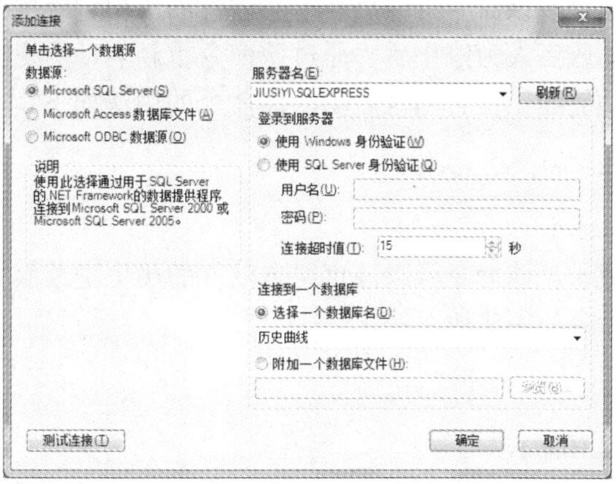 |
| 刷新 | 重新读取数据库表中的内容并刷新数据库浏览器 |
| 更新 | 将数据库浏览器中更改的内容更新到数据库表中。当数据库中数据有修改需要保存时使用该命令 |

（续）

| 名　称 | 功　能 |
|---|---|
| 查询 | 使用该功能后会在数据库浏览器下方增加数据库查询框，在其中输入数据库查询条件进行数据的查询操作 |
| 删除 | 删除数据库浏览器中选中的数据，删除操作必须配合“更新”按钮同时使用才能将数据删除 |
| 设置显示列 | 该项中包括数据库表中的所有列标题，通过对列标题的选择设置该列的显示或隐藏，默认选中为显示 |
| 大图标显示工具栏 | 选中该按钮后，工具栏图标显示方式为大图标 |
| 页面设置 | 设置数据库表中数据打印的打印机和打印页面的方向、大小、边距等信息 |
| 打印设定 | 设置数据库表中数据打印的数据库列、数据库行、打印标题、页脚 |
| 打印 | 打印设置好的数据库表 |
| 打印预览 | 预览设置好的打印效果 |

通过数据库浏览器工具栏上各功能按钮的使用，使得数据库浏览器实际上成为一个嵌入到易控画面上的通用的数据库客户端软件模块，它不止能实现历史记录数据的查看，还能从画面上直接对任何商业数据库进行直接操作，包括 Access、SQL Server、MSDE、SQL Server Express、Oracle、Sybase 甚至 Excel 表文件、CSV 文本文件等，这就使易控对外部数据库的操作更加简便、功能更加强大。

## 10.3.3　用户程序

在组态软件中，对历史数据的查看、使用、统计分析等主要是通过历史趋势曲线、历史棒图、数据库浏览器、历史报表等功能控件完成的，而对于历史记录功能的控制，则需要使用组态软件的用户程序功能，比如，通过用户程序可以控制历史记录的启动或停止，设置历史记录中数据保存的有效期等。

易控中，历史记录的用户程序使用通过 C#用户程序编辑器完成，在其中的“历史记录”节点下集成的用户程序指令和方式有：

（1）StartRecord

启动历史记录。该命令可以启动组态软件的历史记录服务功能，当历史记录功能在工程启动后没有启动或者人为停止后，通过该命令重新启动历史记录功能。组态软件默认情况下历史记录服务功能随工程启动时启动。该命令的用法如下：

```
HistoryRecords. StartRecord();
```

（2）StopRecord

停止历史记录。该命令可以停止组态软件的历史记录服务功能，使用时一般与启动命令配合使用。该命令的用法如下：

```
HistoryRecords. StopRecord();
```

（3）SaveTagHistory

添加历史记录数据。该命令需要带有一个历史记录变量名的参数，当该命令执行时会将参数所代表的历史记录变量的当前值写入数据库中，它与该历史记录变量的记录方式（“定时记录”或“变化记录”）无关。该命令的使用示例如下：

```
HistoryRecords. SaveTagHistory("单元机组1_压力");
```

（4）TagHistoryValidity

设置历史记录数据有效期。该命令设置的数据有效期以“天”为单位，默认值为0，认为永久有效，取值范围为0～366。该命令的用法如下：

```
HistoryRecords. TagHistoryValidity = 50;
```

易控的历史记录功能通过用户程序的控制使得数据的记录更加灵活，对于工程运行过程中没有必要进行数据记录的时间段，可以停止历史记录功能，而对于无法进行有规律记录的重要数据可以通过添加历史数据的方式记录。而且易控提供了用户程序的可视化参数配置和自动代码生成功能，使得代码的编写更加简单。

## 10.4 本章小结

历史记录功能是组态软件用来保证工程数据安全的一个重要功能。历史记录的数据一般按照一定的格式存储在组态软件指定的数据库中，这样便于在工程运行过程中对这些数据的调用。历史记录中数据的记录方式有定时记录和变化记录，根据数据变化的情况可以选择其中一种记录从而节省系统的资源。易控中历史记录存储在标准的SQL Server数据库中，这种数据库数据存储容量大，而且具有好高的稳定性和开放性。易控中记录的历史数据，在工程运行过程中可以通过历史趋势曲线、历史棒图、数据库浏览器、历史报表等方式查看，同时还可以对这些数据做一些统计、分析的工作。另外，易控提供了历史数据的用户程序控制，使得历史数据的记录更加灵活方便，很大程度上提升了历史记录的使用功能。

- 考虑数据库存储能力，根据工程需要选择重要的数据进行记录，并设置合理的记录频率。不需要永久保存的数据，设置“数据有效期”，系统会自动删除，释放出存储空间。
- 根据工程架构选择数据库服务器，可以选择局域网中远程数据库服务器。

# 第11章　多　语　言

**本章要点**

- 多语言的概念和发展
- 易控多语言的内容和优势
- 易控多语言的实现

## 11.1　概述

全球经济一体化的快速发展使自动化产品的制造商和系统集成商都面临着一个相同的问题：如何使自己的产品或工程服务在不同国家、不同地区、不同语言习惯的用户中方便快捷地使用，并且要降低服务和维护成本。对组态软件而言，它是重要的人机交互手段，这个问题就显得尤为突出。用户往往希望能用自己熟悉的语言进行软件开发，开发好的工程运行时，界面上的所有元素能以指定的语言显示，并且，这些界面上的元素还需要在不同语言之间快速灵活地转换，以适应工程项目在不同国家的使用，即用户要求软件具有“语言转换能力”，这种对组态软件中使用语言的要求就是组态软件的“多语言”功能，也可以称为“本地化”。

组态软件的多语言转换功能主要包括两个方面：一方面是组态软件在工程开发过程中，软件的各种菜单、功能、命令、提示文本的多语言转换；另一方面就是组态软件在系统运行过程中，监控系统中的文字、图片、声音等元素的多语言转换。

对于传统的组态软件厂家来说，组态软件的多语言功能往往是通过提供有限的几个语言版本的软件，或者对工程进行重复开发来完成的。这种方式效率较低，而且缺乏灵活性。随着计算机技术的不断发展，多语言功能的实现也在不断的改进，其中通过调用操作系统的语言资源在组态软件内部进行语言的转换是最为方便的一种方式，操作系统中支持全世界两百多种语言，在软件中进行切换时只需调用简单的几个命令就能实现所有语言资源的转换，这种方式是目前主流组态软件发展的一个方向。

组态软件通过多语言的使用可以拓展使用范围，减少软件中各种功能的重复开发。它是组态软件适应时代发展的必然结果，很好地解决了自动化产品国际化的需要。

## 11.2　多语言介绍

### 11.2.1　多语言介绍和发展

组态软件的多语言功能是指工程在开发及运行过程中，所使用和显示的文字、图片、声音等元素都可以根据用户的语言习惯进行相应转换。通过多语言功能，使得使用任何不同语言的工程人员都能进行监控系统工程的开发、运行和维护工作。

由于组态软件是由两个系统构成：开发系统和运行系统，所以组态软件的多语言功能也相应地分为两部分：开发环境的多语言和运行环境的多语言。

开发环境的多语言主要包括软件开发环境中各种菜单、提示、功能名称、说明描述等的多语言。对于开发系统而言，开发人员总是希望自己使用的软件界面中各种菜单、提示、功能名称、说明描述等都是自己熟悉的语言，这样开发人员在软件的学习和使用过程中就会有一种亲切感，提高开发效率，同时，开发出来的系统将会更加合理，维护和使用将会更加方便。

运行环境的多语言主要包括工程在运行过程中监控画面上的各种文字、图片以及运行过程中的各种声音等的多语言。对于运行环境而言，系统运行人员通过监控画面上的各种文字、图片、声音来了解系统的整个工艺流程、操作系统中的各种设备、查看系统中的各种信息等。如果运行人员观察和操作的监控界面上的这些信息不是自己熟悉的语言，那么运行人员对画面的理解、对设备的操作、对各种信息的处理将可能会出现错误，严重的甚至会影响到系统的安全。另外，开发好的一个工程应用在设备上，该设备可能出口到使用不同语言的国家，这就需要该工程可以灵活地切换为不同语言，并且，可能不同工程师的使用语言不一样，同一个工程在运行时也可能需要在不同语言之间进行切换，这都是工程多语言要解决的问题。

多语言功能一直是组态软件厂家努力试图解决的问题。在组态软件多语言功能发展的过程中，既有传统的多语言解决方案，也有伴随着计算机技术发展起来的新兴解决方案。

传统的多语言解决方案是组态软件的厂商对软件进行重复开发，或者工程开发人员对工程进行重复开发实现的。对组态软件厂商来说，它们通过提供不同语言版本的软件来实现组态软件开发系统的多语言功能，自动化产品制造商或系统集成商根据产品的最终客户的要求，选择不同语言版本的软件。这种方案的缺陷是由于语言能力的限制，组态软件厂商一般只能提供屈指可数的几种语言版本的软件（例如中文版、英文版），在一些非主流语言的国家和地区仍然不得不采用非本土语言。这种方式具有极大的局限性，对用户也不友好。这种方案另外一个比较大的局限性在于，软件界面不能随使用人员的不同来随时动态调整语言，比如中国制造商的机器设备销售到西班牙以后，所有的操作界面默认为西班牙文，但当中国制造商的技术人员需要对该设备进行技术维护的时候，由于不懂西班牙文就不能进行工作。

目前，一些国际化工作开展较好的厂商在自己的产品中事先设计了不同语言的界面，以满足不同语言的使用者使用。这是传统的解决方案的进步和优化，但仍然具有其自身的局限性，由于组态软件在语言支持方面的限制，用户（生产厂商或系统集成商）为自己的产品或系统每增加一种语言的支持，都必须重新开发一套界面，并对系统进行重新测试，周期长，成本高。当系统需求发生调整以及系统进行完善优化时，则需要对不同语言的界面都进行调整，费时费力，而且需要懂得不同语言的软件开发人员的参与，出错的几率增大。大量重复性的工作和对软件开发人员很高的语言要求，使得产品或系统的实施和维护非常昂贵。

由于存在以上种种问题，传统的多语言解决方案已经越来越不能满足用户的需求。最新的解决方案是由组态软件厂商将组态软件的多语言功能嵌入到组态软件内部成为组态软件的一个软件能力，即组态软件本身能自动适应和支持多种语言的要求，能根据使用者的语言要求动态地在不同语言之间切换，即真正的多语言功能。易控是国内第一个支持多语言功能的组态软件，开发的工程能在200多种语言之间任意切换。这也代表了组态软件多语言发展的最新趋势和水平。

### 11.2.2 易控多语言

易控组态软件可以在线随意切换为简体中文、繁体中文、英文等世界上的200多种语言，使设备制造商或系统集成商能方便快捷地开发出面向全球用户的产品或工业自动化系统。易控软件为企业走向国际大舞台和开拓更大的国际市场打下了坚实的基础。

易控的多语言功能不要求设备生产商或系统集成商的工程技术人员具有很高的外语能力，他们只需要以熟悉的一种语言来开发自己的产品或工程项目即可。如果产品需要销往其他语言地区，工程技术人员只需要选择相应的语言，增加对文字内容的翻译即可，而且文字翻译的工作可以由非技术人员来进行，这样就不会对前期的工作造成任何影响，对系统的稳定性和维护也不会造成影响。在易控中不仅能实现文字的多语言转换，工程中的图片和声音等元素也可以在易控中实现多语言的转换。另外，它还能根据用户不同的文化习俗来调整交互界面，例如货币、日期、数字的表现形式等。用户多语言的转换是通过用户程序完成的，在监控系统运行过程中可以快速地切换到任意一种已经编辑的语言环境下。总之，这种最新的多语言功能使得用户的人机界面系统的设计、实现和维护都变得非常简单、快捷、可靠。

易控将组态软件多语言中的开发环境多语言称为“系统多语言”，运行环境多语言称为“工程多语言”。

系统多语言针对的是工程开发人员。有了系统多语言，用户就可以用自己熟悉的语言来进行工程应用的开发，这意味着世界各地的用户就都可以使用易控进行工程应用的开发了。易控也不需要开发针对不同语言的软件版本，如中文版、英文版、韩文版、日文版等，只要一个版本即可。支持一种新的语言，易控只需要添加与该语言相关的文字资源，软件不需要重新编译。

工程多语言则针对最终用户。有了工程多语言，最终用户就可以用自己熟悉的语言来进行系统监控。在工程开发时不需要针对不同语言开发不同的工程或者重复的画面，设备制造商或系统集成商所做的工作仅仅就是一个翻译的工作，传统的大量开发和调试工作都会因为易控的多语言功能而省略。因此工程多语言是多语言的核心，具有更重要的意义。

易控多语言功能是顺应全球经济一体化和市场全球化的趋势而诞生的，具有重要的现实意义。

① 用户友好性大幅增强。多语言功能使得世界各地的最终用户都能按照自己的文化和习惯来使用软件。目前易控能支持203种语言。

② 产品或系统工程出口更快捷。多语言功能使高科技产品以及控制系统工程的出口变得更加容易，能快速将产品及服务出口到一个从未触及的国家或地区。

- 工程不需要重新开发。
- 出口到一个新的地区只需要添加该地区所使用的语言和文字，这部分工作可由翻译人员完成，不要求技术人员的外语能力，技术人员只需添加简单的语言切换即可。
- 工程的运行效率更高，取消了以往工程中画面的重复开发和调试工作。
- 可以对图片、声音等与文化习俗有关的内容进行修改，如时间、货币的显示格式等都可以随着语言的不同而不同，声音更需要不同。将这些和语言有关的内容本地化以后，用户不再需要根据语言内容的不同而编写大量的脚本程序，能节省大量因为增加对新的语言支持而增加的工程开发时间，同时简化了工程的开发难度。

③ 产品和系统工程的可靠性更高。因工程不需要进一步的开发，增加支持的语言不会对前期的工作造成任何影响，减少了故障出现的几率，可靠性不会受到破坏。

④ 产品和系统工程的维护更加方便。不需要为不同语言维护不同的工程，不会造成工程升级的困难。通过对不同语言的切换，工程师在现场服务的时候不存在语言障碍。

## 11.3 易控多语言实现

易控多语言功能的实现是通过易控工程树目录下的“语言”节点完成的，如图 11-1 所示。在进行多语言配置的过程中首先需要进行语言的设置，通过它来确定工程中哪些语言需要编辑以及配置工程中默认的语言。完成工程中的语言设置后就需要对工程中的语言资源进行翻译，包括文本、图片、声音这些在工程中使用到的语言资源。在工程的运行过程中，界面语言的切换工作则是通过用户程序中的一个命令完成的。下面详细讲述这三个步骤。

图 11-1　工程树目录下的语言节点

### 11.3.1 语言设置

语言设置是用来指定工程中使用哪些语言，以及设置工程的开发编辑语言和工程运行的启动语言。这些设置是通过单击“语言”节点下的“语言设置”，在弹出的“工程语言设置”对话框完成的，如图 11-2 所示。默认情况下，该对话框中的所有设置都为“中文（中华人民共和国)”。

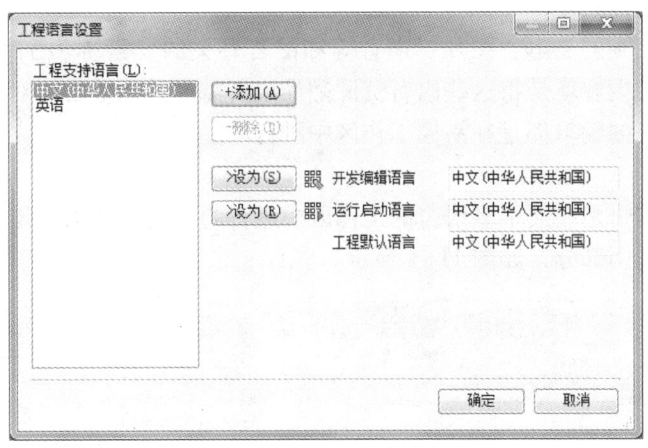


图 11-2　“语言设置”对话框

“工程语言设置”对话框中包括下面几部分内容：

“工程支持语言”显示框：用来显示当前工程中支持的所有语言。可以通过“添加”或“删除”按钮来增加或减少工程中支持语言的种类。

“添加”按钮：用来添加工程支持的语言。点击该按钮会弹出操作系统的“语言选择”对话框，如图 11-3 所示，在其中选择需要添加的工程语言，添加的过程中可以一次选择多个语言进行添加。

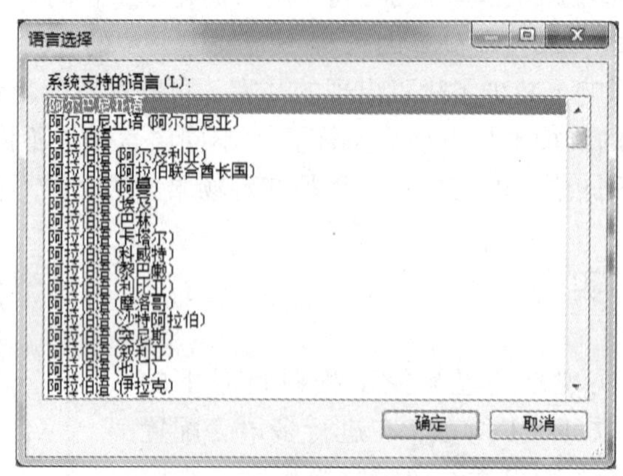


图 11-3 “语言选择”对话框

“删除”按钮：删除工程支持语言框中选中的语言。此处默认的“中文（中华人民共和国）”不能被删除。

“设为开发编辑语言”按钮：用来将工程支持语言框中选中的语言设置为工程开发编辑时的语言。当选中一种语言后，在工程开发期间画面上的文字、图片等就以该语言显示。

“设为运行启动语言”按钮：用来将工程支持语言框中选中的语言设置为工程运行启动时的语言。它表示在工程启动运行时画面文字、图片等显示的语言。

通过语言设置只是完成了工程中可以支持哪些语言的问题，而真正需要转换的文字、图片、声音等则需要通过“语言”节点下的“文本”、“图片”、“声音”这三个节点来进行翻译或转换。

## 11.3.2 语言资源编辑

易控将工程中用到的文本、图片、声音等和语言有关的元素称为工程的“语言资源”。易控语言资源编辑的内容就是将这些语言资源翻译成所需的其他语言。对于文本、图片、声音这些不同语言资源的编辑都是在易控工作区中进行的。

### 1. 文本多语言

文本的多语言编辑是在文本多语言的工作区中进行的。文本多语言工作区中包括文本的编辑区域和功能按钮两部分，如图 11-4 所示。

起始页 | Takebishi_MELSEC_OPC_Server* | 工程程序 | 文本*

| 名称 | 中文(中华人民共和国) | 英语(英国) | 朝鲜语(韩国) | 日语(日本) | 中文(香港特别行政区) | 德语(德国) |
|---|---|---|---|---|---|---|
| 关闭 | 关闭 | Close | 마침 | 閉じる | 關閉 | Ausschalten |
| 关于九思易(Contro... | 九思易(ControlEase) | About Contr... | 컨트롤베이스S... | 九思易(Cont... | 關於九思易(ControlEase) | Über Contro... |
| 关于易控(INSPEC) | 易控(INSPEC) | About INSPEC | INSPEC정보 | INSPECについて | 關於易控(INSPEC) | Über INSPEC |
| 管理员 | 管理员 | Manager | 관리자 | マネージャ | 管理員 | Verwalter |
| 管理员登陆后，增... | 管理员登陆后，增删和... | After the m... | 매니저 땅, 증... | 管理人が上... | 管理員登陸後,增刪和修... | Nach den Ma... |
| 灌装 | 灌装 | Bottling | 보틀링 | 注入 | 灌裝 | Einfüllung |
| 灌装生产线演示 | 灌装生产线演示 | Bottling Pr... | 보틀링생산라인 | 注入生産ラ... | 灌裝生產線演示 | Anzeige des... |
| 灌装线 | 灌装线 | Bottling | 보틀링라인 | 注入線 | 灌裝線 | Abfüllen |

新建(N) 清理(C) 导入(I) 导出(X)

图 11-4 文本多语言的编辑

文本的编辑区中默认只有“名称”和“中文（中华人民共和国）”两列。当在语言设置中添加新的语言时，就会在编辑区中增加一列语言列。文本编辑区中的每一行都对应一个易控工程中可以多语言化的文本，画面开发过程中，在画面上每添加一个多语言化的文本，系统就会自动在文本多语言工作区中增加一行，当文本编辑区中有重复的文本内容时，系统会自动合并。通过“新建”按钮也可以新增加一个文本。

易控中可以多语言化的文本包括：

- 画面上的文字显示内容，即“文本”组件的“文本”属性中输入的内容。
- 所有图形的“提示文本”属性中输入的内容。
- 按钮和位图按钮的“文本”属性和“提示文本”属性中输入的内容。
- “图形”工具箱中的“Windows 控件”下的按钮、复选按钮、单选按钮、分组框、文本框、组合框、超级文本框等各种控件的“文本”或“Text”属性中输入的内容。

文本多语言的编辑工作就是将工作区中每一行文本的内容翻译为相应列语种的语言，这些翻译工作可以通过专业的翻译人员完成，对工程的开发人员来说不需要具有很强的语言能力。

通过“导出”可以将文本编辑区的表格内容导出为一个“.CSV”文件，文本的翻译工作可以在该文件中进行，编辑完成后，再“导入”到文本编辑区中。通过该功能，还可以实现工程的多人开发，翻译人员通过该文件翻译文本而不会占用工程开发人员的工程开发时间。“清理”主要是用来清理工程中被删除和不再使用的文本。在文本多语言的编辑过程中通过这些功能按钮的使用，可以使多语言文本的编辑更加灵活，同时还能优化系统的资源，减少工程开发人员的工作量。

### 2. 图片多语言

图片的多语言编辑是在图片多语言的工作区中进行的，如图 11-5 所示。工作区中的图片编辑区域和功能按钮两部分与文本编辑区的类似。图片编辑过程中可以使用多种图片格式，包括：BMP、JPG、GIF、PNG、TIF、WMF、EWF、ICO 等。图片在编辑的过程中，对于不需要翻译的图片，可以不进行编辑，在系统运行过程中会使用原有的默认图片。

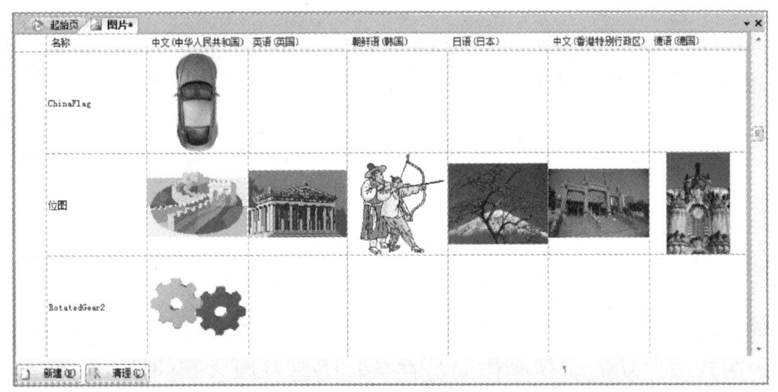


图 11-5　图片多语言的编辑

在进行图片的编辑时需要通过易控的图片资源管理器完成图片的选择，如图 11-6 所示。图片资源管理器中包含了工程中的所有图片资源，它们按照不同资源类型分类，同时还可以随时进行图片资源的添加。在图片资源管理器中还可以对图片进行剪裁、调整大小等操作，从而使图片能更好地适应系统的要求。

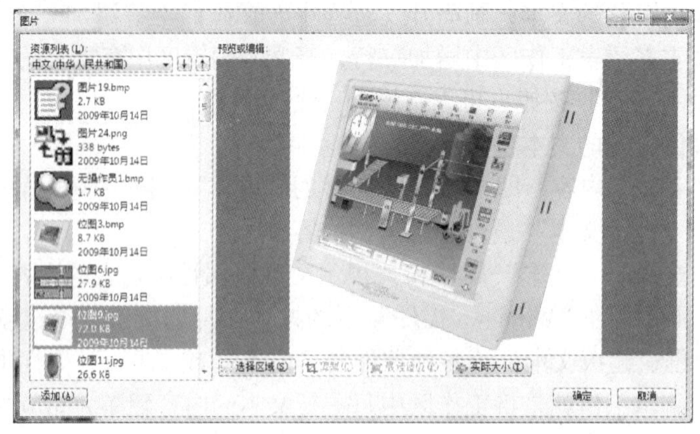


图 11-6　图片资源管理器

### 3. 声音多语言

声音的多语言编辑是在声音多语言工作区中进行的，如图 11-7 所示。工作区中的声音编辑区和功能按钮两部分与图片编辑区的类似，只是在功能按钮中增加了一个预览功能，当选择一种声音资源时，可以通过“预览”按钮，试听所选声音资源。在进行声音资源的编辑过程中，如果不需要改变的声音可以不用编辑，在系统运行过程中会使用原有默认的声音。

起始页　声音*

| 名称 | 中文(中华人民共和国) | 英语(英国) | 朝鲜语(韩国) | 日语(日本) |
|---|---|---|---|---|
| 声音 | Windows XP 打印结束.wav | Windows XP 打印结束1.wav | Windows XP 打印结束2.wav | Windows XP 打印结束3. |
| 声音1 | Windows XP 登录音.wav | Windows XP 登录音1.wav | Windows XP 登录音2.wav | Windows XP 登录音3.wa |
| 声音2 | Windows XP 开始.wav | Windows XP 开始1.wav | Windows XP 开始2.wav | Windows XP 开始3.wav |
| 声音3 | Windows XP 错误.wav | Windows XP 错误1.wav | Windows XP 错误2.wav | Windows XP 错误3.wav |
| 声音4 | Windows XP 硬件故障.wav | Windows XP 硬件故障1.wav | Windows XP 硬件故障2.wav | Windows XP 硬件故障3. |
| 声音5 | Windows XP 启动.wav | Windows XP 启动1.wav | Windows XP 启动2.wav | Windows XP 启动3.wav |
| 声音6 | start.wav | start1.wav | start2.wav | start3.wav |

新建(N)　清理(C)　预览(P)

图 11-7　声音多语言的编辑

## 11.3.3　多语言的执行

易控多语言功能的语言设置和语言资源编辑都是工程开发人员完成的，而真正使用多语言功能的是那些监控系统的操作人员，他们怎样在监控系统中选择自己熟悉的语言呢？这就需要使用易控的用户程序功能实现操作人员在各种语言资源之间的快速切换。

易控的用户程序中封装了多语言功能使用的命令，包括获取指定图片的名称、指定字符串的名称、工程支持语言列表等。其中最重要的一个就是切换系统运行时的指定语言命令：“SwitchLanguageTo”。这里只对该命令的使用进行介绍，其他命令可参考易控的“在线帮助”。

“SwitchLanguageTo” 命令可以用在工程的任何用户程序中，通常是在画面上的按钮或者图片的事件属性中使用。此命令在执行的过程中，需要指定一个所要切换的目标语言作为参数，当命令执行时，运行系统中的所有经过编辑的语言资源便切换为指定的目标语言。

在用户程序中调用该命令时会弹出“选择语言”对话框，如图 11-8 所示。

在该对话框中列出了所有在“语言设置”中添加的工程支持语言，它包括语言的名称和区域名称，比如“zh - CN”表示简体中文，“en”表示美国英语，“ja”表示日语等，选定所要转换的名称后，上述转换代码会自动在代码编辑区生成。例如，下面的代码是将工程运行的语言切换到英文状态的代码：

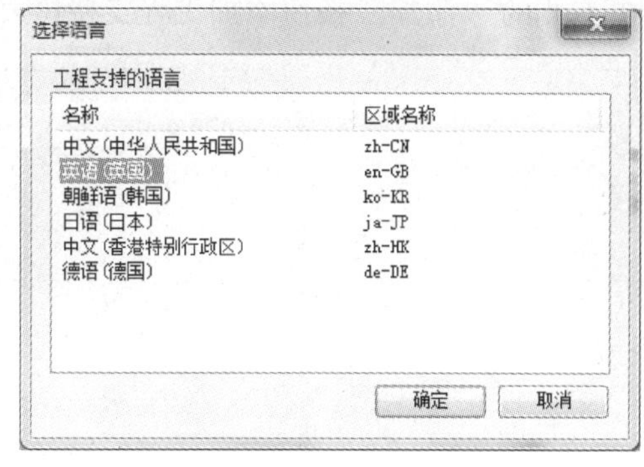


图 11-8　“选择语言”对话框

```
ProjLanguage.SwitchLanguageTo("en - GB ");
```

其中，“ProjLanguage”是工程中负责语言切换和资源调用的对象；“SwitchLanguageTo”是切换语言的指令；“en - GB”则是表示英语的区域名称的字符串。

如果监控系统中需要进行多种语言的切换，可以将上述代码在多个用户程序中编写，对于要切换到不同语言，只需要将参数中的区域名称替换为所要切换语言的区域名称即可。易控中提供了用户程序的可视化参数配置和自动代码生成的功能，能使开发人员轻松完成各种指令的编写。

## 11.4　示例——中英文工程转换

上面介绍了易控的多语言功能以及配置方法。下面以一个简单的监控画面为例，对多语言功能的配置进行详细介绍，来实现监控画面中文本、图片的中英文切换。

在工程中新建画面，并在画面中放置文本、图片以及语言切换按钮，如图 11-9 所示。

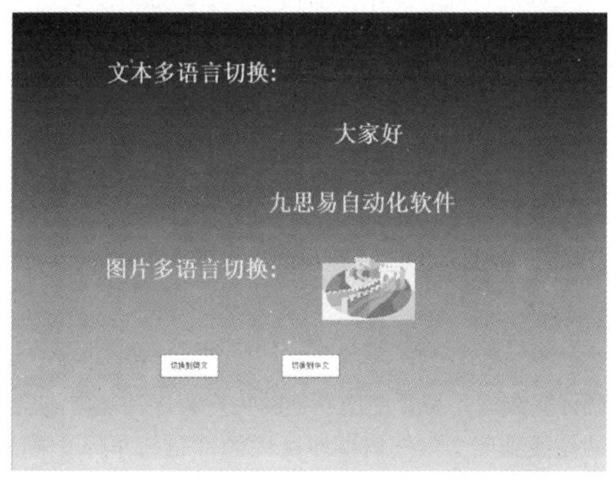


图 11-9　监控画面

双击“语言”节点下的“语言设置”子节点，弹出“工程语言设置”对话框。通过对话框右侧的“添加”按钮添加工程支持语言“英语”，如图 11-10 所示。

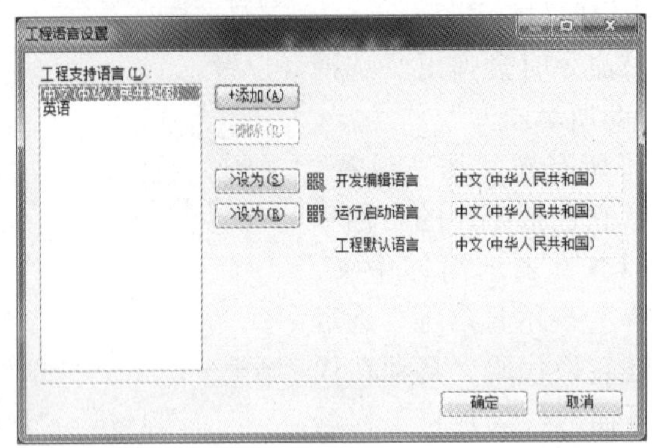


图 11-10 “工程语言设置”对话框

点击“确定”按钮，退出语言设置。双击“语言”节点下的“文本”子节点，在工作区域显示文本的多语言编辑区域，画面上放置的文本内容已经在编辑区域以列表的形式呈现出来。将工作区中每一行文本的内容翻译为相应列语种的语言，翻译好的文本对照表如图 11-11 所示。

起始页 | 文本

| 名称 | 中文(中华人民共和国) | 英语 |
|---|---|---|
| 文本 | 大家好 | Hello |
| 文本1 | 九思易自动化软件 | ControlEase Automation Software |
| 文本2 | 切换到英文 | Switch to English |
| 文本3 | 切换到中文 | Switch to Chinese |
| 文本4 | 文本多语言切换: | Multi-language text switch: |

新建(N) 清理(C) 导入(I) 导出(X)

图 11-11 文本对照表

同样，对“图片”资源进行翻译操作，编辑完成的图片对照表如图 11-12 所示。

图 11-12 图片对照表

文本和图片资源翻译完成后，需要使用易控的用户程序功能来实现工程在中英文之间的快速切换。在画面中“切换到英文”按钮事件属性的“键按下”中配置用户程序，在用户程序编辑器的工程窗口中“语言”命令节点下找到封装好的登录命令“SwitchLanguageTo”，如图 11-13 所示。

双击“SwitchLanguageTo”切换工程语言指令，弹出对话框进行选择配置，如图 11-14 所示。

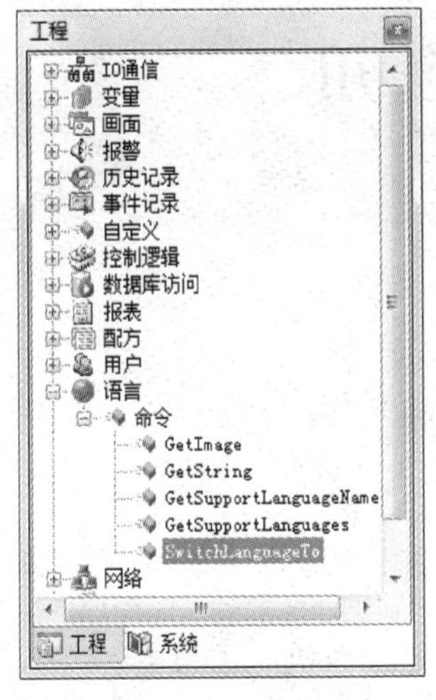


图 11-13　语言切换指令

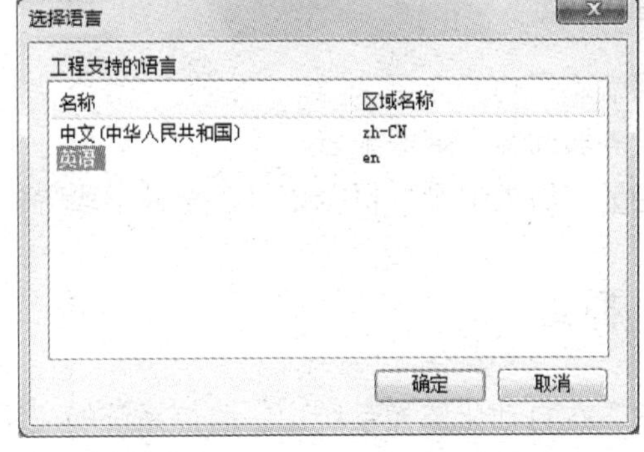


图 11-14　“选择语言”对话框

选择“英语”，点击“确定”按钮后，在 C#用户程序编辑器中系统会自动完成下面代码的输入：

```
ProjLanguage.SwitchLanguageTo("en");
```

通过同样的操作，为在画面中“切换到中文”按钮事件属性的“键按下”中配置用户程序：

```
ProjLanguage.SwitchLanguageTo("zh-CN");
```

完成以上配置后，运行系统，点击“切换到英文”按钮，画面中文本和图片显示英文和英国国旗图片，点击“切换到中文”，则回复到中文显示界面。

## 11.5　本章小结

多语言功能是经济全球化的必然要求，也是组态软件一直在努力试图解决的问题。在自动化产品竞争如此激烈的今天，尽早掌握多语言功能，就能使产品在走向世界的道路上占得先机。易控的多语言功能支持世界上两百多种语言的一键式任意切换，它的多语言不仅包括文字的多语言，还包括图片和声音的多语言。语言配置过程中，语言的翻译工作可以由专门的翻译人员完成，不占用工程开发的时间。工程运行时多语言功能的转换由用户程序完成，相关的命令和参数的实现可以通过易控的可视化参数配置和自动代码生成等功能完成，易控的多语言真正具有功能强大、配置简单方便、执行灵活快速的特点。

# 第 12 章　网 络 应 用

**本章要点**

- 网络应用功能介绍
- 服务器和客户端的配置
- 变量、历史记录、报警记录、事件记录等的网络访问

## 12.1　概述

目前，在自动化监控系统中，监控系统的应用主要还是以单机应用为主。组态软件的所有功能，如变量的采集、报警与事件的记录、历史数据的记录等，都在同一台计算机上完成，这种方式只能适应规模较小的监控系统以及系统控制功能要求不高的场合。但是，随着自动化产品功能的不断升级以及计算机网络技术和通信技术的飞速发展，工业自动化系统的规模也在不断扩大，工业现场的监控要求也在不断提高，主要表现为监控系统的数据访问量更大、数据的准确性和安全性更高，此时，单机应用的监控系统很难满足这种大数据量、高准确性和安全性的要求，因此，对组态软件的应用就出现了一种新方式——网络应用。

网络应用是通过以太网将监控系统中各个独立的监控计算机连接起来，使它们之间能够互相访问，组成一个监控网络，在网络上的每台计算机执行特定的监控任务。

组态软件的网络应用一般使用客户端/服务器结构（即常说的 C/S 结构），即将网络上的一台计算机作为服务器采集现场数据，所有的数据都集中在服务器端进行处理，其他计算机作为客户端访问服务器中的数据。这种方式相对单机应用来说减轻了系统的负担，但是，这种方式下服务器的性能就决定了整个系统的性能，而且，当服务器出现问题时会影响到整个系统的安全。

一些新兴组态软件针对现有网络方式的弊端将客户端/服务器结构进行了改进与扩充，形成了一些新的网络结构，比如分布式网络结构，这些结构将组态软件的数据处理功能从一台服务器分散到网络上的多台计算机中，每台计算机分别执行特定的数据处理，而其他客户端根据需要访问不同的服务器。通过这种方式既降低了原有客户端/服务器结构下计算机的负荷，同时又消除了服务器故障带来的安全隐患，从而实现了真正的网络应用功能。

工程开发过程中使用网络应用需要对网络进行合理规划，从而确定计算机在网络中的功能，比如哪些做数据采集服务器，哪些做历史记录服务器等，根据计算机的功能不同进行不同的配置。在工程运行过程中，工程中的操作一般都在客户端执行，网络上的服务器必须处于启动状态，这样客户端才能够完全使用相应的服务功能。

在未来的组态软件中，网络应用将不限于运行环境，工程的开发工作也会分散到网络上的各个节点，每个节点完成各自的任务，最终形成一个完整的工程。而且，伴随着计算机技

术的发展，工程的开发工作将不仅限于在局域网内，还可以通过 Internet 来进行远程工程开发。

通过组态软件的网络应用功能可以方便地构建可伸缩的网络分布式系统，通过协作和负荷分布来解决大型监控系统的需要，同时，它还能够灵活地选择系统整体的架构，实现复杂的监控系统控制。

## 12.2 网络应用介绍

监控系统网络应用的发展是伴随着自动化通信技术的发展而发展的。目前，在组态软件监控网络中，使用最多的一种网络结构就是客户端（Client）/服务器（Server）结构，简称 C/S 结构。典型的客户端/服务器结构如图 12-1 所示。

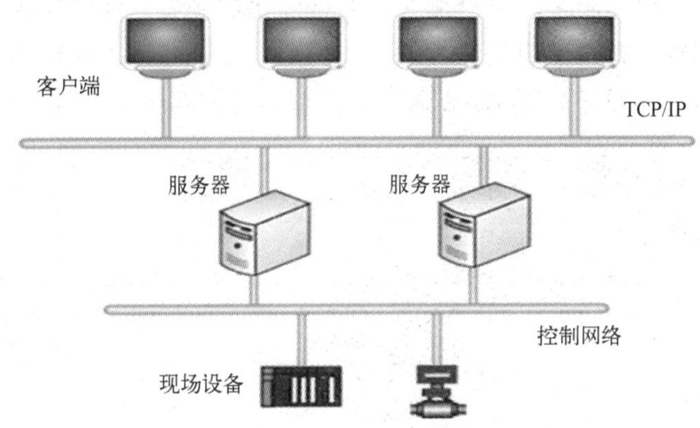


图 12-1　客户端/服务器结构

这种结构中，由组态软件所组成的监控网络上的每一台计算机称为一个计算机节点。各个计算机节点运行相同的组态软件，但是它们所执行的功能却有所不同。一般在网络上将配置最好的计算机作为服务器使用，它可以执行组态软件的所有功能，并且把这些数据提供到网络上，但在通常情况下它们只负责如数据的采集、保存、处理等工作。网络上的其他计算机节点作为客户端，它们通过网络访问服务程序访问服务器端提供的各种数据，从而完成组态软件的其他功能，如画面的操作、数据的查看等，在这种方式下客户端不需要数据库，所有的数据全部由服务器端处理。

这种方式相对于由多台单机应用组成的局域网应用方式来说，数据的采集、处理、存储等工作都是由服务器来完成的，而客户端只是使用这些数据，因此，即使数据量很大，只要服务器端的功能不受影响，那么整个监控系统的通信速度就不会受到影响。而且，数据的存储都在服务器中进行，减少了客户端的存储压力。另外，现场设备不论是否具有以太网通信功能，只要服务器能与其连接，网络上的其他计算机节点便可以通过访问服务器来使用现场设备的数据。这种方式也有明显的弊端，服务器承担了所有的数据采集、存储和处理，服务器端的处理能力往往会影响整个系统的性能，服务器端的工作状态也关系到整个系统的安全性。这种网络方式无法应用在数据量比较大的大型应用场合。

在新一代的监控软件中，使用了一种更加灵活、安全的适应大型应用的网络方式，那便是分布式使用方式，它是在客户端/服务器模式的基础上的一种扩充。在这种应用方式下，组态软件的服务器不再是固定在网络上某一台计算机节点上，它将根据组态软件对数据的使用功能划分为不同的服务器，比如：专门用来采集数据的数据采集服务器、专门用来记录历史数据的历史记录服务器、专门用来记录报警信息的报警服务器等。在网络上的其他不提供数据服务的计算机节点仍称为客户端，它们根据各自的需要在不同的服务器中提取自己需要的数据使用。而且，在这种网络模式下，不同的服务器同时还可以作为客户端访问其他功能服务器中的数据，使这些计算机节点既作为服务器又可以作为客户端使用，在这种分布式网络方式下，数据的采集与处理被分散到网络上的不同计算机节点上，使得网络的负荷被分散处理，而且网络上的多台服务器使得数据的安全性进一步提高，避免了单台服务器出现问题后引起的整个网络数据的丢失问题。

易控作为新一代的监控软件，正是采用了这种分布式网络应用的方式。易控提供了变量服务、历史记录服务、报警服务、事件服务、时钟同步服务等功能。这些功能可以根据客户端的需要随意组合配置，客户端只需要提取相应的配置文件便可以访问需要的服务，而且可以访问多个服务器提供的服务。图 12-2 为一个典型的易控网络应用模式示例。

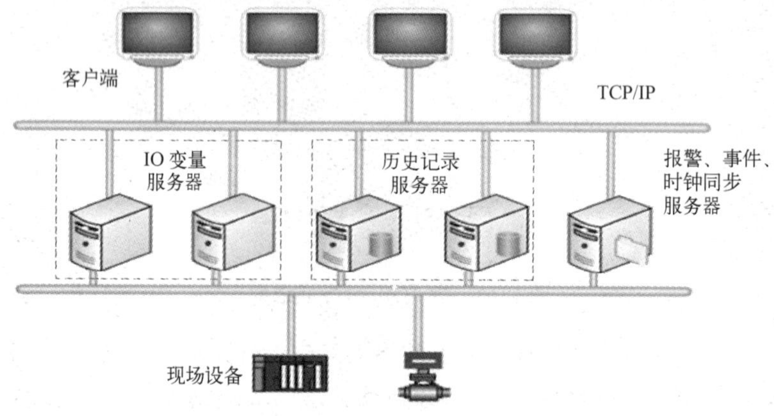


图 12-2 易控网络应用

易控的网络应用现在已经不再满足于运行过程中的网络分布式应用，正在研发开发环境下的网络应用功能。在这种网络应用环境下，工程的开发工作分散到网络上的各个计算机节点中，每个节点处理工程开发中的一部分功能，最终所有的节点共同构成一个完整的工程。在工程调试修改过程中，可以通过服务器或客户端对工程进行上传和下载，从而使在网络上任何一台计算机中做出的修改都可以快速地在整个网络上其他计算机中得到更新。

## 12.3 网络应用的配置

组态软件的网络应用功能几乎涉及网络上的所有计算机节点，因此，在进行网络应用时，必须对相应的客户端及服务器计算机中的组态软件进行相应的配置才能完成。不同的组态软件配置的方式也不尽相同。通过相关网络应用的配置后，在网络上的客户端才能够访问服务器上所提供的功能。

易控的网络应用功能是通过工程树目录下的“网络”节点完成的。在通信之前必须对该节点进行网络配置，其中包括“提供的服务”和“引用的工程”两部分内容。“提供的服务”节点下的内容是指当安装易控的机器作为网络上的服务器使用时需要进行的配置，主要包括配置服务器提供哪些服务功能，例如提供变量访问功能、历史记录访问功能等；“引用的工程”节点下的内容则是指当安装易控的机器作为客户端使用时需要进行的配置，主要包括配置访问哪台服务器提供的哪些服务。

### 12.3.1 服务器端配置

服务器端的配置是通过“提供的服务”节点完成的。该节点主要是定义本地计算机在网络中充当的服务器功能，本地计算机可以充当一种或多种服务器的角色。“提供的服务”对话框如图 12-3 所示。

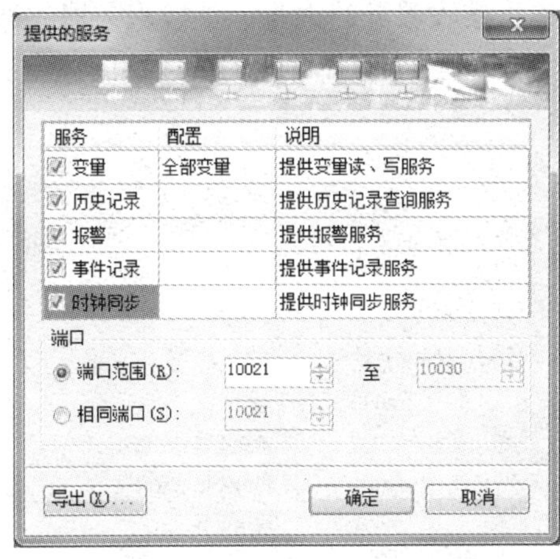


图 12-3 “提供的服务”对话框

在“提供的服务”对话框中包括了易控作为网络上的服务器可以提供的所有服务，包括变量服务、历史记录服务、报警服务、事件记录服务和时钟同步服务，同时还有设置易控作为服务器时与客户端通信的端口配置。该对话框中各功能的具体说明见表 12-1。

**表 12-1 “提供的服务”对话框内容及含义**

| 属　性 | 含　义 |
| --- | --- |
| 变量 | 本地计算机作为变量服务器时使用。在配置中可以配置服务器中提供哪些变量供客户端使用，还可以配置变量在客户端使用时的读写方式 |
| 历史记录 | 本地计算机作为历史记录服务器使用，工程中的所有历史记录在本地进行记录，在客户端可以直接将服务器端配置的历史记录变量应用到曲线、报表等需要历史数据的控件中 |
| 报警 | 本地计算机作为报警服务器使用，报警信息的记录功能在服务器中完成，客户端可以直接查看和使用这些报警信息 |
| 事件记录 | 本地计算机作为事件记录服务器使用，客户端和服务器端所产生的事件记录信息都在服务器端存储，客户端可以访问服务器提供的事件记录 |
| 时钟同步 | 本地计算机作为网络校时服务器，采取广播的方式以指定时间间隔向网络上的各台服务器发送校时信息，从而保持网络上所有计算机的系统时间同步 |
| 端口范围 | 设置被访问的网络节点使用的网络端口，可以根据需要修改，默认值为 10021～10030，占用连续 10 个端口 |
| 相同端口 | 设置被访问的网络节点使用的网络端口，可以根据需要修改，默认值为 10021，只占用一个端口。与设置端口范围相比，这种方式用于通信数据较小的情况 |

在易控中每一次配置完成后都需要将配置过程通过“导出”按钮导出为一个以“.netproj”为后缀的配置文件，文件名称默认为工程名，可以修改。该文件包含了这次配置的所有信息，客户端只有引用了该文件才能调用服务器端的各种服务功能，当服务器端有任何修改都需要将配置文件重新导出。

通过对“提供的服务”进行配置就可以完成网络中服务器功能的配置。在监控系统中如果不同的客户端需要不同的服务器配置，可以在“提供的服务”中根据客户端的需要配置不同的服务器配置文件。

## 12.3.2 客户端配置

客户端的配置是通过“引用的工程”节点完成的。“引用的工程”对话框如图 12-4 所示，其中包括引用工程的名称、接收服务的内容、连接服务器的地址及通信的端口配置等内容。它用来定义计算机在网络中充当的客户功能，可以访问单台服务器，也可以访问多台服务器提供的服务。

图 12-4 “引用的工程”对话框

在进行客户端配置时，首先需要确定客户端使用哪些服务，因此需要通过“导入”按钮将服务器端配置好的“.netproj”文件导入到客户端。当配置文件导入成功后，在“引用的工程”对话框中，所需要的服务以及通信的端口便会根据服务器端的配置文件自动完成客户端配置，同时也可以通过勾选来取消服务。开发人员需要做的工作只是配置引用工程的名称以及所连接服务器的地址。修改引用工程的名称是用来在引用多个服务器配置时区分不同的服务器配置，而服务器的地址则是用来确定客户端所连接的网络上的服务器的位置。服务器的地址可以是服务器的名称，也可以是服务器的 IP 地址。

在该对话框中的“高级”功能按钮可以设置网络应用的冗余功能，详细内容可参考第 14 章“冗余”。

## 12.4 网络应用的使用

易控的网络应用主要包括变量、历史记录、报警记录、事件记录等的应用。这些功能在服务器端和客户端都有着不同的使用。同时，在易控中还提供了一些用户程序命令，通过这些命令可以在监控系统中查看和修改网络应用的一些信息。

### 12.4.1 变量访问服务

变量访问服务是指通过变量服务器实现IO数据采集，并为网络上的其他易控客户端工程提供变量访问服务。网络应用中服务器端直接与现场设备连接，用来采集现场的各种信号，而其他客户端只需访问服务器中提供的变量便可以实现客户端工程中对变量的使用需求。

当网络上的计算机作为变量访问服务器时，它可以设置对外公开哪些变量供客户端访问，并可配置这些变量的读写属性。这些功能通过“变量配置”对话框完成，如图12-5所示。

图12-5 “变量配置”对话框

变量数量通过“公开全部变量”和“公开指定变量”来完成。当使用“公开全部变量”时，客户端便可以对服务器端除系统变量外的全部变量进行完全的读写控制。当使用“公开指定变量”时，可以指定哪些变量能被客户端使用以及这些变量的读写控制权限。

当网络上的计算机作为变量访问的客户端时，它可以与网络中提供变量访问服务的任何服务器进行连接，通过导入服务器提供的配置文件便可以使用服务器中提供的变量。在变量服务的配置项中可以打开“变量浏览”对话框，如图12-6所示。通过该对话框可以查看应用的服务端提供了哪些变量以及这些变量的读写状态。

在客户端开发工程的过程中，只要是允许定义变量连接的场合都可以引用服务器中提供的变量，而不需要重新定义它们，例如，在用户程序中、在动画和事件的配置中。这些变

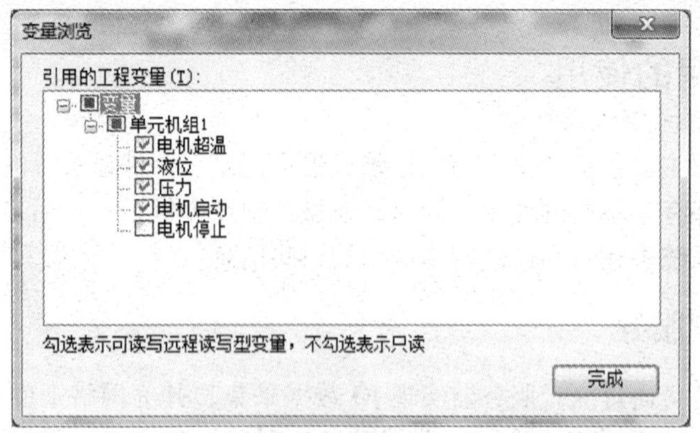


图 12-6 “变量浏览”对话框

量在客户端工程中使用时，变量浏览器中都会增加一个以引用工程名称命名的节点，如图 12-7 所示。

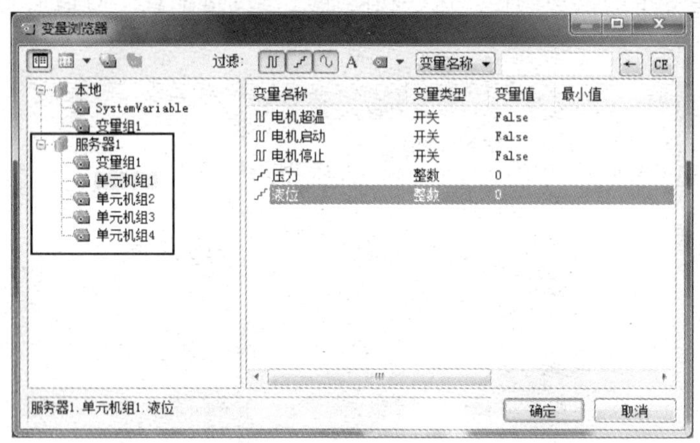


图 12-7 变量浏览器中的服务器变量

在变量浏览器中服务器节点下包含了在服务器中配置的所有变量，这些变量的使用和客户端定义的变量使用方法完全相同，只是它们使用时的格式为：“引用工程节点名．变量组名．变量名”。引用的工程在模拟值显示动画中的使用如图 12-8 所示。

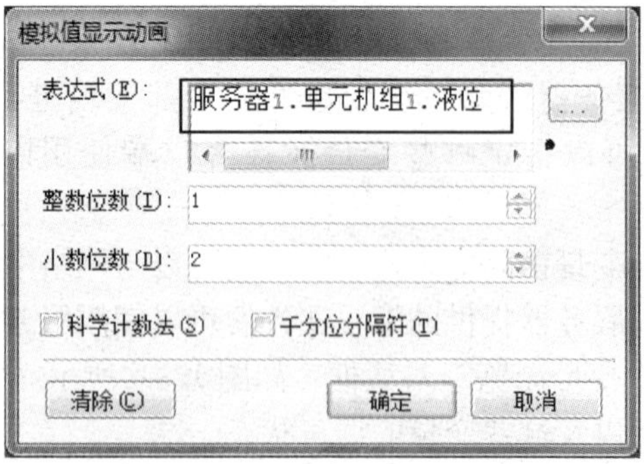

图 12-8 服务器中变量的使用

在使用服务器中的变量时，建立好连接的两个站点上的易控工程的启动没有先后之分，即哪一个站点先启动都没关系。只有当两个站点都启动后，变量的引用关系才会发生，即客户端引用的远程变量的数据就会与变量服务器上的数据的值一致。

## 12.4.2 历史记录服务

历史记录服务通过历史记录服务器对变量进行历史记录。所有记录的数据都保存在服务器中。在服务器端只需要提供历史记录功能，客户端便可以使用所有的历史记录。

在客户端可以使用所有历史记录服务器端的历史数据。使用时只需要将相应服务器的配置文件导入到客户端工程中即可，服务器中提供的历史记录变量的使用方法和客户端本地的历史记录变量使用方法完全相同，例如在历史趋势曲线、历史棒图和历史报表中都可以直接使用。当通过“历史变量浏览器”浏览工程中的历史记录变量时会发现其中包括客户端工程中已有的历史记录变量和服务器上的历史记录变量，如图 12-9 所示。

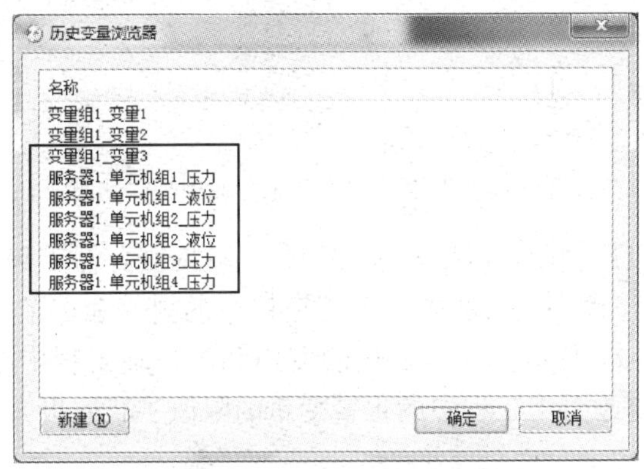


图 12-9　历史记录服务器中的历史记录变量

客户端使用服务器中提供的历史记录变量时，必须保证历史记录服务器端的历史记录功能处于启动状态。

## 12.4.3 报警记录服务

报警记录服务是通过报警记录服务器对变量进行报警记录。所有记录数据都保存在报警服务器中，在服务器端只需要提供报警记录服务功能。

在客户端可以直接通过报警窗浏览到服务器中发生的报警信息，也可以在客户端通过用户程序中的命令语言修改服务器中的报警限值、获取报警状态以及对报警进行应答等。

当客户端引用报警服务后，客户端的报警浏览器中便会增加有关报警服务器中对报警配置的内容，如在报警属性窗的“报警区”选项内会增加服务器中配置的报警区，而“服务器”项中也会列出“本地”和引用的工程的名称，如图 12-10 所示。

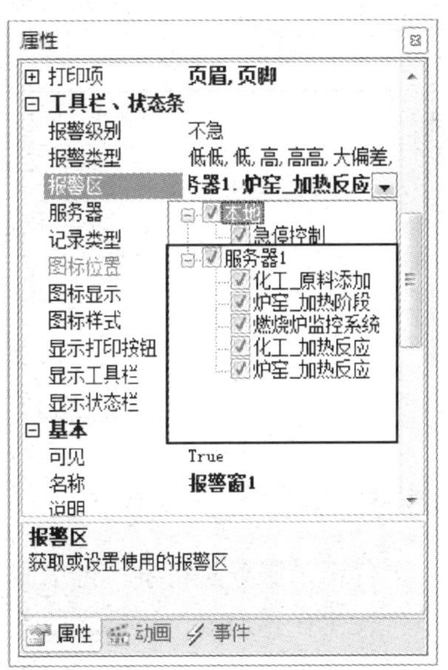


图 12-10　客户端报警属性配置

从报警窗的“服务器”和“报警源”两列可以看到报警服务器的名称和报警源（即被报警变量引用的变量所在的服务器）。图 12-11 为客户端的报警窗显示实时报警信息。客户端不仅可以通过报警窗浏览实时报警信息和进行报警应答，还可以通过历史报警窗查询历史报警信息。

不急

本地
server

| | 恢复时间 | 应答时间 | 服务器 | 报警源 | 名称 | 记录类型 | 报警类型 | 报警区 | 报警级别 |
|---|---|---|---|---|---|---|---|---|---|
| | 2010-1-15 1... | --- | 本地 | dufangya | 窑炉_窑炉温度 | 恢复 | 高高 | 急停控制 | 不急 |
| | --- | --- | 本地 | dufangya | 窑炉_窑炉温度 | 报警 | 高高 | 急停控制 | 不急 |
| 2010-1-15 1... | 2010-1-15 1... | --- | server | luofang | 化工流程_温度 | 恢复 | 温度过低 | 化工-加热反应 | 不急 |
| 2010-1-15 1... | --- | --- | server | luofang | 化工流程_液位 | 报警 | 液位过高 | 化工-加热反应 | 不急 |
| 2010-1-15 1... | --- | --- | server | luofang | 化工流程_温度 | 报警 | 温度过低 | 化工-加热反应 | 不急 |
| 2010-1-15 1... | 2010-1-15 1... | --- | 本地 | dufangya | 窑炉_窑炉温度 | 恢复 | 高高 | 急停控制 | 不急 |
| 2010-1-15 1... | --- | --- | 本地 | dufangya | 窑炉_窑炉温度 | 报警 | 高高 | 急停控制 | 不急 |
| 2010-1-15 1... | 2010-1-15 1... | --- | server | luofang | 化工流程_液位 | 恢复 | 液位过高 | 化工-加热反应 | 不急 |
| 2010-1-15 1... | 2010-1-15 1... | --- | server | luofang | 化工流程_温度 | 恢复 | 温度过低 | 化工-加热反应 | 不急 |
| 2010-1-15 1... | --- | --- | server | luofang | 化工流程_温度 | 报警 | 温度过低 | 化工-加热反应 | 不急 |
| 2010-1-15 1... | 2010-1-15 1... | --- | server | luofang | 化工流程_温度 | 恢复 | 温度过低 | 化工-加热反应 | 不急 |
| 2010-1-15 1... | --- | --- | server | luofang | 化工流程_液位 | 报警 | 液位过高 | 化工-加热反应 | 不急 |
| 2010-1-15 1... | --- | --- | server | luofang | 化工流程_温度 | 报警 | 温度过低 | 化工-加热反应 | 不急 |
| 2010-1-15 1... | 2010-1-15 1... | --- | server | luofang | 化工流程_液位 | 恢复 | 液位过高 | 化工-加热反应 | 不急 |
| 2010-1-15 1... | 2010-1-15 1... | --- | server | luofang | 化工流程_温度 | 恢复 | 温度过低 | 化工-加热反应 | 不急 |
| 2010-1-15 1... | --- | --- | server | luofang | 化工流程_温度 | 报警 | 温度过低 | 化工-加热反应 | 不急 |
| 2010-1-15 1... | 2010-1-15 1... | --- | server | luofang | 化工流程_温度 | 恢复 | 温度过低 | 化工-加热反应 | 不急 |
| 2010-1-15 1... | --- | --- | server | luofang | 化工流程_液位 | 报警 | 液位过高 | 化工-加热反应 | 不急 |

报警的数量：97 新报警出现的位置：前面

图 12-11　报警窗中查看服务器中报警信息

客户端工程中，可以通过用户程序功能编写代码获取服务器工程提供的报警变量的限值及报警状态等。在 C#用户程序编辑器中，工程窗口中的报警命令节点下会列出服务器中提供的报警变量，如图 12-12 所示。这些变量的使用和客户端工程中报警变量的使用方法完全相同，通过它们可以修改引用工程中的报警变量的限值、获取报警变量的状态等。

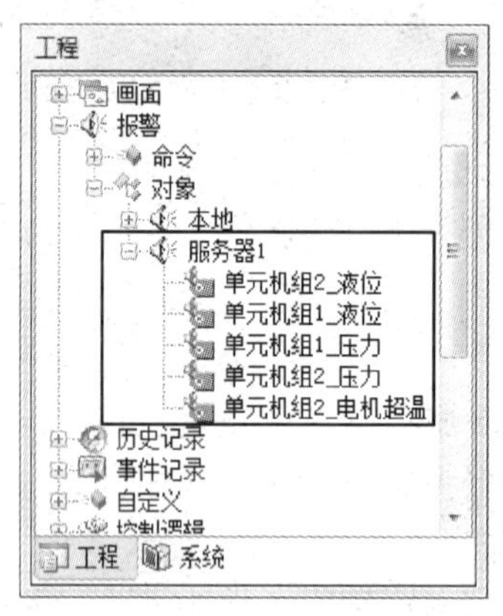


图 12-12　用户程序中引用的报警变量

## 12.4.4　事件记录服务

事件记录服务是将事件记录服务器中发生的事件信息记录下来。在工程运行过程中，不管事件发生在客户端，还是服务器端，事件信息都将保存在服务器端。

当在客户端引用了事件记录服务器中的事件记录服务后，客户端的任何事件操作都会被记录到服务器中。引用了事件记录服务的客户端在配置“记录窗”属性时，可以通过“服务器”项选择在事件记录中显示的事件信息种类，同时可以在“显示格式”项中配置事件信息的来源以及存储的位置等信息，如图 12-13 所示。

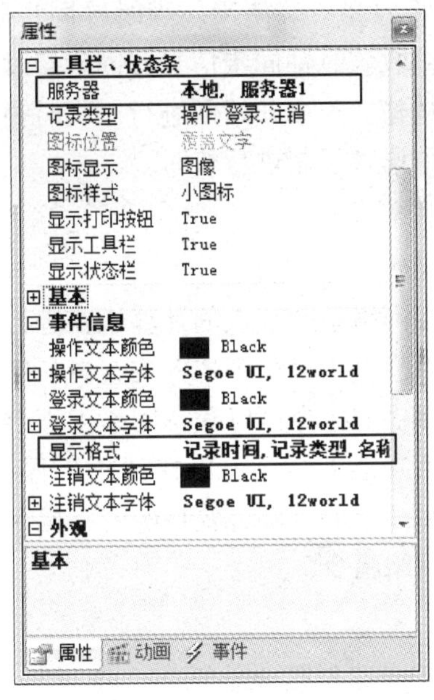


图 12-13　事件记录窗属性中的网络应用

当客户端系统运行时，从事件记录客户端的记录窗中“服务器”和“事件源”两列可以看到事件记录服务器和执行事件记录的计算机名称。图 12-14 为客户端的记录窗显示实时事件记录信息。其中，可以通过“服务器”按钮筛选显示的事件信息，在“服务器”列中显示事件存储的计算机，在“事件源”列中则显示事件发生的计算机。

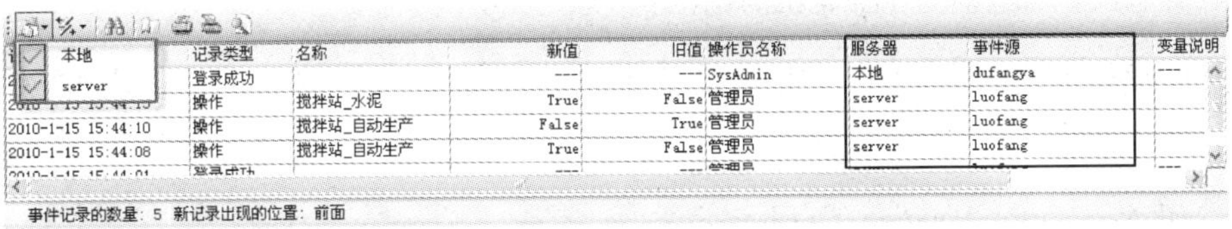

图 12-14　事件记录窗中的事件信息

客户端不仅可以通过记录窗浏览实时事件记录信息，还可以通过记录窗查询历史事件信息，并且可以通过设置过滤条件，查看过滤后的记录信息。

## 12.4.5　时钟同步

时钟同步功能用来校对网络上所有计算机的系统时间。在一个网络系统中，相同的系统时间能保证整个系统的同步运行，如果系统时间不相同，那么将会对系统中的各种记录功能产生很严重的影响，例如，历史记录的服务器中记录的历史数据是根据服务器中的系统时间进行记录的，当使用客户端进行历史记录的查询操作时都是根据客户端的系统时间查询的，两者时间不统一将会影响数据的准确性。再比如，报警和事件等都是用来对系统中的各种事故进行分析的，当服务器和客户端的系统时间不统一时，这些记录信息就不能准确地反映报警和事件的准确性，影响到事故的分析。

时钟同步功能在整个监控网络中一般只能由一台服务器来完成，其他各个客户端和服务器都必须作为该时钟同步服务器的客户端使用。当时钟同步服务器发出网络时钟同步信号后，网络上的所有计算机节点接收该时钟同步信号并同步修改自己的时钟。在易控中，时钟同步服务器与时钟同步客户端从建立连接开始便进行一次时钟同步，以后则每间隔 1 小时进行一次时钟同步，也可通过命令语言强制进行校时。

## 12.4.6 用户程序命令

在一个网络系统中，分布在网络不同节点的计算机在进行通信时，除了使用软件中提供的网络应用配置外，用户还可以通过用户程序的方式查看和使用网络应用功能。

易控中，通过用户程序中提供的指令可以获得网络工程中的一些信息或对网络工程中的属性进行设置。易控中有关网络功能的命令可以在“用户程序编辑器”中工程窗口的网络节点下调用。在网络系统上的每一个节点都有各自的网络指令，包括本站点作为服务器的网络指令和本站点作为客户端的网络指令。

### 1. 服务器网络指令

当远程计算机在“站点”中与本机建立连接时，本机将作为远程站点的服务器。在网络指令中，以下指令可供服务器获取或设置本机作为服务器与远程站点的通信信息。

(1) EnableAlarmServer

该命令用来获取或设置是否提供网络报警服务。该命令的使用有两种方式：

① 用来获取当前服务器是否提供报警服务，当触发该命令后返回给布尔变量“server”当前服务器是否提供报警服务。

```
bool server = NetProject. EnableAlarmServer;
```

② 用来设置当前服务器是否提供报警服务，前提是在“提供的服务”中选择“报警”项。

```
NetProject. EnableAlarmServer = false;
```

(2) EnableDataLogServer

该命令用来获取或设置是否提供网络事件服务。使用方法与报警服务命令相同。

(3) EnableHistoryRecordServer

该命令用来获取或设置是否提供网络历史记录服务。使用方法与报警服务命令相同。

(4) EnableRTDBServer

该命令用来获取或设置是否提供网络变量服务。使用方法与报警服务命令相同。

(5) BroadcastTime

该命令用来时钟同步，统一网络上各站点的系统时间与本服务器保持一致。该命令的使用如下，当触发该命令后网络上所有使用时钟同步功能的计算机节点强制进行一次时钟同步。

```
NetProject. BroadcastTime( );
```

(6) ClientAddresses

该命令用来返回客户端地址，返回所有与本服务器处于连接状态的客户端地址。在使用时需要配置所要连接客户端的索引号。该命令的使用如下，当触发该命令后，将客户端索引号为0的客户端计算机名或者IP地址返回给字符串变量“Client”。

```
string Client = NetProject. ClientAddresses[0];
```

**2. 客户端网络指令**

本地计算机作为客户端时，在网络指令中以下指令可供客户端获得本机与远程站点（服务器端）的通信信息。

(1) GetExtProjectAddress

该命令用来返回指定外部工程的网络连接地址，其中需要一个外部工程的名称作为参数。该命令的使用如下，当触发该命令后，该命令将“服务器1”的IP地址或计算机名返回给字符串“server”。

```
string server = DbAccess. MoveFirst("服务器1");
```

(2) GetExtProjectConntectedState

该命令用来返回指定外部工程的网络连接状态。其中需要一个外部工程的名称作为参数。该命令的使用如下，当触发该命令后，该命令将客户端与“服务器1”的连接状态返回给布尔型变量“server”。

```
bool server = DbAccess. MoveFirst("服务器1");
```

## 12.5 本章小结

网络应用功能是现在以及将来解决大型或复杂网络系统的必然方法。通过网络功能的应用将监控系统中的重要数据及功能分散在网络上不同的服务器中，从而提高了工程数据的安全性，同时还分担了网络上单台计算机的负荷，使整个监控系统的数据交互更加迅速准确。易控中，网络功能可以将工程中的变量采集、历史数据记录、报警记录、事件记录等分布到网络上的不同计算机中，这些应用服务的配置十分简单。在易控的网络应用中，同一台服务器可以根据需要提供不同的网络应用服务，而客户端根据需要选择引用多种服务器端提供的服务。另外，易控的网络应用功能中，计算机可以同时作为服务器和客户端使用，通过这种方式增加了网络应用的灵活性。

# 第 13 章　Web 应用

**本章要点**

- Web 应用技术介绍
- 易控 Web 应用的实现

## 13.1　概述

随着 Internet 技术和 Web 技术在各个领域的广泛应用，工业自动化系统也逐渐受到了这种技术的影响。作为自动化系统中最重要应用的组态软件来说，对这种技术的应用就更加不可避免了。另外，通过 Web 方式发布信息，企业管理者可以随时随地使用浏览器查看现场的各种信息，对企业的生产状况有更加直观的了解。而且，通过 Web 应用还可以减少企业中各种报表的使用以及组态软件各种应用程序接口的连接，简化了企业的工作流程，节约了企业生产成本。除此之外，各种网络安全功能的完善也保障了组态软件在 Internet 网络上应用 Web 功能的可行性。因此，组态软件的 Web 应用就成了必然的趋势。通过 Web 应用使组态软件的应用领域进一步扩大。基于 Internet 的 Web 应用系统已经成为组态软件的重要组成部分。

组态软件的 Web 功能就是将组态软件中的各种信息，如画面、报警、历史数据等，通过 Web 的方式发送到 Internet 网络上，处于网络上的任何计算机都可以通过 IE 等浏览器监视和控制组态软件发布的所有信息。现在这种方式实现的远程监控已经得到大多数用户的认可，也成为组态软件的标准功能。

由于各个组态软件厂家使用的开发平台和开发语言的不同，使得 Web 功能的内容和实现方式有所区别。目前在组态软件中使用最多的 Web 开发平台主要有 Java 平台的 J2EE 技术和微软 .NET 平台的 Web-Service 技术。但是，不管使用什么技术，组态软件中的 Web 应用一般都是通过浏览器/服务器（常称为 B/S）的网络结构实现的，如图 13-1 所示。

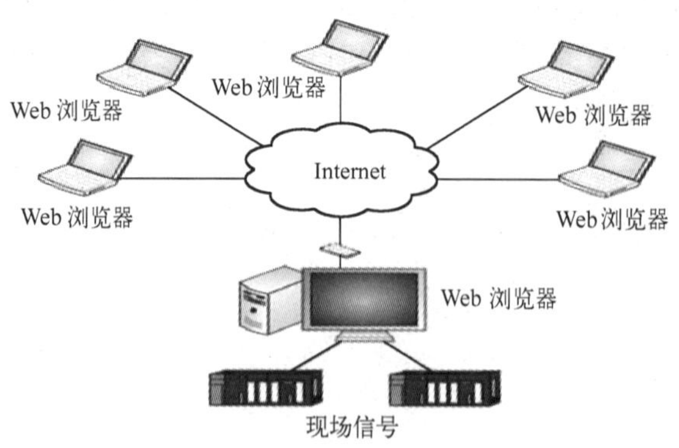


图 13-1　组态软件的浏览器/服务器 Web 应用

组态软件的 Web 服务器是 Web 发布的基础。Web 发布的所有配置工作都在服务器中完成，包括配置客户端浏览时的通信地址、通信端口、发布画面的选择、监控过程中的控制权限等。在服务器端还可以通过对发布画面的编译以及本机浏览等功能检查 Web 发布的效果，对 Web 发布随时做出修改。另外，根据 Web 发布时服务器所处的网络环境的不同，还可以选择不同的 Web 发布方式，如文件访问方式、本地 IIS 方式等。监控系统的 Web 客户端不需要安装任何组态软件，只需要在 IE 等浏览器中输入服务器端配置的网络地址就可以查看监控系统画面，浏览监控系统中的数据，而且通过相应的登录权限还可以实现对监控现场的控制功能。

组态软件的 Web 发布功能突破了局域网范围的限制，扩大了组态软件的应用范围，在世界各地只要能登录 Internet 就能随时随地对组态工程进行监控。使用 Web 方式不需要在每个远程站点都安装组态软件，大大降低了整个系统的软件费用。使用 Web 方式在客户端操作监控系统，数据能在服务器中实时更新。在客户端使用 Web 方式，只需要使用浏览器，而不需要对组态软件有所了解，非常适合管理层用户的使用。

组态软件应用 Web 技术实现远程监控已经成为越来越多的控制系统不可或缺的重要组成部分。

## 13.2 Web 技术介绍

组态软件的网络应用功能使用服务器/客户端结构（C/S 结构），使得组态软件从单机应用发展到网络应用，扩大了监控系统的应用范围，但是，使用这种应用方式只能局限在局域网内，而且客户端还需要安装组态软件才能够进行工程的监控。现在，随着 Internet 技术的兴起，在组态软件中出现了一种新的网络结构——浏览器/服务器结构（B/S 结构）。

组态软件的 Web 应用功能就是基于 B/S 结构而产生的，它是对 C/S 结构的一种变化或者改进。B/S 结构的使用已经不仅限于局域网内。在 B/S 结构下，作为 Web 服务器端的计算机可以将计算机中的文本、数据、图像、动画、声音及程序等各种信息发布到网络上，任何客户端用户只要能通过网络访问到服务器端，就可以通过客户端的浏览器查看和使用 Web 服务器端的信息，客户端除了使用浏览器外，一般无须安装任何其他用户程序。

B/S 结构具有开放、互连、信息随处可见和信息共享的特点。它是以往的主机/终端和 C/S 结构都无法满足的一种新型网络应用结构。通过这种结构的使用，大大简化了客户端计算机载荷，减轻了系统维护与升级的成本和工作量。组态软件正是看到了 B/S 结构的这种优势和控制领域的迫切需求才将这种应用嵌入到组态软件中，形成了组态软件自己的 Web 应用功能。

由于各个组态软件厂家使用的软件开发平台和编程技术的不同，组态软件 Web 应用功能在 Web 功能实现的方式和使用上就有着各自的区别。现今 Web 技术的实现基本上有以下几种方式：

① 使用 ActiveX 方式。使用这种方式进行 Web 功能开发的组态软件大都采用 Microsoft Visual C ++6.0 的开发环境，它直接在 COM 组件中封装一个图形浏览控件，用户使用浏览器的时候会提示安装这个控件。客户机上安装了这个控件后，通过 IE 调用该控件就可以看到组态界面，这种也被称为准 Web 方式，通过这种方式实现的 Web 功能保密性能好，在进行

ActiveX 开发时编译生成二进制文件，使别人无法获取程序代码；封装的控件可以嵌入和重用，减少了软件开发的工作量；使用这种方式在客户端浏览和操作时，数据的更新非常快，能保证远程监控的实时性。但是，这种方式也有很大的缺点，它依赖性很强，只能在 Windows 平台上使用；对客户端浏览器的版本要求严格，在进行访问时还需要设置客户端的安全级别；客户端访问时必须在服务器端打开用户指定端口，一旦遇到路由器等跨网络设备信息就不能被客户端访问。

② 使用 Java 的 J2EE 平台方式。Java 是 Java 程序设计语言和 Java 平台的总称，它具有跨平台、动态的 Web、Internet 计算等特点，现在已经被广泛接受并成为推动 Web 迅速发展的主因。J2EE 平台是 Java 提供的一个多层结构的应用程序模型，它具有重用组件的能力、统一的安全模式和灵活的事务控制功能。使用 Java 的 J2EE 功能开发的组态软件 Web 应用功能可以冲破不同网络管理设备的限制，而且不受服务器端口的限制，但是，使用这种方式进行组态软件的 Web 发布时，需要将组态工程在服务器端的 Java 平台进行重新转换，对于组态软件的发布来说比较耗时，另外，这种方式虽然不受网络管理的限制，但是由于安全性的要求，在数据进行发布的过程中，数据的传输速度会有所下降。

③ 使用微软 .NET 的 Web-Service 方式。微软 .NET 平台是网络时代所需要的新一代计算平台，它改变了传统的计算机计算模式，取而代之采用网络计算模式。微软 .NET 技术的核心就是以“网络计算”取代“计算机计算”，突破了“软件运行于计算机”的概念，将软件的运行革命性地扩展到网络范围，可以说，真正的 .NET 时代的软件是运行于“计算机网络”上的。而微软 .NET 结构下的 Web-Service 应用是基于 .NET 框架以及 IIS 架构下进行的，Web-Service 具有平台独立性、跨语言以及穿透防火墙的功能，使得它在进行 Web 应用开发的过程中具有明显的功能优势。另外，微软 .NET 使用的 C#编程语言是一种融合了 C、C ++ 、Java 特色的编程语言，对于它们的功能使用都有兼容性，因此，在进行 Web 应用的开发过程中使用微软 .NET 的 Web-Service 方式能够吸取 ActiveX 方式和 Java 的 J2EE 方式的精华，屏蔽它们的缺点，是未来 Web 应用的必然趋势。

## 13.3 易控 Web 应用

易控组态软件是现在唯一一款在微软 .NET 平台下使用 C#编程语言开发的新一代组态软件，它使用微软 .NET 的 Web-Service 方式进行 Web 功能的开发，因此它的 Web 发布功能必然是适应现在工控行业要求的最为方便的 Web 功能。

易控 Web 发布功能是通过运行易控的电脑作为服务器，将易控运行过程中的实时数据、历史数据、各种控制功能和图表曲线等以网页的形式发送到网络上，发布过程中的所有配置功能都是在服务器端实现的，包括通信的配置、发布的内容、权限的管理、发布的位置等。

易控 Web 发布提供了方便的配置向导和丰富的网络模式，配置过程十分简单，可以适应各种网络环境下的 Web 发布。使用易控 Web 发布时，位于网络上的客户端不需要安装组态软件，只需要通过 IE 等浏览器就能随时访问易控运行工程，通过这种方式可以使管理人员不用深入现场同样可以获得工业现场的信息，实现远程监控。在客户端通过相应权限登录后，还可以通过浏览器对运行系统进行操作，比如控制现场设备、修改各种参数等。使用易控 Web 发布时，在客户端浏览到的画面不论是画面的精美度还是数据的更新速度都与在服务器端组态软件中运行的画面没有任何区别，而且，客户端画面还可以根据浏览器画面的大小实现分辨率的自动适应，保证不同 Web 浏览器中都能看到最好的画面效果。

### 13.3.1 配置方式

易控 Web 应用功能的实现是通过工程树目录下的“Web”节点完成的。在进行 Web 发布的过程中需要进行通信配置、编译网页、浏览网页、发布网页等几项配置工作，如图 13-2 所示。

**1. 通信配置**

通信配置是配置易控运行环境所在计算机的 IP 地址。通信配置通过“通讯配置”对话框完成，如图 13-3 所示。

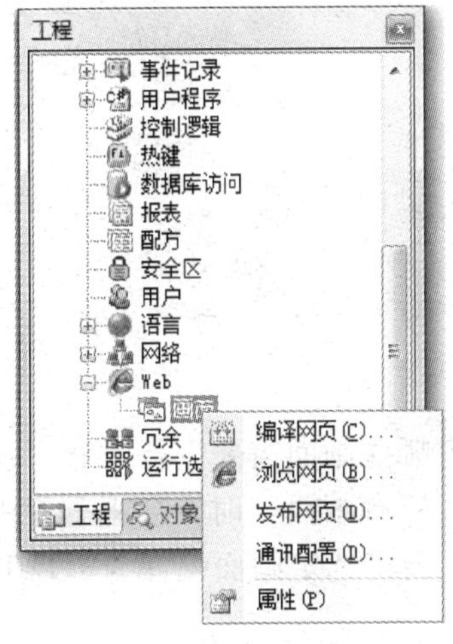


图 13-2 易控 Web 发布

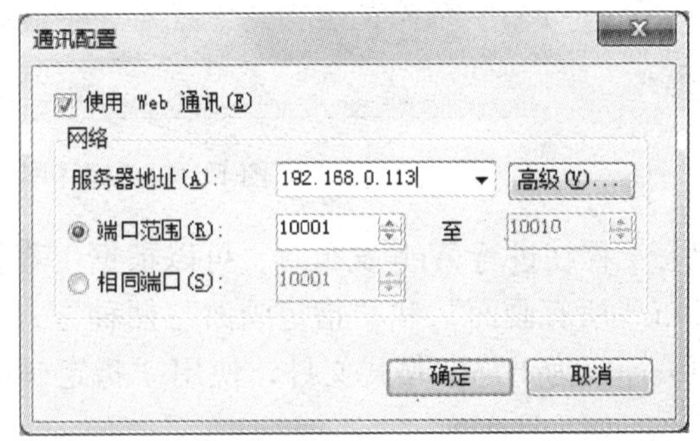


图 13-3 “通讯配置”对话框

“通讯配置”对话框的内容及含义见表 13-1。

**表 13-1 “通讯配置”对话框的内容及含义**

| 名 称 | 含 义 |
|---|---|
| 使用 Web 通信 | 根据 Web 发布的范围时有两种情况，一种是在局域网内发布，此时可以不对该对话框进行配置，对话框中的所有内容按照系统中的默认设备配置；另外一种是在公网上发布也就是通过 Internet 进行访问，此时，需要对对话框中的内容进行一些修改 |
| 服务器地址 | 易控运行系统所在计算机的 IP 地址、机器名或域名。若为公网通信时，此处应设置为唯一的外网 IP 或者动态域名 |
| 高级按钮 | 该功能在进行工程或网络冗余时使用。在“冗余”一章会有介绍 |
| 端口范围 | 设置网络通信时的通信端口，可以根据需要修改，默认值为 10001～10010，占用连续 10 个端口 |
| 相同端口 | 设置网络通信时的通信端口，可以根据需要修改，默认值为 10001，只占用一个端口，与设置端口范围相比，这种方式用于通信数据较小的情况 |

在进行通信配置的过程中，为了方便网络解析，一般建议在服务器地址处填写机器的 IP 地址。

## 2. 编译网页

编译网页功能主要是实现把工程画面文件编译成 IE 访问支持的 HTML 文件。编译网页通过“编译网页”对话框完成，如图 13-4 所示。

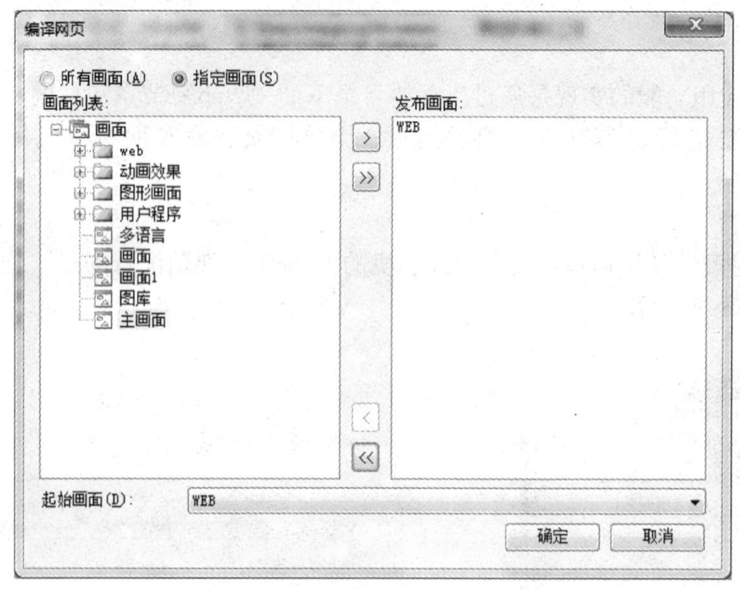


图 13-4 “编译网页”对话框

组态工程在进行 Web 发布时，可以根据工程情况设定哪些画面需要进行发布，易控中分为发布“所有画面”和“指定画面”两种方式。使用“所有画面”时，会将工程中的所有画面编译成为 HTML 格式文件；使用“指定画面”时，会将选定画面编译为 HTML 格式文件。

画面的编译需要画面具有起始页，它是客户端浏览时打开的第一张画面。使用“所有画面”进行编译时，系统会将工程运行时的起始页作为 Web 发布的起始画面，而使用“指定画面”进行编译时，系统会将发布画面中的第一张画面设为起始画面。

易控中选择完成所要发布的画面和起始页后，便会对选择的画面进行编译，通过易控的编译输出窗口可以查看编译的结果。编译完成后会在工程文件夹下生成一个以“Web”为名称的文件夹，其中包含了所有 Web 编译的画面。

## 3. 浏览网页

浏览网页是指在运行易控的计算机中通过 IE 浏览器浏览编译后的画面文件，主要是在正式发布网页前，供用户在开发过程中反复调试查看发布效果。使用浏览网页功能后，系统会自动打开 IE 浏览器并且加载编译后生成的网页文件。在使用浏览网页功能时，需要将易控工程运行起来，这样才能通过 IE 浏览器观察易控中各种数据的变化，如果只是静态画面的浏览可以不启动易控运行环境。这种浏览方式的效果与网页正式发布后在其他客户端看到的画面效果完全相同。

## 4. 发布网页

发布网页是指将编译后的网页文件发布到计算机中的指定位置，供网络上其他客户端浏览。“发布网页”对话框如图 13-5 所示。

图 13-5 “发布网页”对话框

易控中对编译后网页文件发布位置的选择有两种方式：文件系统和本地 IIS。它们可以通过图 13-5 中的“高级”按钮进行选择。

“文件系统”是系统默认的发布方式，一般用于局域网内的 Web 发布。它有两种路径可供选择：工程相对路径和磁盘绝对路径。工程相对路径将工程编译文件发布在工程文件夹下，磁盘绝对路径可以将工程编译文件发布到计算机中的任意位置。但是，不管使用哪一种路径，都需要将发布的文件夹属性设为共享方式，才可以被网络上其他的计算机浏览。

“本地 IIS”方式是将易控编译文件以虚拟目录的方式进行发布。IIS（Internet Information Server，互联网信息服务）是 Windows 自带的 Web 服务器程序，它是以服务的方式随系统一起启动，在有些计算机中需要手动安装。使用 IIS 方式时，易控的 Web 画面发布路径默认首选 IIS 的根目录，不需要打开 IIS 进行设置；如果以虚拟目录的方式进行发布，需要在本地 IIS 中创建虚拟目录名称以及发布路径，如图 13-6 所示。使用 IIS 进行 Web 发布时 Web 服务器的端口由 IIS 自动设置。有关 IIS 的详细安装和配置参见“易控在线帮助”。

图 13-6 发布网页本地 IIS 方式

### 13.3.2 Web 发布方式

工业控制系统中，监控系统所在的计算机由于安全性方面的考虑，一般是不允许直接访问外部 Internet 网络的，用户往往用一台专用的计算机来做 Web 发布，因此，在进行易控 Web 发布的过程中需要根据当时的网络环境对 Web 发布的配置做出适当的修改。

易控中的 Web 发布网络环境主要有两种：一种是运行易控的计算机（InRun）和网页发

布（IIS）计算机为同一台计算机，另外一种就是运行易控的计算机（InRun）和网页发布（IIS）计算机不是同一台计算机。

当易控运行环境（InRun）和网页发布（IIS）计算机为同一台计算机时，这种情况一般用于局域网内的 Web 发布或者易控运行环境计算机可以直接访问外部 Internet 网络，此时，在易控中按照正常的通信配置、编译网页、浏览网页、发布网页的顺序就能够进行网页的发布。

当易控运行环境（InRun）和网页发布（IIS）计算机不在同一台计算机时，这种情况一般是运行易控的环境计算机不能访问外部 Internet 网络，它需要将网页发布文件发布到另一台可以访问外部 Internet 网络的计算机中，如图 13-7 所示。

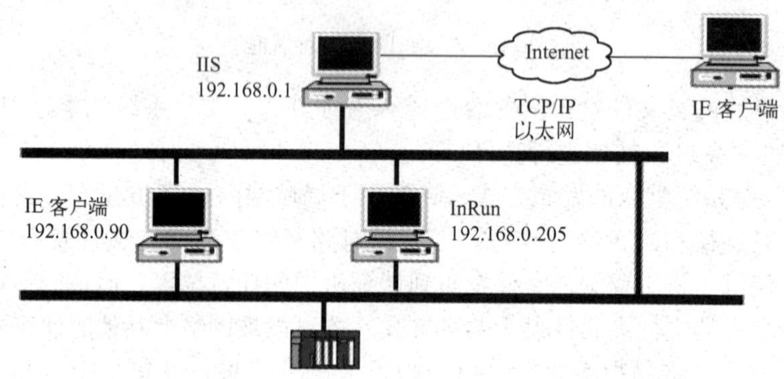


图 13-7　易控运行环境和网页发布（IIS）不在同一台计算机

使用这种方式进行 Web 发布时，发布的过程相同，但是需要对易控发布时的网络通信配置和发布网页的地址做出修改。通信配置时需要将服务器地址修改为 IIS 所在计算机的 IP 地址，如图 13-8 所示应将服务器地址修改为 192. 168. 0. 1。

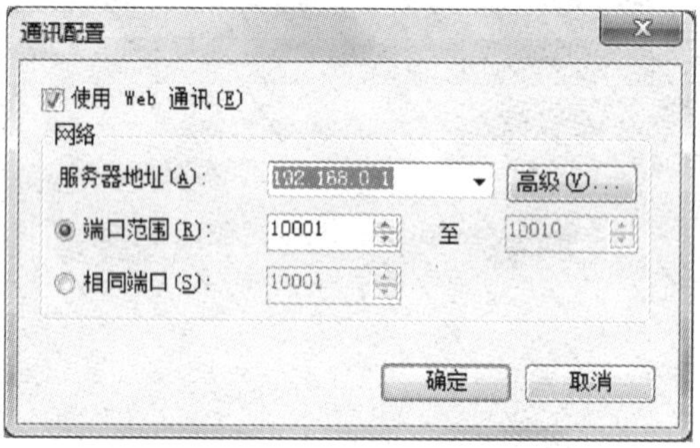

图 13-8　易控运行环境和网页发布（IIS）不在同一台计算机

发布网页时需要从 InRun 计算机获取 Web 发布的网页文件，即在 IIS 服务器计算机中创建 IIS 默认网站或虚拟目录，并将 InRun 计算机发布的网页文件夹复制到创建的物理路径下。相关的配置过程可以参考“易控在线帮助”。

### 13. 3. 3　Web 应用要求

易控中，通过通信配置、编译网页、浏览网页、发布网页便可以轻松完成 Web 发布的所有内容。但是作为一个在网络中需要被各个计算机访问，并进行数据交互并且涉及控制系统安全的应用程序，需要对 Web 发布的计算机和访问的客户端计算机有一定的要求与设置，才能顺利完成 Web 应用功能。

### 1. 服务器端防火墙设置

由于使用 Web 发布是将本地计算机中的数据或程序发布到网络上，与网络上的计算机进行交互，因此，需要在服务器端的防火墙中进行相应的设置，从而防止服务器对数据的干扰，以及阻止客户端顺利浏览。一般需要在服务器端防火墙中将易控 Web 发布的端口与易控运行环境进行例外处理，在易控发布时如果使用端口范围则需要将所有端口全部执行例外处理，防火墙中的端口例外如图 13-9 所示。

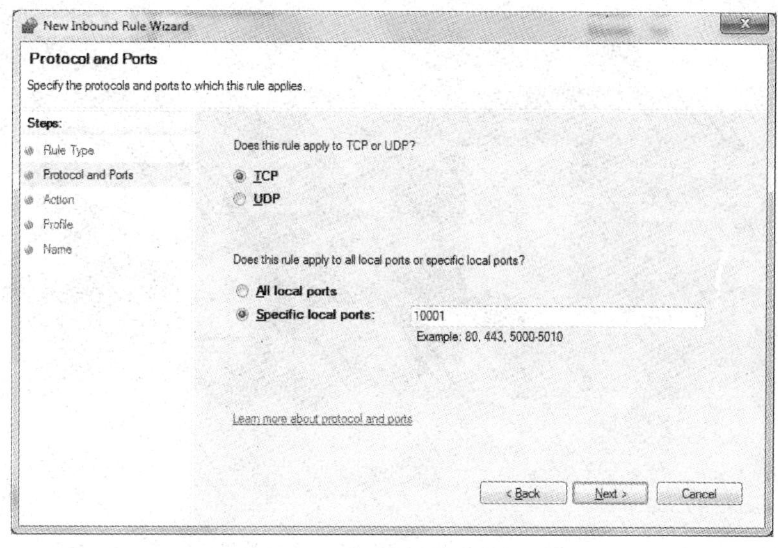


图 13-9　防火墙中的端口例外

### 2. 客户端计算机

易控作为一款在微软 .NET 平台下开发的组态软件，其 Web 发布使用的是现在最先进的 Web-Service 技术，因此，客户端如果希望能够浏览到与服务器端相同效果的画面就需要客户端浏览器为 IE 6.0 以上版本，且具有微软 .NET 3.5SP1 平台。

易控客户端在通过 IE 浏览服务器端工程时，需要在 IE 浏览器地址栏中输入 Web 发布的服务器端 IP 地址（如 http://192.168.0.1），客户端在第一次浏览时会提示用户下载浏览网页所必需的安装包，如图 13-10 所示。用户下载并安装该安装包后，便可以在浏览中看到服务器端发布的网页文件。

图 13-10　客户端浏览器安装包

当服务器端处于运行状态时，客户端便可以通过浏览器实时观察服务器端数据的变化。当客户端使用一定权限登录后，还可以在浏览器中对服务器画面进行相应的操作，如图 13-11 所示，通过浏览器中各种按钮的操作就可以控制工业现场的工艺流程。

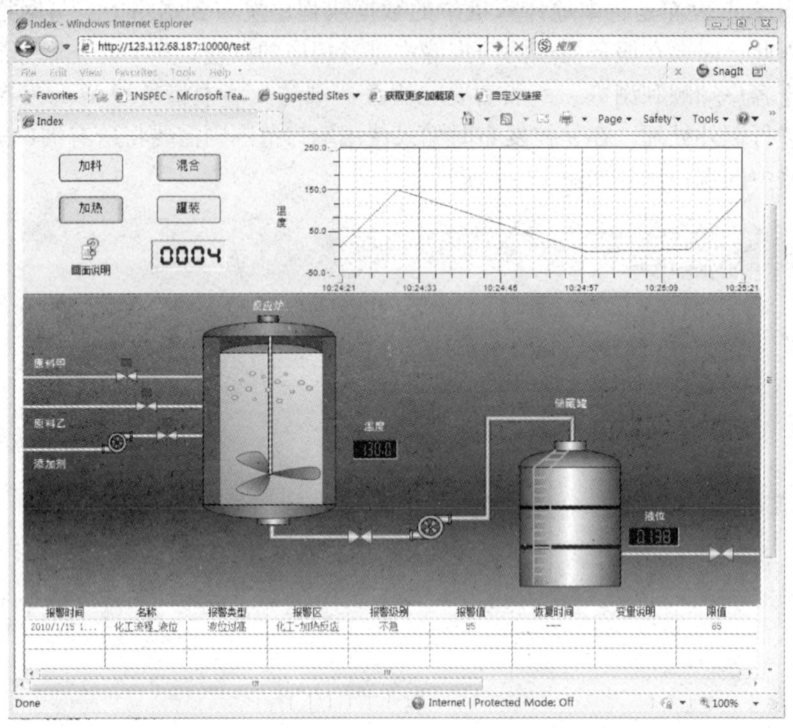


图 13-11　客户端浏览器浏览效果

## 13.4　示例——局域网单机发布

Web 发布应用最简单的方式是单机发布，指一台服务器既运行易控（INSPEC）运行环境，同时也作为 Web 发布服务器，如图 13-12 所示。

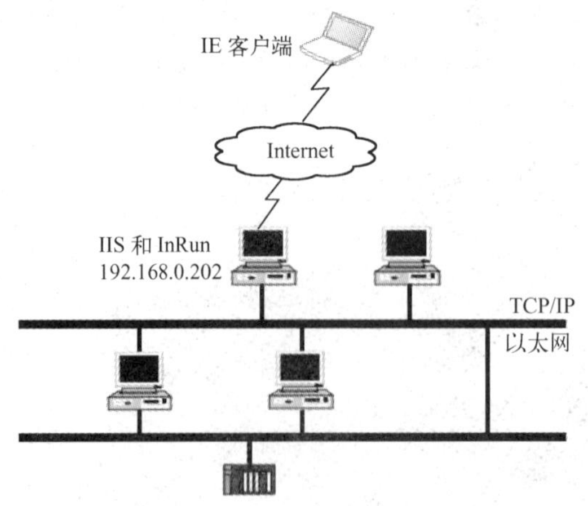


图 13-12　易控运行环境和网页发布（IIS）为同一台计算机

以“易控演示工程”为例做单机发布，具体步骤如下：

1）通信配置。打开工程树中 Web 功能的“通讯配置 ”对话框，修改服务器地址为计算机在局域网中分配的 IP 地址 192. 168. 0. 202，如图 13-13 所示。点击“确定”按钮完成通信配置。

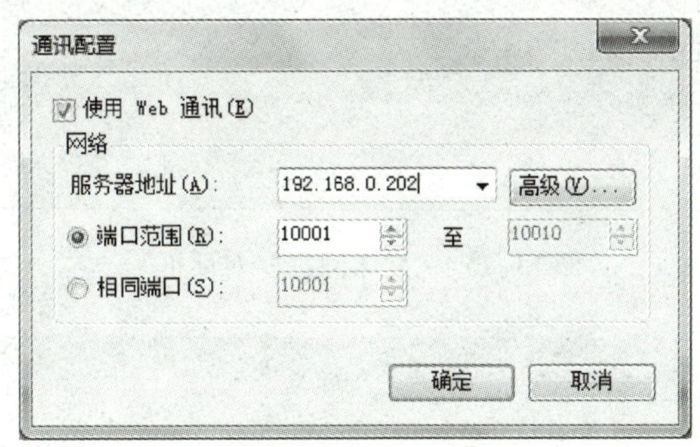


图 13-13 “通讯配置”对话框

2）编译网页。只发布工程中的“化工”画面，在“编译网页”对话框中选择“指定画面”，并通过中间区域按钮将“化工”选择到右边发布画面列表中，如图 13-14 所示。点击“确定”按钮进行网页编译。

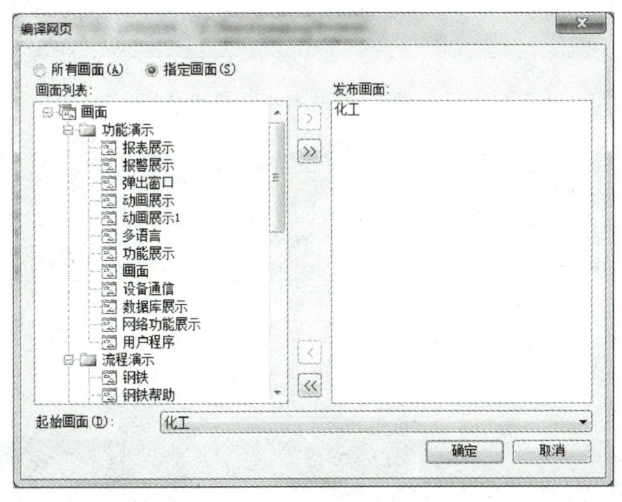


图 13-14 “编译网页”对话框

3）发布网页。在发布网页前操作系统需安装 IIS 组件。选择“画面”右键菜单“发布”项，弹出“发布网页”对话框，如图 13-15 所示。

点击对话框中“高级”按钮，显示“打开网站”对话框，选择“本地 IIS”方式进行网页发布，并在右边“选择要打开的网站”中选择站点“Web”，点击“打开”按钮发布网页，如图 13-16 所示。

4）启动易控运行环境。局域网中的电脑通过 IE 端浏览发布的 Web 网页。在 IE 浏览器地址栏中输入“http://192. 168. 0. 202”，就可以浏览到 Web 通信服务器上的数据和画面。如图 13-17 所示。

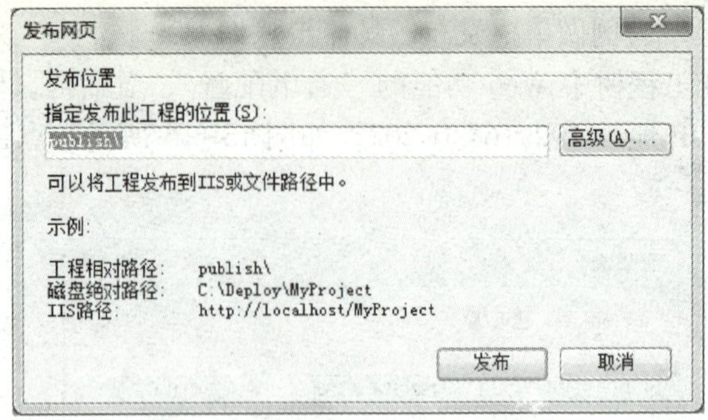


图 13-15　“发布网页”对话框

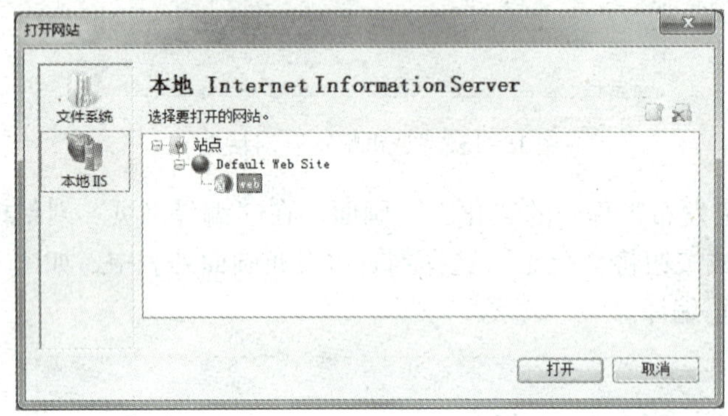


图 13-16　“打开网站”对话框

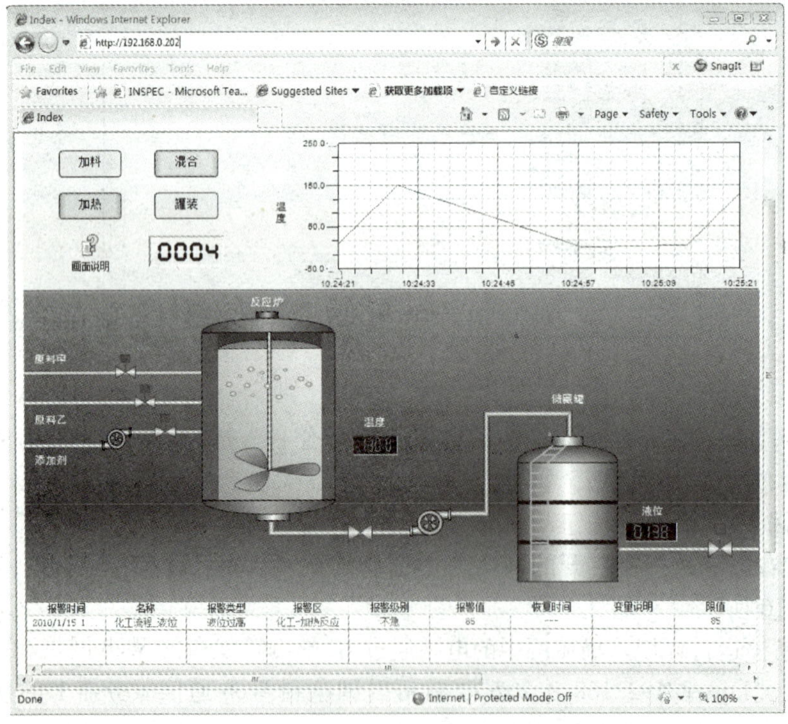


图 13-17　IE 浏览服务器发布的画面

## 13.5 本章小结

Web 应用是随着计算机技术和网络技术的不断发展而新兴的一种组态监控功能，这种功能使用的是浏览器/服务器模式（B/S 模式）。在网络上的任何计算机，包括局域网和 Internet 网，只要具有相应的权限就可以通过浏览器查看和控制组态监控画面。由于使用的计算机平台和编程技术的不同，Web 应用一般有三种实现方式：ActiveX 方式、Java 的 J2EE 平台方式、微软 . NET 的 Web-Service 方式。易控组态软件使用微软 . NET 的 Web-Service 方式，它是现在最为流行和功能最为强大的一种方式，能实现画面中的实时数据、历史数据、各种控制功能和图表曲线的发布。客户端浏览时不需要安装任何软件，支持常见的浏览器，浏览时客户端数据与服务器端数据保持高度同步，在充分授权的前提下可以控制设备的运行以及工艺参数的修改等。

# 第14章　冗　　余

**本章要点**

- 冗余的概念和意义
- 设备冗余、工程冗余和网络冗余的实现

## 14.1　概述

工业系统中，系统的安全性与可靠性最为重要，这其中就包括人员的安全、设备的安全、数据的安全等各个方面的内容。特别是现在工业系统的自动化程度越来越高，工业监控系统应用越来越广泛，使得工业系统从以前多个分散独立的控制系统逐渐发展成为一个集中化、网络化的控制系统。这种发展虽然给工业系统带来了巨大的进步，但同时对系统的稳定性和安全性也提出了更高的要求。在工业生产环境中出现的任何设备、通信和软件运行上的故障都可能影响到整个监控网络的稳定和安全，因此，监控系统必须对这些故障进行处理，利用先进的软硬件技术使得因故障而产生的损失得以避免，并允许在不停机状态下进行故障维修，监控系统中常通过"冗余"技术解决这些问题。

冗余通常指通过多重备份的方式来增加系统的可靠性，在监控系统中针对关键部位配备一个或多个备用设备或系统，如果工作设备出现故障，备用设备就会自动承担故障设备的任务，从而使整个系统保持正常运转。监控系统中冗余技术的实现主要是伴随着工业以太网技术的应用而逐渐发展起来的。工业以太网具有开放互联的特点，网络连接简单，支持多种不同设备，而且数据传输快、网络拓扑结构多样，还能抵抗工业系统中的各种干扰信号，这些特点非常适合冗余过程中的数据传输和设备通信切换。

组态软件作为监控系统中的核心内容，负责整个监控系统中的各种数据的存储与管理功能，而且还是工业监控网络中工业现场与上层管理网络连接的桥梁，它所具有的冗余功能主要有监控设备的冗余、监控工程的冗余以及监控网络的冗余。监控系统中一旦使用了冗余功能，往往是几种冗余方式互相使用，形成一个多重冗余的方式，通过这种方式的实现可以更好地保证监控系统网络的安全。

监控设备的冗余是为了防止监控过程中现场设备出现问题而使用的冗余方式。当现场设备发生冗余切换时，通信链路和各种参数就会发生改变，因此组态软件的通信链路也要发生与之相应的变化才能继续数据的采集。监控设备的冗余在进行冗余设备的切换后一般能快速与现场设备建立，不会影响设备的通信。

监控工程的冗余是为了防止监控过程中监控计算机出现问题而使用的冗余方式。组态软件是安装在计算机中的，不管它是作为单机使用还是网络上的服务器使用，都有可能会出现监控过程中的计算机死机或者其他问题而导致监控的中断，通过工程的冗余就可以避免监控过程中监控计算机出现问题而导致的监控系统的瘫痪。监控工程的冗余在工程运行过程中实现的是工程的热备份，在工程进行切换的过程中不会发生数据的丢失，故障计算机恢复运行后还可以将丢失的数据进行同步。

监控网络的冗余是为了防止监控过程中出现的网络通信问题而使用的冗余方式。监控系统之所以能连接成为网络，除了各种网络技术的使用外，还需要使用各种通信介质和通信接口模块等，这些网络连接设备的故障也会导致连接的网络出现问题，通过网络冗余的方式就可以避免单一网络连接路线出现问题而导致整个监控系统的中断。

组态软件冗余技术的应用使得工业系统的安全性得到了明显的提升，是系统稳定运行的可靠保证。

## 14.2 设备冗余

### 14.2.1 设备冗余的内容

设备冗余是针对与组态软件进行 I/O 通信的现场设备而言的一种冗余方式。工业现场的设备实现冗余有两种方式：一种是冗余的设备自己负责工作状态的互相监测和切换，如西门子 S7－400H 系列 PLC、三菱 MELSEC－Q 系列 PLC 等；另一种是冗余的设备不能自动进行工作状态的互相监测和切换，需要通过组态软件来实现它们工作状态的监测和切换，如变频器和各种板卡等。组态软件不管现场设备使用哪一种冗余方式，当它们出现故障需要进行冗余切换时，都会发生设备通信通道和通信参数的改变，因此，组态软件中设备冗余的实现都是通过配置冗余的通信通道完成的。

设备冗余在进行冗余的配置过程中需要确定组态软件通信的主设备和备用设备。主设备是组态软件与现场设备通信中默认的工作设备；备用设备是在工作现场处于备用状态的设备，也称为从设备。组态软件中将与其通信的设备称为运行设备，主设备和备用设备都可以成为运行设备。组态软件设备通信的一个典型网络结构如图 14-1 所示。

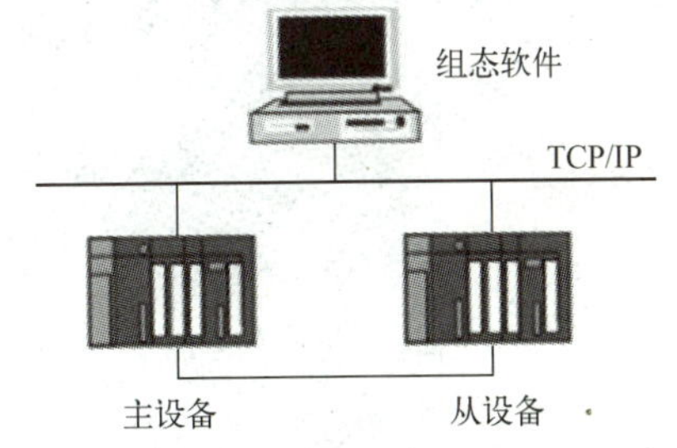

图 14-1　组态软件设备通信网络结构

正常情况下，生产现场的主设备和从设备同时工作，组态软件默认与主设备进行通信。当主设备出现故障后，对于具有冗余功能的设备会自动切换到从设备，组态软件也将会自动与从设备进行通信，对于不能自动切换的设备，需要组态软件进行检测后通过组态软件将通信切换到从设备。当主设备恢复正常后，组态软件通信一般不会切换，仍与从设备进行连接，只有从设备故障或者通过组态软件手动切换，组态软件才会再次与主设备进行通信。

### 14.2.2 易控中设备冗余的实现

易控组态软件的设备冗余是在易控的 I/O 通信中实现的。设备冗余可以在工程开发的任何阶段进行。易控为设备冗余提供了完整的配置向导与说明。用户在配置的过程中只需要按照向导的要求就能够完成易控设备冗余的配置。

配置完设备通信的主设备时，通过主设备的右键菜单可以看到关于冗余的配置内容，分别是：添加冗余、删除冗余、冗余配置，如图 14-2 所示。

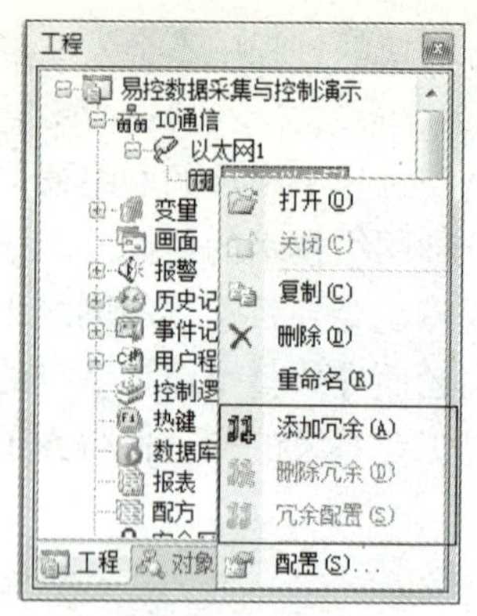


图 14-2　设备冗余配置

“添加冗余”指建立已有设备的设备冗余，“删除冗余”指删除已建立的冗余设备，“冗余配置”指对冗余设备的属性进行配置，“删除冗余”和“冗余配置”只有在建立了冗余设备后才可以使用。通过选择“添加冗余”便可以开始设备冗余的配置。

易控进行设备冗余配置时，冗余设备的通道配置有两种情况，在易控配置向导中分别通过“选择”和“新建”两个选项完成，如图 14-3 所示。

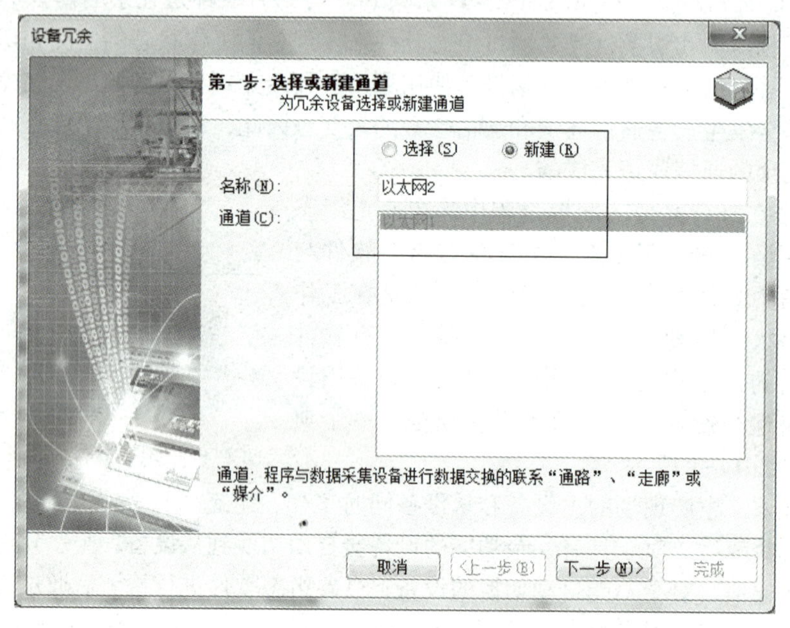


图 14-3　“设备冗余”对话框

“选择”选项是在同一个通道下可以建立多个设备连接的设备时使用，比如通过 485 方式建立的通道连接设备，添加冗余后，主设备和冗余设备都位于同一通道下。“新建”选项是在一个通道只能建立一种设备的连接时使用，它是常规的设备冗余配置方式，添加冗余后，主设备和冗余设备位于不同通道下，易控会根据冗余主设备的通道属性自动选择是使用“新建”还是“选择”，用户也可以手动修改。

易控设备冗余配置向导中关于从设备的通道属性和设备属性的配置与易控主设备配置过程相同，只是需要将各个参数内容修改为从设备的内容。

易控的设备冗余配置过程中还可以配置设备冗余的切换变量、工作变量、设备切换时是否进行数据同步等功能，如图 14-4 所示。通过这些变量或功能可以将设备冗余的相关信息通过画面进行显示。

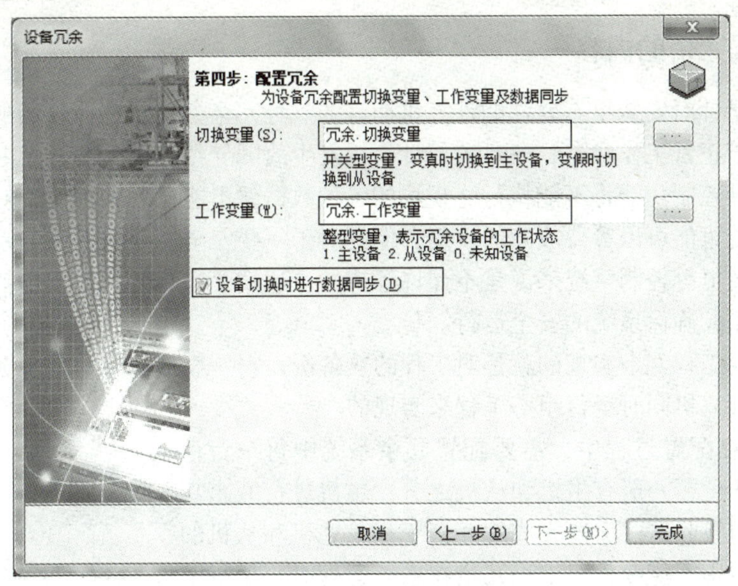


图 14-4　设备冗余功能配置

“切换变量”可以连接一个开关型变量，当变量值为“True”时表明易控与主设备通信，为“False”时表明易控与从设备通信，也可以在系统运行过程中对该变量进行赋值操作，使易控可以自由的选择与主设备还是从设备进行通信。

“工作变量”可以连接一个整型变量，通过关联变量的值可以查看当前工作的设备状态，变量值为“1”时表示当前工作的设备是主设备，变量值为“2”时表示当前工作的设备是从设备，变量值为“0”时表示未知设备或者无设备正常工作。

“设备切换时进行数据同步”选项默认不勾选，当勾选上该项后，进行工作设备切换时，会将易控中当前的值写入到切换后的工作设备中，这种情况一般是在不能自动监测和切换的下位设备中使用。

正常情况下，设备冗余中的这些内容可以不用配置。如果后期需要配置，可以通过主设备的“属性”窗口进行配置。

对于配置完成的设备冗余，可以在易控设备变量工作区中分别对主设备和从设备中的变量进行监视，如图 14-5 所示，在点击“运行”按钮时，易控会提示用户运行主设备变量还是从设备变量。

起始页　S7400以太网*

| 寄存器类型 | 块地址 | 字节地址 | 位地址 | 数据类型 | 数据库变量 | 当前值 | 读写方式 | 查询周期 |
|---|---|---|---|---|---|---|---|---|
| M | 1 | 0 | 0 | 开关型 | | | 读写 | 100 |
| I | 1 | 0 | 1 | 开关型 | | | 只读 | 100 |
| I | 1 | 0 | 2 | 开关型 | | | 只读 | 100 |
| I | 1 | 0 | | 型 | | | 只读 | 100 |

从设备(R)　主设备(P)

新建(N)　删除(D)　检查(C)　运行(S)　批量建立(B)　批量连接(L)　导入(I)　导出(X)

图 14-5　设备冗余的数据监视

## 14.3 工程冗余

### 14.3.1 工程冗余的内容

工程冗余是针对安装组态软件的计算机而言的一种冗余方式。工业现场的监控计算机不能保证一直处于正常工作状态，一旦监控计算机发生故障导致监控系统的中断，那么监控系统对现场的各种控制功能将不能执行、现场的各种数据就不能记录和存储，对于安全性要求不高的现场来说可能可以等待故障的恢复，但是对于一些安全性要求严格的系统来说，比如航空、化工、核电等控制系统来说是不允许等待的，这就要求有一个处于热备份状态的系统能立即投入使用，确保系统的安全运行。

组态软件的工程冗余实现的就是对工程的热备份，它一般是通过两台或更多具有完全相同配置的监控计算机同时运行组态工程来实现的。

工程冗余在配置过程中，需要配置冗余系统中每一台计算机所扮演的角色，一般有主机和从机之分，主机进行冗余功能的配置，从机接收这些配置完成的冗余工程，主机和从机的角色在系统运行中不能变化。工程冗余在系统运行时，执行工程的各种功能操作的计算机称为工作机，其他的处于热备份状态的计算机称为备用机，工作机和备用机不具体代表某一台计算机，它可以在工程运行过程中进行切换。在系统正常启动时，默认将主机作为工作机。如图 14-6 所示为一个典型的工程冗余网络结构图。

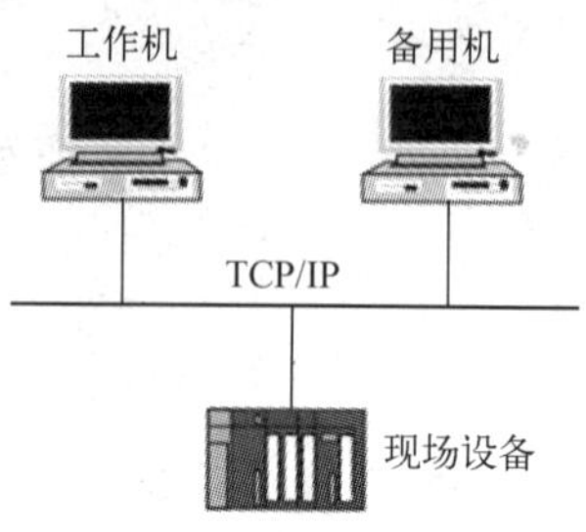

图 14-6　工程冗余网络结构

正常情况下，工程冗余中的工作机处于工作状态，备用机处于监视状态，当工作机出现故障后，备用机会立即接替工作机工作，完全实现原工作机的功能，比如实时数据采集、历史记录、报警记录、事件记录等。当故障计算机恢复工作后，会自动从当前的工作机端同步各种缺失的数据，如历史记录、报警、事件等，通过这种方式可以保证即使计算机出现了故障，系统也能保存相对完整的数据。

### 14.3.2 工程冗余的实现

易控组态软件的工程冗余功能可以实现工程中的实时数据、历史数据、报警记录、事件记录等的冗余。它通过工程树下的“冗余”节点完成，其中包括工程冗余配置、生成冗余工程和工程冗余属性三项内容，如图 14-7 所示。

**1. 工程冗余配置**

工程冗余配置包括配置工作机与备用机的地址、系统参数及数据同步等内容。这些都通过冗余配置对话框完成，工程冗余配置对话框中包括工程冗余配置选项、本机类型、主机地址、从机地址、选项按钮、重置按钮等内容，如图 14-8 所示。

“工程冗余”选项只有被选中后才能配置工程冗余中的各个内容。

“本机类型”包括“主机”和“从机”两个选项，易控在进行冗余配置时默认选择“从机”。

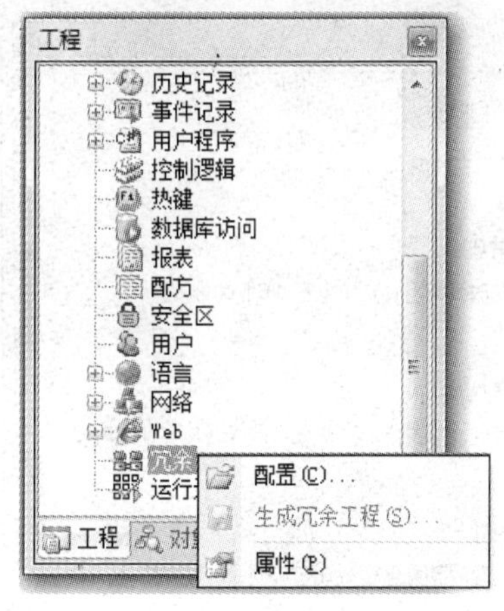


图 14-7　工程冗余的实现

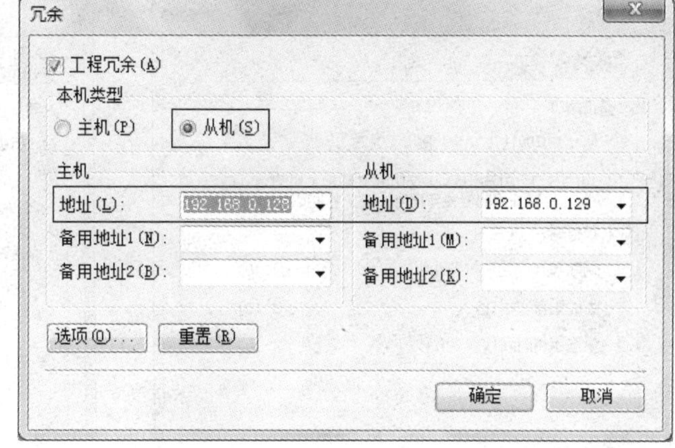


图 14-8　工程“冗余”对话框

“主机地址”中包含三个地址选项，其中“地址”为当前计算机的计算机名或者 IP 地址，如果计算机中有多个网卡时，此处需要填写其中一个网卡的 IP 地址而不能使用计算机名。“备用地址 1”和“备用地址 2”在网络冗余配置中会使用到。从机地址的内容与主机地址相同，只是其中需要配置从机的相关内容。

“重置”按钮是将工程冗余配置过程中的所有配置初始化。

“选项”按钮中包含工程冗余的系统参数和数据同步等内容。冗余系统中，工作机负责工程中各种功能的实现，备用机处于热备份状态不执行具体的功能，备用机中的所有数据都是通过网络访问的方式从工作机中同步过来，因此，在进行冗余配置时就需要配置工作机与备用机之间的通信参数和数据同步的内容。

“系统参数”选项卡是用来设置工作机与备用机之间的通信参数，包括通信端口的设置和通信过程中的心跳检测设置。通信端口中，易控默认使用 10011 ~ 10020 之间的 10 个端口，用户可以根据实际需要修改，但是设置时避免系统使用过多端口。心跳检测用来设置工作机与备用机之间的通信频率，包括通信周期、失败重复次数、重连等待时间三项内容，这些内容可以根据实际情况设置。如图 14-9 所示为系统参数选项卡。

“数据同步”选项卡用来设置工作机与备用机同步缺失历史数据的时间范围，需要同步的历史数据包括历史记录、报警和事件记录。可以有两种选择，同步所有和同步指定时间范围。同步所有是备用机同步其最后一条记录与工作机最新记录间的所有记录；同步指定时间范围是备用机同步工作机最后一条记录往前设定时间范围内的数据。需要注意的是，同步指定时间范围时，最大同步的数据量为设定时间中的数据，超出设定时间范围的数据不进行同步。如图 14-10 所示为数据同步选项卡。

### 2. 生成冗余工程

生成冗余工程是将配置好的工程生成一个备份工程。易控在生成冗余工程时首先会对工程进行编译，如果编译没有问题，则会指导用户将冗余工程保存到网络上的指定机器上。易控中也可以将工程通过手动复制的方式复制到从机中，此时需要在从机中将复制的工程做一下修改，修改的内容主要是在工程冗余配置中将“本机类型”修改为“从机”，其他配置不需要修改，如图 14-11 所示。

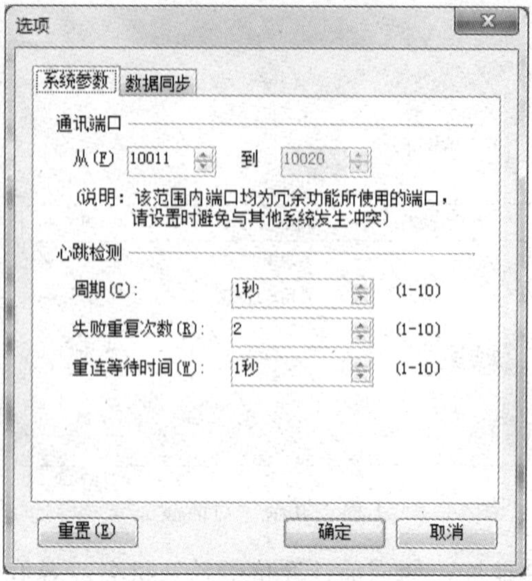

图 14-9　系统参数选项卡

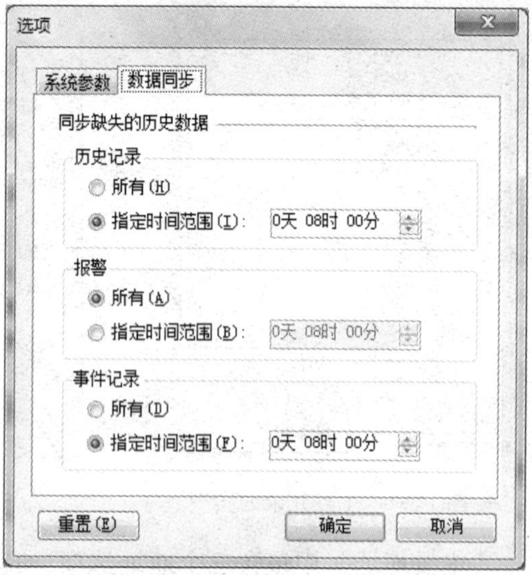

图 14-10　数据同步选项卡

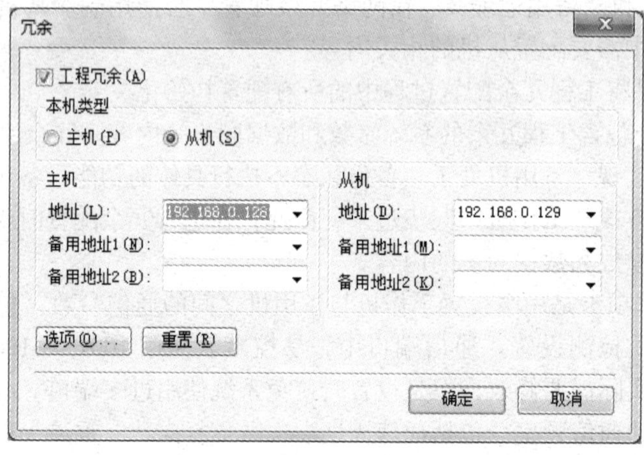


图 14-11　工程冗余中的备用机配置

### 3. 工程冗余属性

易控组态软件为工程中的所有功能都提供了属性窗口，工程冗余也不例外。工程冗余的属性中包括连接状态、本机类型、工作状态三项内容，可以通过关联变量的方式将这些内容显示在运行系统的画面中，如图 14-12 所示。

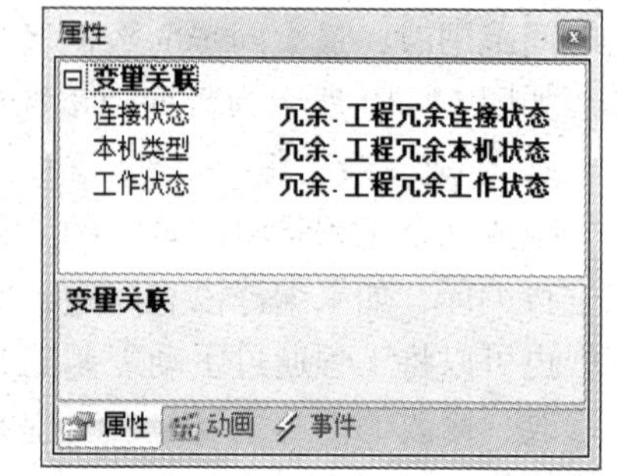


图 14-12　工程冗余的属性配置

“连接状态”关联开关型变量，用于显示工作机的连接状态，当变量的值为“True”时表示工作机与备用机为连接状态，当为“False”时表示当前计算机与冗余计算机为断开状态。

“本机类型”关联整型变量，用于显示工作机的机器类型，当变量的值为“0”时表示工作机处于单机运行，当为“1”时表示工作机为主机，当为“2”时表示工作机为从机。

“工作状态”关联整型变量，用于显示工作机的工作类型，当变量的值为“0”时表示工作机为未知工作状态，当为“1”时表示当前计算机为工作机状态，当为“2”时表示当前计算机为备用机状态，当为“3”时表示当前计算机为异常状态，当为“4”时表示当前计算机为切换状态。

### 14.3.3 网络环境下工程冗余的应用

易控在进行工程冗余时，工程中的I/O采集、报警、历史记录等常规功能都是在本机中进行的，不涉及到工程中计算机地址的问题，发生冗余切换后，数据的采集与存储仍会正常进行。但是，对于Web发布（B/S）、网络（C/S）等功能的应用时，易控作为服务器，客户端与之进行通信必须指定服务器地址，当发生工程冗余后，这些服务器的地址就会发生变化，因此，在易控中专门为这些功能的使用增加了工程冗余的配置。

1. Web中的应用

监控系统中进行Web发布时，考虑到运行组态软件计算机的安全，往往将Web工程发布到第三方IIS计算机中，客户端IE通过第三方IIS计算机就可以访问组态软件运行环境。这种情况下，对组态软件运行环境进行Web发布的通信配置时，需要配置组态软件运行计算机的通信服务器地址，只有通过这个地址，在客户端浏览器中才能观察到监控画面数据的变化，当组态软件运行环境计算机出现问题后，客户端浏览时将只能浏览到画面，数据的变化无法查看，因此，此时利用工程冗余的方式来解决，也就是实现组态软件运行环境计算机的冗余。网络结构图如图14-13所示。

易控Web发布时的工程冗余配置方式是通过Web发布时的“通信配置”实现的。在“Web”节点下“画面”右键菜单的“通信配置”对话框中，单击“高级”按钮，在弹出的“高级地址配置”界面中进行配置，如图14-14所示。

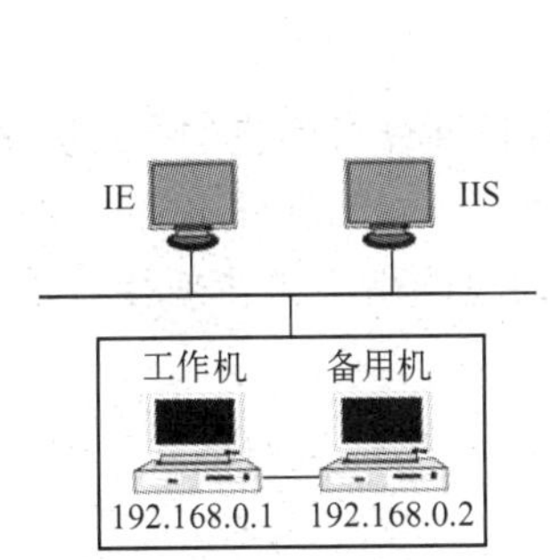


图14-13　Web发布时的工程冗余

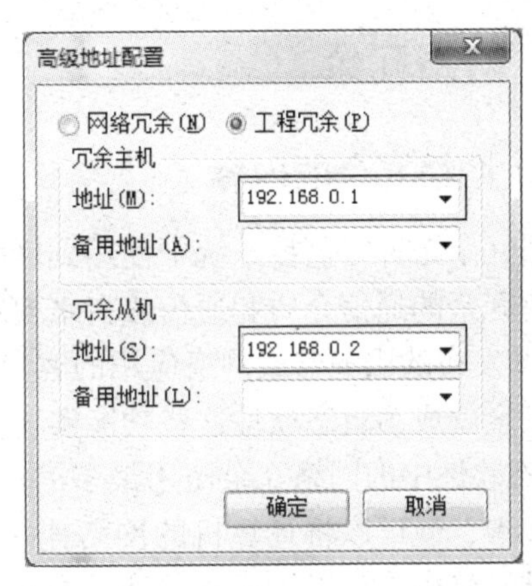


图14-14　Web发布时工程冗余地址配置

进行Web发布的工程冗余配置时，需要配置冗余主机和冗余从机的IP地址，对话框中的“备用地址”在配置网络冗余时使用，这在下一节“网络冗余”中会有介绍。

2. 网络中的应用

在进行网络应用服务时，易控作为网络服务器负责工程中的I/O采集、数据存储记录等各种功能的实现。一旦服务器发生故障，工程中的各种功能就不能实现，因此，对于网络应用来说工程冗余就显得十分重要。易控作为网络服务器提供功能的时候需要指定服务器的地址，这样客户端通过该地址可以访问到服务器中的数据，当使用工程冗余后，如果工程发生切换，那么相应的服务器地址就会发生变化，因此，对于网络应用来说，在配置的时候也要配置相应的工程冗余地址。图 14-15 为易控网络应用时的工程冗余。

易控中网络应用时的工程冗余配置是通过网络应用的客户端实现的。在客户端导入应用工程配置文件时，需要配置网络服务器地址，通过打开“网络”节点下建立的“引用的工程”，单击其中的“高级”功能按钮，便可以实现网络应用的工程冗余配置，如图 14-16 所示。

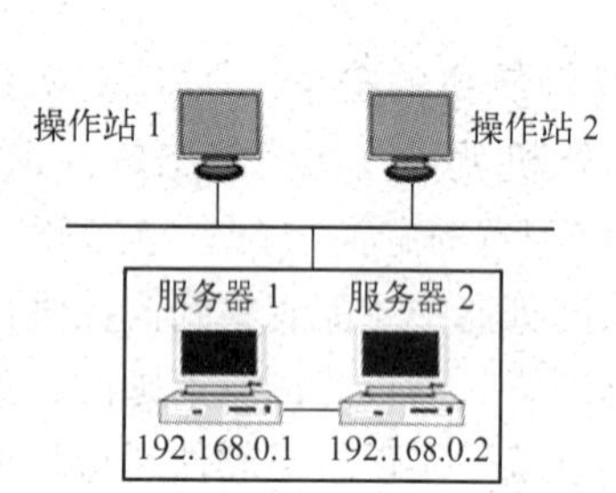


图 14-15　网络应用时的工程冗余

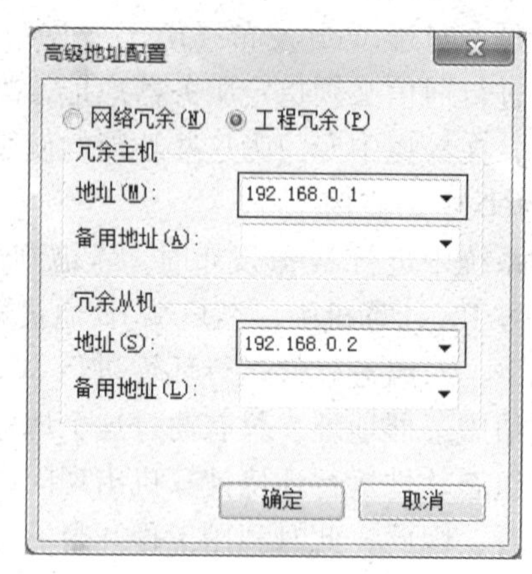


图 14-16　网络应用时的工程冗余配置

打开网络应用功能的“高级地址配置”对话框，需要配置冗余主机和冗余从机的 IP 地址。对话框中的“备用地址”在配置网络冗余时使用，在下一节“网络冗余”中会有介绍。

## 14.4　网络冗余

### 14.4.1　网络冗余的内容

网络冗余是针对监控系统中使用到网络通信功能的各种计算机而言的一种冗余方式，它通过配置冗余的通信介质和通信接口来实现。在监控系统中，组态软件不管是单独应用还是作为 Web 发布的服务器或网络应用的客户端，它都需要通过网络去采集或接收数据，因此，网络的安全就成为组态软件这些功能实现的基础。

组态软件中的网络冗余使用最多的就是通过以太网的方式。它通过在计算机中安装多个以太网卡，便可以将计算机的网络连接进行扩展。但是，在计算机中由于以太网通信方式的限制，一般在进行以太网通信时只能使用一个网络地址进行通信，这个被用来进行通信的地址称为主网络地址，其他网络地址称为备用网络地址。使用网络冗余时，常将主网络地址和备用网络地址分配到不同的网段，这样可以保证一个网段出现故障后备用网段仍能工作。如图 14-17 所示为一个最基本的网络冗余结构。

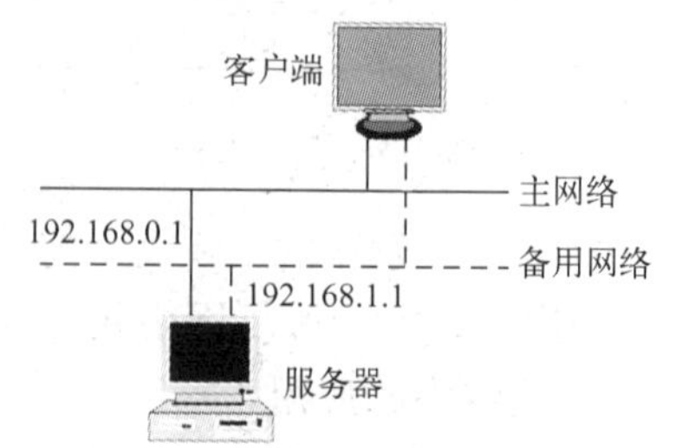


图 14-17　网络冗余下的网络应用

正常情况下，监控计算机的主网络处于工作状态，其他的通信网络处于备用状态。当处于工作状态的网络出现故障，比如通信线路的损坏、通信接口的松动等造成通信中断时，系统会切换到备用网络继续通信，主网络恢复后，仍然使用备用网络，除非备用网络故障或者人为切换。如果监控系统通过主网络运行时备用网络出现故障，则不会影响监控系统的正常运行，只是会在监控画面中给用户相应的报警提示。

### 14.4.2 网络冗余的实现

由于网络冗余针对的是计算机与计算机之间的各种通信功能的冗余，因此，在易控中使用计算机与计算机之间通信的网络功能和 Web 功能是易控网络冗余应用的主要对象。在这两种应用中，易控不论是作为服务器还是客户端，数据的采集和接收都必须通过网络来完成，通过网络冗余的使用，可以使易控的网络功能和 Web 功能在出现任意一条通信网络故障的情况下仍然可以实现其各自的功能。

**1. 网络功能下的网络冗余**

易控使用网络功能时，作为客户端的各个计算机都需配置连接服务器的地址才能使用易控服务器提供的如 I/O 通信采集、历史记录、报警记录、事件记录等服务，一旦网络中断，这些服务也将会中断。因此，只有使用网络冗余才能确保易控网络功能的正常使用。

易控网络冗余使用时，在易控服务器端只需增加网络连接的备用网络地址，所有的配置工作都是在客户端完成的。客户端添加引用工程的连接时，通过引用工程连接对话框中的“高级”功能按钮完成易控网络功能服务器中主网络地址和备用网络地址的添加，如图 14-18 所示。

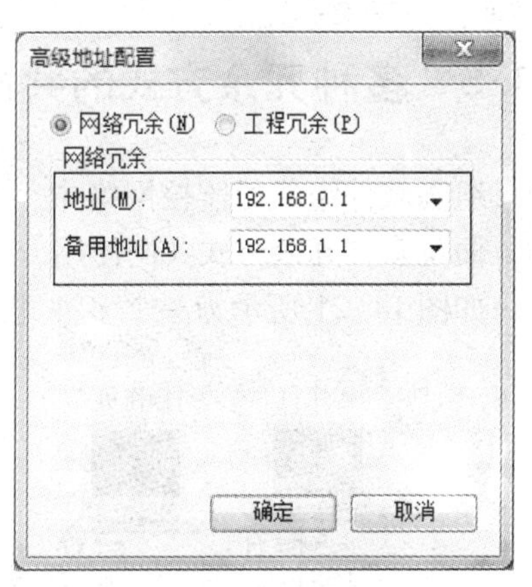

图 14-18 网络应用中的网络冗余配置

通过此处网络冗余地址的配置，当网络中主网络发生中断后，易控客户端会通过备用地址继续与服务器通信，不会影响客户端功能的使用。

**2. Web 功能下的网络冗余**

易控使用 Web 功能时，易控的 Web 发布有两种方式，一种是易控运行环境（InRun）和 Web 发布计算机（IIS）在同一台计算机中，另一种是易控运行环境（InRun）和 Web 发布计算机（IIS）不在同一台计算机中，这两种情况进行 Web 发布时都需要配置客户端访问的服务器地址，因此，当服务器端网络发生故障时，客户端都将无法访问服务器端的数据。

易控在 Web 功能中增加网络冗余可以保证网络通信主网络发生中断后，通过备用网络客户端仍然可以访问易控的 Web 发布功能。如图 14-19 所示为易控运行环境（InRun）和 Web 发布计算机（IIS）在同一台计算机中的网络冗余结构图。

易控 Web 发布时的网络冗余是通过 Web 发布中“通信配置”对话框中的“高级”按钮实现的。在“高级地址配置”对话框中分别配置网络冗余的主网络地址和备用网络地址即可，如图 14-20 所示。

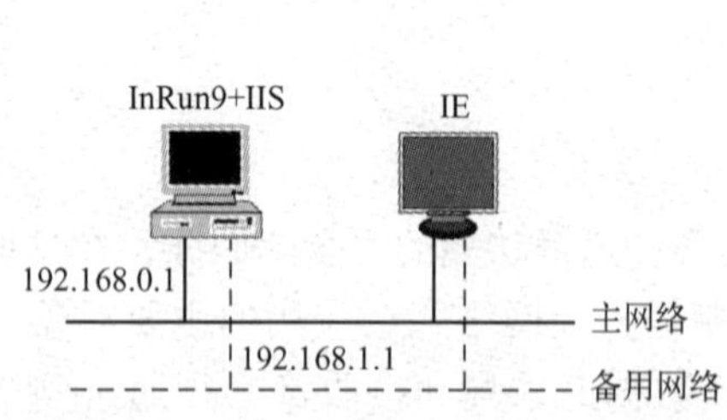


图 14-19　Web 发布时的网络冗余结构

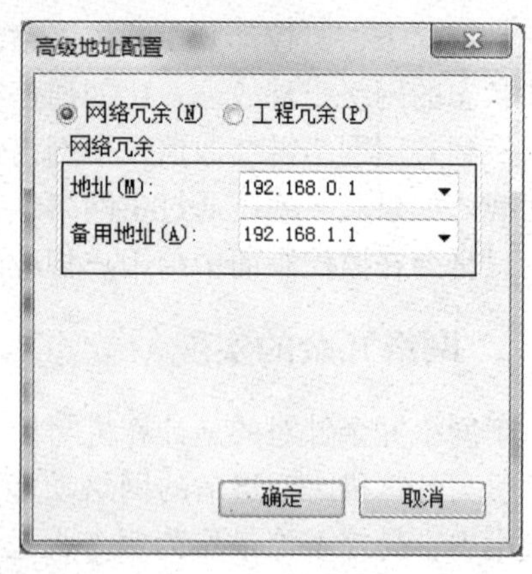


图 14-20　Web 发布时的网络冗余配置

## 14.5　多种冗余方式的共同应用

组态软件组成的监控网络中，为了确保系统的安全运行，冗余方式往往不是单独存在的，而是多种冗余方式共同使用，比如工程中既存在设备冗余，又同时有工程冗余和网络冗余。如图 14-21 所示为一个多种冗余方式共同组成的组态软件监控系统。

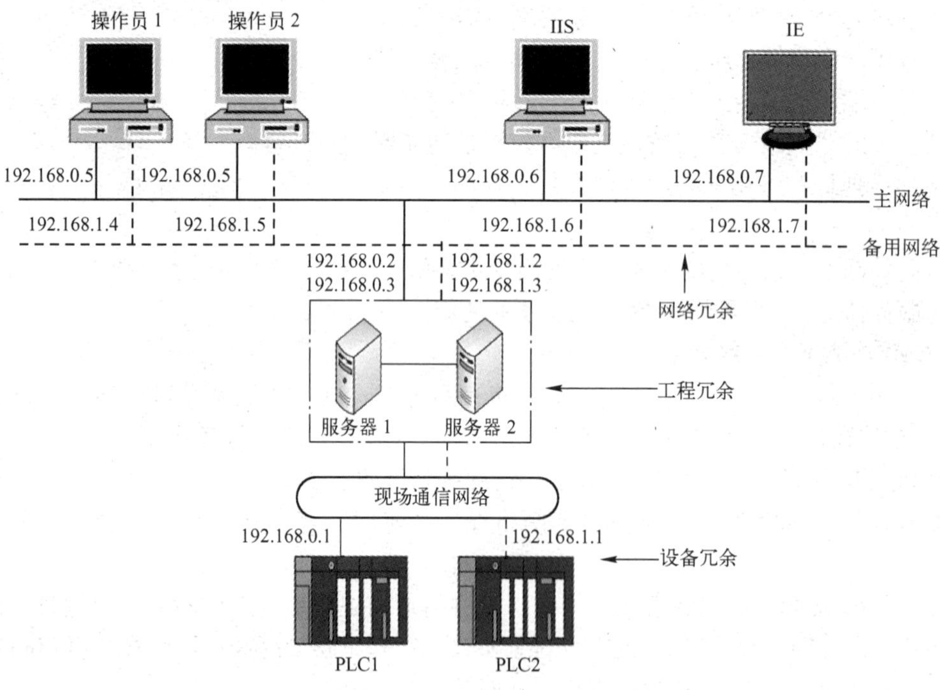


图 14-21　多种冗余方式的共同使用

组态软件在进行多种冗余方式的共同使用时，一般是根据各个冗余功能各自的使用和配置情况分别完成冗余的配置，最后形成一个完整的冗余工程。

## 14.6 本章小结

工业控制系统中的冗余结构的设计增加了系统的可靠性、稳定性和安全性。组态软件根据自身数据采集功能和通信的要求可以实现设备的冗余、工程的冗余和网络的冗余，也可以根据工程网络结构的特点综合使用这几种冗余方式。易控组态软件中对于这几种冗余方式的配置都提供了简单易懂的配置向导，用户可以很方便地完成需要的冗余配置。在易控的网络、Web 发布中，通过冗余功能的使用，可以使那些需要根据地址访问的网络功能也能实现冗余配置。而且，易控中还为冗余功能提供了一些用户程序和变量连接，通过它们可以实现冗余功能的在线修改以及冗余信息的实时显示功能。易控的冗余功能可以实现工程全方位的安全保护并且不会给工程增加额外的负担。

# 第 15 章 安全、日志和配方功能

**本章要点**

- 工程运行时的权限管理和工程加密
- 配方功能的内容与实现
- 日志的存储和查看

## 15.1 概述

组态软件是一个完成工业现场监视与控制的通用软件，其功能非常强大。在组态软件中除了通信、变量、画面、报警、历史记录等重要功能外，还存在着一些非常重要的功能，它们是对组态软件功能有益的和必要的补充，这些功能使得组态软件能更快、更好、更灵活地适应各种行业的需求。本章主要介绍组态软件的安全控制机制、配方功能和日志记录功能。

安全控制机制是针对监控系统工程安全方面的考虑，它主要包括工程用户的级别控制、操作权限的控制、工程的加密以及基于代码的安全机制。通过用户级别和操作权限的设置，使监控系统运行时，各种功能都由具有相应权限的人员完成，从而防止监控系统中由于误操作或越权操作等带来的安全事故。通过工程的加密设置，只有正确的密码才能打开和修改工程，从而可以避免工程被随意修改，也可以防止工程被恶意抄袭和剽窃。另外，随着组态软件中各种新技术的使用，基于代码的安全机制使得在工程运行出现异常工况时，可以及时通知操作员或通过电子邮件、手机短信等其他手段通知相关技术人员，帮助提高工程运行的安全可靠性。

配方功能是组态软件专门为流程控制类行业提供的原料配比及流程控制的自动管理和控制工具。在食品制造、称重配比、混凝土搅拌等行业中，各种产品的产生都是在不同原料配比及工艺流程下完成的，任何一个环节发生变化都会影响到最终的产品。通过配方功能可以准确地完成各种配方的统一管理和流程的精确控制，从而保证产品的质量。

日志记录是记录工程开发或运行过程中有关组态软件本身各种信息的一种功能，例如工程启动及运行的时间、工程开发过程中的各种调试信息等。日志记录是对历史记录、报警、事件等功能的一种有效补充。通过日志记录可以帮助工程开发人员快速、有效地了解工程在开发和运行过程中出现的各种问题。

组态软件作为一种通用监控软件，需要不断吸收各种新的计算机、通信、网络等技术来充实自己的功能，才能使组态软件适应各行各业的要求。不同品牌的组态软件都具有各自特色的功能，组态软件功能的增强和丰富永远是各个软件厂家面临的重要任务。

## 15.2 安全控制机制

现在的工业系统中自动化的应用已经越来越广泛，工业现场的各种设备几乎都可以实现自动控制及远程操作，这给工业控制系统带来了非常明显的好处，但同时也带来了一定的安全隐患。自动化控制系统中，多数情况下都是通过组态软件实现现场的远程控制，组态软件作为监控系统软件，它的监控界面是通过采集现场各种设备信号实现的一种模拟画面而并非是通过视频等信号看到的真实画面，因此，只有那些对监控画面熟悉，并且具有相应操作权限的人员才能够进行监控画面的操作。组态软件中为了避免出现监控系统的误操作、越权操作等，必须要对用户的操作权限做出限制，常用的方式是将用户通过分配不同等级或不同功能，比如 InTouch 中通过设置用户等级在 0 ~ 9999 之间区分用户权限，而在 WinCC 中则是给不同用户分配不同使用功能来区分用户权限，在易控中则是通过“用户”和“安全区”的结合使用来实现的。

同时，组态软件的开发环境中包含了控制系统的各种控制流程和控制信息。随意修改会造成系统的控制流程的错误，因此应对开发环境进行操作限制。只有具有相应密码的工程师才能打开工程，从而保证工艺流程和工程信息的安全，同时，进行了密码设置的工程还可以防止组态工程被监控系统以外的人员恶意抄袭和剽窃。在易控中是通过“工程加密”来实现的。

### 15.2.1 用户和安全区

易控组态软件中，监控系统的安全控制是由用户和安全区两部分共同完成的。用户是指监控系统中可以操作画面中各种功能的人员，包括系统相关的操作人员、技术人员和管理人员等，而安全区则是易控中对不同系统和设备在安全控制级别上的一种划分。易控中，通过将各个用户分配不同的安全区来实现组态软件的监控系统安全。

易控中将用户分为系统管理员、管理员和操作员三个级别。系统管理员一般称为超级用户，在工程中只有一个，它具有最高的级别，通过系统管理员登录的用户可以操作工程中的所有功能，易控中的系统管理员默认名称为“SysAdmin”，它不可以被删除和修改。管理员和操作员称为一般用户，系统中可以有多个管理员和操作员，可以为它们进行不同的命名。管理员可以管理操作员，如新建、删除操作员，但是管理员不能管理同级别的管理员，操作员没有用户管理的功能。

正常情况下，用户在进行监控系统的操作时都需要进行登录，可以为每一个用户设置其独有的登录密码，从而确保其他用户不能随意登录。工程运行时，在一台计算机中只能同时有一个用户登录。用户在系统运行时也可以注销自己的登录状态，这样可以保证用户离开监控系统时，其他人员不能使用该用户权限继续进行操作。组态软件中对用户有一个自动注销功能，它是为了避免用户忘记注销而离开监控系统时使用，即当用户登录后，在一段时间内没有进行任何监控系统的操作就将该用户的登录自动注销。

工业控制系统中，特别是大型系统中，往往是根据工艺流程的要求或设备的用途将系统划分为不同的区段。每一区段都有各自的生产内容和操作人员，属于不同区段的操作人员具有相同的用户级别，例如，监控系统中一单元的操作人员和二单元的操作人员都属于操作员类别，为了防止一单元的操作人员操作二单元的设备，就需要在操作功能上区分两个操作人员。易控中，防止不同区段的用户跨区段操作的方法就是为用户配置不同的安全区。

安全区是易控中对不同系统和设备在安全控制级别上的一种划分。易控组态软件中默认将工程中的所有系统和设备划分在同一个安全区中。这样在工程开发阶段，工程中的所有控制都属于相同的安全级别，以便工程的调试。易控中也可以将控制系统划分为多个安全区，在具体工程中，用户可以根据工程的需要对安全区进行设计和规划。

易控安全区的建立是通过工程树下的“安全区”节点完成的。用户可以根据工程需要配置多个安全区，每个安全区包含一个唯一的安全区名称和说明信息，如图 15-1 所示。易控安全区的建立与修改可以通过“新建”、“删除”功能按钮完成，使用“导入”、“导出”功能可以将安全区的配置导出到计算机中通过 Excel 等软件进行编辑。

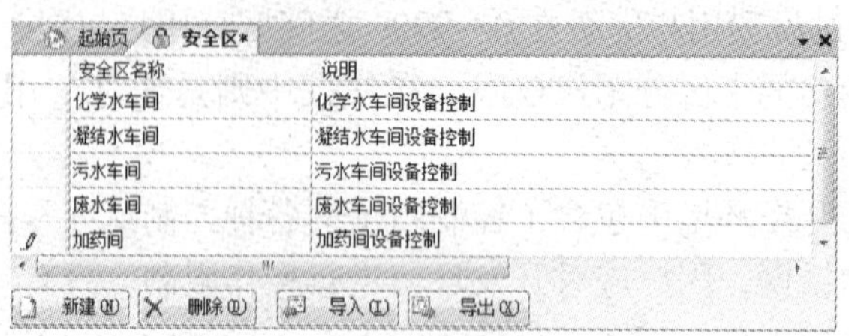


图 15-1　安全区配置

易控中，安全区的使用是通过画面中的图形、图符等元素实现的。易控画面中的所有对象都具有安全区属性，配置该属性就是指定这些对象属于哪些安全区。一个对象可以属于多个安全区。没有指定安全区的对象就没有安全控制，意味着任何人都可以对其进行操作。如图 15-2 所示为一个按钮的安全区配置。

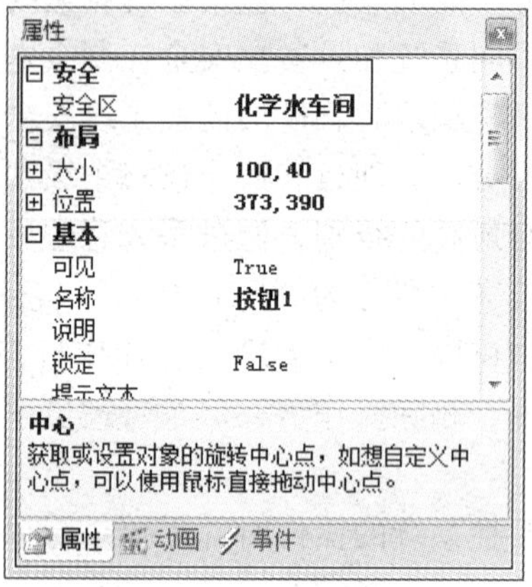

属性
⊟ 安全
安全区　化学水车间
⊟ 布局
⊞ 大小　100, 40
⊞ 位置　373, 390
⊟ 基本
可见　True
名称　按钮1
说明
锁定　False
提示文本
中心
获取或设置对象的旋转中心点，如想自定义中心点，可以使用鼠标直接拖动中心点。
属性　动画　事件

图 15-2　安全区使用

易控画面中，配置了安全区的对象，只有具有该安全区的用户才能操作。易控中用户的安全区配置是在配置用户的时候进行的，在易控工程树下的“用户”节点中完成，同时还可以配置用户的权限、密码、自动注销时间等，如图 15-3 所示为易控的用户配置工作区。

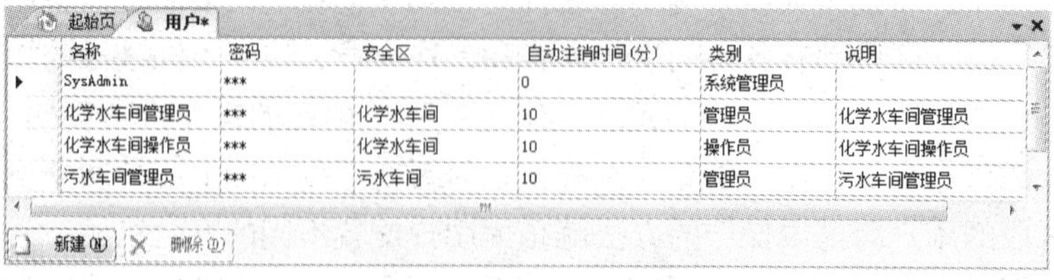

起始页　用户*

| 名称 | 密码 | 安全区 | 自动注销时间(分) | 类别 | 说明 |
|---|---|---|---|---|---|
| SysAdmin | *** | | 0 | 系统管理员 | |
| 化学水车间管理员 | *** | 化学水车间 | 10 | 管理员 | 化学水车间管理员 |
| 化学水车间操作员 | *** | 化学水车间 | 10 | 操作员 | 化学水车间操作员 |
| 污水车间管理员 | *** | 污水车间 | 10 | 管理员 | 污水车间管理员 |

新建(N)　删除(D)

图 15-3　易控用户配置

在易控用户配置工作区中包含名称、密码、安全区、自动注销时间、类别、说明等内容。通过表 15-1 可以了解这些配置的内容。

**表 15-1　用户配置工作区的内容及作用**

| 名　称 | 作　用 |
| --- | --- |
| 名称 | 用户登录时使用的名称，系统管理员默认为“SysAdmin”，不可以修改，其他用户可以根据实际情况命名 |
| 密码 | 设置用户密码，可以设置，也可以不设置。在用户进行监控系统登录时需要使用。易控中密码可以使用任意字符，最长为 15 位，但是在易控中不管设置什么密码都默认使用三个“＊”显示 |
| 安全区 | 易控用户在进行监控系统操作时，如果配置了安全区功能，用户中需要配合相应的安全区才能使用，系统管理员默认可以操作所有安全区，管理员和操作员需要配置相应的安全区 |
| 自动注销时间 | 设置用户登录后自动注销的时间，时间单位为“分钟”，当为“0”时表示不进行自动注销 |
| 类别 | 分配用户的权限，有系统管理员、管理员和操作员三种，新建用户只能分配管理员或操作员 |
| 说明 | 对用户功能的说明 |

易控中，监控系统的用户功能需要通过用户程序或者系统变量来实现，它们可以实现如用户的登录、注销、用户配置等功能。常用的用户程序命令及变量如下：

（1）UserName

UserName 为系统变量，是字符串型，可以在系统变量组中找到。它用来显示系统运行时当前登录的用户名称，可以在任何使用字符串型变量的地方使用。使用时该变量的完整结构为：

```
SystemVariable. UserName
```

（2）Logon

用户登录命令。一般配置在画面内用于用户登录的对象的点击事件中。该命令的使用有两种方式，一种是配置参数，参数中需要使用登录用户名和密码，系统运行时触发用户登录对象会使用配置用户名进行登录；另外一种是不使用参数，这种情况下系统会弹出用户登录界面选择需要登录的用户。该命令的用法如下：

```
User. Logon(“操作员”,“caozuoyuan”)；或者 User. Logon()；
```

（3）Logoff

用户注销命令。一般配置在画面内用于用户注销的对象的点击事件中。系统运行过程中触发该命令后，将当前登录用户的登录状态注销。该命令的用法如下：

```
User. Logoff()；
```

（4）EditUsers

编辑用户命令。该命令用于编辑系统中的用户，可以删除、修改用户，只有系统管理员登录时可以使用该命令。该命令的用法如下：

```
User. EditUsers()；
```

用户的用户程序命令及变量的使用一般是通过画面中对象的事件属性完成的，有关用户的用户程序和变量的详细使用情况可以参考易控软件的在线帮助。

### 15.2.3 工程加密

组态软件开发系统中的一些程序和功能涉及监控系统的流程控制，一般在系统调试完成后是不允许修改的。为了避免已经开发完成的工程被随意修改或恶意剽窃，组态软件中一般提供工程加密措施，通过设置密码来保护工程。工程的加密不影响工程的运行，经过加密的工程不输入密码不能打开。

易控组态软件中工程的加密通过开发环境菜单栏中文件选项下的“加密工程”菜单项完成，如图 15-4 所示。

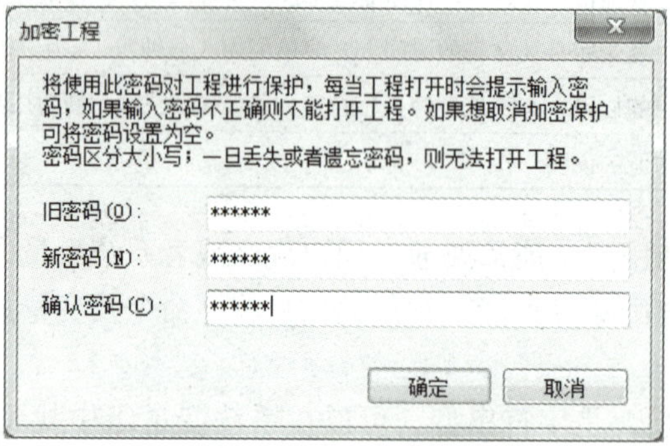

图 15-4　工程加密选项

当工程进行加密后，每次打开都需要使用密码。密码区分大小写，一旦丢失或者遗忘密码，工程都无法打开。通过密码打开工程后，可以通过将密码设为空来解除密码。对于工程加密的详细信息可以参考易控软件的在线帮助。

## 15.3 配方

工业生产过程中，各种产品的产生过程往往是经过多种原料的混合、多道工序的加工才最终形成成品。在其生产过程中，任何原料的比例发生改变或者工序发生调整都会影响到最终的产品，特别是各种食品制造、饲料加工、陶瓷加工、称重配料等需要进行流程控制的行业，这种改变就更加明显，比如面包生产过程中，水、面粉、糖等各种原料的配比的变化都会对最终面包的口感产生影响。因此，在这些行业中往往是将产品生产过程中各种原料的配比制作成各种配方，生产过程完全按照配方要求进行，这样就能生产出满足最终用户要求的产品。

### 15.3.1 配方的内容

配方在其本意上讲是为某种物质的配料提供方法和配比的处方，在自动化控制行业，将配方的概念进行了转换和扩大。在自动化控制中的配方是指专门为各种工艺生产过程提供原料配比和流程控制管理的自动管理和控制工具，通过使用配方可以提高自动化的生产效率。

组态软件中，配方通常包括两部分内容，即配方组和配方组中的每一种成分。它在软件中的表现形式是一个二维的表格，表格每一行代表一种配方，而表格每一列则代表配方的组成成分。表格中的每一列的数值都是由工程中的一个变量进行控制的，通过修改这些变量的值就可以改变产品组成或者生产过程。如图 15-5 所示为一个生产面包工艺的配方，在这个配方中，每一行代表一种面包的口味，而每一列则代表面包不同口味中组成成分所占的比例。

| | 糖 | 食盐 | 奶油 | 咖啡粉 |
|---|---|---|---|---|
| ▸ 甜味 | 85 | 5 | 10 | 0 |
| 咸味 | 10 | 80 | 10 | 0 |
| 奶油味 | 10 | 10 | 80 | 0 |
| 咖啡味 | 30 | 10 | 10 | 50 |
| 淡咖啡味 | 50 | 10 | 10 | 30 |

图 15-5　面包工艺配方

### 15.3.2　配方的配置

自动化系统中，各个组态软件厂家对于配方的配置过程大体相同，都需要配置配方组和配方的组成成分及各种成分所关联的变量，易控组态软件也不例外。易控中，配方的配置过程是通过工程树下的“配方”节点完成的，可以在配方节点下建立多个配方。每一种配方的配置都是通过工作区完成的。如图 15-6 所示为易控配方工作区配置的一个面包工艺配方。

起始页　面包*　面包

| 成份名称 | 成份类型 | 关联变量 | 甜味面包 | 咸味面包 | 奶油味面包 | 咖啡味面包 | 淡咖啡味面包 |
|---|---|---|---|---|---|---|---|
| 糖 | 实型 | 面包.糖量 | 85 | 10 | 10 | 30 | 50 |
| 食盐 | 实型 | 面包.盐量 | 5 | 80 | 10 | 10 | 10 |
| 奶油 | 实型 | 面包.奶油量 | 10 | 10 | 80 | 10 | 10 |
| 咖啡粉 | 实型 | 面包.咖啡粉量 | 0 | 0 | 0 | 50 | 30 |

添加成份(A)　删除成份(D)　添加值组(O)　删除值组(S)　导入(I)　导出(X)

图 15-6　易控配方工作区面包工艺配方

易控将配方中的配方组称为值组。一个新建的配方中可以有多个值组，值组中的每一种元素称为配方的一种成分，成分需要使用工程中的变量与其进行连接。易控的配方工作区中可以通过各种功能按钮进行成分和值组的配置，如添加和删除功能，也可以将配方导出为一个“.csv”格式的文件，通过 Excel 等软件进行编辑后再导入到易控中使用。

### 15.3.3　配方的使用

组态软件中，对于配置完成的配方在运行系统中的使用可以有两种方式：一种是通过配方浏览控件，另外一种就是通过脚本程序的方式调用配方命令。对于这两种方式，可以单独使用，也可以互相配合使用，这完全根据用户工程中功能的需要选择。

**1. 配方浏览器**

配方浏览器是易控提供的一种可视化配方操作方法，也是易控首创的功能。它可以实现配方的查看、调用和修改等功能。易控组态软件中，配方浏览器位于图形工具箱的“其他”

分类中，使用配方浏览器时需要对它的一些属性进行设置，比如外观、布局、安全、工具栏显示方式等内容。如图15-7所示为易控配方浏览器属性窗。

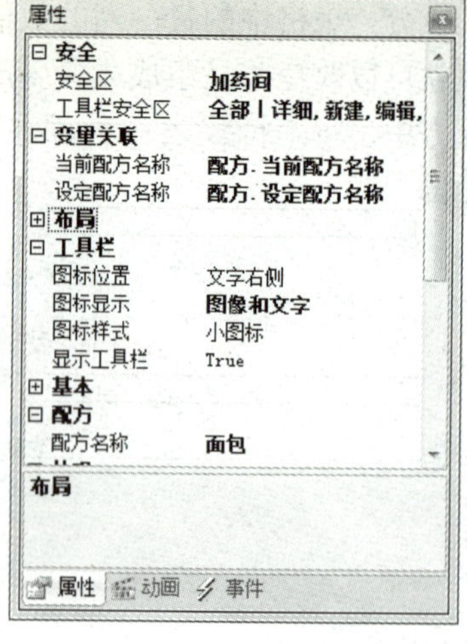

图 15-7　配方浏览器属性

易控配方浏览器属性中除了常规设置外，主要的配置还有：

① 当前配方名称：可以关联字符串变量，用于显示当前配方浏览器中显示的配方名称。

② 设定配方名称：可以关联字符串变量，用于设定当前配方浏览器中显示的配方，将不同的配方名称赋值给该变量，可以使配方浏览器在不同配方间切换。

③ 配方名称：用于设定配方浏览器中默认加载的配方，当使用设定配方名称后此处将无效。

设置完相应的配方属性后，就可以在运行画面中查看和使用。如图 15-8 所示为运行画面中的配方浏览器。

图 15-8　易控配方浏览器

系统运行过程中，可以通过配方浏览器工具栏进行配方的各种功能的使用。易控配方浏览器工具栏中的功能见表 15-2。

**表 15-2　配方浏览器工具栏中的功能**

| 功　能 | 作　用 |
|---|---|
| 全部 \| 详细 | 使配方表格在列表与详细状态中进行切换 |
| 新建 | 为当前配方增加新值组 |
| 编辑 | 编辑当前配方中选定值组的数据，在运行过程中修改的数据不会影响到开发系统中配置的数据 |
| 删除 | 删除当前配方中选定的值组 |
| 最前 | 将配方编辑器中光标移动到配方中的第一个值组 |
| 向前 | 将配方编辑器中光标向前移动一个值组 |
| 向后 | 将配方编辑器中光标向后移动一个值组 |
| 最后 | 将配方编辑器中光标移动到配方中的最后一个值组 |
| 导入 | 将计算机中编辑的“.csv”配方文件导入到当前配方浏览器中，此操作恢复该配方浏览器中现有的配方 |
| 导出 | 将当前配方浏览器中的配方导出到计算机中生成“.csv”文件 |
| 读取 | 将运行系统中对应于每一个成分的变量当前值读取到配方浏览器中选定的值组中 |
| 写入 | 将配方浏览器中选定值组中的数据写入到运行系统中对应于每一个成分的变量中 |
| 刷新 | 刷新配方浏览器中的数据 |

通过配方浏览器可以实现配方的新建、删除，数据的读取写入等功能，但是它只局限于当前加载到配方浏览器中的配方，对于其他的一些配方功能则需要通过配方的脚本命令实现。

2. **脚本命令**

组态软件中，配方的各种功能都有与之对应的脚本命令可以实现。易控中这些脚本命令通过用户程序编辑器调用，工程中可以使用用户程序命令的地方都可以使用它们。常用的有关配方的命令有：

（1）AddRecipe

添加配方。通过该命令可以在系统运行时新建配方，该命令使用时需要一个字符串作为参数，该字符串内容为新配方的名称。该命令的用法如下：

```
Recipe. AddRecipe("新配方");
```

（2）GetRecipeCurrentValueName

获取配方当前值组名称。该命令用于获取当前配方浏览器中选定值组的名称，执行该命令后返回值为字符串，可以将该命令直接用作字符串变量使用，也可以将该命令赋值给字符串变量，使用时需要在命令中添加该值组的配方名称。该命令的用法如下：

```
string 当前值组名称 = Recipe. GetRecipeCurrentValueName("面包");
```

（3）LoadRecipeValues

将配方值组的值赋值给相应的数据库变量。该命令在使用时需要配置相应的配方名称与值组名称，触发该命令后会将对应配方中值组的值赋值给系统中对应的变量。该命令的用法如下：

```
Recipe. LoadRecipeValues("面包","甜味");
```

上面介绍的命令只是易控中配方命令的一部分，还有与这些命令有相似功能的命令可以参考易控的在线帮助。在用户程序中，通过脚本语言的使用还可以将这些命令的功能扩大，实现更加复杂的配方使用功能。

## 15.4 日志

组态软件中，报警记录、事件记录、历史记录等都是针对组态工程而言的，它们都需要与工程中的变量或者用户进行关联才能够实现信息的记录功能，但是在组态工程开发过程中，对软件的各种操作，例如软件的启动、停止，工程的调试信息等是不能通过它们进行记录的，这就需要组态软件提供一种能够记录软件本身信息的一个工具，这就是组态软件的“日志”记录功能。

日志的作用与我们平时工作学习过程中所做的记录工作类似，它将工程开发过程中的各种开发与调试信息进行记录，如系统的启动时间、退出时间、工程中的功能执行情况等。这些信息可以帮助工程开发人员定位工程开发过程中出现的问题，缩短开发过程，并对工程进行优化处理。同时这些信息还是软件开发人员了解和分析软件工作状况的重要依据，可以帮助他们快速定位可能的软件故障，从而优化和不断完善软件系统。

易控组态软件中日志记录的存储与查看由两部分实现：日志服务器和日志查看器。

### 15.4.1 日志的存储

日志服务器是一个用来保存和管理组态软件开发或运行过程中产生的各种日志信息的独立程序。一般情况下，组态软件的开发环境或运行环境打开后便会自动启动日志服务器程序，这样它才能记录工程开发和运行过程中的各种信息。系统运行过程中，如果日志服务器没有启动或者已经停止，则日志记录功能就会停止。

日志服务器中一般可以实现的功能主要有设置日志信息记录的方式和记录的位置以及日志信息在日志查看器中显示的方式，包括日志显示的条数、日志查看器中日志保留的天数等内容。

易控中日志服务器的启动、停止等设置是通过易控开发环境“工具”菜单中的“选项”设置进行的，如图 15-9 所示，包括设置运行环境或者开发环境中日志服务器与日志查看器是否随系统启动而启动。

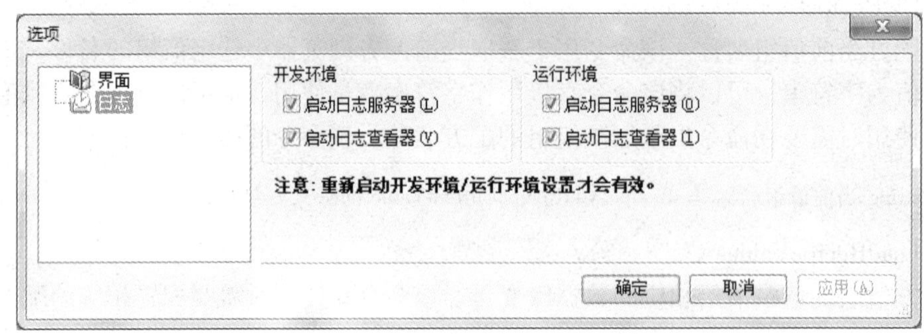


图 15-9　日志服务器启动设置

易控的日志服务器程序是一个没有界面的程序，它在后台为易控提供日志记录以及记录的日志信息的查找等服务功能。日志服务器程序运行起来后，在 Windows 系统的状态栏中会出现一个图标，如图 15-10 所示。

图 15-10　日志服务器图标

日志服务器中各种功能可以通过鼠标右键点击日志服务器图标，在打开的日志服务器的“参数配置”对话框中进行设置，如图 15-11 所示。

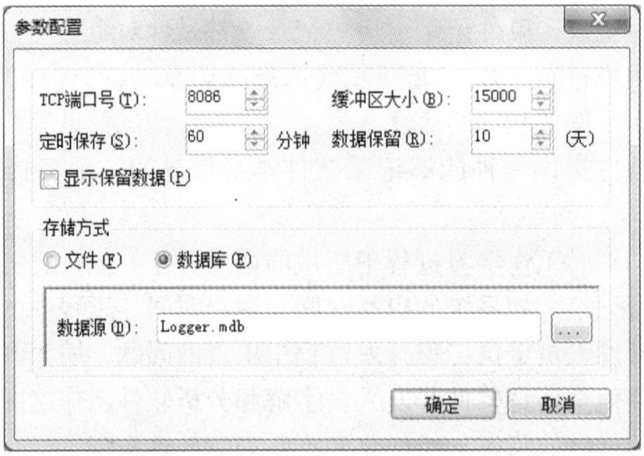

图 15-11　日志服务器参数配置

日志服务器的参数配置中需要配置的主要有 TCP 端口号、数据缓冲区大小、日志存储方式等内容，各个功能的内容见表 15-3。

**表 15-3　日志服务器的参数配置内容**

| 名　称 | 内　容 |
| --- | --- |
| TCP 端口号 | 日志查看器与日志服务器连接的端口配置，当日志查看器和日志服务器不在同一台计算机上时使用 |
| 缓冲区大小 | 配置日志信息记录的缓冲区大小，易控日志记录首先记录在缓冲区中，当缓冲区记录满后再将这些文件写入计算机磁盘中 |
| 定时保存 | 设置日志信息保存的时间间隔，日志服务器启动后每隔设定间隔时间将信息保存一次 |
| 数据保留 | 设置日志信息在日志记录中保留的天数，超过设置天数的数据将会被删除 |
| 存储方式 | 配置日志记录在计算机中的存储方式，分为文件存储和数据库存储。文件存储将日志记录存储在指定文件中，数据库存储将日志记录存储在指定数据库中 |

对于配置完成的日志服务器，在日志服务器启动后就会按照参数配置中的内容自动进行日志的记录、存储、删除等功能。如果希望查看具体的日志信息则需要使用日志查看器完成。

### 15.4.2　日志的查看

日志查看器是一个专门负责日志信息查看的独立程序。一般情况下，日志查看器与日志服务器同时运行，在组态软件的开发环境或运行环境启动时会自动启动。在日志查看器中可以看到各种组态过程中的日志信息，它可以对正在发生的日志信息进行实时显示，也能浏览和查询以前的历史日志信息。在日志查看器中还可以对各种类型的日志信息按照信息的类别进行分类查询和显示。

通常情况下日志查看器的运行与否，不会影响系统的日志信息记录，因此它可以被随时关闭，下次启动后仍然可以显示和查看信息。日志服务器程序是日志查看器的必要条件。对于 C/S 结构的网络来说，日志服务器和日志查看器还可以运行在网络上的不同计算机中，日志查看器通过网络连接查看日志服务器中的日志信息。

易控日志查看器运行界面如图 15-12 所示。

图 15-12　日志查看器

易控日志查看器中可以显示系统信息、调试信息、错误信息等，这些都是通过日志查看器中的各种功能菜单和工具栏按钮实现的。

易控日志查看器的常用工具栏按钮有刷新、查找、删除、前端显示等，如图 15-13 所示。

图 15-13　日志查看器工具栏

按照图 15-13 中从左到右的顺序，日志查看器工具栏中各种功能按钮的作用见表 15-4。

**表 15-4　日志查看器工具栏中各种功能按钮的作用**

| 名　称 | 功　能 |
| --- | --- |
| 打开 | 打开在计算机中存储的日志记录文件 |
| 保存 | 将当前日志查看器中的日志信息保存到计算机中 |
| 重连服务器 | 重新建立日志查看器与日志服务器之间的连接 |
| 查询 | 查询日志服务器中的相关信息，会弹出“查询条件”对话框，如下图所示，可以按照日志信息的时间、类别、来源、计算机等条件进行查询<br>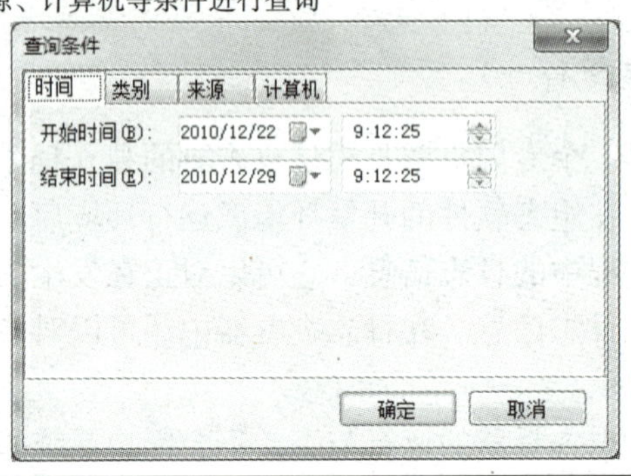 |
| 刷新 | 刷新日志查看器中的信息 |
| 清空显示 | 清空当前日志服务器中的信息。清空后日志不会丢失，将会记录到日志服务器中 |
| 暂停显示 | 暂停当前日志查看器中的信息刷新 |
| 参数设置 | 设置日志查看器中的各种显示信息，包括信息的颜色、显示内容、及其他配置，通过“参数设置”对话框完成，如下图所示<br>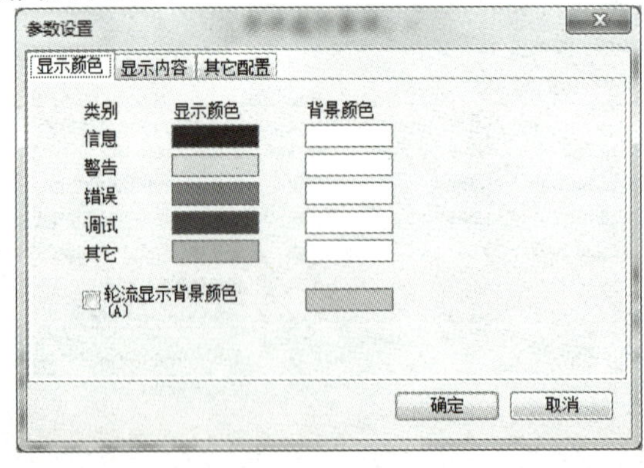 |
| 前端显示 | 将日志查看器置于窗体最前端显示 |
| 帮助 | 打开易控在线帮助手册 |

通过易控日志查看器工具栏可以完成日志查看器的所有功能。在工程开发和运行的时候可以通过日志查看器方便地查看各种日志信息。对于更多详细内容可以参考“易控在线帮助”。

## 15.5 本章小结

组态软件作为一种通用的监控系统软件，包含了能实现自动化控制的各种功能，而且不同的组态软件，还具有一些实现特定任务的其他功能，通过这些功能的使用，可以满足各行各业的应用，同时也可以满足不同功能要求的最终用户。易控组态软件中它除了具有数据的采集、画面、报警、历史记录等功能外，还有防止误操作、越权操作以及保护开发环境的安全机制功能；对流程行业进行管理和控制的配方功能；记录工程开发及运行过程中的各种信息的日志记录等功能，这些功能在易控中都可以通过简单方便的配置完成，而且易控还在根据行业和用户的需要不断开发各种新的功能，以满足不同用户和行业的需要。

# 第16章　工程应用实例

## 16.1　概述

通过前面各章节的讲述，读者对组态软件的基础知识、易控组态软件各基本功能的实现，以及工程设计时需要考虑的重要事项都有了详细了解。本章将通过三个工程应用实例指导读者如何开始构建自己的工程，如何将前面各章节谈到的功能、设计原则等运用到工程实际中，以增强对组态软件工程制作过程的整体了解，并增强对某些行业实际工程应用的认识。

工程应用实例一是一个简单的水箱控制系统，主要是通过控制水箱进出水阀门的开关以及对水箱的水位进行实时监控，按照工程设计的基本步骤和原则，将组态软件的各基本功能应用起来。

工程应用实例二是一个仿真的工业锅炉控制系统，工业锅炉是一个比较复杂的被控对象，也是组态软件最为传统的应用领域之一。本实例主要是以北京化工大学研制的 SMPT-1000 高级多功能过程控制实训系统作为监控设备，通过多种通信方式将锅炉运行中的各种数据进行采集，实现锅炉各系统的监控、各种模拟量 PID 算法的参数调节、实时数据的曲线显示、历史数据的曲线对比、报表查看、报警等功能。

工程应用实例三是一个交通监控系统，该应用已脱离了传统的工业监控范畴，属于基础建设领域，这也是组态软件新兴的应用领域之一。本实例是国家奥林匹克体育中心（鸟巢）地下交通监控中心综合监控系统，该监控系统主要是对地下隧道内的交通系统、辅助交通系统的设备系统、消防系统、供电系统、紧急电话系统、广播系统、无线通信系统、网络系统和综合显示大屏等进行集中监控，是一个高度集成、开放的系统。

## 16.2　水箱控制系统

### 16.2.1　系统功能

本实例模拟水箱进出水控制的过程，实现对实时数据的曲线显示、水位历史数据的曲线查询、报表查看、超限报警等功能。

水箱控制系统的主要设备包括：水箱、泵开关、水箱进出水阀门和水位计。其中水箱水位的范围在 0～100L，水位初始值为 0L。

该示例主要考虑基本功能和安全要求的实现，不考虑管理和优化，控制内容主要包括以下几点：

① 用户登录系统后能够手动控制水箱进出水阀门开关，泵开关和阀门开关状态改变时，能够在画面中呈现动态效果。

② 当进水阀门打开时，才能启动泵。泵启动时，水箱中的水位上升，同时进水管道要呈现水流效果。打开水箱出水阀门时，水箱中的水位下降。

③“水箱．水位”变量的值超过 75 L 时，需要发出报警信息，提示操作人员。对于报警，需要显示实时报警信息，也能够查询到历史报警信息。

④ 记录“水箱．水位”变量的变化过程，便于后续分析统计使用。该历史记录能通过画面上的历史趋势曲线查看到，也能通过历史报表查看到。

### 16.2.2 系统设计

#### 1. 考虑工程布局

该监控系统的画面显示主要由菜单栏、功能显示区、状态栏三部分组成。菜单栏位于画面最上方，显示工程中的各主要画面切换按钮；状态栏位于画面最下方，用于显示在工程运行过程中的工程名称、用户登录状态、系统时间等信息；功能显示区位于中间，用于显示流程画面、报警、报表等功能。

工程分辨率确定为 1024＊768，选择淡蓝色过渡效果作为背景色。工程布局示意图如图 16-1 所示。

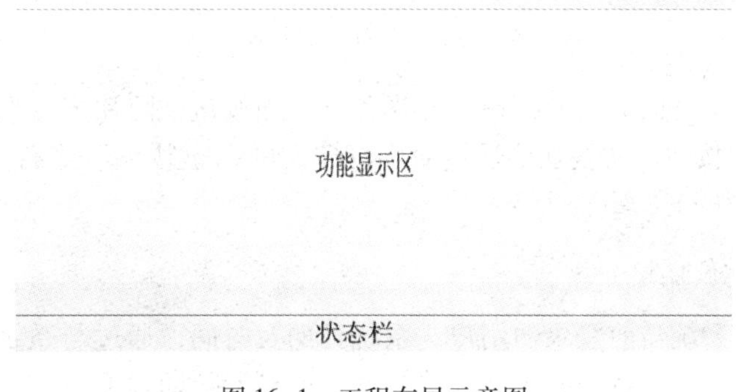


图 16-1　工程布局示意图

#### 2. 规划和制作主要画面

本系统共需制作 6 个画面，分别如下：

① 监控系统主显示画面：工程中命名为“首页”，主要是显示菜单栏和状态栏。

② 主控制画面：工程中命名为“水位监测”，用来展示现场的水箱、泵和阀。

③ 用户登录画面：工程中命名为“用户安全”，进行用户登录、注销、修改密码、管理等工作。

④ 历史报警查看画面：工程中命名为“报警查看”，通过报警窗查询历史报警记录信息。

⑤ 水位历史查询画面：工程中命名为“水位历史查询”，通过历史趋势曲线查询水位的历史数据。

⑥ 报表查看画面：工程中命名为“报表查看”，通过历史报表查询水位的历史数据。

可以先完成“首页”、“水位监测”和“用户安全”这几个画面的制作。“报警查看”、“水位历史查询”和“报表查看”这几个画面等定义完变量、历史记录和报警等功能后再制作。

(1)“首页”画面

“首页”画面实际上就是把菜单栏和状态显示栏做成一个画面，整个系统在运行期间都要一直显示该画面。画面的大小为（1024，768）。“首页”画面如图 16-2 所示。

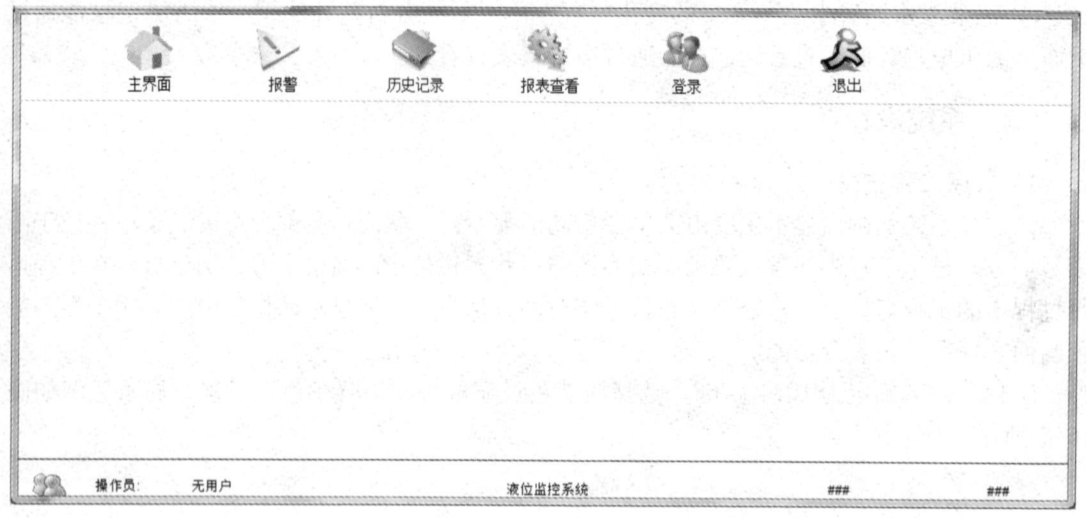


图 16-2 “首页”画面

菜单栏中放置各个画面的切换按钮（用图片来充当按钮，图片下方配合文字说明），同时包括一个“退出”按钮。切换功能通过对图标定义的“键按下”事件来实现，如“主界面”图标定义的“键按下”事件为：

```
Grp. Open("水位监测");
```

状态显示栏显示系统当前登录的用户、系统日期及时间，通过与系统变量关联来实现。绘制好文本，然后对文本进行动画定义，选择“数值显示”动画下的“字符串值”，将“登录的用户”与系统变量“UserName”进行关联，将“系统日期”与系统变量“Date”进行关联，将“时间”与系统变量“Time”进行关联。

(2)“水位监测”画面

“水位监测”画面显示水位控制的整体流程，并且需要监控阀门、泵开关、水位、水位实时变化曲线、实时报警信息等。画面的大小设置为（1024，635），画面起始位置为（0，81）。“水位监测”画面如图 16-3 所示。

画面布局和各区域元素绘制如图 16-3 所示。

区域 1：绘制水位实时曲线。

区域 2：该区域显示的是水箱控制的工艺流程。

储水罐和泵、阀门都通过“图库”工具箱的图符来表示，并绘制一个黑色矩形放置在立罐上方。管道是通过直线或折线绘制来实现的，将它们的线条属性修改为“管道”。管道中的水流用虚线绘制。

区域 3：绘制报警窗，显示工程的实时报警信息。将报警窗的工具栏和状态栏属性设为（False），当水位变量超过限值时会在报警窗中显示实时报警信息。

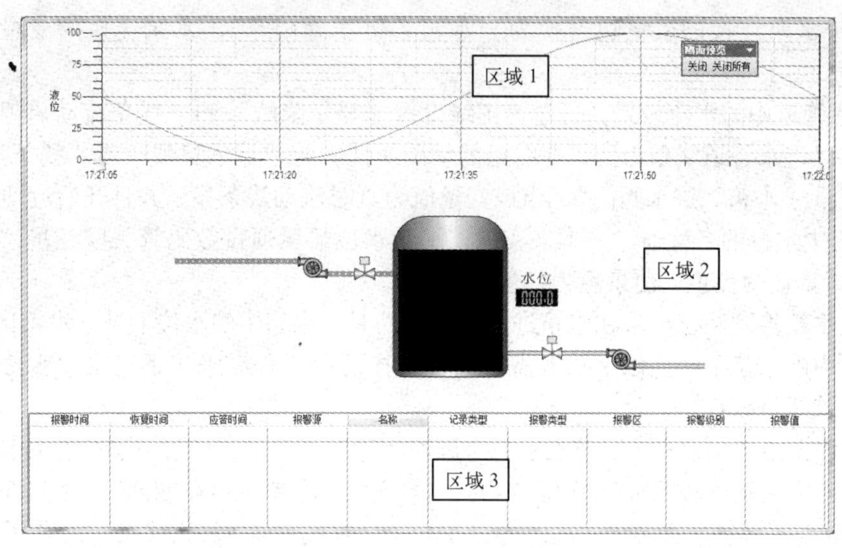


图 16-3　“水位监测”画面

(3)“用户安全”画面

“用户安全”画面以小窗口的方式显示，画面大小设为（369，288），位置为（357，77），提供用户的登录、注销以及用户管理等功能，如图 16-4 所示，5 个按钮文本显示分别修改为“用户登录”、“用户注销”、“修改密码”、“用户管理”和“关闭”。

然后为按钮配置“键按下”事件。以用户登录为例，配置“用户登录”按钮的“键按下”事件为：

```
User. Logon( );
```

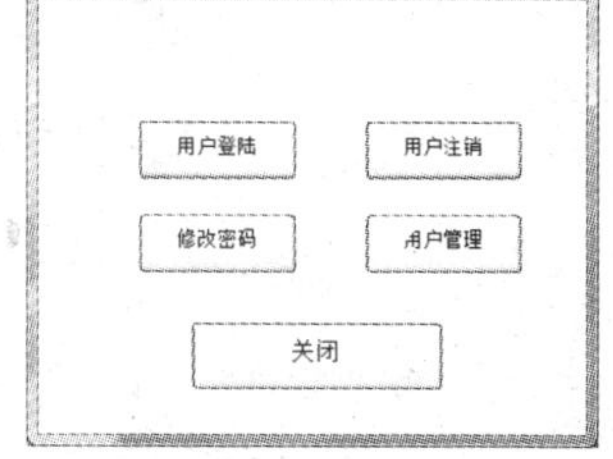


图 16-4　“用户安全”画面

### 3. 设计变量

水箱控制系统主要监测并记录水箱的水位信息，同时需要对泵开关、水箱进出水阀门进行人为控制，因此需要建立三个变量。在“变量”节点下新建变量组“水箱”，打开水箱变量组，在变量组中建立实型变量“水位”、开关型变量“出水阀门”、“进水阀门”。建好后的变量组如图 16-5 所示。

| | 名称 | 类型 | 初始值 | 最小值 | 最大值 | 保存初始值 | 计算表达式 | 单位 |
|---|---|---|---|---|---|---|---|---|
| ▸ | 水位 | 实数 | 0 | | | ☐ | | |
| | 进水阀门 | 开关 | False | N/A | N/A | ☐ | | |
| | 出水阀门 | 开关 | False | N/A | N/A | ☐ | | |

图 16-5　水箱变量组

### 4. 完成主要监控画面上各个控制对象的动画和事件的定义，以及工程中用户程序实现

本系统中主要是完成“水位监测”画面上的各个对象的定义。

① 为实时曲线关联变量“水箱 . 水位”。

② 为水箱上的矩形配置百分比填充动画，关联变量“水箱 . 水位”。

③ 进水阀连接的变量替换为“水箱 . 进水阀门”，出水阀连接的变量替换为“水箱 . 出

水阀门”。进水泵连接的变量也替换为“水箱．进水阀门”，出水泵连接的变量页替换为“水箱．出水阀门”。

④ 设置管道中的水流效果，通过为虚线设置“显示隐藏”和“线条流动启停”动画来实现。这里以进水管道线条为例，在线条的动画属性中的“显示隐藏”与“线条流动启停”项中关联变量“水箱．进水阀门”，当该变量值为真时流动线条显示并且开始流动。

⑤ 画面中水位的名称通过文本来实现，水箱水位显示通过数码管关联变量“水箱．水位”，设置背景色为黑色，前景色为红色。

另外，水箱控制系统要求在水箱进水阀门启动时，水箱中的水位上升，水箱出水阀门启动时，水箱中的水位下降。以上功能需要通过易控的用户程序来实现，在“水位监测”画面运行时，就执行该程序。

双击工程树中“用户程序”节点下的“画面程序”子节点，通过“新建”按钮新建画面程序，画面名称关联工程画面“水位监测”，执行方式选择“存在期间”，时间间隔设置为“100 ms”，点击“程序”处弹出 C#用户程序编辑器。在编辑器中输入代码，如图 16-6 所示。

```
if (水箱.进水阀门==1)
{
    水箱.水位=水箱.水位+1;   //模拟数据，进水阀打开，水位不断增加
    if(水箱.水位>=100)
    {
        水箱.进水阀门=0;     //水满后，自动关闭进水阀
    }
}
if (水箱.出水阀门==1&&水箱.水位>0)
{
    水箱.水位=水箱.水位-1;   //模拟数据，出水阀打开，并且有水情况下，水位不断降低
    if(水箱.水位==0)
    {
        水箱.出水阀门=0;     //水箱空后，自动关闭出水阀
    }
}
```

图 16-6　水箱水位控制程序

建立好的画面程序如图 16-7 所示。

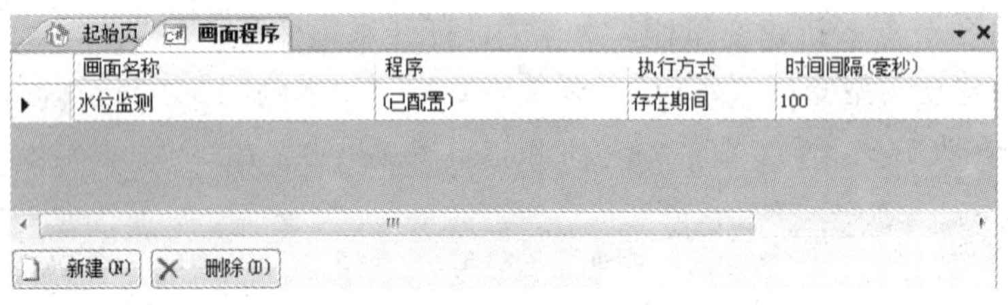


图 16-7　画面程序

### 5. 完成报警、历史记录和报表功能

(1) 报警功能

水箱控制系统中的“水箱．水位”变量的值超过 75 L 时，需要发出报警信息，提示操作人员。报警功能设置分为以下几步：

1) 将“水箱．水位”定义为报警变量。通过双击“报警”节点下的“报警变量”子节点，在显示的报警变量配置页面中利用“新建”按钮新建一个报警变量，选择数据库变量“水箱．水位”，并进行报警配置，配置“高”报警，报警值为 75。“模拟型变量报警配置”

对话框如图 16-8 所示。

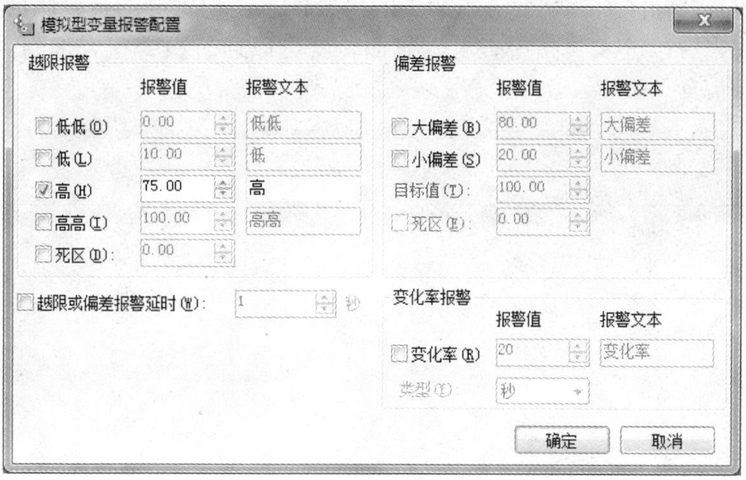

图 16-8　“模拟型变量报警配置”对话框

2）进行报警配置，主要是将报警记录下来供查询。双击“报警”节点下的“配置”子节点，在弹出的“报警配置”对话框中勾选“记录报警”项，如图 16-9 所示。当系统有报警发生时，报警信息会自动记录到默认的数据库中。

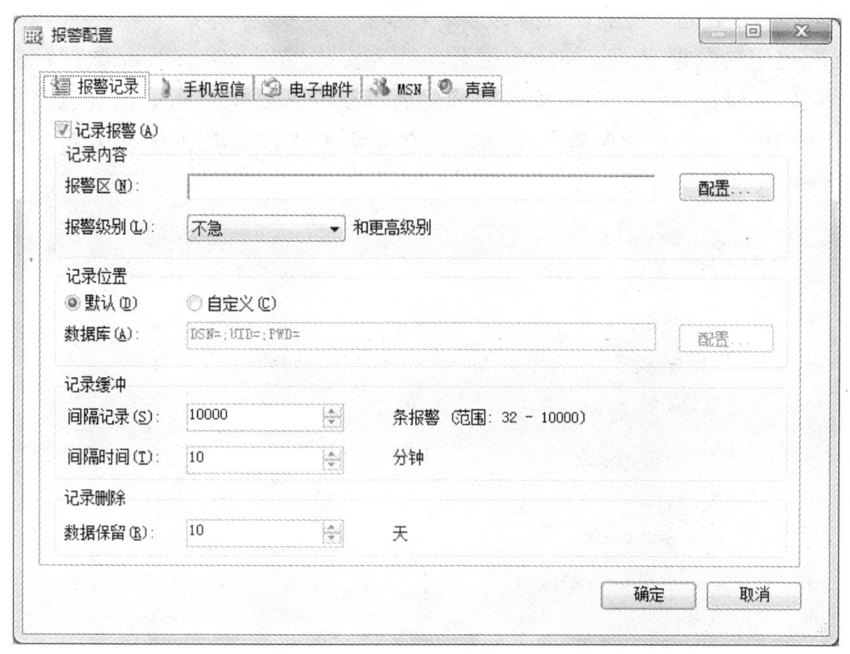


图 16-9　“报警配置”对话框

3）绘制报警画面，定义报警显示方式。

实时报警功能已通过“水位监测”画面中的报警窗显示。

历史报警功能需再另外制作一个画面，通过画面上的报警窗来显示。“报警查看”画面的大小设置为（1024，635），画面起始位置为（0，81）。画面上绘制报警窗，将报警窗的

“显示类型”属性设为“显示报警信息和恢复信息”，将“允许查询”属性设为“True”，系统运行并设置查询间隔后，就会显示相关的报警信息。配置好的报警画面如图 16-10 所示。工程运行起来后，进入“报警查看”画面，就可以通过报警窗查询到“水箱．水位”变量的历史报警信息。

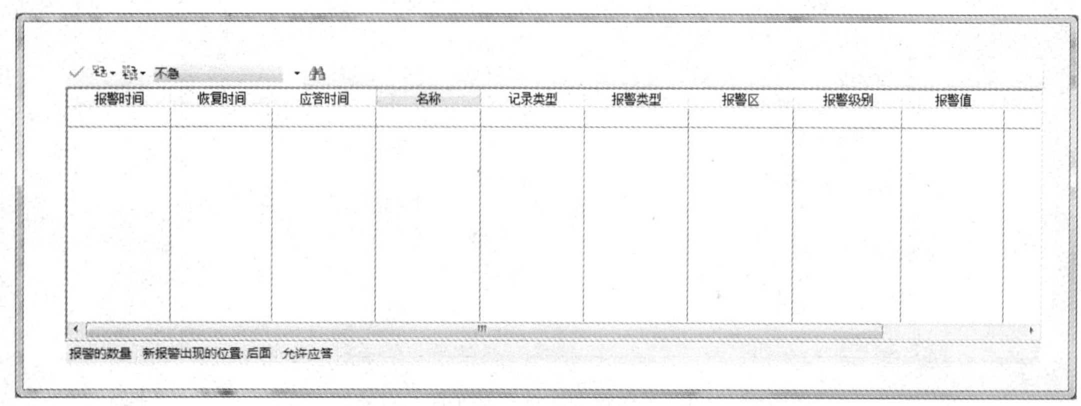


图 16-10　报警画面

（2）历史记录功能

“水箱．水位”变量的变化过程也是需要记录下来的，便于后续分析统计使用，因此需要历史记录功能。历史记录功能设置分为以下几步：

1）配置历史记录数据库。使用历史记录功能需要先安装 SQL Server 数据库软件（可通过易控光盘安装 SQLExpress）。软件安装完成之后，双击工程树“历史记录”节点下的“配置”子节点，弹出“历史记录配置”对话框，在对话框中配置数据库服务器，通过“测试连接”按钮测试与数据库的连接，如图 16-11 所示。

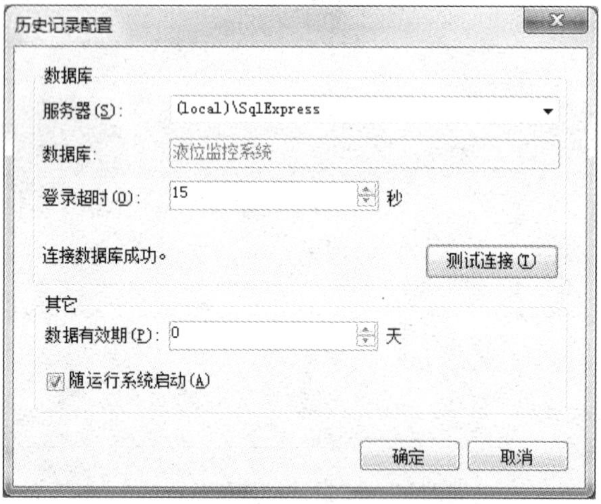

图 16-11　“历史记录配置”对话框

当对话框中提示“连接数据库成功”时，点击“确定”按钮，完成对数据库的配置。

2）对要进行记录的变量进行定义。双击工程树“历史记录”节点下的“记录变量”子节点，在显示的记录变量配置页面中通过“新建”按钮新建一个历史记录，并选择数据库变量“水箱．水位”，记录方式选择定时记录，间隔为5s，如图16-12所示。

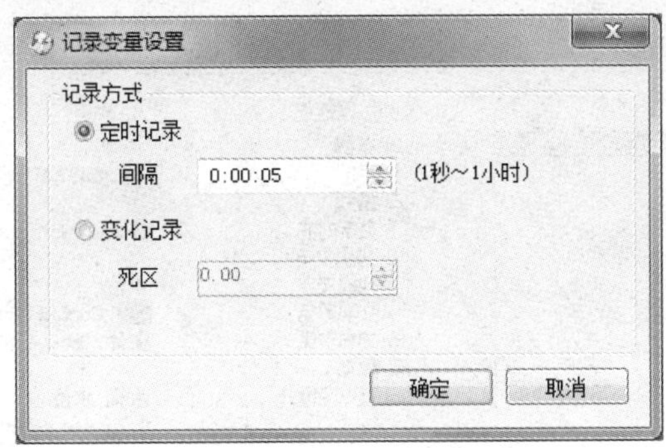


图16-12　记录变量设置

通过以上步骤就完成了对系统中历史记录功能的设置。

3）绘制历史记录显示画面。“水位历史查询”画面用来以曲线方式显示水位变量的历史趋势变化情况。其画面的大小和位置设置如报警画面。选择图形工具箱中“图形曲线”内的“历史趋势曲线”，将其放置在画面上，调整大小和位置。在历史趋势曲线的属性窗“曲线”配置项中添加成员“水位历史曲线”，将“水位历史曲线”的连接变量与“水箱．水位”历史变量关联。

当工程运行起来后，进入“水位历史查询”画面，就可以通过历史趋势曲线查询到“水箱．水位”变量的历史记录。

（3）报表功能

该系统需提供历史报表来记录一天内水箱的水位变化数据。报表设计分为以下几步：

1）设计报表格式。在工程树“报表”节点新建一个空白报表，命名为“日报表”。设置报表的方向属性为“纵向”，报表背景色选为单色“黄色”。

使用报表工具箱中的“文本”组件来添加历史报表中的静态文本，如“水位监控系统日报表”、“制表人”和“生成时间”等，并设置这些组件的大小、位置属性。

将报表工具箱中的“制表人”组件添加到报表左上角，将其显示方式属性设置为“登录用户”。再添加“报表生成时间”组件到报表的右上角，调整其边框样式为“无”，显示格式中日期格式为“短日期”，时间格式为“长时间”。

将报表工具箱中的“历史表格”组件添加到报表编辑器中，用于将当天水箱的水位记录从历史数据库中取出并显示在报表上。

历史表格的属性配置主要有：

“时间列”属性：设置“列眉文字”为“时间列”，时间列显示选择“两边”，时间格式通过弹出对话框完成，将日期选为“短日期”，时间格式为“长时间”，如图16-13所示。

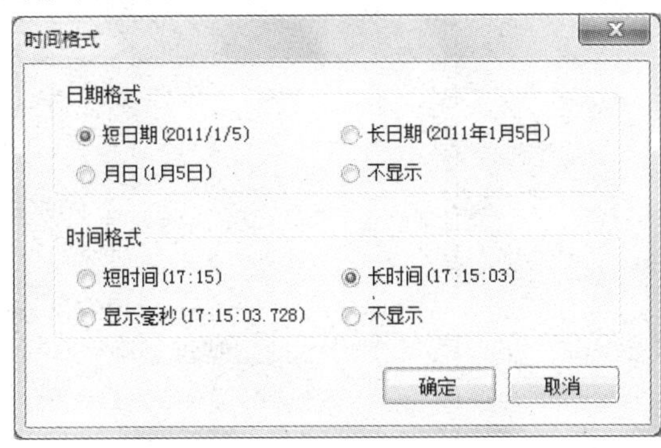


图16-13　“时间格式”对话框

“数据列”属性：该属性通过“历史数据表格列集合”对话框完成，如图16-14所示。只保留一个成员，将成员的列眉文字修改为“水位”，“历史变量”属性连接“水箱_水位”历史记录数据。

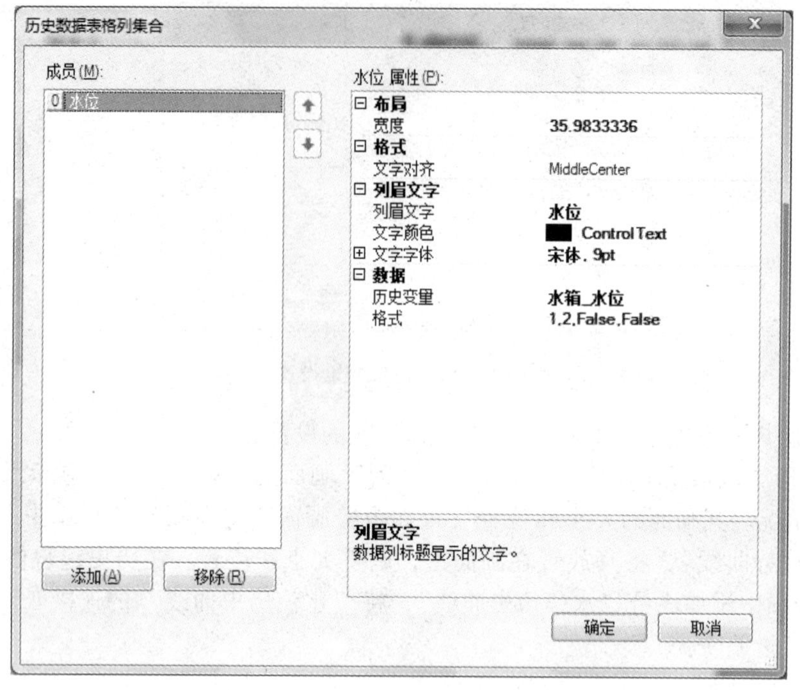


图 16-14　“历史数据表格列集合”对话框

“统计行”属性：通过“统计行集合”对话框完成，如图 16-15 所示。添加三个统计行：最大值、最小值和平均值，统计方式分别选择“最大”、“最小”和“平均”，统计行的显示位置均选择位于表格的底部。

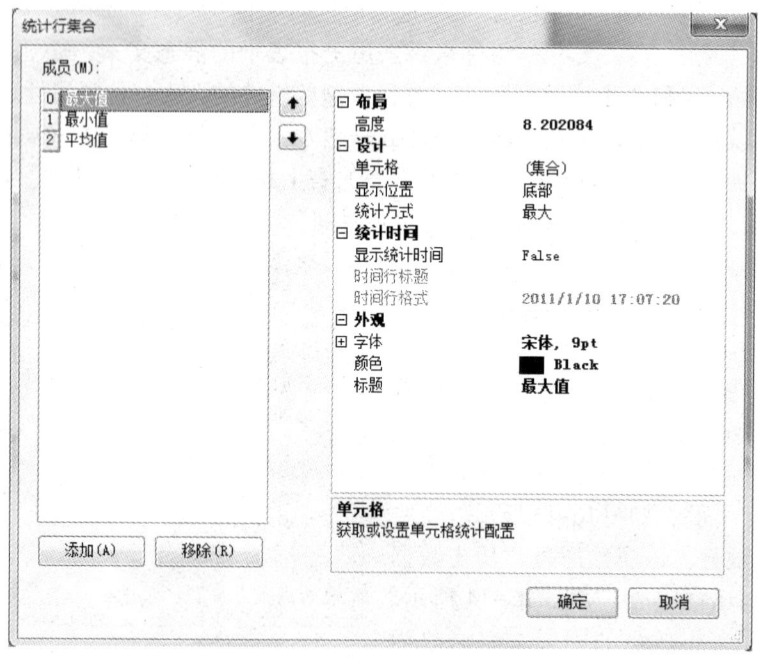


图 16-15　“统计行集合”对话框

“时间间隔”属性：报表显示的是一天内的统计数据，因此将报表的每行时间间隔设置为“1 小时”，如图 16-16 所示。

设置“表头显示”属性为“True”。通过上面的操作就完成了“日报表”的设计。设计完成的报表如图 16-17 所示。

图 16-16　时间间隔属性设置

水位监控系统日报表

制表人：　制表人　　　　生成时间：　2009-10-28 10:52:06

| 时间列 | 水位 | 时间列 |
|---|---|---|
| 2011/1/5 17:30:50 | 水箱_水位 | 2011/1/5 17:30:50 |
| 最大值 | Max | 最大值 |
| 最小值 | Min | 最小值 |
| 平均值 | Avg | 平均值 |

图 16-17　日报表样式

2）在画面进行报表查看。“报表查看”画面大小和位置设置与报警画面类似。选择图形工具箱中“图表曲线”内的“报表查看器”，将其放置在画面上，将报表查看器的“报表”属性关联上一步已建好的“日报表”。配置好的报表画面如图 16-18 所示。当工程运行起来后，可以通过报表工具栏“设定历史数据的查询条件”按钮设置查询时间和查询间隔，查看相应的历史记录信息。

图 16-18　“报表查看”画面

### 6. 实现安全管理

工程中对阀门控制的安全级别要求比较高，需要用户登录后才能进行操作，以保证系统安全。一般通过对工程中用户和安全区的同时设置来实现工程的安全控制。安全系统的设计分为以下几步：

（1）配置安全区和用户

双击工程树下的“安全区”节点，通过“新建”按钮建立“阀门控制”安全区。

双击工程树下的“用户”节点，通过“新建”按钮新建两个用户——“管理员”和“用户”，设置密码为“123”。在工程中，操作员只有数据查看权限，管理员除了可以进行数据查看之外，还可以控制阀门的开关。为管理员用户配置安全区“阀门控制”。工程中配置好的用户列表如图 16-19 所示。

| 名称 | 密码 | 安全区 | 自动注销时间(分) | 类别 |
|---|---|---|---|---|
| SysAdmin | *** | | 0 | 系统管理员 |
| 操作员 | *** | | 0 | 操作员 |
| 管理员 | *** | 阀门控制 | 0 | 管理员 |

图 16-19　用户列表

（2）设置画面对象的安全权限

对阀门的安全控制需要结合画面中阀门对象的安全区属性来实现，具体设置在“水位监测”画面中。以进水阀门为例，选中进水阀门，在“安全区”属性处选择“阀门控制”安全区。

这样，安全管理就设置好了。工程运行起来后，必须使用管理员账号登录，才能操作进水阀门。

**7. 工程运行配置**

工程进入运行时，要指定起始画面。

“首页”在工程运行的任何时候都是可见的，并且位置不会改变，而功能显示区的内容会随着菜单栏选择的画面名称不同而发生变化。工程在每次启动时都同时显示“首页”和“水位监测”这两个画面，因此需要在“运行选项”节点设置工程运行时的起始画面。在弹出的“画面”选项卡中，选择“首页”和“水位监测”这两个画面，并设置为“起始画面”，如图 16-20 所示。

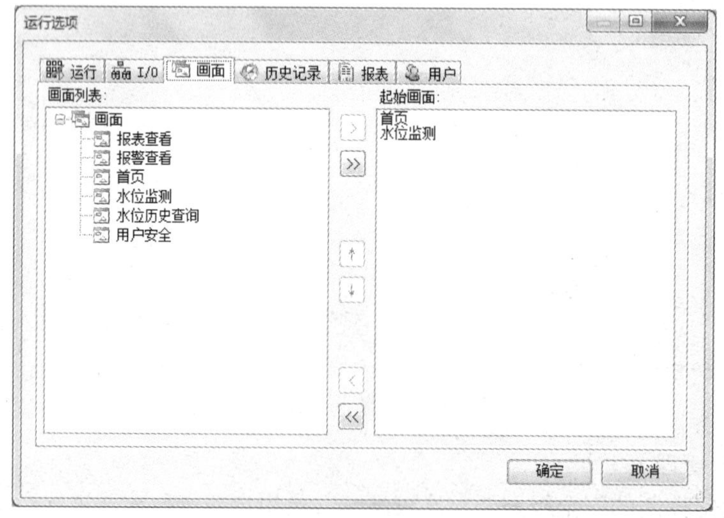


图 16-20　起始画面设置

至此，整个系统的设计就完成了。经过编译，进入运行环境后，以“管理员”身份登录，输入密码“123”，就可以控制进水阀，启动进水泵。水箱液位发生变化时，相应的报警、曲线显示和历史记录等功能就可以使用了。系统运行主界面如图 16-21 所示。

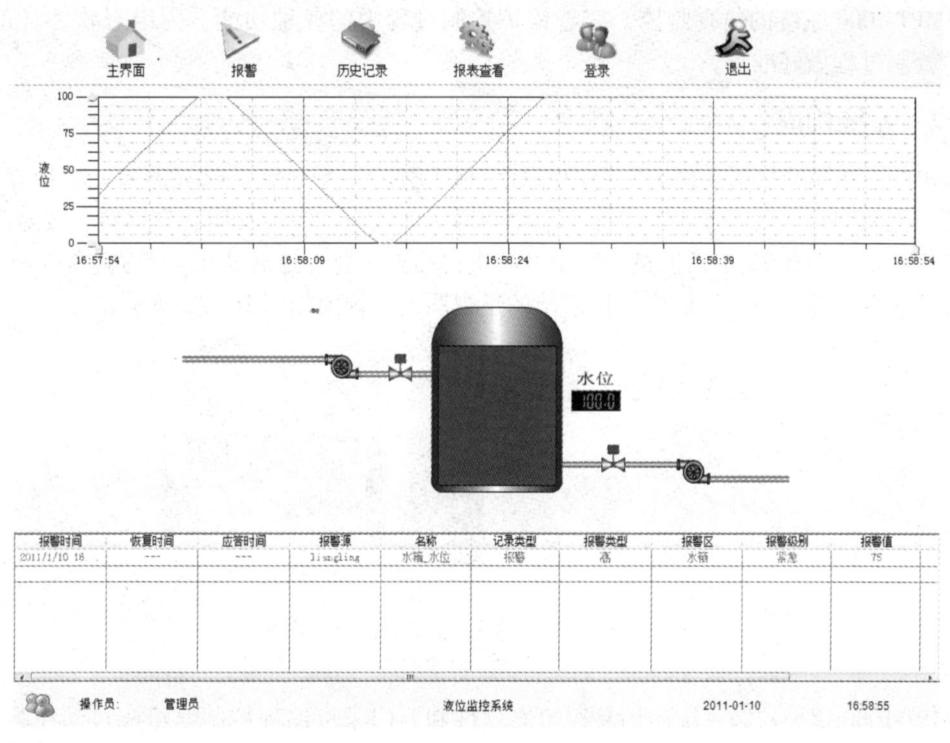


图 16-21　系统运行主界面图

### 16.2.3　系统总结

本实例通过一个简单的水箱水位控制系统，介绍了利用组态软件制作一个典型的上位工程，并且对工程的整体设计、画面的布局、各个功能的实现等进行了较为详细的阐述。参照此实例，读者可以制作自己的第一个监控工程。

## 16.3　锅炉控制系统

### 16.3.1　系统简介

工业自动化系统中，工业锅炉是一个比较复杂的被控过程，其多输入、多输出、多回路、非线性的特性，使得目前工业锅炉的综合控制性能不尽如人意。然而，锅炉是过程工业中不可缺少的动力设备，它所产生的蒸汽不仅能够为蒸馏、化学反应、干燥、蒸发等过程提供热源，而且还可以作为压缩机、泵类的动力源。因此，锅炉的综合控制也成为一个广泛研究的课题。但是，由于锅炉的特殊性，一般不能对其进行实际的各种试验来获取锅炉稳定运行所需要的数据，这就需要通过能模拟实际锅炉运行系统的装置来完成锅炉运行过程中各种参数的采集与分析。

本实例将北京化工大学研制的 SMPT-1000 高级多功能过程控制实训系统作为监控设备。

该系统可以模拟锅炉运行的全部过程，并且通过多种通信方式将锅炉运行中的各种数据进行远传，组态软件通过采集这些远传数据，实现锅炉各系统的监控、各种模拟量PID算法的参数调节、实时数据的曲线显示、历史数据的曲线对比、报表查看、报警等功能。通过组态软件对SMPT-1000系统的仿真监控，完善锅炉控制过程中的各种功能，为组态软件真正应用到锅炉控制过程做好准备。

### 16.3.2 系统构成

SMPT-1000锅炉控制系统中的锅炉部分大体上分为4个单元：除氧器单元、炉膛单元、减温器单元和汽包单元，包含除氧器、上水管网、上汽包、锅炉本体、省煤器、减温器、蒸汽管线等设备，拥有21个模拟量和6个开关量检测点。此外还有9个调节阀，5个开关阀，两台泵，一台压缩机的执行机构。该系统的正视图及实物图如图16-22所示。

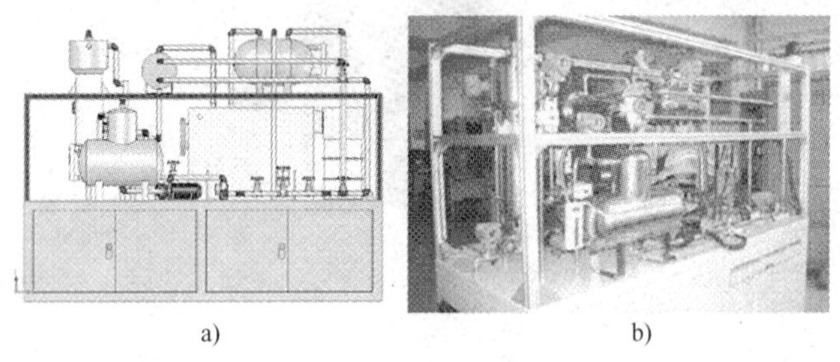

a)　　　b)

图16-22　SMPT-1000锅炉正视图及实物图
a）正视图　b）实物图

SMPT-1000锅炉控制系统使用易控组态软件和西门子可编程控制器组成自动控制系统。西门子可编程控制器采用S7系列PLC，它通过PROFIBUS DP通信网络与现场被控设备通信，易控组态软件与西门子PLC之间采用以太网方式通信。SMPT-1000锅炉控制系统的网络结构图如图16-23所示。

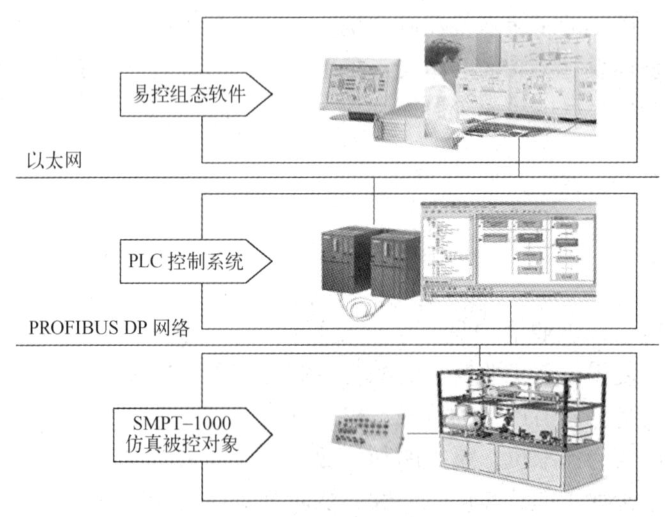


图16-23　SMPT-1000监控网络

系统工艺流程图如图16-24所示。

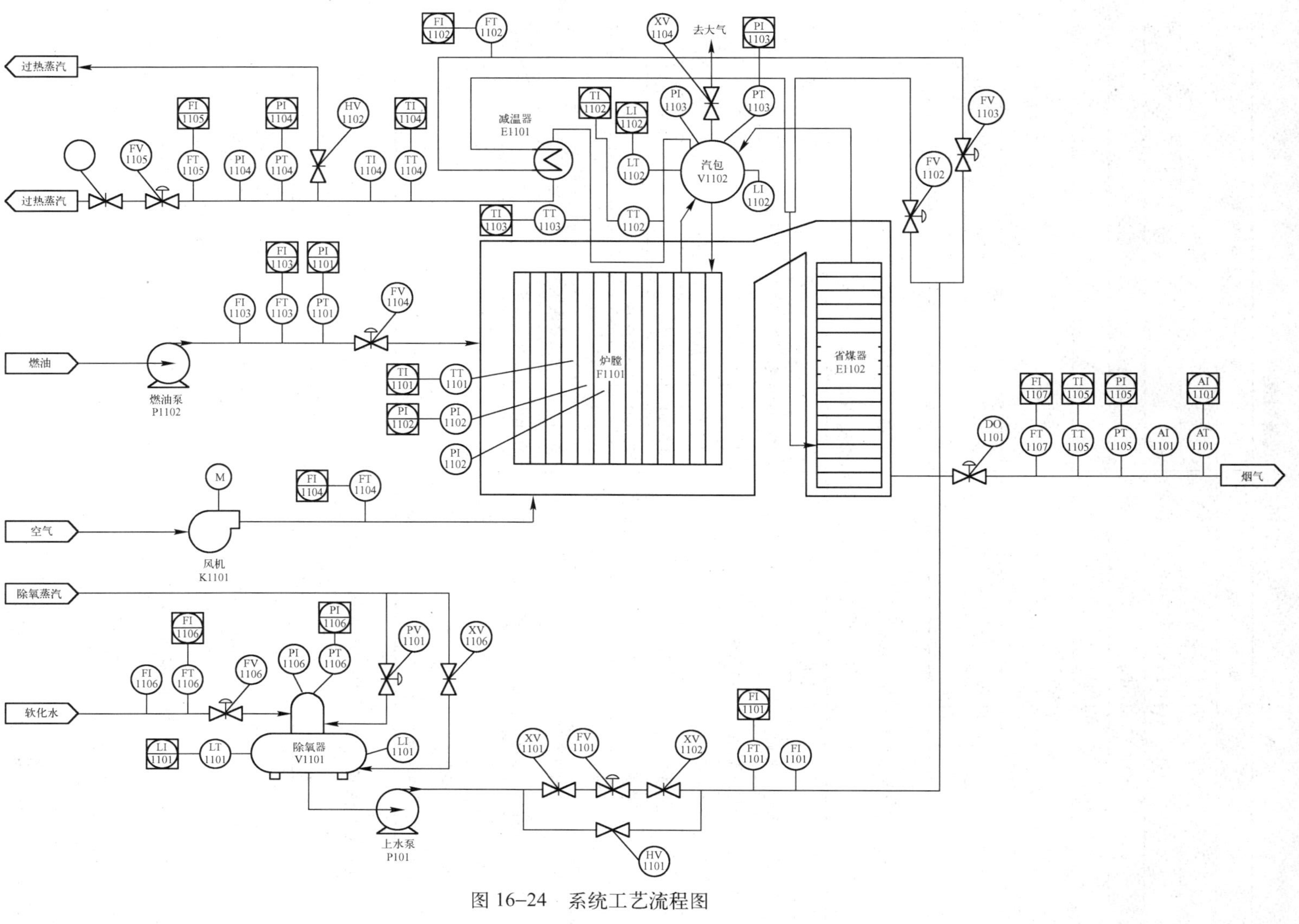


图 16-24 系统工艺流程图

被控对象的设备列表见表16-1。

**表16-1 设备列表**

| 位号 | 设备名称 |
|---|---|
| V1101 | 除氧器 |
| V1102 | 汽包 |
| E1101 | 减温器 |
| E1102 | 省煤器 |
| F1101 | 炉膛 |
| K1101 | 风机 |
| P1101 | 上水泵 |
| P1102 | 燃油泵 |

SMPT-1000锅炉的检测点列表见表16-2。

**表16-2 模拟量检测点列表**

| 位号 | 数据名称 | 单位 | 位号 | 数据名称 | 单位 |
|---|---|---|---|---|---|
| FI1101 | 汽包上水流量 | Kg/s | TI1103 | 去减温器的过热蒸汽温度 | ℃ |
| FI1102 | 去减温器的汽包上水流量 | Kg/s | TI1104 | 过热蒸汽温度 | ℃ |
| FI1103 | 燃油流量 | Kg/s | TI1105 | 省煤器出口烟气温度 | ℃ |
| FI1104 | 进风量 | Kg/s | PI1101 | 燃油压力 | Mpa |
| FI1105 | 过热蒸汽流量 | Kg/s | PI1102 | 炉膛压力 | Mpa |
| FI1106 | 除氧器入口流量 | Kg/s | PI1103 | 汽包压力 | Mpa |
| FI1107 | 烟气出口流量 | Kg/s | PI1104 | 过热蒸汽压力 | Mpa |
| LI1101 | 除氧器液位 | % | PI1105 | 烟气出口压力 | Mpa |
| LI1102 | 上汽包水位 | % | PI1106 | 除氧器压力 | Mpa |
| TI1101 | 炉膛温度 | ℃ | AI1101 | 烟气含氧量 | % |
| TI1102 | 去炉膛辐射段上水温度 | ℃ | | | |

执行机构列表见表16-3。

**表16-3 执行机构列表**

| 位号 | 数据名称 | 位号 | 数据名称 |
|---|---|---|---|
| PV1101 | 除氧蒸汽流量调节阀 | FV1105 | 过热蒸汽流量调节阀 |
| FV1101 | 汽包上水流量调节阀 | FV1106 | 除氧器入口流量调节阀 |
| FV1102 | 过热蒸汽温度调节阀A | K1101 | 变频风机转速调节 |
| FV1103 | 过热蒸汽温度调节阀B | DO1101 | 烟道挡板 |
| FV1104 | 燃油流量调节阀 | | |

### 16.3.3 组态监控系统设计

SMPT-1000锅炉控制系统的工艺流程是：锅炉中的冷流经过除氧器除氧处理之后，在炉膛内吸收燃料释放出来的热量变成一种高温高压气体，并将气体传送到下游工序。

SMPT-1000 仿真锅炉监控系统包含一个主控制系统，还包含除氧器、汽包、炉膛、减温器等分控制系统。另外，还通过历史趋势、实时趋势、数据显示、报警等功能画面，汽包液位、蒸汽压力等 PID 控制器参数配置画面等实现整个监控系统的功能。

### 1. 主控制系统

主控制系统画面按照系统工艺流程将整个锅炉控制现场的所有系统完整地绘制出来，使用户能清楚地了解各个系统之间的关系以及整个系统运行的状态。主控制系统画面如图 16-25 所示。

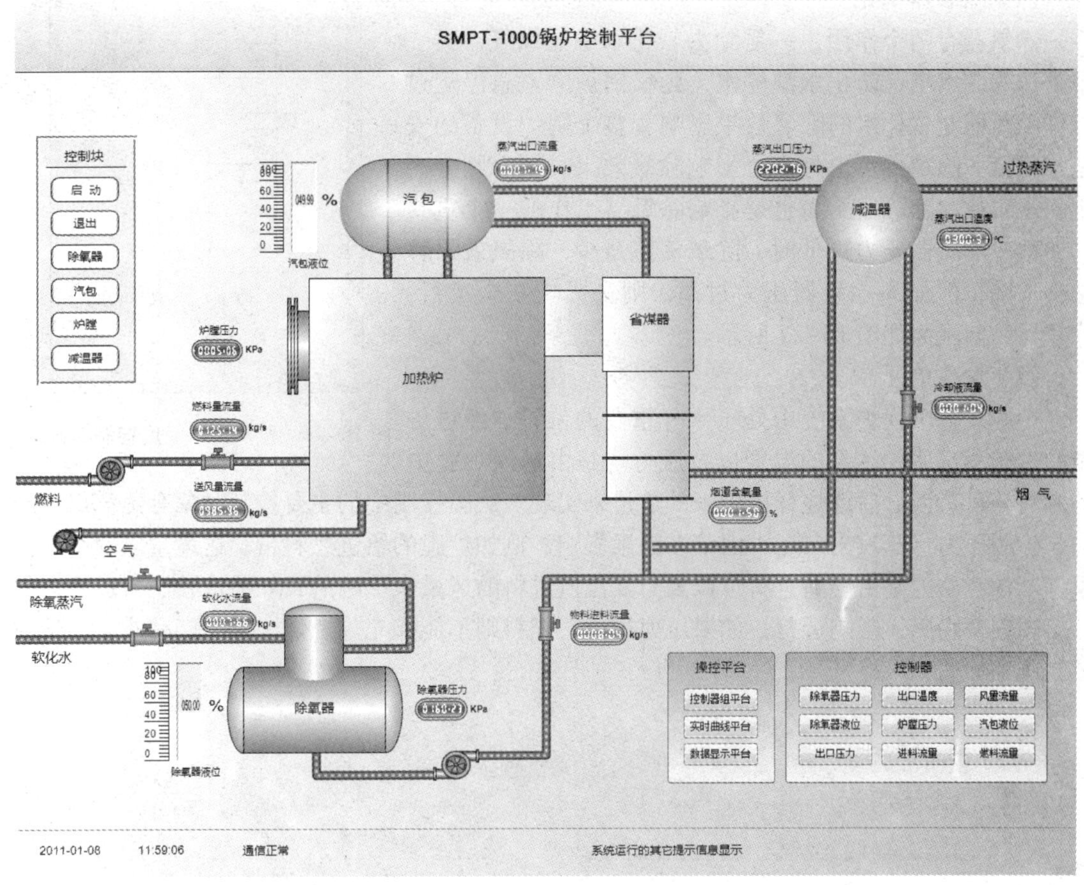


图 16-25　主控制系统画面

在画面中，各种模拟量测点均通过数码管显示，为实时测量值。除此之外，在画面上还包含控制块、控制器两个区域。控制块负责整个系统的整体启动与停止，控制器区域包含控制逻辑中各个 PID 调节功能的设定，通过点击相应的按钮调出相应控制器对话框。

控制器画面在进行 PID 各种参数调节时使用，对于系统用到的每一个模拟量，PID 控制参数都具有一个相应的控制器画面，如蒸汽出口压力、蒸汽出口温度等。图 16-26 为蒸汽出口温度控制器画面。

在控制器画面中，可以通过“自动/手动”按钮控制西门子 STEP 7 软件中 PID 功能块的调节方式，PID 控制中的其他参数（如测量值、输出值、设定值、KP、TI、TD 等）也可以在控制器画面中进行设定或者观察。

2. 分系统

分系统主要包括除氧器控制系统、减温器控制系统、炉膛控制系统、汽包控制系统。在该监控工程中，每个分控制系统都用一个画面表示，包含相应系统的工艺流程图、实时趋势显示、相关参数实时显示，控制器调用按钮。如果需要对相应系统中的参数进行调节，可以通过控制器调用按钮调用。

（1）除氧器单元

除氧器有两个作用，一是除去软化水中的氧气，另一个是作为储水箱，防止水源停水，延长锅炉的紧急停运过程。除氧器对软化水的除氧效果影响着整个锅炉设备的安全与寿命。除氧器水位过高会影响除氧效果，缺水则会产生缺水事故。除氧器压力也是影响除氧器工作的一个重要的参数，除氧器压力过低时，除氧蒸汽量少，除氧效果势必会下降，但如果除氧器压力过高，则又影响安全运行。除氧器控制画面如图 16-27 所示。

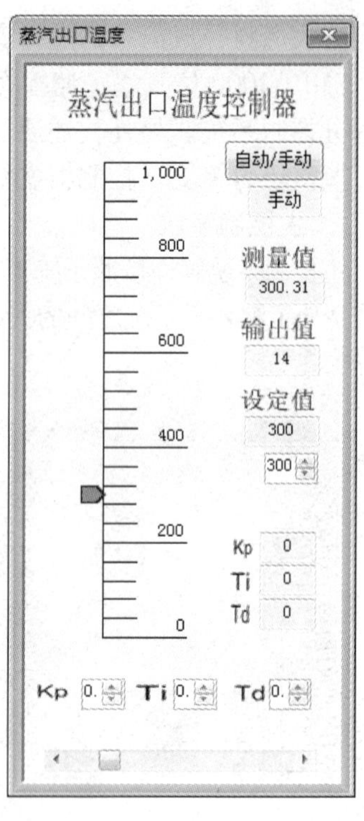

图 16-26　蒸汽出口温度控制器画面

（2）炉膛单元

炉膛在整个锅炉系统中处于十分重要的位置，经过炉膛的过热蒸汽所要达到的温度以及压力均是由送入炉膛中的燃料与风量混合后燃烧释放出来的热量来实现。炉膛控制中的主要控制对象有蒸汽出口压力与炉膛压力。蒸汽出口压力由诸多因素影响，例如炉膛的给进燃料量、送风量以及给水流量等。炉膛压力是由燃料进料量以及与其比值进料的风量来影响的，如果炉膛压力过高，则会出现安全隐患，影响运行；如果压力过低，燃料则不能够充分燃烧，影响产品质量。炉膛控制画面如图 16-28 所示。

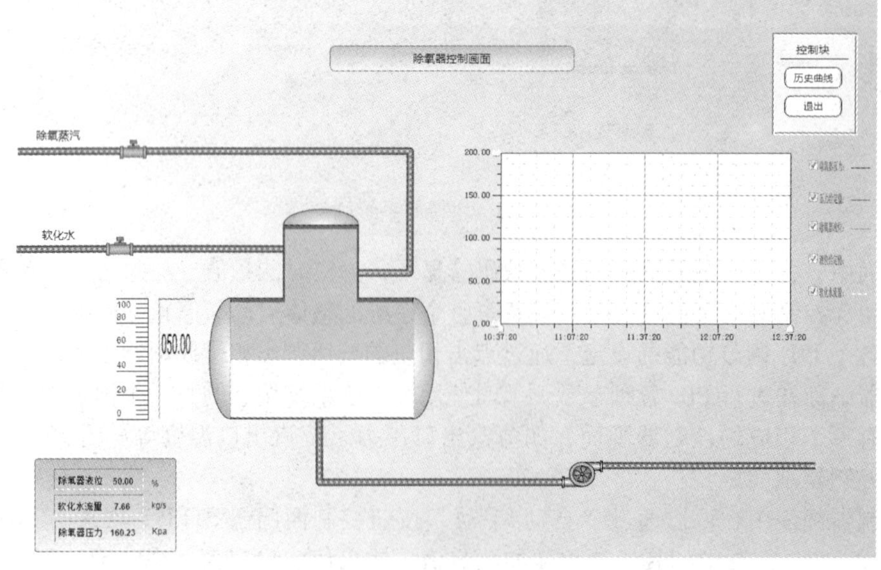

图 16-27　除氧器控制画面

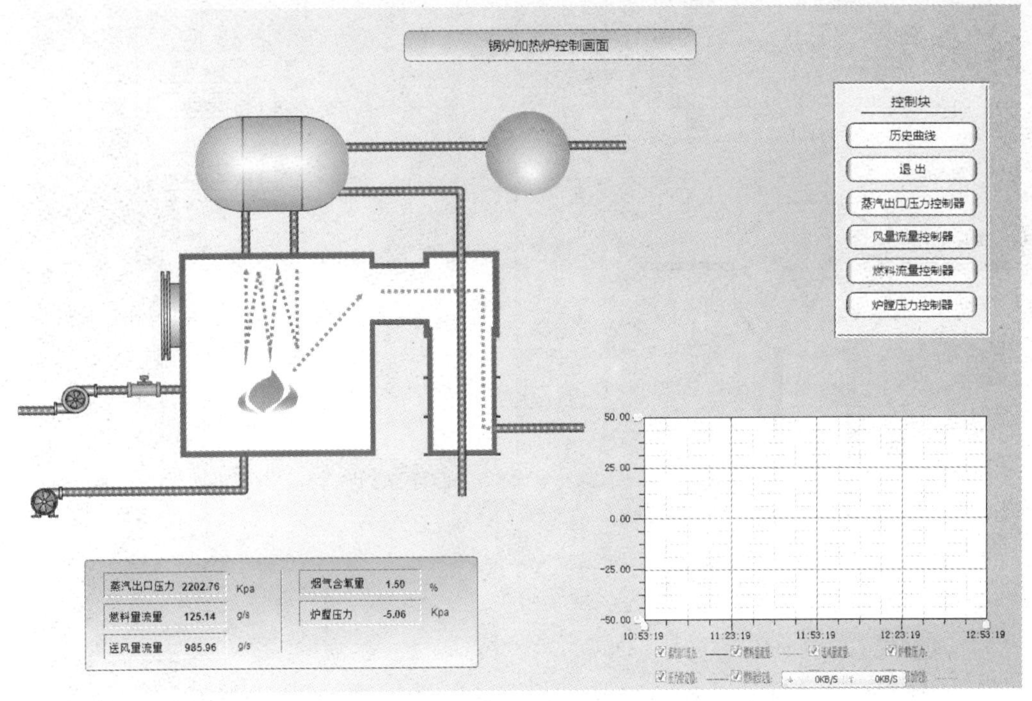


图 16-28 炉膛控制画面

（3）减温器单元

减温器单元是用来控制炉膛加热软化水生产出来的蒸汽温度，它与进料冷料的一个分支进行换热。一般而言，炉膛所需要的蒸汽出口压力稳定的情况下，所生产出来的蒸汽温度也基本稳定在所需温度，但当温度有波动时，在保证压力稳定的前提条件下，通过控制换热器冷料流量的大小来控制出口蒸汽温度。减温器控制画面如图 16-29 所示。

（4）汽包单元

汽包单元中汽包水位波动的幅度直接影响到锅炉的安全运行、蒸汽压力和锅炉的稳定性。汽包水位过高则会导致蒸汽带水进入过热器，并在过热管内结垢从而影响传热效率，严重的会引起过热器爆管；相反水位过低又将破坏部分水冷壁的水循环，引起水冷壁局部过热而爆管。大容量锅炉汽包的体积相对较小，液位的时间常数很小，若给水不及时，就可能达到危险水位，因此汽包水位的控制是非常重要的。汽包控制画面如图 16-30 所示。

**3. 实时趋势曲线和历史趋势曲线**

实时曲线显示在设定时间范围内各参数变化趋势。这里集中了除氧器液位、除氧器压力、汽包液位、蒸汽出口压力、蒸汽出口温度和炉膛压力六个被控参数及相关各变量的曲线。为利于监控，配置曲线显示时长设为两个小时。在每条曲线标注前都添加了复选框，可以通过选中与否，控制是否显示对应曲线，以排除过多曲线的干扰。图 16-31 为实时曲线显示画面。

历史曲线不仅可以显示实时曲线的当前内容，也可以显示超过实时曲线所限定的两小时以外的内容，便于对历史数据的分析。图 16-32 为历史曲线显示画面。

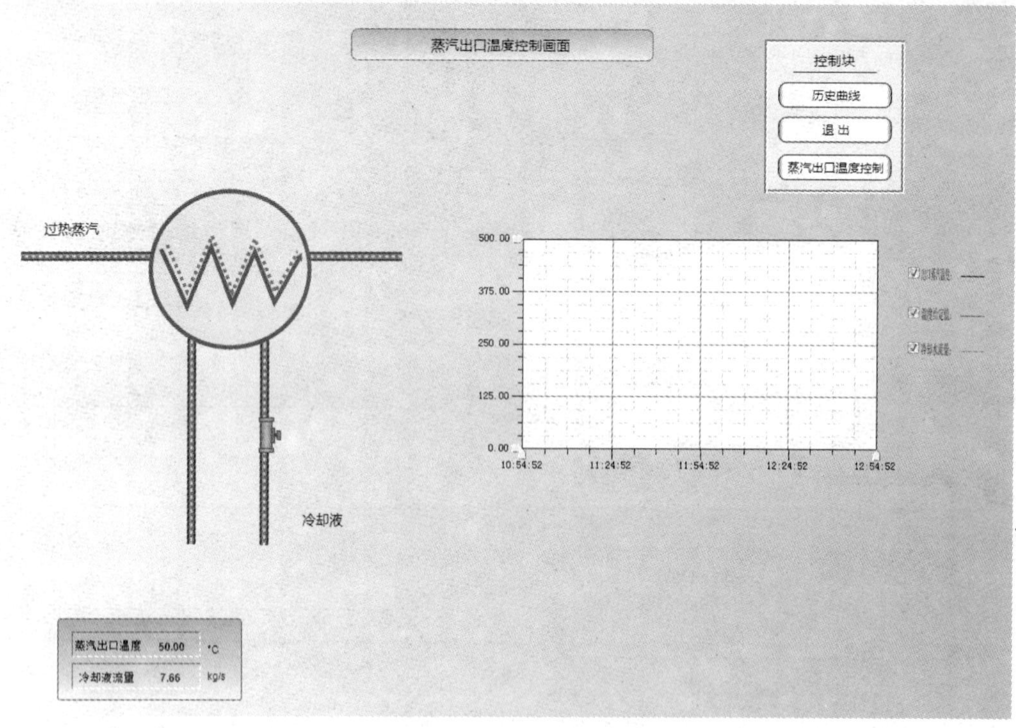


图 16-29 减温器控制画面

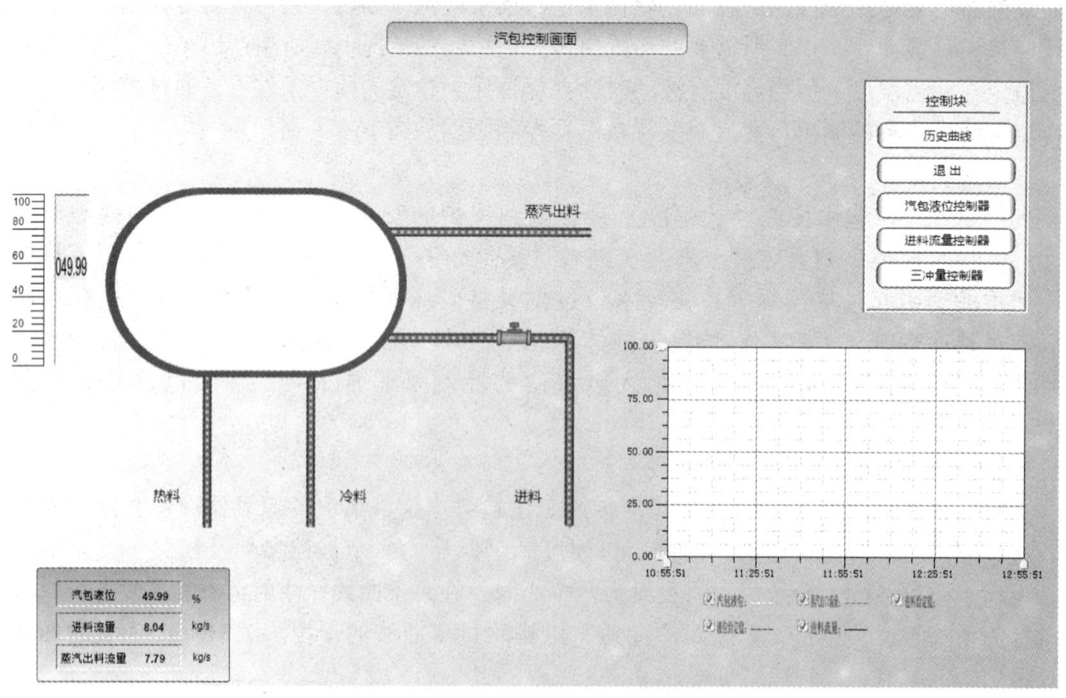


图 16-30 汽包控制画面

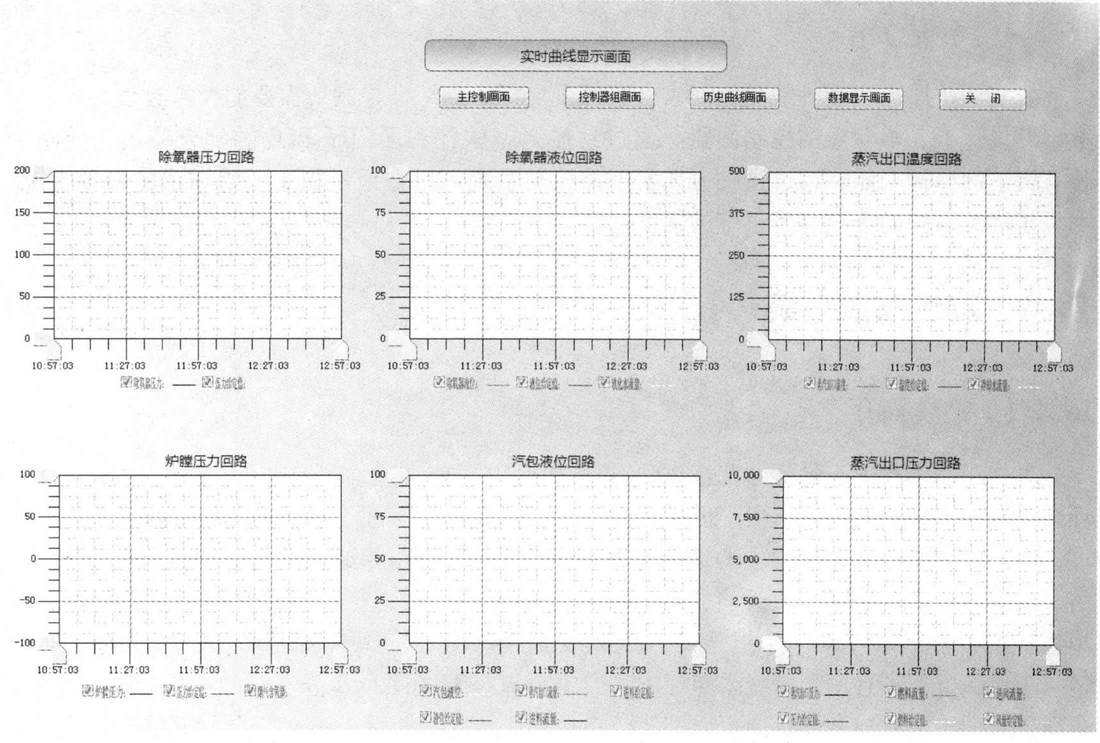

图 16-31　实时曲线显示画面

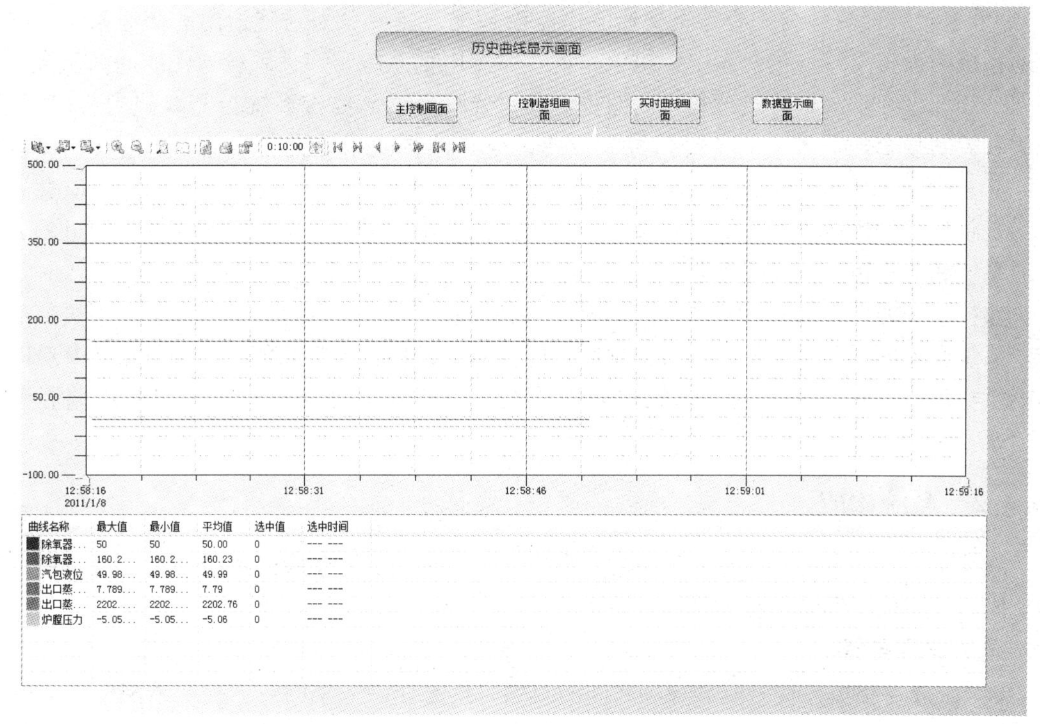

图 16-32　历史曲线显示画面

### 16.3.4 系统总结

本实例按照真实锅炉的控制要求，选择了实现锅炉综合控制所需要的被控参数与控制参数，并设计了各个参数的控制回路。通过易控组态软件和西门子 PLC 的配合使用完成整个仿真锅炉的监控功能，通过这种方式实现的控制系统可以在线模拟工业锅炉中的各种工况，对真正锅炉系统的控制有着很好的辅助功能。

## 16.4 隧道监控系统

### 16.4.1 系统简介

奥林匹克体育中心是举办北京 2008 年奥运会的主要场地，是目前亚洲最长的地下交通环廊，全长 9.9 公里，其中主干道 5.5 公里，环形隧道呈树型分布，地下隧道有 25 个出入口，出入口与奥林匹克公园中心区周边的近 10 条市政道路相通，形成一张复杂的交通网。为了保证通道安全畅通，管理者需要对通道中的各种设备进行管理和监控，主要包括：对 204 个交通信号灯，120 多个摄像头，30 块交通情报板，23 块车库情报板，以及对交通流量、车速、车道占有率、可变限速标志、启闭车道、车辆限行和分流等的监控，除此之外，还需要对一些交通辅助设备进行监控，包括：163 台紧急电话，60 组射流风机，9 组送排风机，9 台雨水泵、废水泵、消防泵，9 台一氧化碳浓度监测仪，9 台能见度监测仪，1 个主配电室和 5 个分配电室。

“北京奥林匹克体育中心地下交通隧道监控系统”主要就是对隧道内的交通系统、辅助交通系统的设备系统、消防系统、供电系统、紧急电话系统、广播系统、无线通信系统、网络系统和综合显示大屏等进行集中的监控，通过光纤环网和监控系统与 PLC 进行实时通信，采集和控制整个地下隧道的各种信号和设备，与其他智能系统交换信息，通过其他接口和 100 多种硬件设备进行通信连接。在紧急情况发生时，系统自动执行事先设计好的应急处理预案，将自动调用相关画面显示在综合显示大屏上，也可进行手动处理。系统与附近的其他交通系统和北京市交管中心互联。

监控系统的设计和实施对系统的集成度、可靠性、开放性和可扩充性都提出了极高的要求。系统要求采用开放的技术平台，预留功能接口，以后在增加功能以及进行系统升级时不影响已实现的功能。该监控系统软件采用易控（INSPEC）组态软件，采用客户端服务器（C/S）架构实现。

### 16.4.2 系统构成

系统由 I/O 服务器、数据库服务器、6 个操作员站以及配套的网络打印机、交换机、计算机网络等组成。系统结构如图 16-33 所示。

#### 1. I/O 服务器

I/O 服务器担负监控系统和现场之间的数据采集工作。采集的数据提供给网络上的操作员站和其他服务器。I/O 服务器中的数据主要来自 PLC 传送上来的现场设备信息、其他系统传送过来的信息、需要进行历史记录的 I/O 数据等。

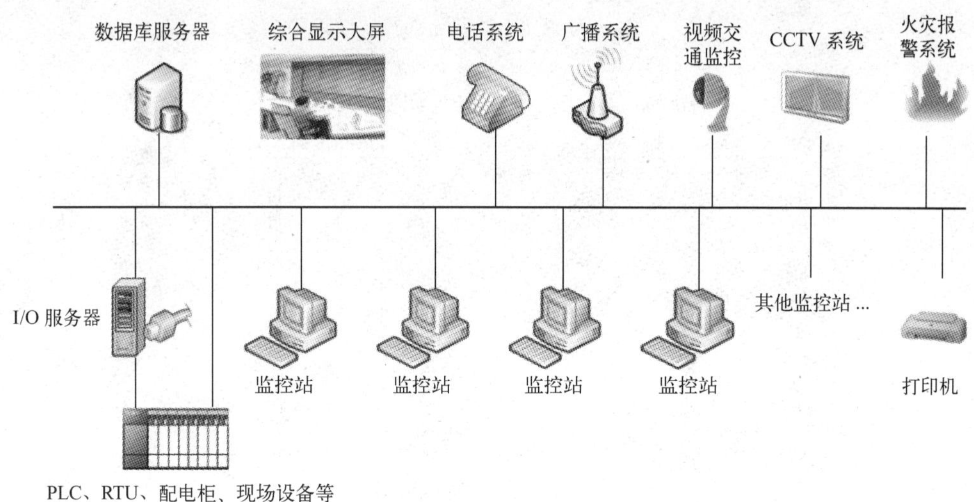


图 16-33　系统结构图

该项目下位硬件设备厂商众多，设备数量超过 100 个，在易控中通过串口、以太网或其他方式与硬件设备相连。下位 PLC 是 22 个昆腾 PLC。服务器工程中建立了 97 个以太网通道，下挂 97 种 106 个设备。整个系统采集 IO 点数大约为 3 万点，I/O 数据采集的时间为 1s，保证数据的及时有效。

**2. 数据库服务器**

数据库服务器担负历史记录服务器和报警记录服务器的功能，利用 SQL Server 数据库进行数据存储。数据库服务器上运行的工程配置有数据库变量、历史记录变量、报警记录变量，对这些数据进行长期的连续记录和存储。

**3. 操作员站**

操作员站也称工作站。系统包含 6 个操作员站，操作员站提供系统的人机界面功能，所有监控操作均在操作员站上完成。操作员站通过与 I/O 服务器通信获取系统 I/O 数据，通过数据库服务器查询历史记录、报警历史记录等。各操作站上均安装有易控软件，根据登录用户的身份限定其能够操作的内容。

操作员站内容分成交通系统、设备系统、消防系统、供电系统、通信系统、网络系统和 CCTV 系统 7 个子系统。画面风格简洁，非常直观地模拟和呈现了隧道的真实情况。复杂的子系统采用总貌图和分区图进行逐级信息显示。在总貌图上移动，鼠标至相应区域，该区域会反色显示，点击可进入相应分区。在分区图中详细标注了各种设备所在的位置和参数。

## 16.4.3　组态监控系统设计

**1. 交通系统**

交通系统分为 12 个区，全貌如图 16-34 所示。主要对交通情况进行信号监控，比如交通流量、车行速度、车道占用率，同时对可变情报板、可变限速标志、交通信号灯、启闭车道等进行监控，并提供各种预案，实现对交通事故处理、道路分流等科学的控制和管理。

在交通系统画面中，可直接控制交通信号灯的状态，如图 16-35 所示。当系统出现交通事故时，系统自动切换到事故所在的分区画面，显示事故类型，并把事故信息、事故位置

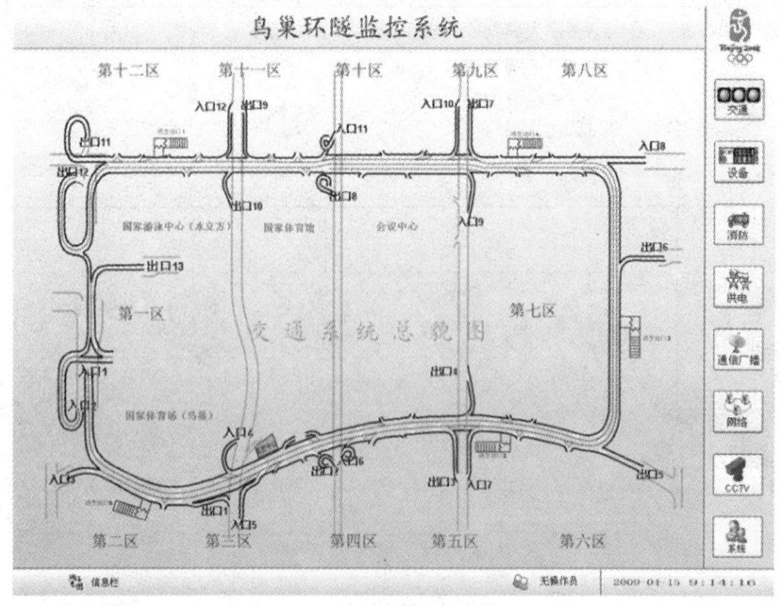


图 16-34 交通系统全貌图

的视频切换到综合显示大屏上，便于及时了解和处理各种交通情况。可直接设定画面上选中情报板的各种导航信息，包括信息内容、字体、颜色等。

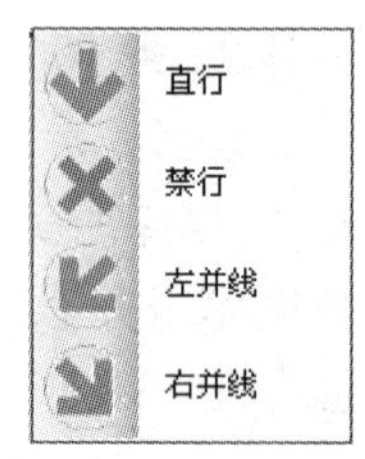


图 16-35 交通灯控制

**2. 设备系统**

设备系统分为 12 个区，主要是对射流风机、送排风机、排水泵、消防泵、供电等设备进行监控，还包括对隧道内一氧化碳浓度、能见度等环境参数进行监控。设备监控画面如图 16-36 所示。

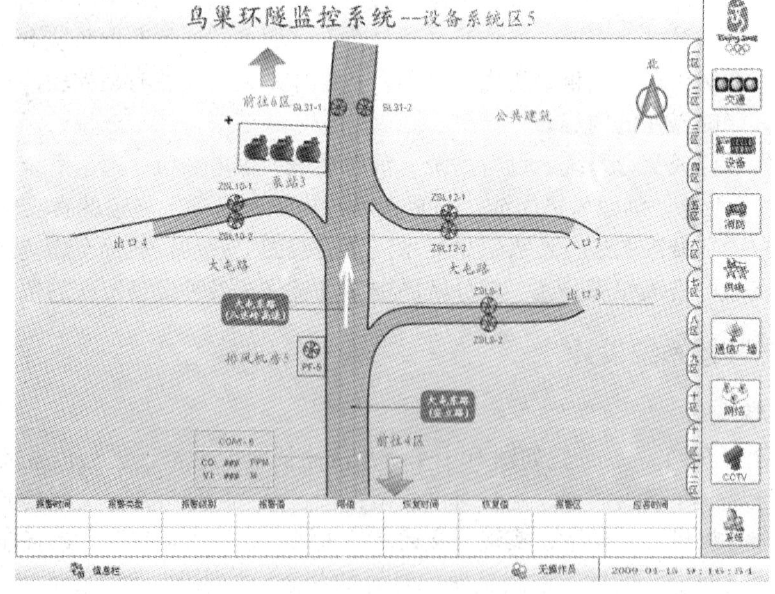


图 16-36 设备监控画面

在画面上点击任意设备，可以调出设备的详细信息。例如点击排风机，出现排风机信息画面，如图 16-37 所示，可以控制风机的转动方向和转速。设备区中还可以看到各一氧化碳监测点 CO 实时浓度以及各能见度监测点的实时能见度。

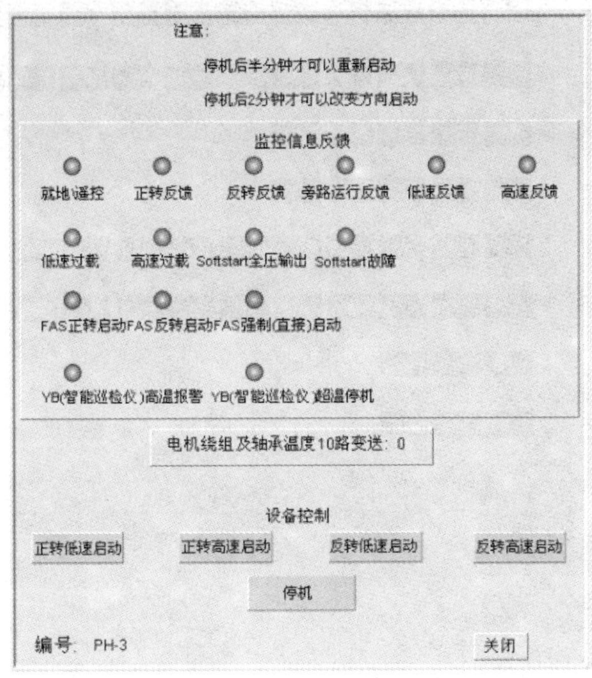


图 16-37　风机控制

**3. 消防系统**

消防系统分为 12 个区，主要对各种消防器件进行监控。当出现消防报警时，报警情况直接反应在画面中各个区的报警设备上，同时自动启动发生警报区的广播系统，进行消防广播。该系统还包括其他消防预案，例如：车辆禁行、车辆分流控制等。

**4. 通信系统**

通信系统分为紧急电话系统、无线通信系统和广播系统。当有紧急电话呼叫时，系统会自动切换到主叫电话所在区域，并且能够实时显示拨号、通话和挂机等状态，以及执行其他预案；无线通信系统包括广播主机系统、广播直放站、调度直放站；广播系统可以选择需要进行广播播音的区域、选择各种不同声源、调节音量等。广播系统主画面如图 16-38 所示。

**5. 供电系统**

供电系统包括主配电室和 5 个分配电室，其能够实时监视每一个配电室中设备的工作情况，包括：各种电压、电流等，同时监控 64 台高低压柜、12 台变压柜、1 个直流屏、7 台 UPS。点击配电站中的设备，可以查看设备的各种参数，如图 16-39 所示。

**6. 网络系统**

网络系统主要负责监视 22 个光环网交换机，包括每个交换机的供电情况、光纤温度、端口状态等。把所有光环网交换机的参数显示在同一个画面，并以信号灯标识，各交换机工作正常与否一目了然。

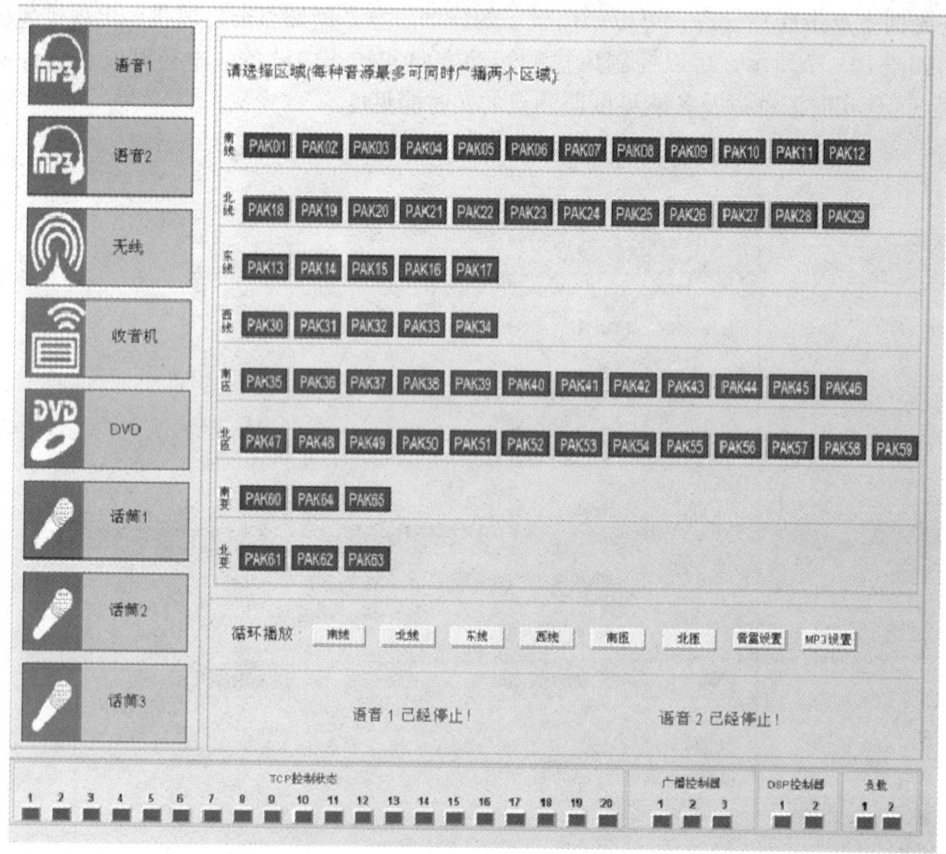


图 16-38　广播系统主画面

| | | | | | |
|---|---|---|---|---|---|
| 保护密码: | 0 | | 电流I1: | 54.8 | A |
| 通讯地址: | 1 | | 电流I2: | 57.2 | A |
| 通讯波特率: | 9600 | | 电流I3: | 54.0 | A |
| PT1: | 220 | | 相电压均值Uavg: | 2300 | V |
| PT2: | 220 | | 线电压均值Uavg: | 3988 | V |
| CT1: | 2000 | | 电流均值Iavg: | 138 | A |
| CT2: | 5 | | 系统有功功率P: | 38800.0 | W |
| 有功电度: | 26607 | Kw | 系统无功功率Q: | 0.0 | Var |
| 无功电度: | 43813 | Kw | 系统视在功功率S: | 38800.0 | VA |
| A相电压U1: | 230.3 | V | 频率F: | 50.0 | H |
| B相电压U2: | 230.1 | V | 系统功率因素PF: | 1.0 | |
| C相电压U3: | 229.8 | V | 负载性质RT: | 82 | |
| 线电压U12: | 399.0 | V | 模拟输出AO 1: | 0 | MA |
| 线电压U23: | 399.4 | V | 模拟输出AO 2: | 0 | MA |
| 线电压U31: | 399.2 | V | 中线电流In: | 0 | A |
| 编号: AA1 | | | | | 退出 |

图 16-39　配电室参数图

7. CCTV 系统

CCTV 系统通过 64 个监视器和 8 块 DLP 大屏监控，系统可把任意指定摄像头的图像切换到指定的监视器或者大屏上，系统还可以更换大屏显示模式，例如单屏显示、2×2 模式、全屏模式等，还可以直接在画面上操作任何带云台的摄像头的视角、焦距、缩放等。CCTV 系统的操作界面如图 16-40 所示。

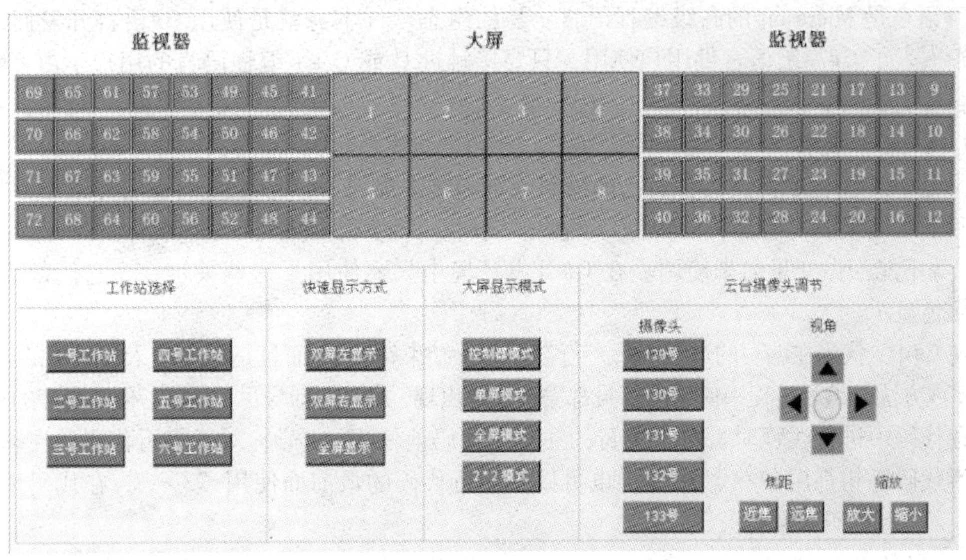


图 16-40　CCTV 系统操作界面

## 16.4.4　系统总结

本实例实现了一个典型的隧道交通监控系统的监控，对隧道内的电力、交通、环境、设备、火灾、电话、广播等系统都进行了全面监控，系统规模庞大，集成度高。通过介绍系统的主要功能和各子系统的监控实现，有助于阅读者开阔思路，了解组态软件在不同行业的不同应用。

# 附录　C#语言

C#语言是 Microsoft 的高级编程语言。易控组态软件本身就是使用 C#语言开发而成的，在其中嵌入了 C#高级语言供用户使用，只要接触过 C 或 C ++ 编程语言的用户学习 C#将会十分容易。

## 1. C#基本要求

C#是一种编程语言，具有自己的命名规则和语法规则。C#中变量的命名可以由：字母，数字和下划线组成，但是不能以数字开头。同时，C#中很多关键字如 while、case、for、if、public 等不能当做变量名来使用。在 C#开发环境中只要使用了这些关键字，它们都会以特别的颜色显示。

在 C#中，代码在编写的过程中每一行都要有个结束符“;”，而且是英文输入方式下的。在进行程序或方法的编写过程中使用的括号都需要成对出现，成对的括号尽量对齐，便于程序的查看。

在代码中进行注释时，对于单行的注释在代码前使用“//”，对于多行代码的注释可以将多行代码每句都用“//”注释，也可以在多行代码的最前面使用“/ *”，在代码最后使用“ * /”将代码注释掉。

## 2. C#数据类型

C#支持通用类型系统（Common Type System，CTS），它的数据类型包括：值类型、引用类型、指针类型。指针类型仅在不安全代码中使用，值类型包括简单类型（如字符型、浮点型和整数型等）、集合类型和结构型；引用类型包括类类型、接口类型、代表类型和数组类型。在易控中使用最多的是值类型。

C#中的值类型见附表 -1。

**附表 -1　C#中的值类型**

| 名称 | CTS 类型 | 说　明 | 范　围 |
|---|---|---|---|
| bool | System. Boolean | 布尔型 | 值为 True 或者 False |
| char | System. Char | 字符型，占有 2B | 表示 1 个 Unicode 字符 |
| byte | System. Byte | 字节型，占 1B，表示 8 位正整数 | 0 ~ 255 |
| sbyte | System. Sbyte | 带符号字节型，占 1B，表示 8 位整数 | -128 ~ 127 |
| ushort | System. UInt16 | 无符号短整型，占 2B，表示 16 位正整数 | 0 ~ 65，535 |
| uint | System. UInt32 | 无符号整型，占 4B，表示 32 位正整数 | 0 ~ 4，294，967，295 |
| ulong | System. UInt64 | 无符号长整型，占 8B，表示 64 位正整数 | 0 ~ 264 |
| short | System. Int16 | 短整型，占 2B，表示 16 位整数 | -32，768 ~ 32，767 |
| int | System. Int32 | 整型，占 4B，表示 32 位整数 | -2，147，483，648 ~ 2，147，483，647 |
| long | System. Int64 | 长整型，占 8B，表示 64 位整数 | -263 - 263 |
| float | System. Single | 单精度浮点型，占 4B，表示 32 位单精度实数 | 1. 5 * 10 - 45 - 3. 4 * 1038 |
| double | System. Double | 双精度浮点型，占 8B，表示 64 位双精度实数 | 5. 0 * 10 - 324 - 1. 7 * 10308 |

### 3. C#运算符

C#中通过运算符对变量、常量、数据或表达式进行计算。运算符按照功能不同分为算术运算符、逻辑运算符、关系运算符、位运算符等，除此之外还有一些特殊的运算符如 new 运算符、typeof 运算符等。不同的运算符在进行代码编程的时候有着不同的优先级和运算结合性。附表 -2 中列出了 C#不同类别运算符的操作符、优先级和结合性。

附表 -2　C#中的运算符

| 运算符类别 | 操作符 | 优先级 | 结合性 |
|---|---|---|---|
| 基　本 | x. y、f(x)、a[x]、x ++、new、typeof、checked、unchecked | 1 | 自右向左 |
| 单目 | +、-、!、~、++、--、(T)x | 2 | 自左向右 |
| 乘除 | *、\、% | 3 | 自左向右 |
| 加减 | +、- | 4 | 自左向右 |
| 移位 | <<、>> | 5 | 自左向右 |
| 比较 | <、>、<=、>=、is、as | 6 | 自左向右 |
| 相等 | ==、!= | 7 | 自左向右 |
| 位与 | & | 8 | 自左向右 |
| 位异或 | ^ | 9 | 自左向右 |
| 位或 | \| | 10 | 自左向右 |
| 逻辑与 | && | 11 | 自左向右 |
| 逻辑或 | \|\| | 12 | 自左向右 |
| 条件 | ?: | 13 | 自右向左 |
| 赋值 | =、+=、-=、*=、/=、%=、&=、\|=、^=、<<=、>>= | 14 | 自右向左 |

### 4. C#常用基本语句

C#提供了各种不同的语句，通过这些语句来控制程序的执行，使用 C 或C ++ 进行过编程的人员对这些语句中的大多数将会非常熟悉。常用的 C#语句有条件语句、循环语句及跳转语句等。

(1) 条件语句

条件语句主要根据表达式的结果去执行相应的语句块，C#主要提供两种条件语句：if 语句和 switch 语句。

if 语句用于判断表达式的值，满足条件时执行其包含的语句块。常用的 if 语句有单分支选择、双分支选择和多分支选择三种结构。它们各自的语法和执行过程见附表 -3。

附表 -3　C#中的 if 条件语句

| 语　句 | 语　法 | 执行过程 |
|---|---|---|
| 单分支选择 | if(表达式)<br>{语句块} | 表达式的值为 True 时，执行语句块中的语句，为 False 时不执行 |
| 双分支选择 | if(表达式)<br>{语句块 1}<br>else<br>{语句块 2} | 表达式的值有选择的执行程序中的语句，如果表达式中的值为 True 时，执行语句块 1 中的语句，为 False 时执行语句块 2 中的语句 |

（续）

| 语　　句 | 语　　法 | 执行过程 |
| --- | --- | --- |
| 多分支选择 | if(表达式1)<br>{语句块1}<br>else if(表达式2)<br>{语句块2}<br>else if(表达式3)<br>{语句块3}<br>……<br>else<br>{语句块n} | 程序首先判断表达式1，如果值为True，则执行语句块1，然后结束if语句。如果表达式1的值为False，则判断表达式2的值，如果表达式2的值为True，则执行语句块2，然后结束if语句。如果表达式2的值为False，则再继续往下判断其他表达式的值，如果所有表达式的值都为False，则执行语句块n的值 |

switch语句是用来实现多分支选择的，通过switch可以使多分支语句变得简明清晰。switch语句的执行方式为将任何整型变量或字符串与多个值进行检查，当两者匹配时执行相应的语句。其语法结构如下：

```
switch(表达式)
{
case 常数表达式:{语句块}
跳转语句(如break、return、goto)
……//其他的case子句
defalut:{语句块}
}
```

（2）循环语句

循环语句是用于执行重复程序代码的语句，C#中常用的循环语句有while语句、do while语句、for语句和foreach语句。循环语句的语法和执行过程见附表-4。

**附表-4　C#中的循环语句**

| 语　　句 | 语　　法 | 执行过程 |
| --- | --- | --- |
| while语句 | while(表达式)<br>{循环体} | 表达式为True的情况下会重复执行循环体中的程序代码，当表达式为False时结束循环 |
| do while语句 | do<br>{循环体}<br>while(条件表达式); | 条件表达式为True，循环体就会不断地重复执行，与while语句的区别是语句会先执行一次循环，然后判断条件表达式 |
| for语句 | for(初始值;表达式;更新值)<br>{程序代码块} | 该语句按照预定的循环次数执行循环体，首先要定义循环条件的初始值，然后判断表达式的值，当表达式的值为True时执行程序代码块，表达式的值为False时结束语句，执行完一次程序代码后，更新值变化一次，再去判断表达式，如此循环，直到表达式值为False |
| foreach语句 | foreach(类型 变量名 in 集合对象)<br>{语句体} | foreach语句为数组或对象集合中的每个元素重复一个嵌入语句组，当集合中的所有元素完成条件后，控制传递给foreach之后的下一条语句 |

（3）跳转语句

跳转语句的作用是使函数内的程序无条件地改变控制权，即在程序间进行控制转移。常用的跳转语句包括break、continue、goto和return语句。

break 语句用于终止最内层 while、do、for 和 switch 语句的执行。当程序遇到这一语句之后，该语句所在的循环结束，紧接着执行被终止执行语句后面的语句。

continue 语句仅使最内层的循环体终止当前进行的这次循环。在 while 和 do 循环结构中，它将控制权转至对真值条件的计算。它与前面提到的 break 语句不同，它并不终止整个循环的执行，而仅仅终止当前这一次循环的运行。

goto 语句也能用来跳出循环和 switch 语句。它无条件地转移程序的执行控制，其转移目的地是一个标号，因此要求标号与 goto 语句处在同一个函数中。

return 语句用于终止出现在其中的方法的执行，并将控制返回给调用方法，另外，它还可以返回一个可选值。

# 参 考 文 献

[1] 王华忠. 监控与数据采集(SCADA)系统及其应用[M]. 北京:电子工业出版社,2010.
[2] 陆璐,刘发贵. 基于 Web 的远程监控系统[M]. 北京:清华大学出版社,2008.
[3] 任作新. 网络化监督与控制系统[M]. 北京:国防工业出版社,2007.
[4] 特罗尔森. C#与. NET3.5 高级程序设计[M]. 朱晔,肖逵,张大磊,等译. 北京:人民邮电出版社,2009.
[5] 白焰,吴鸿,杨国田. 分散控制系统和现场总线控制系统[M]. 北京:中国电力出版社,2001.
[6] 北京九思易自动化软件有限公司. 易控(INSPEC)帮助手册.